JN181849

高橋和孝・西森秀稔 共著

相転移・臨界現象とくりこみ群

丸善出版

はじめに

物質の性質が急激に変化する相転移は，水が凍ったり沸騰したりする例でわかるように，身近にある馴染みの深い物理現象である．同様の現象は，極低温の量子力学が支配する微細な系や天体のような巨大な系など，さまざまなスケールにおいても生じる．そしてそれらはきわめて多数からなる構成要素をもつ系を対象とする熱力学・統計力学の格好の研究対象である．

本書の主な目的は次の四つを理解することにある．

- 相転移とは何か，そしてそれは熱力学・統計力学によってどのように記述されるのか．
- 相転移に伴って起こる臨界現象の性質．相転移が起こると何が見えるのか．
- 各々の系において，相転移が具体的にどのようにして起こるのか．厳密に解ける模型の例および種々の近似法．
- 臨界現象の普遍的性質．

最初の三つの問題自体の意義を理解することは比較的容易であると思われる．しかしながら，最後の問題については本書をある程度読み進める必要がある．それによって，単に対象とする系の熱力学的性質を導くだけでは不十分で，スケーリング理論およびくりこみ群の方法がなぜ必要になるのかを理解することができる．

上で挙げた例からもわかるように，熱力学・統計力学が対象とする系はきわめて多数の構成要素からなるものという以外に何の制約もない．構成要素の運動を記述する法則が何であろうとも，すべて同じ熱力学の枠組によって規定される．統計力学は，現実の系の特徴をとらえることで熱力学関数を計算する処方箋を与えてくれるものであり，力学のような運動法則を記述する体系とは趣がだいぶ異なる．物理学が物質の究極の構造を追い求めるものであるという一面から見ると，ありふれた問題を扱っているにもかかわらず，抽象的でとらえがたいと感じられるかもしれない．

こういった理由のせいか，統計力学，特に本書の主題である相転移・臨界現象に関する教科書は，力学や電磁気学，量子力学などと比べて少ない．これが本書の執筆動機の一つとなった．相転移・臨界現象の理論について，入門書，そして実用書ともなるような教科書を目指した．

相転移とは，熱力学関数に現れる特異性である．特異性は多くの問題で敬遠されるやっかいな存在であるが，相転移の理論ではそれとまともに向き合わなければならない．多数の自由度がからみ合った非線形の系において，どのような機構で液体が凍ったり比熱が発散したりするかを理解することは非常に難しい．しかもそのような特異性は巨視的な系において生じ，多くの場合，容易に観測できる．これは考えがいのある魅力的な問題ではないだろうか．

また，普遍性という概念が相転移・臨界現象の理論の研究において初めて明確に扱われ，いまでは物理学全般において積極的に用いられていることを強調しておきたい．物理学の意義の一つは，普遍的な法則や理論構造を見いだすことにある．ところが，物理学の各論は原則としてすべて対症療法的なものである．つまり，最小限の原理・仮定で現象を矛盾なく説明できるように理論を作り上げる．そこでは，なぜその理論でなければならないのかを説明することはできない．究極理論にどれだけ近づこうがその問題から逃れることはできないのである．理論と理論の関係性の仕組を理解するうえで普遍性の概念は欠かせない．その解釈を見ることは，物理学を志すすべての人にとって意義があるだろう．

本書の元となったのは，東京工業大学大学院理工学研究科物性物理学専攻の講義「統計物理学」において高橋が準備した講義ノートである．2011 年度から 2014 年度にわたって講義を行い，その都度講義ノートを「TOKYO TECH OCW」に公開した．講義を行いながら改訂をくり返してきたが，本書がその（現時点での）集大成となる．西森は，できるだけ幅広い読者にも読みやすくするため，文章表現の推敲や式変形の検討を行った．

第 1 章に概要を示すが，前半の第 8 章までが本書の基本・主題となり（一部を除く），残りは応用となる．実際の講義では基本的に 1 回の講義で一つの章の内容を扱った（第 2 章は 2 回に分けた）．したがって当然ながら講義では省略した部分も多い．第 8 章までの内容をほぼ順番通り説明し，残りの回で応用部分を適宜選択しながら扱った（年度によって選択内容は異なる）．

読者は大学院修士課程 1 年生程度を想定している．内容は学部で学ぶ熱力学・統計力学の延長であるため，それらの知識を前提としている．言い方を変えれば，その程度の知識があれば学部3年生程度でも読むことができる．実際，4年生の講義受講者はめずらしくなく（東工大は4年生でも大学院講義の単位を取得できるという事情もある），3年生も少数ではあるが聴講していた．基本的には特殊な予備知識がなくても読めるような構成にしたつもりである．必要な知識はその都度説明をしている．量子力学は前半ではほとんど用いないが，後半では用いるところがある．

本書を書き上げていくうえで楽しかったことの一つは，歴史をたどることであった．本書では参考文献として原論文をできるだけ挙げている．それは，一つの理論体系が多くの人によってどのようにつくられていくかを知ってほしいからである．相転移・臨界現象の理論が構築されていく時代に研究者として活動していたらと思うこともあるが，その代わりにわれわれは現在の地点から全体を俯瞰するという楽しみをもつことができる．また，それをつきつめることによって新しい概念を生み出すことも可能になるだろう．それが歴史を学ぶ意義ではないだろうか．相転移・臨界現象の理論は，そのような目的において理想的な事例であると思われる．幸い，インターネットによる比較的簡単な手段によって当事者のインタビューなど多くの情報を手に入れることができる．残念ながら本書ではそれらについて多くを語ることはできないが（序章で歴史を簡単に述べるが，非常に駆け足である），参考文献を挙げたり脚注で言及したりすることにした．

執筆にあたって次の方々にお世話になった．内海裕洋，大関真之，大野克嗣，小渕智之，島田悠彦，進藤龍一，鈴木正，竹田晃人，田中宗，中村正明，那須譲治，初田哲男，古崎昭，森田悟史（敬称略）．また，東京工業大学大学院生の伊藤康文君に原稿のチェックを依頼し，計算間違いから文法の不備まできわめて多数の問題点を指摘してもらった．これまでの講義受講者からの質問・コメント等も有益であった．名前を書けなかったが何らかの形で協力いただいた方々にもあわせて感謝の意を表したい．

2017年3月

高　橋　和　孝
西　森　秀　稔

目　次

1 概　論

物質の性質が急激に変化する相転移・臨界現象は，巨視的な系に現れる馴染みの深い熱力学現象である．その発生機構は系の微視的な性質と深く結びついており，統計力学を用いて解析される．本章では，相転移・臨界現象とは何か，そして臨界現象の顕著な特徴である普遍性とは何か，などの問題提起を行う．それによって全体像を概観するとともに，歴史的な経緯を簡単にたどる．

1.1　相転移と臨界現象

巨視的な物理系の**熱平衡状態**（thermal equilibrium state）は，系を構成する粒子などの要素が莫大な数集まることによってつくり出される．そうした状態を表すために，温度や圧力，密度など微視的な系の記述には用いられない量を導入する．そして，熱平衡状態は**相**（phase）という概念によって特徴づけられる．例えば，水は気体・液体・固体という3種類の形態をとる．この各々の状態が相を表す．つまり，同じ系を考えたとしても，複数の相が実現しうる．どの相となるかは温度などの熱力学変数を指定することによって決まる．複数の相が共存することもある．

熱力学変数の値を変えたとき，ある相から異なる相への変化が生じることがある．この変化を理論的に記述することが本書の主題の一つである[*1]．例えば，水の場合，1気圧の圧力の下にある液体が気体，あるいは気体が液体に変化する温度は摂氏100度である．また，液体と固体の間の変化は摂氏0度で起こる．これが**相転移**（phase transition）である．理論的には，ある熱平衡状態から異なる熱平衡状態に変化させるとき熱力学関数に何らかの特異性が生じれば，相転移が起こったという．熱力学状態の変化の仕方は一通りではない．図1.1のように，特異性があるかないかが変

[*1] 系の時間変化を逐一追うことは，平衡統計力学の適用範囲を逸脱してしまうため本書の範囲では困難であるが，無限にゆっくりとした変化である**準静的過程**（quasistatic process）であれば扱うことができる．ある熱平衡状態から異なる状態への変化において，途中の経路を問わなければ，準静的でなくてもよい．

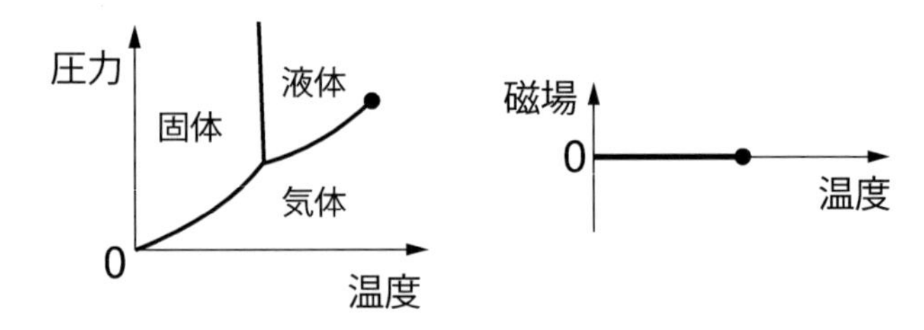

図 1.1　相転移の例．左が水，右が磁性体の場合を表す．太線の位置で相転移が起こる．相境界線が途切れている点 ● が臨界点を表す．例えば液体から気体への変化は，相転移の線を横切っても起こるし，臨界点の右側を通ることにより特異性なしに生じさせることもできる．

化の仕方の経路に依存する場合もある．

問題は，考えている系がどのようなときにどのような相転移を示すかを理解することである．統計力学的な観点では，問題は二つに分かれる．系を記述する微視的なハミルトニアンはどのようなものかということと，ハミルトニアンが与えられたときそれが相転移をもたらすかどうかを調べることである．前者の問題は，微視的な機構を現象に応じて洞察する必要があり，系統的な手法はほとんどないだろう．基本的に経験や勘を必要とする問題である．あるいはまた，純粋に理論的な観点から微視的な模型を見いだし，現象を予言するというアプローチもあるだろう．

ハミルトニアンが定まれば，統計力学の手法によって熱力学関数を得ることが問題となる．熱力学変数が異なる値をとるとき，質的に異なる熱平衡状態が得られるかどうかは自明なことではない．統計力学はそのような系の多様性を記述できる枠組になっているのだろうか？ そして，熱力学関数の特異性はどのようにして生じるのだろうか？

そもそも，統計力学の単純な原理から多くの現象が導き出される要因は，多体系を扱っている点にある．ハミルトニアンが単純でも，きわめて多数の構成要素が互いに影響を及ぼすことで，多様で非自明な現象が得られる．このような現象は，**協力現象**または**協同現象**（cooperative phenomena）とよばれる．相転移はそのような現象の典型的な（そして最難度の）例の一つである．

相転移は熱力学系の状態変化であるが，それに伴い**臨界点**（critical point）（図 1.1 参照）において観測される現象を**臨界現象**（critical phenomena）とよぶ．相転移点では熱力学量に特異性が生じるが，特に臨界点における特異性は以下に述べるように特徴的な性質を有している．実験的には，これらの特異性を観測することによって相転移の特徴を明らかにする．そのため，臨界現象を理論的に記述することは重要な課題である．

1.2　普遍性とくりこみ群

具体的に与えられた系に対して，どのような相転移・臨界現象が起こるのかを解明することは，物理学として自然な問題である．一方で，相転移・臨界現象の理論は**普遍性**（universality）という重要で興味深い性質を導き，物理学の一分野を超えた重要性をもつ．

相転移が生じる状況は系によってさまざまである．相転移が起こる温度の値自体は系の微視的なハミルトニアンの詳細により決まる量である．しかしながら，臨界点付近での臨界現象を観測すると，一見まったく異なった系でも，異なる物理量の間に非常に似通ったふるまいが見られることがある．この事実は以下で見るように定量的に表現することができる．これが普遍性の一つの表れである．特定の系の熱力学関数を計算するだけで普遍性の概念を理解することはできない．問題は，物理的にはまったく異なるように見える二つの系の臨界現象のある側面がなぜ同じになるのかを理解することにある．

具体的にいえば，普遍性は臨界指数が異なる系で同じ値をとることに最も顕著に現れる．臨界指数には次章以降で詳しく議論するようにさまざまなものがあるが，ここでは比熱 c の温度 T に関する特異性を決める臨界指数 α を挙げておく．

$$c \sim |T - T_{\rm c}|^{-\alpha} \tag{1.1}$$

$T_{\rm c}$ は相転移が起こる転移温度を表す．α が正の量のとき，比熱は転移温度で発散する．その発散の度合を決めるのが臨界指数 α である．例えば，気液相転移と磁性体における強磁性–常磁性相転移の臨界指数が非常に近い値をとることが報告されている．それは α 一つのみにおいてではなく，いくつか定義される臨界指数すべてにおいてである．臨界現象を特徴づける熱力学量は異なる系では当然異なるのだが，それでも適当な熱力学量間の対応関係のもとで臨界指数が一致するということは，背後に何らかの共通点があることを示唆している．

熱力学関数を厳密に計算できる系は例外であり，さしあたって平均場近似を用いて具体的な解析を行うことが多い．この近似によって導かれる相転移の描像は，非常に自然なものである．一方で，平均場近似を用いて計算される臨界指数が，異なる系に対しても似通っていることが知られていた．この事実の背後にある事情を解明したのが，平均場近似を一般化した Landau 理論である．この理論は，臨界現象の本質がどこにあるかを明らかにした．臨界指数の値は系の微視的な詳細には依存せず，系の対称性などいくつかの基本的な要素にのみよる．これが，普遍性という概念の芽生えであった．しかしながら，Landau 理論が与える臨界指数は実験値とのずれが顕著な場合が多い．

この問題を解決したのが，**くりこみ群**（renormalization group）の方法である．くりこみ群の方法の重要な点は，平均場近似では無視されていた**ゆらぎ**（fluctuation）の効果を適切に扱う枠組を提供したところにある．くりこみ群の方法は，相転移・臨界現象を定性的のみならず定量的にもよく記述することができる．また，この方法による結果を**スケーリング理論**（scaling theory）の枠組でとらえることによって，普遍性を理解することができる．普遍性の概念は，Landau 理論からくりこみ群の方法とスケーリング理論によって止揚され，平均場近似を超えたより強固な事実として確立された．

1.3　有効理論

くりこみ群は，物理学における普遍性という見方を広めたことと，**有効理論**（effective theory）または**有効模型**（effective model）の考え方を基礎づけることになったという点において，際立った地位を有している．

相転移現象の理論的な解析においては，何らかの模型を用いることが多い．代表的な模型が，もともとは磁性体を記述するために導入された Ising 模型である．この模型は単純ではあるが，相転移の本質を見事に表現することが知られており，この分野の研究において一つの試金石となっている．物理学の理論というのは基本的に模型に基づいた解析を行うことが多いが，統計物理学の分野においてはその傾向が強く，Ising 模型に限らず多様な模型が用いられている．

模型の理論的な位置づけには，二つの立場がある．一つは実際の系において実験的に測定された量を忠実に再現することを目指す方向性である．もし，考えている模型で観測量のふるまいを再現できなかったら，何か重要な寄与を見落としているということであり，現実のふるまいに近づけるよう模型を改良していく．一般にこのようにして構成された模型は複雑なものとなる．単純すぎるとすべての現象をあますところなく説明することは難しいからである．実験事実を詳細にわたって説明することが理論研究の主目的であるとすれば，これは模型の本来もっている役割といえる．

一方，そのような考え方と正反対に見える立場も存在する．対象の系を記述するのに最も本質的なものは何かという視点で，模型を組み立てるにあたって多くの単純化を行う．切り捨てる部分が本質的な寄与をもたらさないという期待に基づいている．この場合，模型はできるだけ単純な方が好ましい．例えば，先に挙げた臨界指数の値を決めるのに必要なものは何であるかに焦点を絞れば，非常に単純な模型で十分だということになる．単純な模型と上で述べたような複雑な模型が同じ普遍性を有するのであれば，単純な模型で十分である．現実を単純化した模型を有効理論という．Landau 理論はこの種の理論であり，Ising 模型も複雑な磁性体の本質だけを記述するための有効理論と見ることもできる．

くりこみ群は，このような有効模型の採用を正当化する役割を果たす．何が本質的に重要で何がそうでないかを判断する基準を与えてくれる．くりこみ群は，物理の理論において**スケール**（scale）が重要な意味をもつということを強調している．巨視的な系の性質を理解するために原子・分子，さらには素粒子の理論までさかのぼる必要はない．注目しているスケールを支配している物理の法則は，より小さなスケールにおける物理の法則とは独立に成り立つのが自然である．各々のスケールには，そのスケールを支配している独自の物理法則が存在する．このような物理学の**階層性**（hierarchy）は以前からも自然な考え方として知られていたが，くりこみ群の理論はそのような考え方を基礎づけることに成功したという意味で革命的であった．

より広い観点からいえば，くりこみ群は**現象論**（phenomenology）の意味や役割を問い直し，その価値を高める役割を担っている．現象論とは，実際の現象から導き出される知識の集大成である．微視的な理論は現象論と矛盾しないように構築される．微視的な理論がわかればすべてがわかるはずだから微視的な理論が第一義的な意味をもち現象論は二次的なものであるという立場が過ぎると，物理世界の本質的な階層性をとらえていない一面的な見方になる．

1.4 歴 史

くりこみ群の理論にまつわる研究の流れを概観する．歴史の流れに沿うことは理論体系の理解にとって必ずしも有用とは限らないが，相転移・臨界現象の理論の場合，両者は比較的両立するからである．

理想気体の状態方程式を改良して相互作用のある系のふるまいを記述する新たな状態方程式が，van der Waals によって 1873 年に提案された．van der Waals 方程式は，理想気体の状態方程式の比較的単純な拡張であるが，気体と液体の間の相転移を初めて記述した理論であり，相転移の理解に大きな役割を果たすこととなった．その単純さにもかかわらず，相転移に関わる諸現象を定性的によく説明することができる．

磁性体の相転移現象の先駆的な研究を行ったのは Curie である．彼は，強磁性，常磁性，反磁性といった磁性体の性質を調べ，強磁性体がある温度より上で強磁性的な性質を失い常磁性になることを発見した．これは磁性体の相転移である．また，常磁性相での磁化率が温度に反比例するという Curie の法則も発見している．

1907 年，Weiss は強磁性体を分子場近似とよばれる方法を用いて解析した．この方法にはさまざまな系に応用される多くの亜種が存在するが，本質的な考え方はどれも同じであり，平均場近似とよばれる．相転移だけでなく多体系全般の性質を記述するための強力な手法として，今日でも盛んに用いられている．

磁性体を理解するうえで欠かせないのが，Ising 模型である．これは相転移・臨界現象の理解において最も重要な役割を果たした模型であり，模型の簡便さも相まって頻繁に用いられている．この模型は，1920 年に Lenz により考案された[*2]．1925 年，Lenz の学生であった Ising は，博士論文において 1 次元系の解を求め，有限温度で相転移が起きないことを示した．Onsager は 1944 年，2 次元 Ising 模型の厳密解を求め，相転移が有限温度で起きることを明確に示した．微視的な理論から非自明な相転移を厳密に導き出した初めての例である[*3]．統計力学の枠組では相転移を正確に記述することができないと考える研究者が多数を占めていた時代の中で，実際に相転移の存在が厳密解により示された事実は大きな驚きをもって迎えられ，相転移の統計力学という一大分野が形成される端緒となった．

1937 年，Landau は，のちに Landau 理論とよばれることになる理論を発表した．これは，それまでの考え方とはまったく異なる方向から臨界現象を理解しようという斬新な試みであった．系の微視的な構造には立ち入らず，系のもつ対称性のみに立脚して相転移が起こる条件や性質を調べる枠組を提案した．最も簡単な場合には

[*2] このため，Lenz–Ising 模型ともよばれる．

[*3] 実のところ，それ以前の 1925 年に Bose–Einstein 凝縮が起こることが Einstein によって示されている．この相転移は量子効果を必要とする．初めは，それが相転移であるということは（発見者の Einstein にも）認識されていなかったようである．

平均場近似で導出されていた臨界指数が得られ，その結果が系の詳細によらない普遍的なものであることを示した．

Landau 理論を含む平均場の理論は，相転移を簡潔かつ明瞭に説明するが，先に述べたように，臨界指数の実験値を正確に再現することはできない．1960 年代になって，いくつかの臨界指数が互いに独立ではなく一定の関係をもっていることがいくつかの研究によって指摘されていた．1965 年，Widom はその考え方を一歩進め，ある種の関数を用いることで臨界指数の間の関係式が得られることを示した．スケーリング仮説とよばれている．導入されるスケーリング関数が物理的に何を意味するのかは不明であり，しかも関数形を具体的に求めることはできなかったものの，何らかの物理法則が背後にあることを強く示唆する結果であった．ほぼ同時期に同様の結果が Patashinskii と Pokrovskii によって得られている．

スケーリング理論の考え方を一歩推し進めるアイデアを提出したのが Kadanoff である．彼は 1966 年，臨界点付近において系の熱力学関数がすべてのスケールにおいて同じ形をとるという仮定のもとに，Widom のスケーリング仮説が正当化されることを示した．Widom の理論は数学的な仮説に基づいていたが，Kadanoff はそれを物理的な仮説におきかえたわけである．Kadanoff のアイデアはくりこみ群の本質をとらえていたのだが，スケーリング関数を具体的に計算する方法は提示されなかった．その具体的な計算が行えることを 1971 年に初めて示したのが，Wilson である．微視的なハミルトニアンが与えられたとき，どのようにしてスケーリング関数を導くかについての一般的な処方箋が示された．これを契機として大きな研究の流れが生まれ，くりこみ群の理論が確立していくことになる[*4]．

実は，くりこみ群という言葉は Wilson が考えたものではなく，素粒子論において 1950 年代にはすでに用いられていた．**くりこみ**（renormalization）は，場の量子論において物理量の計算に現れる発散を取り除くための手法として開発された．量子電磁力学（quantum electrodynamics）において，摂動展開の各項の発散を系統的に除去できることが，1940 年代に朝永，Schwinger，Feynman により示された．発散を含む元の理論からくりこまれた理論の変換について調べたのが，Stueckelberg，Petermann(1953) と Gell-Mann，Low(1954) の研究である．変換が群（正確には半群）をなし，その変換を記述するのがくりこみ群方程式である．この方法の応用において最も重要な成果は，

[*4] 以下のウェブサイトの情報からどのような研究の流れがあったかを垣間見ることができる．Kadanoff，Wilson 等多数の関係者のインタビューが掲載されている．
Physics of Scale Activities Page: `http://authors.library.caltech.edu/5456/1/hrst.mit.edu/hrs/renormalization/public/index.html`

1973 年の Gross, Wilczek, Politzer による量子色力学 (quantum chromodynamics) における漸近的自由性 (asymptotic freedom) の発見であろう．

Wilson は，くりこみ理論をより広い立場から見直し，臨界現象の解析に適用した．それによって，あくまで計算の処方箋として知られていたくりこみの理論が深い物理的な意味をもっていることを明らかにした．Wilson の理論は，場の理論と統計力学という二つの異なる理論を結びつける役割を果たしており，これを契機として多くの共通の手法が開発されることとなる．その最も顕著な例は，1984 年，Belavin, Polyakov, Zamolodchikov による共形場理論である．Polyakov によって 1970 年に提案されていた共形不変性を臨界現象の理論に適用することによって，普遍性のより深い理解がなされた．近年では，共形不変性を用いることによって臨界指数の精密な値を計算することが可能になっている．

1.5　本書の構成

本書の構成ないし内容を表 1.1 に示す．重要度で星の数が三つの章が本書の主軸をなす．星二つの章はいろいろな応用を扱う．星一つは，前半の流れからはやや離れ

表 1.1　本書の構成

章	題　名	内　容	重要度
2	相転移とは何か	統計力学の一般論から相転移を理解する	⋆⋆⋆
3	平均場理論	平均場近似による相転移の記述	⋆⋆⋆
4	Landau 理論	平均場理論の一般化，ゆらぎを見る，普遍性とは何か	⋆⋆⋆
5	動的現象と相転移	時間依存する系で相転移を見る	⋆⋆
6	可解模型の解析	可解模型の解法，相転移の実例	⋆⋆
7	スケーリング理論	スケーリング理論でとらえる普遍性	⋆⋆⋆
8	くりこみ群	くりこみ群の一般論	⋆⋆⋆
9	実空間くりこみ群	格子スピン系へのくりこみ群適用例	⋆⋆
10	運動量空間くりこみ群	連続場の系へのくりこみ群適用例	⋆⋆
11	演算子積展開	10 章の解析の異なるアプローチ，普遍性を理解する	⋆⋆
12	連続対称性のある系	南部–Goldstone モード， Kosterlitz–Thouless 転移等	⋆⋆
13	くりこみとくりこみ群	(摂動的) くりこみの方法	⋆
14	量子系の相転移・臨界現象	量子系の扱い方，量子相転移とは何か	⋆

た話題か発展的な内容である．ただし，星二つでも重要で理解してほしいものがあるし，星三つの章の中にも発展的で飛ばしてもよい内容が含まれている．各章には重要度の異なる内容の記述が混在している．おおよその目安としてとらえてほしい．

2　相転移とは何か

本章では，主題の一つである相転移とは何かを議論する．熱力学・統計力学それぞれにおいて相転移がどのように特徴づけられるかを考察し，相転移の物理的な描像を探る．また，相転移に伴い生じる対称性の自発的破れについても議論する．具体的な議論を行うために典型的な模型である Ising 模型を導入するが，できるだけ模型に依存しない一般的な性質を扱う．

2.1　統計力学と熱力学関数

まずは統計力学の基本を復習するところから始めよう．本書でくり返し用いることになる諸々の熱力学量の定義とそれらの関係を復習するとともに，熱力学極限の重要性について述べる．

2.1.1　カノニカル分布

本書で扱う対象は微視的な要素が多数集まってできる巨視的な系であり，熱力学によって記述される．熱力学は，熱エネルギーの移動によって引き起こされるさまざまな現象を扱うための体系である．エネルギーやエントロピーなどの熱力学量の関係を規定するが，対象とする系の微視的な詳細を問わない．それはつまり，熱力学は与えられた系（ハミルトニアン）に対して熱力学量を具体的に計算することができないことを意味する．そこに統計力学の存在意義が生じる．

統計力学は，熱力学において扱われる熱力学量を微視的な確率分布模型から具体的に計算する処方箋を与える．等重率の原理（仮説）を出発点にして構成された理論であり，熱力学との整合性が構成の指針となる．統計力学を用いて計算された熱力学量は，たいていの場合，熱力学が要請する性質を備えている．しかしながら，統計力学の基本的前提条件に沿わない模型に統計力学の枠組を適用すると，熱力学と矛盾する結果が得られることがある．例えば，負の温度という概念がある．これはすべての許されるエネルギー値の単純平均より指定値 E が大きくなるとき現れるものである．熱力学において定義される温度は非負の量であり，負の温度に対応する状態の熱力学的な意味は不明である．また，相互作用が非常に長い距離に及んでいる系に統計力学を適用しようとすると，負の比熱のような異常なふるまいが得られることがある．長距離相互作用のある系の統計力学は未解決の部分が多く，今後の課題として残されている．

相転移は熱力学量を表す熱力学関数の特異性として表現されるため，統計力学を適用する際にはその適用限界に注意しなければならない．特異性が物理的に意味のあるものなのかどうかを見極める必要がある．そのため，統計力学を用いて評価される熱力学関数にどのような特異性が許されるのかを理解することが本章の主要な目的である．

統計力学で最も多く用いられる確率分布模型は，**カノニカル分布**（canonical distribution）である[*1]．考察対象である系の大きさと比べて十分大きい**熱浴**（heat bath）を用意して，系と熱浴の間にエネルギーのやりとりを許す[*2]．このとき，系の状態を指定する指標となるのはエネルギーではなく，熱浴の状態数を用いて定義される温度である．温度一定であることが，系が熱浴と接して熱平衡状態を保っていることを表している．このような設定のもとで系が各々の微視的状態をとる確率が与えられ，その確率分布を用いて熱力学量が求められる．

カノニカル分布に基づいて熱力学量を計算する処方箋は次の通りである．多体系のハミルトニアン H が与えられたとき，**分配関数**（partition function）を

$$Z = \mathrm{Tr}\, \mathrm{e}^{-\beta H} \tag{2.1}$$

と定義する．$\beta = 1/T$ は温度 T の逆数であり，しばしば**逆温度**（inverse temperature）とよばれる．本来は **Boltzmann 定数**（Boltzmann constant）k_{B} を用いて $\beta = \frac{1}{k_{\mathrm{B}}T}$ とするのだが，本書では k_{B} を省略する（$k_{\mathrm{B}} = 1$ とする）**自然単位系**（natural units）を用いる[*3]．このとき温度 T はエネルギーの単位をもつ．Tr はとりうる微視的状態すべてについての和を表している．和が離散的か連続的かは考えている系

[*1] または**正準分布**という．英語では canonical ensemble という方が多い．

[*2] 十分大きいというのは，熱浴の構成要素の数（粒子数など）が系のものと比較して十分大きいことを意味する．また，系の要素の数も十分大きいこと，系と熱浴間の相互作用が小さいことも要請される．相互作用が小さいというのはどの程度かという問題はそれほど自明ではないが，ここでは詳しく議論しない．

[*3] 同様にして，Planck 定数を 2π で割ったもの $\hbar$ や光速度 c などを省略する（$\hbar = 1$，$c = 1$ とする）．

による[*4]．分配関数自体は熱力学量ではないが，ここからすべての熱力学量が計算される．

Helmholtz の自由エネルギー（Helmholtz free energy）は次のように定義される．

$$F = -\frac{1}{\beta}\ln Z \tag{2.2}$$

この関数が熱力学によって規定される自由エネルギーに対応しており，以下の議論で中心的な役割を果たす．自由エネルギーが決まれば，熱力学の関係式を用いて他の熱力学量も計算することができる．**内部エネルギー**（internal energy），または単に**エネルギー**（energy），は

$$E = \frac{\partial}{\partial\beta}\beta F \tag{2.3}$$

であり，**エントロピー**（entropy）は

$$S = -\frac{\partial F}{\partial T} \tag{2.4}$$

と表される．これらの関数は

$$F = E - TS \tag{2.5}$$

によって関係づけられる．この F と E の関係は **Legendre 変換**（Legendre transformation）にほかならない[*5]．自由エネルギーは温度の関数であるが，エネルギーはエントロピーの関数である．また，Helmholtz の自由エネルギーは体積 V の関数でもあるのだが，Legendre 変換を用いると **Gibbs の自由エネルギー**（Gibbs free energy）

$$G = F + pV, \qquad p = -\frac{\partial F}{\partial V} \tag{2.6}$$

を定義することができる．これは温度と圧力 p の関数である．

以上の処方箋によって，微視的なハミルトニアンと巨視的な熱力学量が直接結びつけられる．このことをもう少し詳しく見てみよう．ハミルトニアンの固有値が E_n

---

[*4] 量子系であればハミルトニアン演算子 $\hat{H}$ の固有値にわたる和であり，古典系であれば相空間の積分になる．

[*5] Legendre 変換を行うことができるように熱力学関数には凸性が要求される．凸性については後述する．

で表されるとする．n はとりうる固有状態を示す指標であり，個々の微視的状態を表す．分配関数は定義より次のように書ける[*6]．

$$Z = \sum_n e^{-\beta E_n} \tag{2.7}$$

これを上の公式に代入すると，エネルギーの表式が得られる．

$$E = \frac{1}{Z} \sum_n E_n e^{-\beta E_n} \tag{2.8}$$

つまり，状態 n が実現される確率は **Boltzmann 因子**（Boltzmann factor）$\exp(-\beta E_n)$ を分配関数で割ったもの

$$P_n = \frac{1}{Z} e^{-\beta E_n} \tag{2.9}$$

で表される．また，エントロピーは

$$S = -\sum_n P_n \ln P_n \tag{2.10}$$

と書ける[*7]．$0 \le P_n \le 1$ であるから，エントロピーは非負の量であるという熱力学的な要請を満たしている．

これらの式を用いて，系の状態や熱力学量のとりうる値を定性的に理解することができる．絶対零度極限 $\beta \to \infty$ では，系は**基底状態**（ground state），つまり E_n が最も小さい状態のみをとることが確率分布の表式 (2.9) からわかる[*8]．基底状態 $n = 0$ が縮退していないとすると，$P_n = \delta_{n0}$ となる．これを代入するとエントロピーは 0 になる（熱力学第 3 法則）[*9]．また，$F = E - TS$ より，絶対零度では自由エネルギーはエネルギーに等しい．逆の高温極限 $\beta \to 0$ では，各状態の実現確率 P_n はすべての状態で等しくなる．状態の総数を M とすると，$P_n = 1/M$ である．このとき，エネルギーはすべての状態のエネルギーの平均 $E = \frac{1}{M}\sum_{n=1}^{M} E_n$，エントロピーは状態数の対数 $S = \ln M$ で与えられる．有限温度では低温極限と高温極限の結果を内挿するふるまいが得られるはずである．エネルギーが大きい状態ほど P_n

---

[*6] エネルギー準位は離散的であるとした．連続の場合は積分を用いて表される．式 (2.15) 参照．

[*7] 情報理論において用いられる **Shannon エントロピー**（Shannon entropy）の定義と合致している．

[*8] 本来は絶対零度極限をとる前に以下で述べる熱力学極限をとらないといけない．先に絶対零度極限をとってしまうと基底状態について間違った結論が得られてしまうことがある．

[*9] 基底状態に縮退があるとき，エントロピーは正になり，**残留エントロピー**（residual entropy）とよばれる．ただし，基底状態の縮退度が系の大きさ V について $\exp(Vs)$ のように指数関数的に増大する必要がある．s は $O(V^0)$ の量である．それより小さい縮退は熱力学極限 $V \to \infty$ では無視される．

は小さいが，状態の数は増えていくため，分配関数の計算は非自明なものとなる．

自由エネルギーやエントロピーを直接測定することは難しいため，それらの変化率を表す微分量が重要になる．例えば，エネルギーまたはエントロピーを温度で微分した量として，**熱容量**（heat capacity）

$$C = \frac{\partial E}{\partial T} = T\frac{\partial S}{\partial T} \tag{2.11}$$

が定義される[*10]．熱容量の統計力学的な表現は次の通りである．

$$C = \beta^2 \left[\sum_n P_n E_n^2 - \left(\sum_n P_n E_n \right)^2 \right] \tag{2.12}$$

つまり，カノニカル分布におけるエネルギーのゆらぎが熱容量を与える．この量は明らかに非負であり，温度を上げるとエネルギーおよびエントロピーが上昇するという熱力学的な要請を満たしている．

2.1.2 熱力学極限

統計力学で計算される熱力学関数は，系の大きさが無限大となる**熱力学極限**（thermodynamic limit）において，現実の熱力学量と関係づけられる．熱力学によると，自由エネルギーやエネルギー，エントロピーといった量は**示量性**（extensive）をもつ．つまり，系の大きさに比例している．2 倍大きな系ではそれらの量も 2 倍となる．一方で，温度や圧力などは**示強性**（intensive）の量であり，系の大きさに依存しない．示量性をもつ量は系の大きさで割った密度で表すと便利である．

カノニカル分布を用いて計算される自由エネルギーは，系が十分大きいとき示量性をもつ[*11]．有限の系で計算を行うと，自由エネルギーは

$$F = fV + f_{\mathrm{s}}S + \cdots \tag{2.13}$$

という形で表すことができる．主要項である第 1 項は空間の体積 V に比例し，空間の表面積 S に比例する項が続く．熱力学極限では表面からの寄与は内部領域からのものと比べて非常に小さい．したがって，自由エネルギー密度 f は，

$$f = \lim_{V\to\infty} \frac{F}{V} \tag{2.14}$$

*10 体積と粒子数を一定にとった定積熱容量を表す．
*11 式 (2.15) 以下の議論を参照．

と定義すればよい．f_s や高次の項は熱力学極限では自由エネルギー密度に寄与しないので無視する．このようにして $F \sim Vf$ という示量性が成り立つと見なされる．同様にして，エネルギー密度 $\epsilon \sim E/V$，エントロピー密度 $s \sim S/V$，**比熱**（specific heat）$c \sim C/V$ なども定義される[*12]．自由エネルギー密度は熱力学極限において発散せずにきちんと定義できる量であり，その解析性を議論することができる．自由エネルギーを扱う以下の議論では実質的には自由エネルギー密度を考えていることになる．エネルギー等も同様である．

熱力学極限の果たす役割をもう一つ見てみよう．カノニカル分布は各微視的状態の確率分布を与える．式 (2.8) によると，実現されるエネルギーは確率分布 (2.9) に関する平均によって表される．これは，系が量子力学のように各状態の重ね合わせで表されているということではない．熱力学極限は，系のもつエネルギーを一意的に定める役割を担っている[*13]．このことを式を用いて表すと次のようになる．分配関数は

$$Z(T) = \int \mathrm{d}E\, \mathrm{e}^{-\beta F(E)}, \qquad F(E) = E - TS(E) \tag{2.15}$$

と書くことができる．E は系の微視的な状態のエネルギーを表し，あるエネルギー E をとる状態数（密度）は $\exp(S(E))$ で与えられる[*14]．熱力学的にまともな系であれば，実現する E および $S(E)$ の値は系の大きさに比例して大きくなる量である．このとき，式 (2.15) において，熱力学極限では $F(E)$ が最も小さな値をとる部分のみが積分値に効いてくる．なぜなら，$F(E_1) < F(E_2)$ のとき，熱力学極限で $F(E_1)$，$F(E_2)$ がともにいくらでも大きくなり

$$\frac{\mathrm{e}^{-\beta F(E_2)}}{\mathrm{e}^{-\beta F(E_1)}} = \mathrm{e}^{-\beta(F(E_2)-F(E_1))} \to 0 \tag{2.16}$$

となるからである．$F(E_2)$ が実現される確率は，$F(E_1)$ が実現される確率から相対的に見ると 0 になる．$F(E)$ が最小となるエネルギー E^* を決める極値条件

$$1 - T\left.\frac{\partial S}{\partial E}\right|_{E=E^*} = 0 \tag{2.17}$$

---

*12 粒子数 N で割る定義を用いることもある．N と V のどちらを用いるかは考えている系に応じて決める．例えば次節で定義する Ising 模型ではスピン数 N を用いる．系の質量を用いることもある．

*13 微視的状態を完全に定めるわけではないことに注意する．下記参照．

*14 式 (2.1) は，状態一つ一つについての和を表している．一方，式 (2.15) はすべてのエネルギーについて一様に和をとる代わりに，重みをつけてそのエネルギーにどれだけ状態があるかを指定している．

は，S をエントロピーとしたとき，**ミクロカノニカル分布**（microcanonical distribution/ensemble）における温度の定義式にほかならない．このとき，分配関数は熱力学的な自由エネルギー $F(T)$ を用いて

$$Z(T) \sim \mathrm{e}^{-\beta F(T)}, \qquad F(T) = E^*(T) - TS(E^*(T)) \tag{2.18}$$

と表される．これは数学的には鞍点法とよばれる手法である[*15]．鞍点法の詳しい説明は付録 A.1 節（325 ページ）を参照されたい．

自由エネルギー F，エネルギー E，エントロピー S は，$F = E - TS$ の関係をもつ．したがって，温度 T が与えられたとき，エネルギーが小さくエントロピーが大きい状態が実現しやすい．しかしながら，これらの条件は同時には成立しない．通常，エントロピーはエネルギーの増加関数となるからである．エネルギーとエントロピーの拮抗が生じることになる．温度を与えると両者のバランスによって状態が決められる．温度が小さいとエネルギーを小さくする効果が強いが，温度が大きいとエントロピーを大きくする効果が勝るようになる．以下で見るように，このような拮抗が相転移が発現する要因となる．

理論的には熱力学極限をとることは可能であるが，現実の系は無限大の大きさをもたない．熱力学極限とは，巨視的な系の性質を確率分布模型の詳細によらないかたちで抽出するための理論的な手続きである．熱力学極限で得られた統計力学の熱力学関数（密度）が現実の熱力学量を表す．

2.2 Ising 模型

議論を具体的に進めるために，模型を導入しよう．磁性体を記述する最も単純な模型であり，相転移・臨界現象の理論を表現する標準模型となる **Ising 模型**（Ising model）である[*16]．

[*15] 鞍点法では，鞍点のまわりで 2 次まで展開し Gauss 積分を行う．いまの場合，この積分により生じる因子は熱力学極限での自由エネルギー密度には寄与しない．

[*16] W. Lenz: Physik. Z. **21**, 613 (1920); E. Ising: Zeits. f. Physik **31**, 253 (1925).

2.2.1 ハミルトニアン

Ising 模型は次のハミルトニアンによって表される．

$$H = -\sum_{\substack{i,j=1 \\ (i \neq j)}}^{N} J_{ij} S_i S_j - \sum_{i=1}^{N} h_i S_i \tag{2.19}$$

S_i は空間に固定された点 i において定義された**スピン変数**（spin variable）または**スピン演算子**（spin operator），あるいは単に**スピン**（spin），を表し，±1 の値をとる．J_{ij} は点 i と j にあるスピンの間の相互作用エネルギーの大きさ，h_i はスピン S_i の状態によって決まるエネルギーを表す．この系では，空間の体積の代わりにスピンの数 N が系の大きさを表す．自由エネルギー密度は

$$f = \lim_{N \to \infty} \frac{F}{N} \tag{2.20}$$

と定義される．各スピンが ±1 の値をとり，それが N 個あるので，分配関数 (2.1) に現れる和の項数は 2^N である．

Ising 模型は, 次のようなハミルトニアンで表される **Heisenberg 模型**（Heisenberg model）を変形させたものとして理解できる．

$$\hat{H} = -\sum_{\substack{i,j=1 \\ (i \neq j)}}^{N} J_{ij} \hat{\boldsymbol{S}}_i \cdot \hat{\boldsymbol{S}}_j - \sum_{i=1}^{N} \boldsymbol{h}_i \cdot \hat{\boldsymbol{S}}_i \tag{2.21}$$

ここで 3 次元ベクトル $\hat{\boldsymbol{S}}_i$ は点 i におけるスピンである．スピンは量子力学的な概念であるから，$\hat{\boldsymbol{S}}_i$ は演算子を表す[*17]．スピン演算子の詳しい性質は付録 B にまとめてある．

スピン演算子 $\hat{\boldsymbol{S}}_i$ は，$\hat{\boldsymbol{S}}_i^2$ の固有値 $S(S+1)$ によって区別される[*18]．最も単純なのは，$S = 1/2$ の系である．このとき，一つのスピンのとりうる状態は，適当な方向（例えば z 軸）を基準として量子化され，$\hat{S}_i^z$ は ±1/2 の 2 通りの固有値をもつ．ハミルトニアン (2.21) の第 1 項は**交換相互作用**（exchange interaction）とよばれる[*19]．各スピンは互いに離れた点に局在しているが，量子力学的な効果によって相

[*17] スピンが古典的なベクトルであると見なす模型を考えることもできる．これら二つは，量子 Heisenberg 模型と古典 Heisenberg 模型として区別される．Ising 模型では，用いられる演算子はすべて交換するので，そのような区別はない．詳しくは，第 14 章を参照．

[*18] 付録 B に詳述してあるが，S は非負の半整数 $0, 1/2, 1, 3/2, \cdots$ を表す．本書では，$\hbar = 1$ とする．

[*19] W. Heisenberg: Zeits. f. Physik **38**, 411 (1926)．この論文では交換相互作用の起源が初めて議論されている．その後の研究を経て，式 (2.21) のハミルトニアンを Heisenberg 模型とよぶようになった．

互作用が生じる．相互作用項をさらに一般化すれば $J_{ij}^x \hat{S}_i^x \hat{S}_j^x + J_{ij}^y \hat{S}_i^y \hat{S}_j^y + J_{ij}^z \hat{S}_i^z \hat{S}_j^z$ と書ける．つまり，非等方的な相互作用である．ここで $J_{ij}^x = J_{ij}^y = J_{ij}^z$ としたのが Heisenberg 模型，$J_{ij}^x = J_{ij}^y = 0$ としたのが Ising 模型である[*20]．$J_{ij}^z = 0$ とすると，x，y の 2 成分のスピンで記述される **XY 模型**（XY model）が得られる．また，式 (2.21) 第 2 項は，磁場によって誘起されるエネルギーであり，**Zeeman 効果**（Zeeman effect）を表す[*21]．$\boldsymbol{h}_i$ は点 i にかかる磁場を表す．ただし，ここでは磁気モーメント係数を含めたものを磁場としている．Ising 模型の場合，磁場は相互作用する成分 z の方向にかかるものとする[*22]．

Ising 模型は単純化された磁性体の模型として導入されたが，より広いクラスの系を表現している．最小構成要素が 2 通りの状態をとる系では，適当な変換を用いるとハミルトニアンを Ising 模型の形に書くことができるからである[*23]．Ising 模型を解析することで多くの系の性質を理解することができる．

Ising 模型において，熱力学量は相互作用 $\{J_{ij}\}$ と磁場 $\{h_i\}$ の値の組を与えることで決まる．それらの値はスピンの空間的な配置に大きく左右される．本書では，d 次元**超立方格子**（hypercubic lattice）の格子点上にスピンが配置され，最近接のスピン間で同じ大きさの相互作用を行い，磁場が場所によらない場合

$$H = -J \sum_{\langle ij \rangle} S_i S_j - h \sum_{i=1}^{N} S_i \tag{2.22}$$

を主に考える．超立方格子は，正方格子（2 次元），立方格子（3 次元）を任意の次元に一般化したものである．このハミルトニアンは多くの解析において用いられる代表的な模型である．第 1 項の和は，最近接対 $\langle ij \rangle$ についてとっている．図 2.1 に 2 次元の例を示す．格子点は • と ∘ の点で表される．格子点のことを**サイト**（site）や**頂点**（vertex），**節**（node）とよぶこともある．また，となり合った格子点を結ぶ線（図の実線）を**ボンド**（bond）や**リンク**（link），**辺**（edge），ボンドでつながれる最小の閉じたループ（図の破線）を**プラケット**（plaquette）とよぶ[*24]．

スピン S_i は格子点 i，相互作用 J_{ij} はボンド ij に割り当てられている．スピン数

[*20] Ising 模型の場合，交換相互作用定数 J_{ij} を適当に定数倍して定義し直し，スピン変数が ± 1 の値をとるようにする．

[*21] P. Zeeman: Phil. Mag. **43**, 226 (1897). 原論文は前年の 1896 年にオランダ語で書かれている．

[*22] 他の方向に磁場がかかる場合は横磁場 Ising 模型として知られている．最も簡単な量子力学的模型の一つである．第 14 章を参照．

[*23] 例として，3.4.2 項（68 ページ）で格子気体模型を扱っている．

[*24] 頂点，節，リンク，辺のような語は**グラフ理論**（graph theory）のものである．

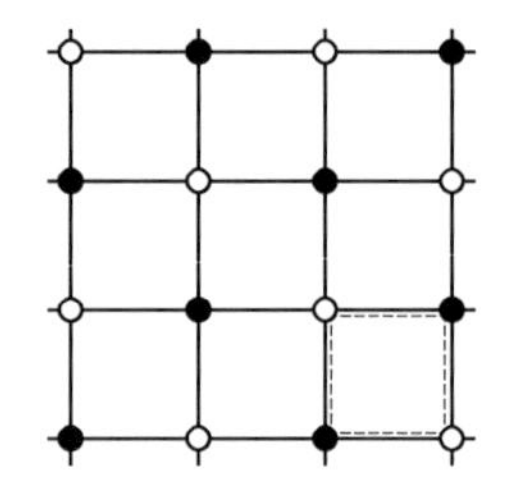

図 2.1　超立方格子の定義．この図では 2 次元の正方格子を表しているが，任意の次元の場合も同様に表される．スピン変数は ● と ○ で表されている各格子点に配置されている．格子点（サイト）をつなぐ線はボンド，ボンドでつながれる最小のループ（破線）はプラケットを表す．d 次元立方格子では各格子点は $z = 2d$ 本のボンドとつながっている．一般に z を配位数とよぶ．

（格子点の数）を N，1 辺の長さを L，**格子定数**（lattice constant）とよばれる最近接格子点間の距離を a とすると，$V = L^d = Na^d$ が成り立つ．一つのスピンに注目したとき，そのスピンが直接相互作用しているスピンの数を**配位数**（coordination number）とよび，z で表す．d 次元超立方格子の場合 $z = 2d$ となる．ボンドの数 N_{B} は最近接対の数に等しく，$N_{\mathrm{B}} = Nz/2 = Nd$ で与えられる．境界があるとこの式からずれが生じるが，熱力学極限では無視できる．**周期的境界条件**（periodic boundary condition）を課して端をなくすと解析が容易になることが多いため，よく用いられる[*25]．

このような単純な模型ではたして熱力学的にまともな熱力学関数を得ることができるかという疑問が生じるかもしれない．例えば $J_{ij} = 0$ とすると，スピン間に相互作用は働かず各スピンは独立にふるまう．その場合，正常な熱力学的性質をもった熱力学量を容易に計算することができるが，結果はとり立てておもしろいものではない[*26]．相互作用項があると問題はたちまち複雑になる．スピンが互いに影響を及ぼし合い，前章で述べた協力現象が起こる．熱力学的にまともなふるまいを得るためには相互作用の値はどのようなものでもよいわけではない．熱力学量であるエネルギーが N に比例した量となるためには，J_{ij} が 0 でない 1 程度の量となる項の数（式 (2.19) 第 1 項の和の数）は N 程度となる必要がある．上で述べた格子点上に定義された式 (2.22) の Ising 模型では，最近接間の相互作用をする場合，和の数は

[*25] 第 6 章の具体例を参照．
[*26] 学部の統計力学で扱われる典型的な例である 2 準位系となる．

$N_{\mathrm{B}} = Nd \propto N$ であり要件を満たしている．すべての J_{ij} が 1 程度の大きさをもつ全結合の模型では，和の数が N^2 程度となり示量性が満たされなくなってしまう[*27]．

式 (2.22) の Ising 模型は，$J > 0$ のとき**強磁性**（ferromagnetism）の模型となる．となり合うスピンが同じ値をとった方が相互作用エネルギーが低くなり，低温でスピンがそろうからである．$J < 0$ のときは異なる符号をとった方が相互作用エネルギーが低く，**反強磁性**（antiferromagnetism）の模型となる．2.2.3 項で見るように，反強磁性 Ising 模型の扱いは強磁性の場合と本質的に同じなので，本書では主に強磁性の場合 $J > 0$ を扱う．

2.2.2 熱力学量

磁性体では，スピンがどれだけそろっているかを示す**磁化**（magnetization）によって系のもつ磁性が定量的に表現される．Ising 模型の場合，磁化は次のように定義される．

$$M = \sum_{i=1}^{N} \langle S_i \rangle \tag{2.23}$$

ここで $\langle \ \rangle$ はカノニカル平均

$$\langle \cdots \rangle = \frac{1}{Z} \mathrm{Tr}\, (\cdots)\, \mathrm{e}^{-\beta H} \tag{2.24}$$

を表す．定義からわかるように磁化は示量性をもつから，1 スピンあたりの量として次の定義が用いられる．

$$m = \frac{M}{N} = \frac{1}{N} \sum_{i=1}^{N} \langle S_i \rangle \tag{2.25}$$

この量は，スピンがすべて $+1$ の値をとれば最大値 $m = 1$ となり，すべて -1 であれば最小値 $m = -1$ となる．磁化は磁場に共役な熱力学量であり，

$$m = -\frac{\partial f}{\partial h} \tag{2.26}$$

という関係を満たす．カノニカル分布を用いると，

$$m = \frac{1}{N\beta} \frac{\partial}{\partial h} \ln Z \tag{2.27}$$

[*27] 全結合で各相互作用の大きさを $1/N$ 程度の量とした無限レンジ模型を 3.3.5 項（61 ページ）で扱う．

と書くことができる．**磁化率**または**帯磁率**（magnetic susceptibility）は

$$\chi = \frac{\partial m}{\partial h} = -\frac{\partial^2 f}{\partial h^2} \tag{2.28}$$

と定義される．磁場を変化させたときどれだけ磁化が増えるかを表した量である．カノニカル分布では

$$\chi = \frac{\beta}{N}\left[\left\langle\left(\sum_{i=1}^{N} S_i\right)^2\right\rangle - \left\langle\sum_{i=1}^{N} S_i\right\rangle^2\right] = \frac{\beta}{N}\sum_{i,j=1}^{N}\Big(\langle S_i S_j\rangle - \langle S_i\rangle\langle S_j\rangle\Big) \tag{2.29}$$

と表すことができる．つまり，磁化率は磁化のゆらぎを表し，非負の量である．磁化と磁化率の関係は，エネルギーと比熱のそれに類似している．

$J > 0$，$h = 0$ のとき，この系の熱力学的状態は，磁化が 0 である**常磁性相**（paramagnetic phase）と有限値をもつ**強磁性相**（ferromagnetic phase）のどちらかである[*28]．どちらの相が実現するのか，そしてその間の相転移はどのようなものかなどを明らかにすることがさしあたっての目標となる．

用語について注意をしておこう．Ising 模型のハミルトニアンは磁場の関数であるから，そこから計算される自由エネルギーは磁場と温度の関数になる．熱力学によると，磁性体の系において Helmholtz の自由エネルギーは磁化と温度の関数である．したがって，ここで定義されたハミルトニアンと分配関数から計算される F は，正確にいうと Helmholtz の自由エネルギーではなく Gibbs の自由エネルギー G に対応している．このことは，すべてのスピンからの寄与の和である磁化が示量変数，その共役変数である磁場が示強変数であることからわかる[*29]．本書では，慣習に従い磁場と温度の熱力学関数を自由エネルギー「F」として扱うことにする．

2.2.3　対称性

系のもつ対称性を理解することは，相転移を理解するうえで本質的に重要である．ここでは Ising 模型 (2.22) のもつ二つの対称性を考察する．

一つめは**スピン反転対称性**（spin-flip symmetry, spin-reflection symmetry）で

[*28] $h \neq 0$ の場合には，磁化は常に有限の値をもつ．

[*29] 運動する粒子が構成要素の系では，Helmholtz の自由エネルギー F は温度と体積と粒子数の関数，Gibbs の自由エネルギー G は温度と圧力と粒子数の関数である．体積と圧力が磁性体における磁化と磁場にそれぞれ対応している．

ある．文字通りスピンの反転 $S_i \to -S_i$ に関する対称性である[*30]．式 (2.22) のハミルトニアンにおいて，すべてのスピンの符号を反転する操作は磁場を反転することと等しい．

$$-J\sum_{\langle ij\rangle}(-S_i)(-S_j) - h\sum_{i=1}^{N}(-S_i) = -J\sum_{\langle ij\rangle}S_iS_j - (-h)\sum_{i=1}^{N}S_i \tag{2.30}$$

分配関数は反転スピン $\bar{S}_i = -S_i$ について和をとるとしても変わらない．よって，分配関数および自由エネルギーは磁場について偶関数となる．

$$Z(\beta, h) = Z(\beta, -h) \tag{2.31}$$

$$f(\beta, h) = f(\beta, -h) \tag{2.32}$$

スピン反転対称性は式 (2.19) の一般形においても成り立つが，二つめに議論する対称性は式 (2.22) の格子上に定義された模型に特有の性質である．磁場がゼロの場合，超立方格子上で最近接スピン同士に相互作用がある系では，強磁性と反強磁性模型は互いに関係づけられる．図 2.1 を見ると，● のスピンは ○ のスピンと相互作用しており ● 同士および ○ 同士の間に相互作用は働かないことがわかる．このように，スピンは二つのグループに分けられる．それらのグループはそれぞれ**副格子** (sublattice) を形成する．● のスピンをまとめて $S_\bullet$，○ のスピンを $S_\circ$ とすると，

$$H(J, h = 0; -S_\bullet, S_\circ) = H(J, h = 0; S_\bullet, -S_\circ) = H(-J, h = 0; S_\bullet, S_\circ) \tag{2.33}$$

という関係が成り立つ．これを**副格子対称性** (sublattice symmetry) という[*31]．この対称性を分配関数で見てみると，次の関係が得られる．

$$Z(\beta, h = 0; J) = Z(\beta, h = 0; -J) \tag{2.34}$$

$$f(\beta, h = 0; J) = f(\beta, h = 0; -J) \tag{2.35}$$

つまり，磁場がないとき，強磁性と反強磁性の Ising 模型は等価である[*32]．強磁性相に対応する相は反強磁性相である．強磁性相ではスピンが同じ符号にそろってい

[*30] 時間反転を行うと角運動量であるスピンが反転するので，**時間反転対称性** (time-reversal symmetry) ということもある．数学的には Z_2 **対称性** (Z_2 symmetry) ともよばれる．

[*31] ここで考えている場合では，副格子は 2 種類ある．それを一般化して任意の数の副格子をもつ系を考えることができる．例えば，三角格子上で定義された Ising 模型は 3 副格子の対称性をもつ．

[*32] 量子 Heisenberg スピン系の場合，量子効果により反強磁性体の性質は強磁性体のものとまったく異なるものとなる．第 14 章を参照．

るのに対して，反強磁性相では互い違いになっている．したがって，磁場をかけたときの応答の仕方は異なる[*33]．

2.3 相転移はどのようにして起こるか

本節では，相転移がどのように起こるかについて考察する．熱力学関数の特異性，エネルギーとエントロピーの競合，分配関数の解析性の破れというそれぞれの観点から，相転移とは何かを明らかにする．

2.3.1 熱力学関数の特異性

自由エネルギーの凸性

相転移は熱力学関数に特異性として現れる．どのような特異性が生じるかを議論するために，熱力学関数，特に自由エネルギー関数の性質を調べてみよう．

熱力学的には，自由エネルギーは温度に関して**上に凸**（concave[*34]）の単調減少（非増加）関数であることが要請される．このことは，次の関係が成り立つことからもわかる．

$$\frac{\partial f}{\partial T} = -s \leq 0 \tag{2.36}$$

$$\frac{\partial^2 f}{\partial T^2} = -\beta c \leq 0 \tag{2.37}$$

エントロピー s と比熱 c が非負の量であることを用いている．ただし，これらの量は発散や不連続変化をすることがある．その際の自由エネルギーの解析性が問題となる．

正確に述べると，関数 $f(x)$ が上に凸であるとは次の式が成り立つことを意味する．

$$f\left(tx_1 + (1-t)x_2\right) \geq tf(x_1) + (1-t)f(x_2) \qquad (0 \leq t \leq 1) \tag{2.38}$$

つまり，点 $(x_1, f(x_1))$ と $(x_2, f(x_2))$ を結ぶ直線がそれらの点の間のすべての点で関数 f より上になることがない．図 2.2(a) を見ると理解しやすい．このときの $f(x)$ は連続関数である．不連続な関数がこの性質を満たさないことは，図 2.2(b) を見る

[*33] 強磁性体で一様な磁場をかけることは，反強磁性体ではスピンと同じように互い違いの向きをもつ磁場をかけることに対応する．

[*34] **下に凸**の場合は convex という．上に凸を convex upward（あるいは convex up），下に凸を convex downward（convex down）ということもある．

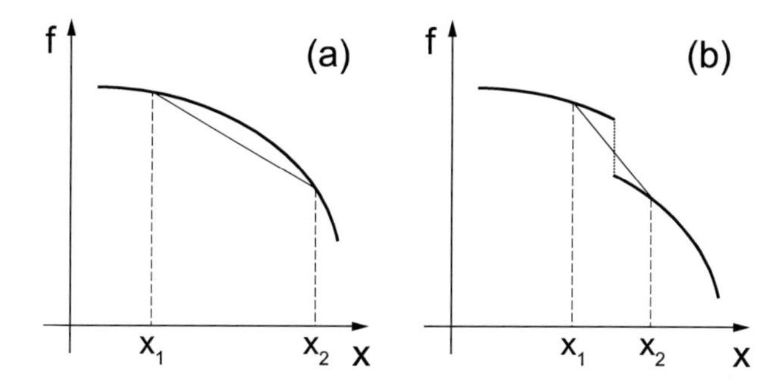

図 2.2　(a) 上に凸の関数．(b) 不連続関数は上に凸の関数ではない．

とわかる．自由エネルギーはこの厳密な意味で上に凸の関数であり，温度に関して連続関数でなければならない．

カノニカル分布を用いて計算される自由エネルギーが温度に関して上に凸の関数であることを示そう．自由エネルギーを逆温度 β の関数として見たとき，

$$\frac{\partial f}{\partial \beta} = \frac{1}{\beta^2} s \tag{2.39}$$

$$\frac{\partial^2 f}{\partial \beta^2} = -\frac{2}{\beta^3} s - \frac{1}{\beta^3} c \tag{2.40}$$

であるから，β に関して上に凸の関数であることを示せばよい．一つめの式から β に関して単調増加（非減少）関数であることがわかるので，以下それを用いる．

t を $0 \leq t \leq 1$ の実数としたとき，分配関数 $Z(\beta)$ は次の不等式を満たす．

$$\begin{aligned} Z\left(t\beta_1 + (1-t)\beta_2\right) &= \mathrm{Tr}\,\left(\mathrm{e}^{-\beta_1 H}\right)^t \left(\mathrm{e}^{-\beta_2 H}\right)^{1-t} \\ &\leq \left(\mathrm{Tr}\,\mathrm{e}^{-\beta_1 H}\right)^t \left(\mathrm{Tr}\,\mathrm{e}^{-\beta_2 H}\right)^{1-t} = \left(Z(\beta_1)\right)^t \left(Z(\beta_2)\right)^{1-t} \end{aligned} \tag{2.41}$$

ここで，次の **Hölder の不等式**（Hölder inequality）を用いた．

$$\sum_i a_i^t b_i^{1-t} \leq \left(\sum_i a_i\right)^t \left(\sum_i b_i\right)^{1-t} \tag{2.42}$$

a_i，b_i は正の量である．この不等式の証明は付録 A.3 節（328 ページ）にて行う．

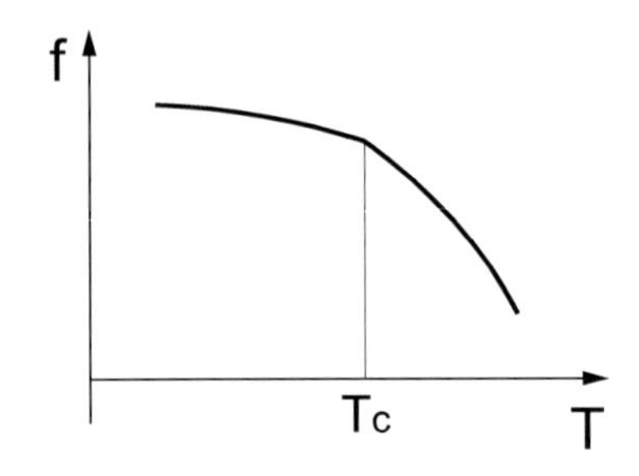

図 **2.3**　相転移が起こるときの自由エネルギーのふるまい．T_c の点で f の 1 階または 2 階以上の微分に不連続性が現れる．

式 (2.41) から自由エネルギーは次の不等式を満たす．

$$f(\beta) \geq \frac{t\beta_1}{\beta} f(\beta_1) + \frac{(1-t)\beta_2}{\beta} f(\beta_2) \tag{2.43}$$

ここで，$\beta = t\beta_1 + (1-t)\beta_2$ とおいた．一方，f が β に関して非減少関数であることを用いると，

$$\begin{aligned} &tf(\beta_1) + (1-t)f(\beta_2) - \left[\frac{t\beta_1}{\beta} f(\beta_1) + \frac{(1-t)\beta_2}{\beta} f(\beta_2)\right] \\ &\quad = \frac{t(1-t)}{\beta}(\beta_2 - \beta_1)\left(f(\beta_1) - f(\beta_2)\right) \leq 0 \end{aligned} \tag{2.44}$$

となる．両式より

$$f\left(t\beta_1 + (1-t)\beta_2\right) \geq tf(\beta_1) + (1-t)f(\beta_2) \tag{2.45}$$

となり，$f(\beta)$ が上に凸の関数であることが証明できた．

以上より，自由エネルギーは温度に関して上に凸の単調減少（非増加）関数である．上に凸の関数なので，連続関数でもある．同様にして，Ising 模型のようなスピン系では自由エネルギーが磁場に関して上に凸の関数であることも証明できる．

熱力学関数の特異性と相転移

熱力学的に安定な系であれば，自由エネルギーは温度に関して上に凸の単調減少関数となる．この性質は，自由エネルギーが図 2.3 のような特異性をもつことは否定していない．つまり，自由エネルギーの温度や磁場に関する 1 階微分または高階微分に不連続性ないし発散が出現する可能性がある．これが熱力学関数を通して見

る相転移である．相転移の起こる温度を**転移温度**（transition temperature）というが，磁場など他の変数の変化によっても生じることから，一般には**相転移点**（phase transition point），**転移点**（transition point）という．自由エネルギーの 1 階微分が不連続になるときを **1 次相転移**（first-order phase transition）または**不連続相転移**（discontinuous phase transition），2 階微分以上に不連続性ないし発散が生じるとき，**2 次相転移**（second-order phase transition）または**連続相転移**（continuous phase transition）という[*35]．1 階微分にとびが出ることは，エントロピーが温度について，または磁化が磁場について不連続になることを意味する．上で示したように，カノニカル分布の分配関数に直接結びついている自由エネルギー関数は連続であるが，自由エネルギーから副次的に計算されるエントロピーやエネルギーは不連続となりうる[*36]．自由エネルギーの 2 階微分で表される比熱や磁化率には特異性が生じやすく，相転移点で発散することが多い．

相転移点は複数の相が共存する点を表している．熱力学を用いると，相共存の性質をある程度議論することができる．以下でも一部扱うが，詳しくは熱力学の教科書を参照されたい．

2.3.2 Ising 模型の相転移: Peierls の議論

ここでは，エネルギーとエントロピーの競合という描像に基づいて相転移の発生機構を調べよう．**Peierls の議論**（Peierls argument）とよばれる方法である[*37]．極低温での系の状態に対して励起状態の自由エネルギーを調べ，元の状態の安定性を議論する．それによって，**熱ゆらぎ**（thermal fluctuation）の効果が相転移に重要な役割を果たすことを見る．

絶対零度の相転移

強磁性的な相互作用 $J > 0$ をもつ Ising 模型 (2.22) を考える．十分低温であれば，エネルギーが低い状態，つまりスピンがそろった状態が実現しやすい．特に，絶対零度 $\beta = \infty$ において系は基底状態をとる．磁場 h が正のとき，すべてのスピンは $+1$ をとり，負のときは -1 をとる．磁化はそれぞれ $m = \pm 1$ で与えられる．この

[*35] Ehrenfest の定義では自由エネルギーの n 階微分に不連続性が生じるときを n 次相転移としていたが，近年では 1 次相転移・連続相転移とよぶ方が多い．

[*36] ミクロカノニカル分布では，状態数と直接結びついているエントロピーは，エネルギーの連続関数である．

[*37] R. Peierls: Proc. Cambridge Phil. Soc. **32**, 477 (1936).

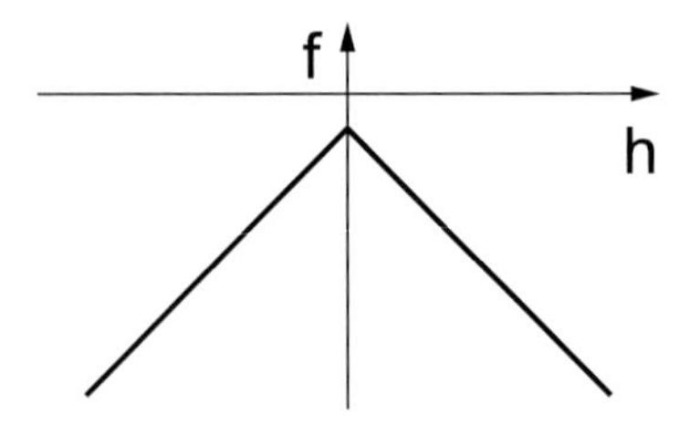

図 **2.4**　$T = 0$ における Ising 模型の自由エネルギー．

ときの自由エネルギーはエネルギーに等しく，

$$f = -J\frac{N_{\mathrm{B}}}{N} - |h| \tag{2.46}$$

と書ける．図 2.4 のように自由エネルギーを磁場の関数として見たとき，$h = 0$ の点で解析性が失われている．自由エネルギーは連続であるが 1 階微分が不連続になっている．スピンの向きが $h = 0$ を境にして反転する．また，磁化率はこの点で発散する．よって，ここで 1 次相転移が起こっているといえる．

ただし，この相転移は絶対零度に限った場合のものであり，有限温度における相転移とは異なる．上の結果は，熱力学極限をとることなしに任意の有限スピン数で成立する．これは $N \to \infty$ の代わりに $\beta \to \infty$ の極限をとることによって生じた特異性である．絶対零度の相転移はエントロピー効果，つまり熱ゆらぎの効果によるものではない．本来は有限温度の熱力学極限 $N \to \infty$ を考えてその絶対零度極限 $\beta \to \infty$ をとるのが熱力学的にもっともらしい状態の実現の仕方だが，上の結果は熱力学極限の前に絶対零度極限をとっている．$N \to \infty$ と $\beta \to \infty$ の極限が交換するという仮定のもとでの結果である．

Peierls の議論

今度は，温度の効果がどういう働きをするか考えてみよう．十分大きい温度でスピンは場所によってばらばらの値をとるから，温度を上げると磁化は 0 に近づいていく．

1 次元 Ising 模型を考える．これは，図 2.5(a) のようにスピンが 1 列に並んでいる系である．スピンは両隣のスピンと相互作用する．絶対零度の場合，すべてのスピン変数は同じ値をとる．すべて $+1$ かすべて -1 である．磁場が十分小さい正の

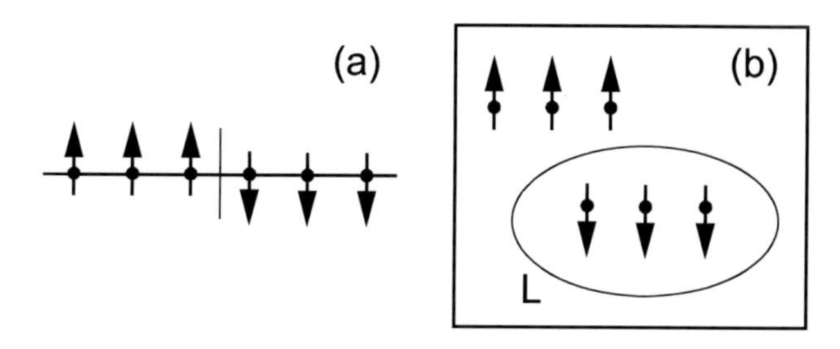

図 2.5　Peierls の議論のために考えるスピン配位．矢印上向きが $+1$，下向きが -1 のスピンを表している．(a) 1 次元の場合．適当な点を境にしてスピンの値を変える．(b) 2 次元の場合．周の長さ L の閉曲線を考え，内部のスピンの値を変える．

値のとき，自由エネルギーの値は式 (2.46) で示したように

$$F_0 = -N_{\mathrm{B}}J = -NJ \tag{2.47}$$

となる．このときのスピン変数はすべて $+1$ の値をとる．

温度を上げていくとスピンのゆらぎが生じ，スピン -1 の寄与を考慮する必要がある．図 2.5(a) のような状態を考えてみよう．つまり，ある点を境にスピンの値を反転させる．この状態に対する系の安定性を調べる．注意してほしいのは，このような状態が実現するかどうかが問題なのではない．適当な状態の変化を考えてみて，もし自由エネルギーが増加すれば元の状態（すべて $+1$ の状態）は安定であるが，減少すれば他に適切な状態があるはずだということになる．

このときのエネルギーは $E = -(N-2)J$ となる．つまり，となりのスピンが異なる値をとるとき，エネルギーを $2J$ だけ損する．一方，境界の点は任意にとることができ，そのような場所は N 通りあるので，エントロピーは $S = \ln N$ で与えられる．つまり，このときの自由エネルギーは

$$F = -(N-2)J - T\ln N \tag{2.48}$$

となる．元の自由エネルギーとの差は

$$\Delta F = F - F_0 = 2J - T\ln N \tag{2.49}$$

となる．第 2 項は熱力学極限で発散して ΔF は負の無限大となる．これは，1 次元 Ising 模型ではすべてのスピンが同じ値をとる強磁性状態は有限温度において不安定であり存在しないことを意味している．この結果は，第 6 章で具体的に自由エネル

ギーを計算することによって確かめることもできるが，強磁性状態が存在しないことだけを示すには以上の簡単な議論で十分である．

2 次元の系も同様にして調べることができる．試行状態として図 2.5(b) のような -1 の値をとるスピンのクラスター（かたまり）を考えてみよう．クラスターの周辺の長さを L とする．このときのエネルギーの増加分は $\Delta E = 2LJ$ で与えられる．一方，このようなクラスターをつくる場合の数は正方格子においておおよそ $3^L N$ で与えられる．一歩ずつ進みながら長さ L の輪を描いていくときに，次の進み方は直前の場所に戻るものを除くと 3 通りある．また，クラスター全体を並進移動させたものも考慮すると，クラスターの数は N 倍される．L 歩進んで元に戻る閉じた輪をつくらなければならないという条件による場合の数の減少分は，結果に影響しないとして無視する．このとき，エントロピーは $S = L\ln 3 + \ln N \sim L\ln 3$ で与えられる．ここで，クラスターの大きさを十分大きくとって $\ln N$ の項を無視した．こうして，自由エネルギーの増加分は

$$\Delta F = L(2J - T\ln 3) \tag{2.50}$$

であることがわかる．これより，温度が $T_{\mathrm{c}} = 2J/\ln 3$ より小さければ強磁性状態はクラスターの生成に対して安定，大きければ不安定となる．つまり，2 次元系では有限温度における相転移が示唆される．$T < T_{\mathrm{c}}$ の自由エネルギーは絶対零度のときと同じように磁場 h について特異性をもつが，$T \geq T_{\mathrm{c}}$ ではなめらかな関数になる．

ここでの議論はかなり粗いものであり，示唆される相転移温度 T_{c} の値も厳密なものではない．重要なことは，強磁性が安定な低温の領域が存在しうるということである[*38]．また，第 6 章で行うが，2 次元 Ising 模型は厳密に解くことが可能であり，自由エネルギーの特異性，つまり相転移を具体的に見ることができる．

Peierls の議論は，空間の次元が相転移の有無を左右する重要な要素であることを示している．クラスターを考えたとき，**ドメイン壁**（domain wall），つまり，となり合ったスピンの状態が異なる境界が存在する．d 次元の系において，ドメイン壁の次元は $d-1$ 次元となる．クラスターができることによって増加するエネルギーの増加分は，ドメイン壁の大きさ，つまり，クラスターの長さを L とすると L^{d-1} に比例している．1 次元ではドメイン壁は点になり，エネルギーの増加分はクラスターの大きさに依存しない．エネルギーに比べると，エントロピーの増加分は大き

[*38] Peierls の原論文の議論には厳密でない部分があり，以下の論文で修正されている．R. B. Griffiths: Phys. Rev. **136**, A437 (1964).

く，スピンがそろった状態を壊す効果が発現しやすくなる．一般に，熱ゆらぎの効果は低次元で大きい．ある次元を境にして，その次元以下で相転移が有限温度で起きず，それより大きい次元で起きると考えられる．その境界の次元を**下部臨界次元**（lower critical dimension）という．Ising 模型の下部臨界次元は 1 である．

2.3.3 Lee–Yang ゼロ

カノニカル分布に基づいて熱力学関数の特異性を表現するのが，**Lee–Yang ゼロ**（Lee–Yang zeros）である[*39]．物理的描像を用いないで熱力学関数の特異性が生じる数学的な機構を理解することができる．

議論をわかりやすくするため，一様磁場のもとでの Ising スピンの模型を扱うことにする．ハミルトニアンは次のように書ける．

$$H = H_0 - h\sum_{i=1}^{N} S_i \tag{2.51}$$

H_0 は Ising スピンを用いて表される任意のハミルトニアン，第 2 項が各スピンに作用する磁場 h の項を表す．目的は磁場に関する解析性を形式的に議論することにあるので，H_0 の詳細を知る必要はない．N が有限であるとき，系の分配関数は

$$\begin{aligned} Z &= \mathrm{Tr}\,\exp\left(-\beta H_0 + \beta h\sum_{i=1}^{N} S_i\right) \\ &= \mathrm{e}^{-N\beta h}\left(a_0 + a_1 y + a_2 y^2 + \cdots + a_N y^N\right) \end{aligned} \tag{2.52}$$

と書ける．ここで，$y = \mathrm{e}^{2\beta h}$ とした．$\{a_i\}_{i=0,1,\cdots,N}$ は，h によらない定数であり，H_0 の詳細に依存する．この表式は，N スピン系の分配関数が全体にかかる係数 $\mathrm{e}^{-N\beta h}$ を除いて y の N 次の多項式で表されることを示している．因数分解を行うと，

$$Z = a_N \mathrm{e}^{-N\beta h}\prod_{i=1}^{N}(y - y(i)) \tag{2.53}$$

と書くことができる．$y = y(i)$ のとき分配関数は 0 となってしまうが，h や β が物理的に許される値をとるときにはそのようなことはありえない．分配関数は正の Boltzmann 因子の和で表された正の量であるからである．よって，N 個ある分配関

[*39] C. N. Yang and T. D. Lee: Phys. Rev. **87**, 404 (1952); T. D. Lee and C. N. Yang: Phys. Rev. **87**, 410 (1952).

数のゼロ点 $y = y(i)$ は，複素 y 平面の正の実軸（$y = \mathrm{e}^{2\beta h}$ が物理的にとりうる値の範囲）から離れた点にあるはずである．

式 (2.53) より，自由エネルギーは

$$\begin{aligned} -\beta f &= \frac{1}{N} \ln a_N - \beta h + \frac{1}{N} \sum_{i=1}^{N} \ln(y - y(i)) \\ &= \frac{1}{N} \ln a_N - \beta h + \int \mathrm{d}z_1 \mathrm{d}z_2\, \rho(z_1, z_2) \ln(y - z) \end{aligned} \tag{2.54}$$

と書くことができる．ここで，ゼロ点密度関数

$$\rho(z_1, z_2) = \frac{1}{N} \sum_{i=1}^{N} \delta(z - y(i)) = \frac{1}{N} \sum_{i=1}^{N} \delta\left(z_1 - \mathrm{Re}\, y(i)\right) \delta\left(z_2 - \mathrm{Im}\, y(i)\right) \tag{2.55}$$

を用いている．$z = z_1 + iz_2$ である．また，磁化および磁化率は

$$m = -1 + \int \mathrm{d}z_1 \mathrm{d}z_2\, \rho(z_1, z_2) \frac{2y}{y - z} \tag{2.56}$$

$$\chi = -4\beta \int \mathrm{d}z_1 \mathrm{d}z_2\, \rho(z_1, z_2) \frac{yz}{(y - z)^2} \tag{2.57}$$

と書ける．これらの表式を見てみると，熱力学量がゼロ点分布によって決まることがわかる．ゼロ点は正の実軸から離れた点に存在すると述べたが，熱力学関数が特異性をもつとすると，それは $y = z$ となる点 z の寄与から生じる．この点でゼロ点密度が有限にならないと寄与は生じないので，ゼロ点は実軸になければならない．この矛盾を解決するには熱力学極限を考えればよい．熱力学関数の解析性が保証されるのは，N が有限のときである．つまり，分配関数のゼロ点は有限系では実軸から離れた点に分布しているが，N が大きくなるにつれて実軸に近づいていき，$N \to \infty$ の極限で実軸にぶつかり，自由エネルギーやそれから導かれる物理量に特異性が生じる．これが，Lee–Yang ゼロによる相転移の描像である．熱力学量の特異性は熱力学極限でのみ現れるが，パラメータを複素数に拡張することで特異性を有限系から漸近的に調べることができる．

上の表式 (2.54)，(2.56)，(2.57) を見比べると，自由エネルギーの特異性は対数的であり，それを微分した量がより強い特異性を示すこともわかる．f より m，m より χ が発散しやすい．また，特異性の強さは実軸付近でのゼロ点密度によって決ま

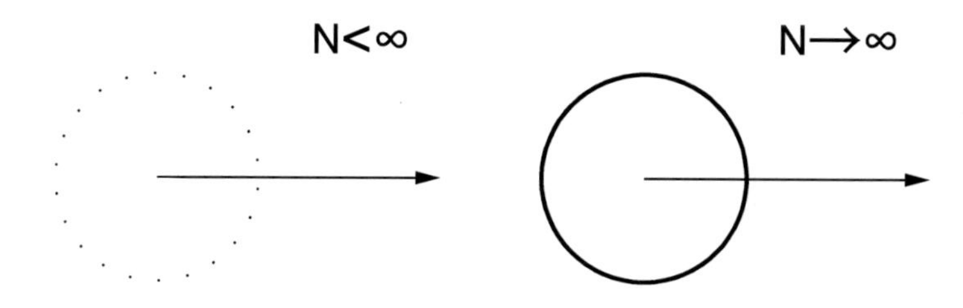

図 **2.6** Lee–Yang ゼロの概念図．ゼロ点が円周上に分布している場合を表している．矢印がついた軸は複素数パラメータ平面上の物理的に許される領域を表す．

る．自由エネルギーの傾きにとびが生じる 1 次相転移の方が特異性が強く，ゼロ点密度が大きいと考えられる[*40]．

具体的にゼロ点密度を求めるには，次の式が有用である．

$$\rho(y_1, y_2) = \frac{1}{2\pi N}\left(\frac{\partial^2}{\partial y_1^2} + \frac{\partial^2}{\partial y_2^2}\right) \ln |Z\mathrm{e}^{N\beta h}| \tag{2.58}$$

ここで，分配関数は複素磁場 $y = y_1 + iy_2$ を用いたものである[*41]．複素パラメータを用いて分配関数を計算し，微分することでゼロ点密度を計算することができる．もちろん，分配関数がわかっているのであればゼロ点密度をわざわざ計算する必要はない．ここでいいたいことは，ゼロ点密度が分配関数と同等の情報をもっているということである．

厳密に解ける系以外でゼロ点分布を求めることは難しい問題であるが，Ising 模型については**円定理**（circle theorem）が知られている[*42]．すなわち，ゼロ点は複素 y 平面の単位円上 $|y| = 1$ に存在する．熱力学極限で実軸に接するようになるゼロ点は $y = 1$ の位置にある．この点は $h = 0$ を表すから，物理的にもっともな結果である．N を大きくしていくと，図 2.6 のようにゼロ点は円周上を埋めつくし，$y = 1$ の点が特異点になる．

また，ここでは複素磁場平面におけるゼロ点を調べたが，他のパラメータについても同様の考察を行うことができる．例えば，複素温度平面におけるゼロ点は，

[*40] 事実，実軸上で密度が 0 となるとき 2 次相転移，有限のとき 1 次相転移となることが知られている．

[*41] この式は 2 次元平面に電荷が分布しているときの Poisson 方程式と解釈できる．(y_1, y_2) が 2 次元空間の座標，$\ln |Z|$ が Coulomb ポテンシャル，ρ が電荷密度に対応している．

[*42] 詳しくは，原論文か付録 H.1 節の文献 [2]（370 ページ）を参照．

Fisher ゼロ（Fisher zeros）として知られている[*43]．具体例として，付録 E.2 節（357 ページ）に 2 次元 Ising 模型における Fisher ゼロの分布を示す．

2.4　対称性の自発的破れ

2.4.1　対称性の自発的破れ

Ising 模型はスピン反転対称性をもち，式 (2.32) で示したように，自由エネルギーは h について偶関数となる．この帰結としてどのようなことがいえるだろうか．磁化は自由エネルギーを微分したもので定義される．そこで次のような式変形を考えてみる．

$$m(h) = -\frac{\partial f(h)}{\partial h} = -\frac{\partial f(-h)}{\partial h} = \frac{\partial f(-h)}{\partial(-h)} = -m(-h) \qquad \text{（誤り）} \tag{2.59}$$

この式が成り立つとすると磁化は磁場に関して奇関数であるから，$h = 0$ のときの磁化は 0 になってしまう．磁場が 0 のとき有限の磁化は存在せず，強磁性相がないという結論になるように思えるが，上の計算には誤りがある．前節で絶対零度のときに見たように，自由エネルギーの解析性は $h = 0$ で成り立たないことがある．自由エネルギーが連続でもその微分が連続とは限らない．二つめの等式が誤りである[*44]．

それでは，その解析性の破れはどこで起こったのだろうか．磁場が 0 のときの磁化の定義には二つの極限が隠されている．

$$m(0+) = -\lim_{h \to 0+} \frac{\partial f(h)}{\partial h} = -\lim_{h \to 0+} \frac{\partial}{\partial h} \lim_{N \to \infty} \frac{F(h)}{N} \tag{2.60}$$

つまり，熱力学極限をとった後に磁場で微分を行い，最後に磁場を（正の方向から）0 にしている．もし極限をとる順番を逆にしてしまうと，

$$-\lim_{N \to \infty} \lim_{h \to 0+} \frac{\partial}{\partial h} \frac{F(h)}{N} = 0 \tag{2.61}$$

となる[*45]．これが，上の式変形で行っていたことである．

[*43] M. E. Fisher: Lectures in Theoretical Physics Vol. 7c, edited by W. E. Brittin (University of Colorado Press, 1965).

[*44] 解析性が破れていない点では正しい式となる．よって $h \neq 0$ では $m(h) = -m(-h)$ が成り立つ．

[*45] この式は $N \to \infty$ の極限をとらなくても成り立つ．N および β が有限の系では $m(h = 0) = 0$ である．

$m(0+)$ が 0 でない有限の値をもつとき，これを**自発磁化**（spontaneous magnetization）とよぶ．磁場があれば磁場の向きにスピンはそろいやすいので有限の値をとるが，0 のときはそろう理由がないように思える．それでもそろうのはそろった方が自由エネルギーが低くなり系が安定化するからである．スピン反転対称性を反映して，磁化の符号はどちらでもよい[*46]．磁化が 0 の状態は不安定な状態となる．少しでも磁場がかかるとスピンはそちらの方向にいっせいに向く．自発磁化の生じた状態はスピンの反転に対する対称性を破っており，**対称性の自発的破れ**（spontaneous symmetry breaking）という[*47]．ハミルトニアンが対称性をもっていても，状態がその対称性を反映していないということである．対称性の自発的破れは熱力学極限において起こる．

一般に，磁化のような対称性の自発的破れを表す変数を**秩序変数**（order parameter）とよぶ．相転移は多くの場合，対称性の自発的破れを伴う現象であり，秩序変数のふるまいによって相の状態を区別することができる．対称性が破れていない相を**無秩序相**（disordered phase），破れている相を**秩序相**（ordered phase）とよぶ．破れている方が秩序というのはやや混乱するかもしれないが，磁性体の例を考えてみればわかりやすい．常磁性相が無秩序相，強磁性相が秩序相である．対称性が破れるとスピンがそろった状態が得られて，これが秩序相を表している．

2.4.2 長距離秩序

秩序相では，スピンがそろうなど，全空間にわたって秩序が保たれている．これを**長距離秩序**（long-range order）という．長距離秩序の存在は，**相関関数**（correlation function）のふるまいを見ることで判断できる．異なる空間点にある変数がどれだけ関連し合っているかを示す指標となる量である．Ising スピン系の場合，二つのスピン S_i，S_j の積の熱平均 $\langle S_iS_j\rangle$ によって定義される．もし，互いのスピンのとりうる状態が独立に決まるのであれば，$\langle S_iS_j\rangle = \langle S_i\rangle\langle S_j\rangle$ とそれぞれの熱平均の積に分解されるが，一般にはそうはならない．

相関関数と長距離秩序の関係を見るために，i と j の距離を大きくしたらどうなるかを考える．i と j が十分離れれば相関が小さくなり，スピンの積の平均は平均

[*46] 式 (2.60) で極限を $h \to 0-$ とすると，逆符号の磁化 $m(0-) = -m(0+)$ が得られる．

[*47] 英語をそのまま日本語に直して自発的対称性の破れということが多いが，「自発的対称性」の破れと読めてしまう．本来は自発的「対称性の破れ」と読むべきである．細かいことではあるが，ここではこのような紛らわしさを避けるため，上のようによぶことにする．あるいは自発的な対称性の破れとよんでもよいだろう．日本語は難しい．

の積におきかえられた値に漸近するはずである．正の微小磁場を考えて最後に 0 の極限をとると，極限操作を明示的に書いて

$$\lim_{h\to 0}\lim_{|\boldsymbol{r}_i-\boldsymbol{r}_j|\to\infty}\lim_{N\to\infty}\langle S_iS_j\rangle=\left(\lim_{h\to 0}\lim_{N\to\infty}\langle S_i\rangle\right)\left(\lim_{h\to 0}\lim_{N\to\infty}\langle S_j\rangle\right)=m^2 \tag{2.62}$$

となる．この m^2 が有限であることが長距離秩序が存在する条件となる．一つめの等式は，**クラスター性**（clustering property）とよばれる性質である．

以下の議論のために，次の**連結相関関数**（connected correlation function）を定義する[*48]．

$$G_{ij}=\langle S_iS_j\rangle-\langle S_i\rangle\langle S_j\rangle \tag{2.63}$$

$G_{ij}\neq 0$ であればスピン間に相関が存在する．$|\boldsymbol{r}_i-\boldsymbol{r}_j|\to\infty$ の極限をとると長距離秩序の存在の有無にかかわらず 0 になる．連結相関関数は，式 (2.29) の磁化率の表式に現れるなど，臨界現象を記述するうえで重要な役割を果たす．

2.4.3　エルゴード性の破れと純粋状態

対称性の自発的破れは，Ising 模型のような単純な模型では無限小の磁場をかけることによって検証できるはずであるが，具体的な計算は決して容易ではない．また，対称性を破る効果をどのように導入したらよいかが自明でない場合もある．そこで，ここでは対称性の破れの有無を別の観点から判断する方法を考察する．

微小磁場を加えることの意味は次の通りである．正の微小磁場をかけることで正の磁化をもつ状態が実現するが，その自由エネルギーの値を F_+ とする．同様に，負の微小磁場によって実現する負の磁化の自由エネルギーを F_- とすると，両者の実現確率 $P_\pm$ の比は

$$\frac{P_+}{P_-}=\mathrm{e}^{-\beta(F_+-F_-)} \tag{2.64}$$

である．磁場が小さいときの自由エネルギーの磁場依存性は $F(h)\sim F(0)-Nhm$ と書けるので，無限小の正の磁場のとき，

$$\frac{P_+}{P_-}=\mathrm{e}^{2N\beta hm}\to\infty \tag{2.65}$$

[*48] これを相関関数とよぶ場合もある．以下では連結を省略して用いることがある．

となる．最後の式は $N \to \infty$ の熱力学極限をとっている．このとき，負の磁化の状態をとる確率は，正の磁化の状態に比べて圧倒的に小さい．このように，対称性の自発的破れが起こると，分配関数の計算において状態についての和をとる範囲が制限される．これを**エルゴード性の破れ**（ergodicity breaking）という．エルゴード性とは状態空間のすべてをくまなく探索するということである．いまの場合，対称性の自発的破れによって実現される空間が一部に制限される．

このように考えると，対称性の自発的破れに伴い実現する磁化 $m > 0$ は

$$m = \langle S_i \rangle_+ \tag{2.66}$$

と表されることがわかる．ここで，平均は正の微小磁場を入れたときに寄与する正の磁化を与える状態についてのみとっている．同様に考えれば，負の磁化は負の微小磁場を入れたときに寄与する状態を用いて $-m = \langle S_i \rangle_-$ と書ける．両者の状態は磁場が 0 のとき同じ確率で実現するから，すべての状態について和をとると，0 となってしまう．

$$\langle S_i \rangle = \frac{1}{2}\left(\langle S_i \rangle_+ + \langle S_i \rangle_-\right) = \frac{1}{2}(m - m) = 0 \tag{2.67}$$

このように，対称性の自発的破れが起こると，**Gibbs 状態**（Gibbs state）とよばれる通常の平均に用いられる状態は，いくつかの**純粋状態**（pure state）に分解される[*49]．磁化は一つの純粋状態に対して定義されることになり，一般に次のように書ける．

$$\langle S_i \rangle = \sum_\alpha P_\alpha m_i^\alpha, \qquad m_i^\alpha = \langle S_i \rangle_\alpha \tag{2.68}$$

m_i^α は一つの純粋状態 α に対して定義される磁化であり，P_α は純粋状態の出現確率を表す．

問題は，磁場をあらわに導入しないでどのようにして対称性の自発的破れを見いだすかであるが，それには相関関数を考えればよい．二つのスピン S_i と S_j の間の $\langle S_i S_j \rangle$ に対して，i と j の距離を無限に離すとクラスター性

$$\langle S_i S_j \rangle \to \langle S_i \rangle \langle S_j \rangle \tag{2.69}$$

が成り立つことが期待できる．しかしながら，対称性の自発的破れが起こっている

[*49] 量子力学で用いられる純粋状態とは異なる．

とき，Gibbs 状態に対してこの性質は成り立たないことが次の式からわかる．

$$\begin{aligned}\langle S_i S_j\rangle - \langle S_i\rangle\langle S_j\rangle &= \sum_\alpha P_\alpha \langle S_i S_j\rangle_\alpha - \sum_\alpha P_\alpha \langle S_i\rangle_\alpha \sum_\beta P_\beta \langle S_j\rangle_\beta \\ &\to \sum_\alpha P_\alpha m_i^\alpha m_j^\alpha - \sum_{\alpha,\beta} P_\alpha P_\beta m_i^\alpha m_j^\beta \end{aligned} \tag{2.70}$$

純粋状態が二つである Ising 模型の場合を考えてみると

$$\langle S_i S_j\rangle - \langle S_i\rangle\langle S_j\rangle \to \frac{1}{2}\left[m^2 + (-m)^2\right] - \left[\frac{m+(-m)}{2}\right]^2 = m^2 - 0 = m^2 \tag{2.71}$$

となる．つまり，クラスター性が成り立たないことから対称性の自発的破れを判断できる[*50]．また，自発磁化の値は Gibbs 状態の平均から次のように計算することができる．

$$\lim_{|i-j|\to\infty} \langle S_i S_j\rangle = m^2 \tag{2.72}$$

この方法では微小磁場を考えなくてよいし，状態空間を制限する必要もない．Gibbs・純粋状態どちらの場合でも成り立つので有用な式となる[*51]．

長距離秩序を測る指標として，しばしば次の量が用いられる．

$$m_2 = \left\langle \left(\frac{1}{N}\sum_{i=1}^N S_i\right)^2 \right\rangle^{1/2} \tag{2.73}$$

この量は $h=0$ で計算される．正の微小磁場を入れて計算した自発磁化の値を m とすると，$m \geq m_2$ を証明することができる[*52]．したがって，$m_2 > 0$ であることを示せば自発磁化が存在することがわかる[*53]．

強磁性 Ising 模型のような単純な模型では純粋状態は二つしかなく，それぞれの状態のとる確率も等しい．一般には，純粋状態の数がたくさんある場合もあるし，それぞれの状態のとる確率が等しくない場合もある．その代表的な例が**スピングラス**（spin glass）である．この系ではスピンがばらばらに固まった状態が秩序状態とし

[*50] 前節の議論（式 (2.62)）では磁場を入れて考えていた．ここでは磁場が厳密に 0 としている．

[*51] 2 次元 Ising 模型ではこのようにして自発磁化の値が計算される．

[*52] R. B. Griffiths: Phys. Rev. **152**, 240 (1966).

[*53] m_2 は $h=0$ の Gibbs 状態，m は微小磁場を入れた純粋状態（あるいは $h=0$ で考えている式 (2.72)）を用いてそれぞれ計算されることに注意．

て実現する[54]．このときの純粋状態は無数に存在する．そのような系では対称性を破る微小磁場を導入することは困難であり，ここでの考え方が有用な手段となる．

2.4.4 連続対称性のある系の相転移

Ising 模型における対称性の自発的破れを詳しく調べてきたが，この性質は他の系にも存在するだろうか．例えば，Heisenberg 模型の場合，スピン変数は 3 次元ベクトルで表される．この場合でもスピン反転対称性は存在する．磁場があればその方向にスピンがそろいやすいから，磁場がないときの自発磁化も存在しうることが予想される．

Ising 模型との大きな違いは，連続対称性が存在することである．つまり，スピンの向きは連続的な値をとる．スピンがある方向に自発磁化をもつとしよう．このとき，すべてのスピンの向きをいっせいに回転してみる．どの方向を向くのも熱力学的には同じ状態であるから，スピンは容易にその方向を変える．こうして，スピンはすべて同じ方向を向きながらくるくると回転することになる．これは Ising 模型にはない性質で，**南部–Goldstone モード**（Nambu–Goldstone mode）とよばれる．詳しくは第 12 章で扱う．

2.5 相転移の特徴

2.5.1 相図と熱力学関数のふるまい

本章の考察で得られた相転移の描像をまとめよう．系の状態や相転移の位置は，温度や磁場などのパラメータ空間において**相図**（phase diagram）として表される．図 2.7 に Ising 模型の相図を温度 T–磁場 h 平面で示す．有限温度 $T_{\rm c}$ で相転移が起こることを想定している．1 次元 Ising 模型の場合は $T_{\rm c}=0$ となる．相転移，つまり熱力学関数の特異性は $h=0$，$0\le T\le T_{\rm c}$ において起こる．図 2.7 の 3 通りの破線に沿ってパラメータを動かしたときの熱力学関数の考えられるふるまいを図 2.8 に示す．

(a) 相転移なし．温度を $T>T_{\rm c}$ に固定して磁場を変化させると熱力学関数は特異性なしにふるまう．スピン反転対称性から磁場に関して対称な関数となり，磁場 0 で磁化は 0 となる．

---

[54] ばらばらといっても常磁性状態とは異なる．両者には明確な違いがある．

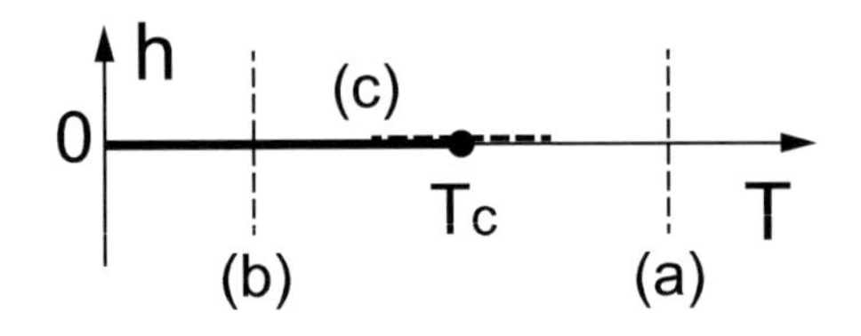

図 **2.7**　Ising 模型の相図．太線上（$h=0$，$0 \leq T \leq T_{\mathrm{c}}$）で熱力学関数が特異性を示す．● が臨界点を表す．破線は図 2.8 を参照．

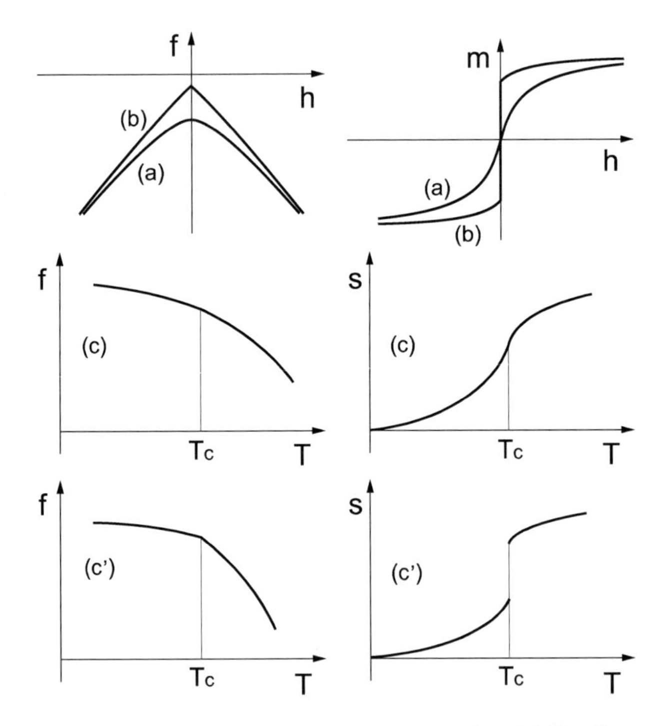

図 **2.8**　図 2.7 の破線に沿ってパラメータを動かしたときの熱力学関数のふるまい．$m=-\partial f/\partial h$，$s=-\partial f/\partial T$ であることに注意．

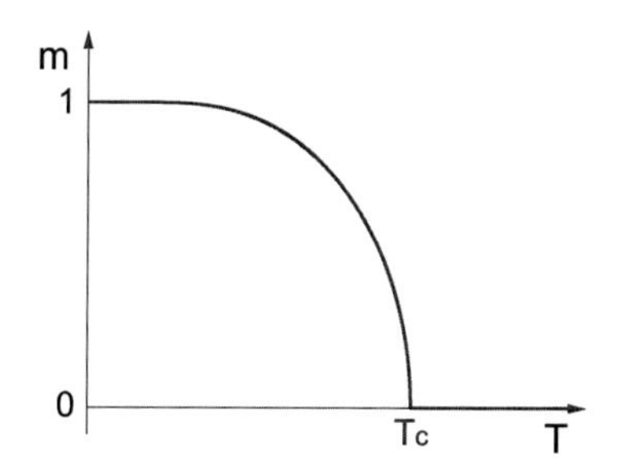

図 2.9　図 2.8(c) のときの磁化の典型的なふるまい．

(b) $T < T_\mathrm{c}$ で磁場を変化させると $h = 0$ で特異的なふるまいが得られる．$h = 0$ で磁化は $-m_0$ と $+m_0$ の間で不連続に変化する．この値 m_0 が自発磁化である．自由エネルギーの 1 階微分である磁化が不連続に変化することからこの転移は 1 次相転移である．

(c) h を 0 に固定して温度を変えると相転移は $T = T_\mathrm{c}$ で起こる．エントロピーが連続のとき，2 次相転移となる．自発磁化は T_c 以下で有限となるが，典型的には図 2.9 のように T_c での立ち上がりが 0 から連続的になる．不連続に立ち上がる場合もありえる[*55]．

(c') $h = 0$ で温度を変えたとき，$T = T_\mathrm{c}$ でエントロピーが不連続に変化する場合は 1 次相転移である．

このように，一つの系でも注目するパラメータの動かし方によって相転移の性質は変わる．最も興味深いのは，$h = 0$，$T = T_\mathrm{c}$ の臨界点である（図 2.7 の ●）．この点は温度を変えて自発磁化が生じ始める 2 次相転移点に対応しているが（(c) の場合），磁場を動かすときの 1 次相転移の終点にもなっている．相転移の線が途中で途切れていることから，第 1 章で述べたように，この場合には相転移を経ずに任意の状態間の遷移を行うことができる[*56]．

臨界点が興味深いのは，例えば磁化率がこの点で発散するからである．図 2.8 の磁化 m のグラフにおいて，T を変えて (a) の側から (b) に近づいていくと曲線が縦

[*55] 磁化の連続性とエントロピーの連続性には直接の関係はない．磁化が連続であればエントロピーも連続になることが多いが，そうではない特殊な例も存在する．

[*56] 流体の系では臨界点付近で気体と液体の区別がつかなくなり，**超臨界流体**（supercritical fluid）とよばれる．

軸に張りつき原点での傾きが増大していく様子が期待されるだろう．磁化率の発散は，磁場に対する磁化の応答が非常に大きいということを意味している．臨界点での特異的な性質を示唆する結果である．

2.5.2　臨界指数

相転移は臨界点における物理量の発散によって特徴づけられる．本章の最後に，その発散の度合を表す**臨界指数**（critical exponent）を，磁性体の場合に定義する．

まず，第1章で挙げたように，臨界指数 α は比熱の $h=0$，$T \sim T_{\mathrm{c}}$ のときのふるまいから定義される．

$$c \sim \frac{1}{|T-T_{\mathrm{c}}|^{\alpha}} \tag{2.74}$$

べき指数に注目しており，比例係数は無視している．$T > T_{\mathrm{c}}$ と $T < T_{\mathrm{c}}$ で α の値が異なる可能性もある．以下の γ についても同様である．

β，γ，δ は磁化または磁化率に関して定義される臨界指数である．磁場が0のときの自発磁化を考える．磁化は臨界点でゼロになるが，臨界点よりわずかに低い温度でのふるまい

$$m \sim (T_{\mathrm{c}}-T)^{\beta} \tag{2.75}$$

より指数 β が定義される[*57]．同様にして，$h=0$，$T \sim T_{\mathrm{c}}$ での磁化率のふるまい

$$\chi \sim \frac{1}{|T-T_{\mathrm{c}}|^{\gamma}} \tag{2.76}$$

より γ が定義される．また，臨界点直上 $T=T_{\mathrm{c}}$，$h \sim 0$ において磁化を磁場の関数として

$$m \sim |h|^{1/\delta} \tag{2.77}$$

と書くことで指数 δ が定義される．$|h|$ は小さい値とする．

残り二つの臨界指数の定義には式 (2.63) の連結相関関数を用いる．2点間の距離を離すと連結相関関数は0に近づくことを議論した．その度合を特徴づけるのが**相関長**（correlation length）である．2点間の距離が十分大きいとき，連結相関関数の典型的なふるまいは

[*57] 逆温度と同じ記号 β を用いるのが慣習であるので注意されたい．逆温度は次元をもつが臨界指数は無次元量であるので，式の上でどちらかを判断することは容易である．

表 2.1　磁性体における臨界指数の定義．$t = (T - T_c)/T_c$ とし，h は磁場を表す．いずれも，$|t|$ および $|h|$ は小さい値とする．

指数	定　義	条　件
α	$c \sim \|t\|^{-\alpha}$	$T \neq T_c, h = 0$
β	$m \sim (-t)^{\beta}$	$T \leq T_c, h = 0$
γ	$\chi \sim \|t\|^{-\gamma}$	$T \neq T_c, h = 0$
δ	$m \sim \|h\|^{1/\delta}$	$T = T_c$
ν	$\xi \sim \|t\|^{-\nu}$	$T \neq T_c, h = 0$
η	$G_{ij} \sim \|\boldsymbol{r}_i - \boldsymbol{r}_j\|^{-d+2-\eta}$	$T = T_c, h = 0$

$$G_{ij} \sim \exp\left(-\frac{|\boldsymbol{r}_i - \boldsymbol{r}_j|}{\xi}\right) \tag{2.78}$$

である．$\boldsymbol{r}_i$ は点 i の位置ベクトルを表す．$|\boldsymbol{r}_i - \boldsymbol{r}_j| > \xi$ で相関関数は指数関数的に減衰する．ξ が相関長である．

臨界点での磁化率の発散は，相関長の発散を示唆している．それは式 (2.29) を見ることでわかる．磁化率は G_{ij} の i，j についての和を用いて表されている．全体を N で割ったものが磁化率となるが，和の数は N^2 個あるので，G_{ij} が N^a（$a > 1$）組程度の (i, j) で有限の値をとる場合に発散が起こりうる．これは相関長が大きくなることを意味する．

相関長の臨界点での発散を特徴づける指数 ν は

$$\xi \sim \frac{1}{|T - T_c|^{\nu}} \tag{2.79}$$

と定義される．また，臨界点直上で相関長が発散すると，連結相関関数は式 (2.78) の代わりにべき的にふるまうことが示唆される．次のように書くことで臨界指数 η が定義される．

$$G_{ij} \sim \frac{1}{|\boldsymbol{r}_i - \boldsymbol{r}_j|^{d-2+\eta}} \tag{2.80}$$

d は空間次元を表す[*58]．ν と η どちらの定義においても磁場は $h = 0$ とする．

以上の定義をまとめたものが表 2.1 である．臨界指数の定義において注意してほしい点は，これらのふるまいが臨界点近傍においてのみ得られるということである．例えば，式 (2.76) の右辺は，本来は

[*58] 指数に $d - 2$ を含めて定義する理由は次章の具体的な計算を参照するとわかる．また，10.2 節（196 ページ）の次元解析の議論も参照．

$$\chi = \frac{A}{|T - T_\mathrm{c}|^{\gamma}} + \frac{B}{|T - T_\mathrm{c}|^{\gamma-1}} + \frac{C}{|T - T_\mathrm{c}|^{\gamma-2}} + \cdots \tag{2.81}$$

のような形をしているが，右辺第 2 項以降は第 1 項に比べて小さいとして省略する．また，上で述べたように比例係数も省略している．

ここで定義した臨界指数は，α 以外は磁性体に特有の量を用いて定義されている．一般に，秩序変数によって相転移が記述される系では，磁化を秩序変数，磁場を秩序変数に共役な変数におきかえることにより臨界指数を定義することができる．例えば，次章で議論するように，流体における気体–液体の相転移は密度が秩序変数となり，その共役変数は圧力である．

以上のように臨界指数を定義することによって，相転移の特徴を定量的に調べることができる．ここではそれぞれの物理量がべき的に発散するという前提のもとで臨界指数を定義しているが，それは決して自明なことではない．系によっては指数関数的に発散したりする場合などもあるだろう．次章以降で一般的な考察やさまざまな系の解析を行い，べき的なふるまいがもっともらしいものであるか，どのようなときに例外が生じるかを詳しく調べていく．

3 平均場理論

平均場近似（mean-field approximation）は多体系を解析するための系統的かつ標準的な近似手法であり，相転移を記述する以外の目的でも非常によく用いられている．その近似の妥当性については注意しないといけないが，計算が簡単であるため，系のおおよそのふるまいを理解しておく目的で用いられる．平均場近似で得られる系の描像は非常に自然なものであり，近似を超えた重要性をもつため，**平均場理論**（mean-field theory）ともよばれている．

平均場理論にはさまざまな定式化がある．はじめに，Weiss による直観的な考え方を提示する．次に，その描像に基づいて Ising 模型に対して平均場近似を行い，相転移が起こることを示す．平均場近似の一般的特徴についても議論する．また，流体における気体–液体間の相転移を扱い，Ising 模型の相転移と非常によく似た性質をもっていることを見る．

3.1 Weiss の分子場近似

Weiss は，Langevin らによる常磁性の議論を有効磁場の考え方を用いて強磁性に拡張した[*1]．磁性体に磁場をかけると磁化が誘起される．磁場 h が小さければ磁化を磁場に関して展開することができて，スピン一つあたりの磁化 m は次のように書けるだろう．

$$m = Ah - Bh^3 + \cdots \tag{3.1}$$

ここで，磁化が磁場に関して奇関数であることを用いている．A，B は適当な係数であり温度に依存する[*2]．このとき，まわりのスピンも同じ磁化 m をもっているは

[*1] P. Weiss: J. Phys. Theor. Appl. **6**, 661 (1907).

[*2] 右辺第 2 項にマイナスの符号がついているのは，B が正になる（h^3 の係数が負になる）ことが多いからである．典型的な系では，磁化は正の磁場に関して上に凸の増加関数となる．m は上限値 1 をもつから，磁場を大きくすると反応が鈍くなると考えられる．磁場に対する反応は線形近似より抑えられたものになる．

ずであり，それは着目しているスピンに交換相互作用を通じて有効磁場として作用するだろう．その大きさが磁化の大きさに比例すると仮定すると，

$$m = A(km + h) - B(km + h)^3 + \cdots \tag{3.2}$$

と書けるだろう．km は着目しているスピンに作用する有効磁場である．よって，磁場が小さいとき，

$$m = \frac{A}{1 - kA} h + O(h^3) \tag{3.3}$$

と書ける．磁場の 1 次の項の係数が磁化率を与えるが，この磁化率は $kA = 1$ のとき発散する．そのような点が存在するとして，そのときの温度を転移温度 $T_{\rm c}$ とする．$T_{\rm c}$ 以上の温度では何の異常もなく，磁化は磁場に比例した量となるだろう．そこで，温度が $T_{\rm c}$ に上から近づくとき，$1 - kA = a(T - T_{\rm c})$ と書けるとしよう．a は正の定数である．こうして，磁化率は転移温度に上から近づくと

$$\chi \sim \frac{1}{T - T_{\rm c}} \tag{3.4}$$

のように発散することが結論される．比例係数は省略している．また，磁場が 0 のとき式 (3.2) の 3 乗項までをとると，次のような $T < T_{\rm c}$ での自発磁化を得る．

$$m = \pm\sqrt{\frac{kA - 1}{Bk^3}} \sim \sqrt{T_{\rm c} - T} \tag{3.5}$$

同様にして，転移温度に下から近づくと磁化率は

$$\chi \sim \frac{1}{T_{\rm c} - T} \tag{3.6}$$

と，やはり発散する[*3]．

Weiss によるこの方法は**分子場近似**（molecular-field approximation）とよばれる．ポイントは，式 (3.2) において有効磁場を $km + h$ としたことである．磁化率の発散は前章最後の節の議論から期待される通りである．これらの結果は，以下で示すように，Ising 模型の平均場近似において得られるものと一致している．

3.2　Ising 模型の平均場近似

3.2.1　平均場近似

Ising 模型に平均場近似を適用してみよう．ハミルトニアンは

[*3] ここの計算は省略がありわかりにくいかもしれない．次節でまったく同じ計算を行うのでそちらを参照してほしい．

$$H = -J \sum_{\langle ij \rangle} S_i S_j - h \sum_{i=1}^{N} S_i \tag{3.7}$$

である．前節で議論したように，平均場近似は一つのスピン S_i に注目してそれと相互作用するまわりのスピンの変数をすべて平均的な磁化でおきかえる操作である．つまり，

$$S_i S_j \to S_i m, \qquad m = \langle S_j \rangle \tag{3.8}$$

として，格子点 i における局所的なハミルトニアンが

$$H_i = -JzmS_i - hS_i \tag{3.9}$$

となる．z は配位数を表す．まわりのスピンのもつ磁化が S_i への有効磁場として働いていることがわかる．あとは磁化 m の値を以下に述べる方法で決めてやればよい．

全系のハミルトニアンを $H = \sum_i H_i$ とすると，式 (3.7) 右辺第 1 項の和に現れる各ペア $\langle ij \rangle$ を 2 回ずつ数えてしまい，自由エネルギーが正しい値にならない．これを解決するために次のように考える．ハミルトニアンを

$$H = -J \sum_{\langle ij \rangle} [m + (S_i - m)] [m + (S_j - m)] - h \sum_{i=1}^{N} S_i \tag{3.10}$$

のように書き，各スピンを磁化 m とそこからのずれ $S_i - m$ として表す．そのずれが小さいとすると，

$$\begin{aligned} H &\sim -J \sum_{\langle ij \rangle} \left[m^2 + m(S_i - m + S_j - m) \right] - h \sum_{i=1}^{N} S_i \\ &= \frac{NJz}{2} m^2 - (Jzm + h) \sum_{i=1}^{N} S_i \end{aligned} \tag{3.11}$$

とできるだろう．つまり，$S_i - m$ について 2 次の項を無視している．この式は，式 (3.9) の局所ハミルトニアンの和に定数項を加えたものとなっている．定数項は数えすぎを修正する役割を果たしている．

平均場近似が実用的に優れている点は，相互作用のある多体系の問題が相互作用のないものにおきかわることである[*4]．相互作用がなければ，計算は各スピンごと

[*4] 次節で見るように，相互作用のない 1 体問題におきかえるのが平均場近似であると考えることもできる．

に行うことができる．式 (3.11) をハミルトニアンとして用いると，分配関数およびその対数は次のようになる．

$$Z(\beta, h; m) = \left[\mathrm{e}^{\beta(Jzm+h)} + \mathrm{e}^{-\beta(Jzm+h)}\right]^N \exp\left(-\frac{N\beta Jzm^2}{2}\right) \tag{3.12}$$

$$\begin{aligned} f(\beta, h; m) &= -\frac{1}{N\beta} \ln Z(\beta, h; m) \\ &= \frac{Jzm^2}{2} - \frac{1}{\beta} \ln\left[\mathrm{e}^{\beta(Jzm+h)} + \mathrm{e}^{-\beta(Jzm+h)}\right] \end{aligned} \tag{3.13}$$

注意しなければいけないのは，関数 $f(\beta, h; m)$ は磁化 m を熱力学変数としてもつ自由エネルギーではないことである[*5]．ここまでの計算では磁化は未定であるが，ある決まった値をとると仮定している．このため，$f(\beta, h; m)$ は通常の熱力学関数である自由エネルギーと区別して**擬似自由エネルギー**（quasi free energy）ということがある．

3.2.2　自己無撞着方程式

m は磁化を表す量であるから，次の式を満たすだろう．

$$m = -\frac{\partial}{\partial h} f(\beta, h; m) \tag{3.14}$$

式 (3.13) を用いると

$$m = \tanh(\beta Jzm + \beta h) \tag{3.15}$$

となる．右辺にも m が現れており，この式を満たすように m が決まる．この式を**自己無撞着方程式**（self-consistent equation）という[*6]．

自己無撞着方程式は，$f(\beta, h; m)$ が m について極値（最小値）をとるという条件からも導かれる．微分すると

$$\frac{\partial}{\partial m} f(\beta, h; m) = Jz\left[m - \tanh(\beta Jzm + \beta h)\right] \tag{3.16}$$

であるから，たしかに極値の条件 $\frac{\partial f}{\partial m} = 0$ が自己無撞着方程式を表している．最小値であるためには

$$\begin{aligned} \frac{\partial^2}{\partial m^2} f(\beta, h; m) &= Jz\left\{1 - \beta Jz\left[1 - \tanh^2(\beta Jzm + \beta h)\right]\right\} \\ &= Jz\left[1 - \beta Jz\left(1 - m^2\right)\right] \end{aligned} \tag{3.17}$$

[*5] 熱力学関数では互いに共役な二つの量 m と h を同時に指定することはできない．

[*6] 撞着は矛盾の意味．

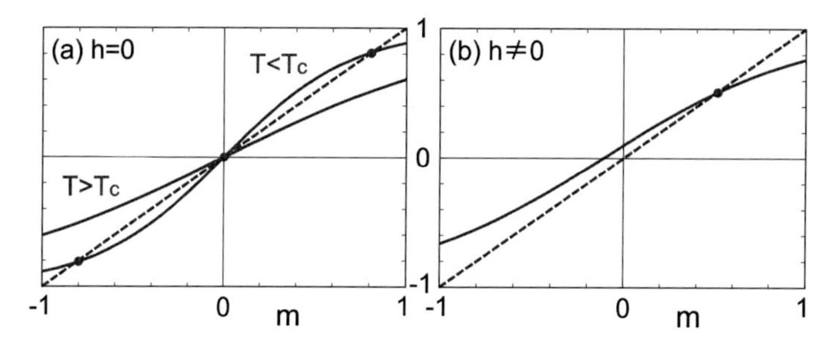

図 3.1 自己無撞着方程式の解．曲線が式 (3.15) 右辺，破線が左辺を表す．交点 ● の横軸の値が m の解を与える．(a) $h=0$ のとき．(b) $h>0$ で解が一つあるとき．解が三つあるときの様子は図 3.4 を参照．

が正であればよい．最後の等式では自己無撞着方程式を用いている．

自己無撞着方程式がどのような解をもつかは，グラフを描いてみるとよくわかる．横軸に m をとり，式 (3.15) の両辺をそれぞれプロットしたものを図 3.1 に示す．二つの曲線に交点があれば，その点の横軸の値が m の解を表している．

まず，磁場 h が 0 のときを考えてみよう．このとき，二つの曲線は原点を通過するから，自己無撞着方程式が $m=0$ という解を常にもつことは明らかである．この解は常磁性解，つまり磁化が 0 の無秩序相を表す．温度が十分大きければ解はこれだけである．この解は，$1-\beta Jz<0$ になると最小値から極大値に転じることが式 (3.17) よりわかる．同時に，m の値が 0 でない解が正負の対で生じる（図 3.1(a)）．これが強磁性解である．正負の対となるのはスピン反転対称性を反映した結果である．強磁性解が現れる温度

$$T_{\mathrm{c}}=\frac{1}{\beta_{\mathrm{c}}}=Jz \tag{3.18}$$

が転移温度を表す．

正の磁場が印加されると，式 (3.15) 右辺の関数はグラフで左に平行移動する．このとき，正の解 $m>0$ が常に存在する（図 3.1(b)）．磁場が正であれば正の磁化が生じやすいから，もっともな解である[*7]．

解のふるまいを図示すると図 3.2 のようになる．$h=0$ のとき，磁化は $T<T_{\mathrm{c}}$ で有限，$T\geq T_{\mathrm{c}}$ で 0 となる．$h>0$ のときは，温度について全領域で正のなめらかな

[*7] $T<T_{\mathrm{c}}$ のとき，解が三つ存在することがある．3.3.1 項を参照．

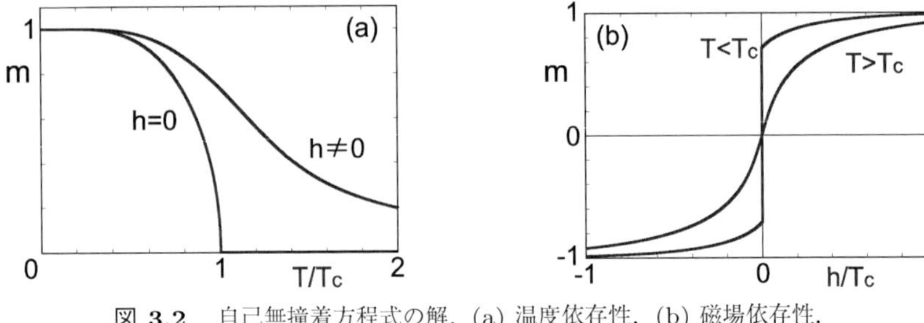

図 3.2 自己無撞着方程式の解．(a) 温度依存性．(b) 磁場依存性．

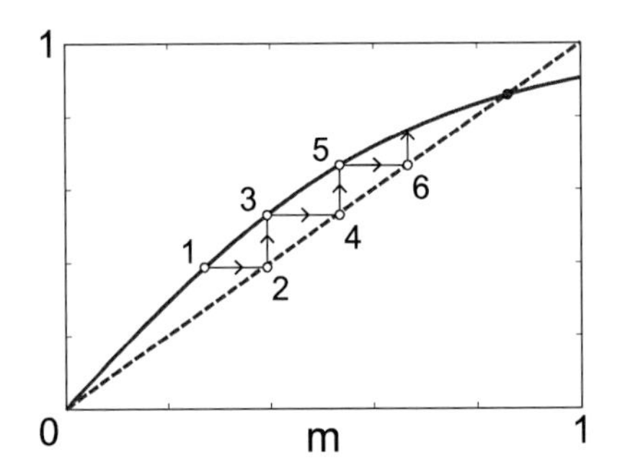

図 3.3 自己無撞着方程式の解の求め方．図 3.1 と同じプロットであり，二つの曲線の交点 ● が解を表す．初期条件として 1 の m を選ぶと，2，3，$\cdots$ と，解に近づいていく．

関数となる．磁場の関数として見たときは，$T < T_{\rm c}$ のとき磁化は $h = 0$ で不連続な変化をする．$m(h = 0+) = -m(h = 0-)$ の値が自発磁化を表す．$T = T_{\rm c}$，$h = 0$ は臨界点である．

自己無撞着方程式を解析的に解くことは困難であるが，数値解は次のような逐次的な方法を用いると容易に求めることができる．まず，m の値を $0 < m \leq 1$ の範囲で任意に選ぶ．その値を式 (3.15) の右辺に代入するとある値が得られるが，選んだ磁化の値が偶然正しいものでない限り，左辺とは一致しない．そこで，その値を右辺に代入してもう一度計算し直す．また異なる磁化の値が得られるが，図 3.3 を見るとわかるように，その値は真の解に近づいていく．よって，計算をくり返すと値が収束し，その値が解を表す．

3.2.3 臨界指数

平均場近似を用いて Ising 模型の臨界点を求めたが，より重要なのは臨界指数の値を知ることである．ここでは臨界指数 α，β，γ，δ について，平均場近似を用いた場合の値を求める．

• β

磁場が 0 のとき，臨界点付近では磁化が小さいので，自己無撞着方程式の右辺を展開することができる．

$$m = \tanh(\beta Jzm) = \beta Jzm - \frac{1}{3}(\beta Jzm)^3 + O(m^5) \tag{3.19}$$

3 次までの項をとると，磁化は

$$m \sim \sqrt{3\frac{\beta Jz - 1}{(\beta Jz)^3}} \sim \sqrt{3\frac{T_\mathrm{c} - T}{T_\mathrm{c}}} \tag{3.20}$$

と計算される．よって $\beta = 1/2$ である[*8]．

• γ

磁化率を求めるために自己無撞着方程式を微分すると，

$$\chi = (\beta Jz\chi + \beta)(1 - m^2) = \frac{\beta(1 - m^2)}{1 - \beta Jz(1 - m^2)} \tag{3.21}$$

となる．$h = 0$，$T \geq T_\mathrm{c}$ では $m = 0$ なので，

$$\chi = \frac{\beta}{1 - \beta Jz} = \frac{1}{T - T_\mathrm{c}} \tag{3.22}$$

となる．よって $\gamma = 1$ である．この式は，T_c から離れても常磁性相内であれば成り立つ．T が大きいとき T に反比例して減衰するふるまいは，**Curie の法則**（Curie's law）として知られている．一方，$h = 0$，$T < T_\mathrm{c}$ では，T_c 付近で磁化を展開した式 (3.20) を用いると，式 (3.21) は

$$\chi \sim \frac{1}{2(T_\mathrm{c} - T)} \tag{3.23}$$

となる．よって，臨界指数は $\gamma = 1$ で常磁性相側の指数と一致する．比例係数は**臨界振幅**（critical amplitude）とよばれるが，T_c の下では上のときの係数の 1/2 となる．

[*8] 再度注意するが，逆温度の β と臨界指数の β を混同しないように．

● δ

$T=T_{\rm c}$，$h\neq 0$ の場合を考える．磁場が小さいとき磁化も小さいから，

$$m=\tanh(m+\beta_{\rm c}h)\sim m+\beta_{\rm c}h-\frac{1}{3}(m+\beta_{\rm c}h)^3+\cdots \tag{3.24}$$

と展開できる．$m\gg\beta_{\rm c}h$ と仮定すると，3 次の項は $(m+\beta_{\rm c}h)^3\sim m^3$ と近似され，

$$m\sim(3\beta_{\rm c}h)^{1/3} \tag{3.25}$$

が得られる．仮定と矛盾しないのでこれが解であり，$\delta=3$ となる．

● α

比熱は，$h=0$ のときの自由エネルギー

$$f=\frac{Jzm^2}{2}-\frac{1}{\beta}\ln\left(\mathrm{e}^{\beta Jzm}+\mathrm{e}^{-\beta Jzm}\right) \tag{3.26}$$

より，内部エネルギーが

$$\begin{aligned}\epsilon&=\frac{Jzm^2}{2}-Jzm\tanh(\beta Jzm)\\&=-\frac{Jzm^2}{2}\sim\begin{cases}0 & (T\geq T_{\rm c})\\ -\dfrac{3}{2}(T_{\rm c}-T) & (T<T_{\rm c})\end{cases}\end{aligned} \tag{3.27}$$

と計算されるので，

$$c\sim\begin{cases}0 & (T>T_{\rm c})\\ \dfrac{3}{2} & (T<T_{\rm c})\end{cases} \tag{3.28}$$

となる．つまり，比熱は臨界点で不連続な変化をする．発散はしない．臨界指数の定義にあてはめると $\alpha=0$ となる[*9]．

以上より，Ising 模型の平均場近似による臨界指数は

$$\alpha=0,\qquad \beta=\frac{1}{2},\qquad \gamma=1,\qquad \delta=3 \tag{3.29}$$

となる．得られた値が J などのパラメータに依存しないただの数で与えられること

[*9] 対数発散をするときも $\alpha=0$ と見なせる．臨界指数の値では不連続変化と対数発散を区別できないので注意する必要がある．

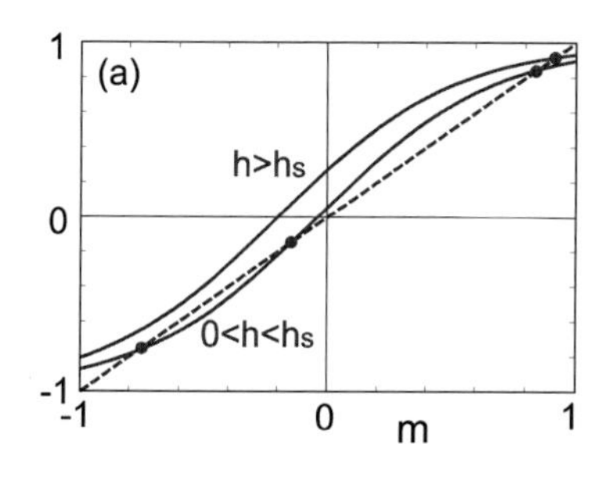

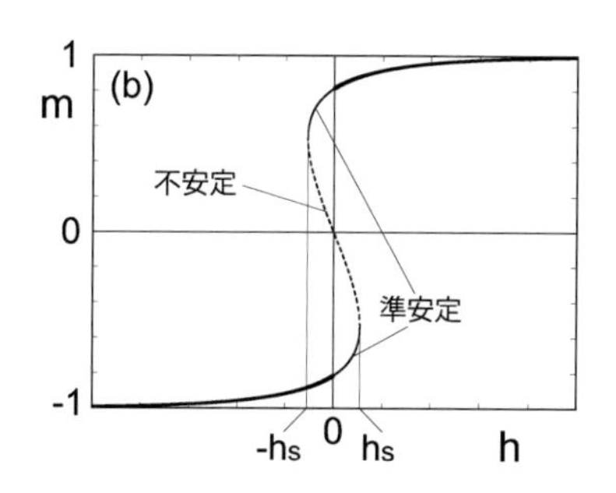

図 **3.4**　$T < T_{\mathrm{c}}$ のときの自己無撞着方程式の解．(a) 交点から解を求める様子．(b) 磁化の磁場依存性．

は，以下で重要な意味をもつ[*10]．ここで行った近似では連結相関関数が 0 となってしまうので，ν と η を求めることはできない[*11]．それらは次章で平均場近似を拡張した手法を用いて近似的に求められる．

3.3　平均場近似の特徴

Ising 模型の平均場近似について，その性質をいろいろな角度から調べる．それによって平均場近似の一般的な特徴が見えてくる．

3.3.1　不安定・準安定状態

前節では詳しく述べなかったが，自己無撞着方程式の解が複数存在することがある．$T < T_{\mathrm{c}}$ で磁場 h の大きさがある値 h_{s} よりも小さいとき，図 3.4 に示すように解は三つある[*12]．$h = 0$ のとき，解は 0 と $\pm m_0$ である．m_0 は自発磁化を表す．それら複数の解は磁場をかけるとただちに一つになるわけではなく，$|h| < h_{\mathrm{s}}$ であれば値は変化するが存在する．

複数の解の意味を探るために，擬似自由エネルギー $f(m)$ のグラフを図 3.5 に示す．自己無撞着方程式は極値を定める方程式であるから，その解は最小とは限らない．極大値や最小でない極小値が存在することがある．極大値をとる状態は**不安定状態**（unstable state），最小でない極小値の状態は**準安定状態**（metastable state）

[*10] 磁化率における臨界振幅の臨界点の上下での値の比 2 も同様である．
[*11] 次節で詳しく見るように，平均場近似は相関を無視する近似となっている．
[*12] 図 3.4(b) の曲線は磁場 h を磁化 m の関数と見てプロットすると簡単に得ることができる．

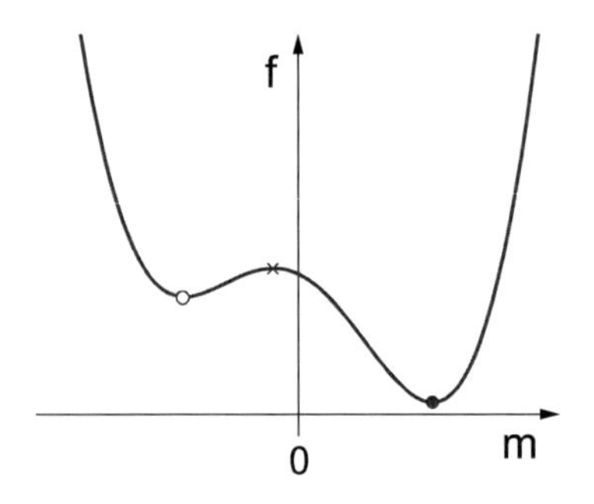

図 3.5　$T < T_{\rm c}$，$0 < h < h_{\rm s}$ のときの擬似自由エネルギー．● が安定解，○ が準安定解，×が不安定解を表す．

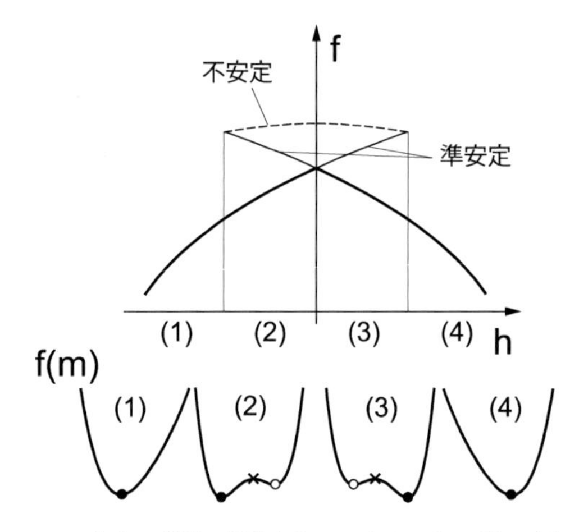

図 3.6　$T < T_{\rm c}$ のときの磁場の関数としての自由エネルギー（上の図の太線）．下の図は各領域での擬似自由エネルギー $f(m)$ を表す．● が実現される m の値，○ が準安定状態，× が不安定状態である．

とよばれる．準安定状態の現れる磁場 $h = \pm h_{\rm s}$ の点は**スピノーダル点**（spinodal point）とよばれる[*13]．

自由エネルギーは磁場の関数として図 3.6 のようなふるまいを示す．スピノーダル点は (1) と (2) の境界および (3) と (4) の境界であり，相転移点は (2) と (3) の境

[*13] 名前は spine（とげ）に由来する．スピンではない．図 3.6 にあるような，準安定・不安定状態の領域の形をたとえている．

界である．相転移点で自己無撞着方程式の解は不連続に変化し，自由エネルギーの傾きにとびが生じる．このように，平均場近似では複数の仮想的な状態を考慮することによって1次相転移が記述される．

準安定状態が現れることは平均場理論の特徴である．ただし，擬似自由エネルギーは現実の自由エネルギーではない．擬似自由エネルギーが最小となる点のみが現実を表しており，準安定状態は直接的には熱力学的な意味をもたないことに注意しなければならない．

3.3.2 分布関数の独立性

平均場近似は，分布関数に対して独立性を仮定し，**変分法**（variational method）を用いることによっても導くことができる．

一般に N スピンの系において，スピン配位の分布関数はカノニカル分布

$$P(S_1, S_2, \cdots, S_N) = \frac{1}{Z}\mathrm{e}^{-\beta H(S_1, S_2, \cdots, S_N)} \tag{3.30}$$

によって与えられる．ハミルトニアンが相互作用項をもつ場合，この分布関数を用いて物理量を計算するのは一般に容易ではない．そこで，次のような近似を行ってみよう．

$$P(S_1, S_2, \cdots, S_N) \sim \prod_{i=1}^{N} P_1(S_i) \tag{3.31}$$

$P_1(S)$ は1スピンの分布関数を表す．つまり，各スピンの分布は他のスピンに独立に決まるという近似である．すべてのスピンは同等であると考えられるので，$P_1(S)$ は i によらないとした．近似であるから，なるべく厳密解に近づくように分布関数を決める必要がある．そこで，第2章で述べた原理に従って自由エネルギーが小さくなるように分布関数を決める．$F = E - TS$ であるから，自由エネルギーは

$$\begin{aligned} F = &\,\mathrm{Tr}\, H(S_1, \cdots, S_N) P(S_1, \cdots, S_N) \\ &+ \frac{1}{\beta}\mathrm{Tr}\, P(S_1, \cdots, S_N) \ln P(S_1, \cdots, S_N) \end{aligned} \tag{3.32}$$

と書くことができる．右辺第1項がエネルギー，第2項がエントロピー（に温度を掛けたもの）を表している．分布関数は規格化されているという条件を考慮するた

めに，未定乗数法を用いる．

$$\tilde{F} = -J\sum_{\langle ij\rangle} \mathrm{Tr}\, S_i S_j P_1(S_i) P_1(S_j) - h\sum_{i=1}^{N} \mathrm{Tr}\, S_i P_1(S_i) + \frac{1}{\beta}\sum_{i=1}^{N} \mathrm{Tr}\, P_1(S_i) \ln P_1(S_i) + \sum_{i=1}^{N} \lambda_i \left(1 - \mathrm{Tr}\, P_1(S_i)\right) \tag{3.33}$$

最後の項が規格化条件 $\mathrm{Tr}\, P_1(S_i) = 1$ を表している．λ_i は未定乗数である．この汎関数を $P_1(S_i)$ について最小化する．$\frac{\delta \tilde{F}}{\delta P_1(S_i)} = 0$ より

$$-J\left(\sum_{j\in\partial i} \mathrm{Tr}\, S_j P_1(S_j)\right) S_i - hS_i + \frac{1}{\beta}\left(\ln P_1(S_i) + 1\right) - \lambda_i = 0 \tag{3.34}$$

となり，

$$P_1(S_i) = \exp\left[\beta\lambda_i - 1 + \beta J\left(\sum_{j\in\partial i} \mathrm{Tr}\, S_j P_1(S_j)\right) S_i + \beta h S_i\right] \tag{3.35}$$

を得る．$\sum_{j\in\partial i}$ は格子点 i に近接する点 j に関する和を表す．$\mathrm{Tr}\, S_j P_1(S_j)$ は磁化に他ならない．そして分布関数は平均場近似の 1 スピンハミルトニアン H_i（式 (3.9)）についてのカノニカル分布を表している．つまり，

$$P_1(S_i) \propto \mathrm{e}^{-\beta H_i} \tag{3.36}$$

である．λ_i は規格化条件より決められる．磁化は

$$m = \mathrm{Tr}\, S_i P_1(S_i) = \frac{\mathrm{Tr}\, S_i \mathrm{e}^{-\beta H_i}}{\mathrm{Tr}\, \mathrm{e}^{-\beta H_i}} = \tanh(\beta J z m + \beta h) \tag{3.37}$$

と書ける．これは自己無撞着方程式である．近似を用いて問題を 1 体系のものとしたが，多体効果が自己無撞着方程式を通してとり入れられている．

　このようにして，分布関数が各スピンについて独立であるという仮定を用いると，平均場近似が自然と導かれる[*14]．ハミルトニアンを変えるのではなく，分布関数に

[*14] ここでは自由エネルギー最小の原理より平均場近似を導いたが，**相対エントロピー**（relative entropy）または **Kullback–Leibler 情報量**（Kullback–Leibler divergence）

$$D[P_1|P] = \mathrm{Tr}\left[\left(\prod_{i=1}^{N} P_1(S_i)\right) \ln\left(\frac{\prod_{i=1}^{N} P_1(S_i)}{P(S_1, \cdots, S_N)}\right)\right]$$

が最小になるという条件を課しても同じ結果が得られる．

対して仮定をおく定式化である．この方法の利点の一つはその汎用性にある．Ising 模型のハミルトニアンの場合，式 (3.8) のおきかえを行えばよいということは物理的な議論からわかるが，一般には自明ではない．また，平均場近似は相互作用のある多体系の問題を相互作用のないものととらえる近似であることも一般的にわかる．

3.3.3 自由エネルギーに関する不等式

平均場近似で得られる自由エネルギーは実際の値より小さくなることはない．このことを変分法を用いて示そう[*15]．

はじめに，ハミルトニアンを二つに分割する．

$$H = H_0 + V \tag{3.38}$$

このとき，H の系の分配関数は，H_0 の系の熱平均を用いて

$$Z = \mathrm{Tr}\,\mathrm{e}^{-\beta H} = \langle \mathrm{e}^{-\beta V} \rangle_0 Z_0 \tag{3.39}$$

と書ける．ここで次のような記法を用いた．

$$Z_0 = \mathrm{Tr}\,\mathrm{e}^{-\beta H_0} \tag{3.40}$$

$$\langle \cdots \rangle_0 = \frac{1}{Z_0} \mathrm{Tr}\,\left[(\cdots)\,\mathrm{e}^{-\beta H_0} \right] \tag{3.41}$$

相加平均が相乗平均より大きいことを用いると，

$$\langle \mathrm{e}^X \rangle_0 \geq \mathrm{e}^{\langle X \rangle_0} \tag{3.42}$$

である．これを式 (3.39) に用いると，

$$Z \geq \mathrm{e}^{-\beta \langle V \rangle_0} Z_0 \tag{3.43}$$

が成り立つ．よって，一般的な関係式として，次の **Gibbs–Bogoliubov** の不等式（Gibbs–Bogoliubov inequality）が導かれる[*16]．

$$F \leq F_0 + \langle V \rangle_0 \tag{3.44}$$

[*15] R. P. Feynman: Phys. Rev. **97**, 660 (1955). この論文では，ある電子系の基底状態のエネルギーを見積もるために変分法を用いている．

[*16] J. W. Gibbs: *Elementary Principles in Statistical Mechanics* (Cambridge University Press, 1902); N. N. Bogoliubov: Dokl. Akad. Nauk USSR **119**, 244 (1958) [Soviet Phys. Doklady **3**, 292 (1958)].

つまり，ハミルトニアンをどのように分けようとも，$F_0 + \langle V \rangle_0$ は自由エネルギー F より小さな値をとることはない．

次に，Gibbs–Bogoliubov 不等式を Ising 模型に応用する．H_0 として次のものを選ぶ．

$$H_0 = -(Jzm + h) \sum_{i=1}^{N} S_i \tag{3.45}$$

m は任意定数である．このとき，$V = H - H_0$ を用いて

$$\begin{aligned} F_0 + \langle V \rangle_0 = &-\frac{N}{\beta} \ln \left[\mathrm{e}^{\beta(Jzm+h)} + \mathrm{e}^{-\beta(Jzm+h)} \right] - \frac{NJz}{2} \tanh^2 \beta(Jzm + h) \\ &+ NJzm \tanh \beta(Jzm + h) \end{aligned} \tag{3.46}$$

となる．m を自由に選べることを利用して，実際の自由エネルギー F に近づくように $F_0 + \langle V \rangle_0$ をなるべく小さくすることを考える．そうして，その最小値 $F_0 + \langle V \rangle_0$ を F の近似値とする．$F_0 + \langle V \rangle_0$ を m について微分すると，

$$\begin{aligned} &\frac{\partial}{\partial m} (F_0 + \langle V \rangle_0) \\ &\quad = N\beta J^2 z^2 \left[m - \tanh \beta(Jzm + h) \right] \left[1 - \tanh^2 \beta(Jzm + h) \right] \end{aligned} \tag{3.47}$$

となる．これが 0 になるという極値条件は，自己無撞着方程式 (3.15) にほかならない．この条件を満たすとき，$F_0 + \langle V \rangle_0$ は平均場の自由エネルギー (3.13) に等しい．2 階微分は

$$\frac{\partial^2}{\partial m^2} (F_0 + \langle V \rangle_0) = N\beta J^2 z^2 (1 - m^2) \left[1 - \beta Jz(1 - m^2) \right] \tag{3.48}$$

となる．式 (3.17) と係数の違いはあるが正負の領域は一致しているから，極大・極小の判定条件はまったく同じである．

以上より，平均場近似解が変分法より得られることがわかる．どのように H_0 を選ぶかは完全に任意であるが，具体的に計算を行えるようなものを選ぶのが便利である．ここでは相互作用のない 1 体型のハミルトニアン (3.45) を選んでおり，そのことが平均場近似に対応している．同時に，平均場近似によって得られる自由エネルギーが厳密な値より小さくならないこともわかる．これは，自由エネルギーを最小にする配位が実現される状態であるという一般原理を考えると自然な結果である．1 体型のハミルトニアンという制限のもとで自由エネルギーを最小化してもそれは真の解とはならない．より広い範囲で最小化を行う必要がある．

3.3.4　相関効果

平均場近似はスピン変数をその平均値でおきかえる近似である．この近似がどれほどの誤差を生み出すのか，厳密な式と比較することにより見てみよう．

格子点 i のスピン S_i に着目し，Ising 模型のハミルトニアン (3.7) を S_i に関連した部分とそれ以外に分ける．

$$H = -h_i S_i + H_{\bar{i}}, \qquad h_i = J \sum_{j \in \partial i} S_j + h \tag{3.49}$$

$H_{\bar{i}}$ はスピン S_i を含まない項を表している．h_i はスピン S_i にかかる有効磁場 h_i と解釈される．スピンの期待値は次のように書くことができる．

$$\begin{aligned} \langle S_i \rangle &= \frac{1}{Z} \mathrm{Tr}\, S_i \mathrm{e}^{\beta h_i S_i - \beta H_{\bar{i}}} = \frac{1}{Z} \mathrm{Tr}_{\,\bar{i}} \left[(\mathrm{e}^{\beta h_i} - \mathrm{e}^{-\beta h_i}) \mathrm{e}^{-\beta H_{\bar{i}}} \right] \\ &= \frac{1}{Z} \mathrm{Tr}\, \tanh(\beta h_i) \mathrm{e}^{\beta h_i S_i - \beta H_{\bar{i}}} \end{aligned} \tag{3.50}$$

$\mathrm{Tr}_{\,\bar{i}}$ はスピン S_i を除くスピンの和を表している．以上より次の式が得られる．

$$\langle S_i \rangle = \left\langle \tanh\left(\beta J \sum_{j \in \partial i} S_j + \beta h \right) \right\rangle \tag{3.51}$$

これは厳密に成り立つ式であるが，自己無撞着方程式 (3.15) とよく似た形をしている．違いは右辺の熱平均のとり方が異なるところにある．$\langle \tanh(\cdots) \rangle \to \tanh \langle (\cdots) \rangle$ として，$\langle S_i \rangle = \langle S_j \rangle = m$ とおくと自己無撞着方程式が得られる．関数 $\tanh x$ を展開すると，x の奇数べき乗の項の無限和になる．各項には $\langle S_i S_j S_k \rangle$ のような複数のスピンの平均が現れるが，平均場近似は $\langle S_i S_j S_k \rangle \to \langle S_i \rangle \langle S_j \rangle \langle S_k \rangle = m^3$ などのおきかえを行っていることに対応している．つまり，平均場近似は相関を無視する近似であることが理解できる．

平均場近似の解が厳密解とどれだけ異なるかを見るために，最も簡単な 1 次元系を考察してみよう．このとき，式 (3.51) の右辺を厳密に評価できる．格子点 0 のスピン S_0 を考える．S_0 はその両側のスピン $S_{\pm 1}$ と相互作用している．簡単のため $h = 0$ とすると，

$$\langle S_0 \rangle = \langle \tanh[\beta J (S_1 + S_{-1})] \rangle = \frac{\langle S_1 + S_{-1} \rangle}{2} \tanh(2\beta J) \tag{3.52}$$

と書くことができる．二つめの等式は，スピン変数のとりうる値 ± 1 を代入すると成り立つことがわかる．$m = \langle S_0 \rangle = \langle S_{\pm 1} \rangle$ とすると，

$$m = m \tanh(2\beta J) \tag{3.53}$$

が成り立つ．β が有限のとき，$m=0$ がこの式の唯一の解となる．1次元系では有限温度で自発磁化が生じないという前章の結果と矛盾しない．明らかに自己無撞着方程式とは異なる結果である．

同様にして，2次元正方格子の系を考えてみよう．格子点0のスピン S_0 に対して，そのまわり（最近接）のスピンを $S_{1,2,3,4}$ とする．式 (3.51) は $h=0$ のとき

$$\langle S_0 \rangle = \langle \tanh\left[\beta J(S_1+S_2+S_3+S_4)\right]\rangle \tag{3.54}$$

であるが，右辺の関数 tanh は奇関数であることや $S_i^2=1$ であることなどを用いると次のように書ける．

$$\begin{aligned}&\tanh\left[\beta J(S_1+S_2+S_3+S_4)\right]\\&\quad=\frac{A}{4}(S_1+S_2+S_3+S_4)+\frac{B}{4}(S_1S_2S_3+S_2S_3S_4+S_3S_4S_1+S_4S_1S_2)\end{aligned} \tag{3.55}$$

A，B は温度に依存した適当な係数である．$S_1=S_2=S_3=S_4=1$ あるいは $S_1=S_2=S_3=-S_4=1$ とおいた二つの式から

$$A=\frac{1}{2}\left[\tanh(4\beta J)+2\tanh(2\beta J)\right] \tag{3.56}$$

$$B=\frac{1}{2}\left[\tanh(4\beta J)-2\tanh(2\beta J)\right] \tag{3.57}$$

と求められる．

2次元の場合，1次元系と異なって三つのスピンの積の平均が現れるため，式 (3.54) を厳密に解くことはできない．そこで積の平均を平均 m の積におきかえてみよう．このとき，式 (3.54)，(3.55) より

$$m=Am+Bm^3 \tag{3.58}$$

が得られる．これより，自発磁化が

$$m=\sqrt{1-\frac{[1-\tanh(2\beta J)]^2}{\tanh^3(2\beta J)}} \tag{3.59}$$

と求められる．この値が虚数になるときは自発磁化は存在せず，$m=0$ となる．この解を自己無撞着方程式 (3.15) の解と比較したのが図 3.7 である．平均場解より小さな自発磁化が得られることがわかる．平均場近似では $\langle S^2 \rangle=1$ を m^2 におきかえるなどの粗い近似を行っているが，ここでの手法はそのような近似を改良するもの

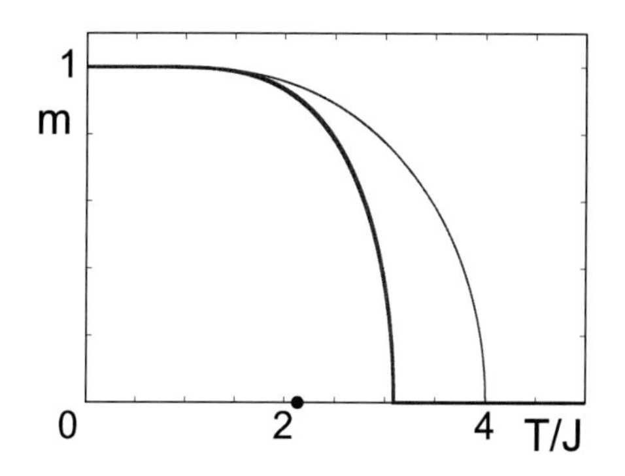

図 **3.7**　2 次元，$h=0$ のときの自発磁化の近似解．太線は式 (3.59)，細線は平均場近似の自己無撞着方程式 (3.15) の解，● は転移温度の真の値 $T_{\mathrm{c}}/J \approx 2.269$ を表す．

となっている．実際，第 6 章で示すが，真の転移温度の値は $T_{\mathrm{c}}/J \approx 2.269$ である．ここで得られた解は，平均場解より厳密解に近いことがわかる．真の転移温度は平均場近似で得られるものよりも小さくなる．平均場近似で無視されるゆらぎの効果は秩序状態を壊す役割を果たすと考えられるからである．

これらの結果からわかるように，平均場近似を改良するためには相関効果をとり入れていけばよい．そのような手法は，**Bethe 近似**（Bethe approximation）など，多くのものが考えられている．本書ではそれらを議論することは行わないので，詳しくは付録 H.1 節の文献 [16]（372 ページ）等を参照されたい．

3.3.5　無限レンジ模型

平均場近似はゆらぎや相関を無視する近似であるが，どのようなときにそれらを無視できるだろうか．平均場近似の物理的な描像は，まわりのスピンの効果を平均化された有効磁場で表すというものである．最近接スピンの数は配位数 z に等しいが，この値が十分大きければ有効磁場は平均化されてゆらぎの効果が小さくなってくると期待される．超立方格子の場合，系の空間次元を d とすると $z=2d$ であるから，次元が大きいほど平均化の効果は強く，ゆらぎも無視できるだろう．

そこで，極端な例として，すべてのスピン対が同等に相互作用している**無限レン**

ジ **Ising 模型**（infinite-range Ising model）を考えてみる[*17].

$$H = -\frac{J}{N}\sum_{\substack{i,j=1 \\ (i>j)}}^{N} S_i S_j \tag{3.60}$$

ここで和はすべての (i,j) の組についてとる．$1/N$ の因子はエネルギーが示量性を満たすために必要となる．これは，次のように書いてみるとわかる．

$$H = -\frac{J}{2N}\left(\sum_{i=1}^{N} S_i\right)^2 + \frac{J}{2} \sim -\frac{NJ}{2}\left(\frac{1}{N}\sum_{i=1}^{N} S_i\right)^2 \tag{3.61}$$

$J/2$ は熱力学極限では自由エネルギー密度に寄与しないため無視する．H は磁化変数の関数として $H = -NJm^2/2$ と書ける．これは有限レンジの模型ではなかった性質である．H が秩序変数の関数として表されるということは，平均場描像が自然なものであることを示唆している．確率変数 $\frac{1}{N}\sum_{i=1}^{N} S_i$ は，仮に各 S_i が独立であるとすると，熱力学極限では大数の法則によりその平均値 m にいくらでも近い値のみをとるようになる．これまで用いてきた平均場近似の手法を用いて自己無撞着方程式は

$$m = \tanh(\beta Jm + \beta h) \tag{3.62}$$

となり，転移温度 $T_c = J$ を得る．この式は，通常の Ising 模型の自己無撞着方程式 (3.15) において $z \to N$，$J \to J/N$ のおきかえをすることによって得られる．

この系ではすべてのスピン間に同等の相互作用が働いていることから，スピンの相互位置関係を議論することは無意味である．したがって，この系には空間次元という概念は存在しない．配位数は $z = N - 1 \to \infty$ であるから，無限次元の系と見なすこともできる．空間次元という概念が存在しないので，系の体積や表面積，長さといったものも存在しない．このような系は熱力学的に健全な系ではなく，統計力学の適用範囲外にある[*18]．H を N で割ることでハミルトニアンの示量性を保ち，もっともらしい熱力学関数を導出することができるが，その結果の解釈には十分な注意を払う必要がある．

[*17] **伏見–Temperley 模型**（Husimi–Temperley model）ともよばれる．K. Husimi: Proc. Int. Conf. Theor. Phys. 531 (1953); H. N. V. Temperley: Proc. Phys. Soc. A **67**, 233 (1954).

[*18] 例えば，相分離を行うことができなくなる．相分離については 4.1.2 項の最後（78 ページ）を参照．

平均場近似において，次元依存性は配位数に現れるが，転移の性質や臨界指数の値は次元に依存しない．次章で平均場近似の拡張および一般化を行い，次元がある値より大きいときに平均場近似が信頼できることが示される．

3.4 気体–液体の相転移

3.4.1 van der Waals 方程式

流体の状態の理解は統計力学の最も古くからの課題の一つである．しかしながら，微視的なハミルトニアンから出発して固体・液体・気体の三つの状態を統一的に記述することは難しく，現在でも未解決である．それでも，液体–気体間の転移は現象論的な考察から比較的よく理解されている．**van der Waals 方程式**（van der Waals equation）はそのような現象論的な方程式であり，簡単な式であるにもかかわらず相転移を定性的に記述することができる．気体と液体の状態はそれらの密度によって区別され，一つの方程式で両者を記述することができる．解析的な方程式から非解析的なふるまいが出てくることは決して自明なことではない．以下では，このことを示すとともに，得られた結果が何を意味しているのかを考えたい．

理想気体（ideal gas）の状態方程式は，

$$pV = NT \tag{3.63}$$

である．圧力 p，体積 V，粒子数 N，温度 T の間の関係を表すものである．これは相互作用のまったく存在しない古典的な粒子に対して成り立つ状態方程式である[*19]．実際の分子気体では，分子間に相互作用が働く．相互作用は図 3.8 のような形をしている．つまり，短距離では斥力が働き反発し合っているが，長距離では引力が働く．van der Waals は，理想気体の状態方程式に相互作用の効果をとり入れた方程式を提案した．

$$p = \frac{NT}{V - Nb} - \frac{N^2}{V^2}a \tag{3.64}$$

これが van der Waals 方程式である．a，b は正の定数を表し，それらの意味は次の通りである．粒子間に引力相互作用が存在すると反発力が弱まり圧力が減少するはずである．その大きさの程度は数密度 N/V の 2 乗に比例するとする．これが右辺

*19 統計力学はこの状態方程式を再現するようにつくられている．

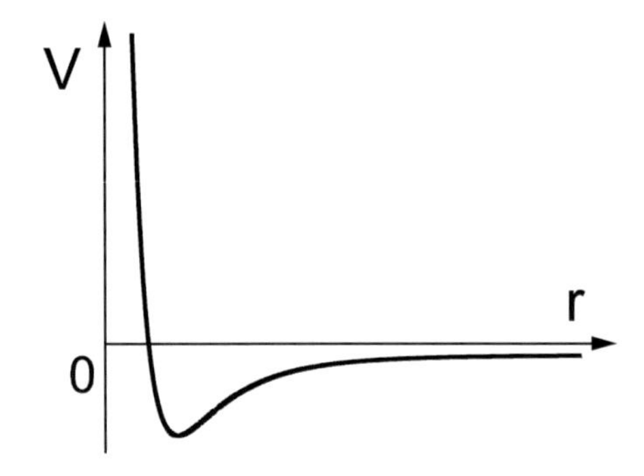

図 **3.8**　分子間距離 r の関数としての分子間相互作用ポテンシャル $V(r)$.

第 2 項である．一方，短距離で斥力が存在すると分子は互いに近寄れず，系の体積が V から実効的に小さくなる．右辺第 1 項の分母にこの効果がとり入れられている．

van der Waals 方程式は次の自由エネルギーから得られることもわかる．

$$F = -NT\left[\frac{3}{2}\ln\left(\frac{mT}{2\pi}\right) + \ln\left(\frac{V-Nb}{N}\right) + 1\right] - \frac{N^2}{V}a \tag{3.65}$$

この自由エネルギーは，$p = -\frac{\partial F}{\partial V}$ が van der Waals 方程式になり，$a=0$，$b=0$ のときに理想気体の自由エネルギーに一致するように構成されている[*20]．理想気体からの補正を系統的にとり入れていく方法は**ビリアル展開**（virial expansion）として知られている[*21]．

具体的に van der Waals 方程式がどのような状態を記述するかを見てみよう．圧力を体積の関数として表したものが図 3.9 である．温度が大きいと圧力は体積の単調減少関数であるが，低温では単調でなくなる．体積を大きくしていくと圧力が上昇する領域が生じる．このような状態は熱力学的には不安定な状態である．不安定

[*20] m は粒子の質量を表す．$a=0$，$b=0$ のとき古典自由粒子の自由エネルギーになるように，そして，対数項をすべて合わせた角括弧の部分が無次元量となるように入れたものだが，以下の議論にはいっさい関係しない．

[*21] ビリアル展開は，統計力学のクラスター展開を用いると微視的な理論から導くことができる．

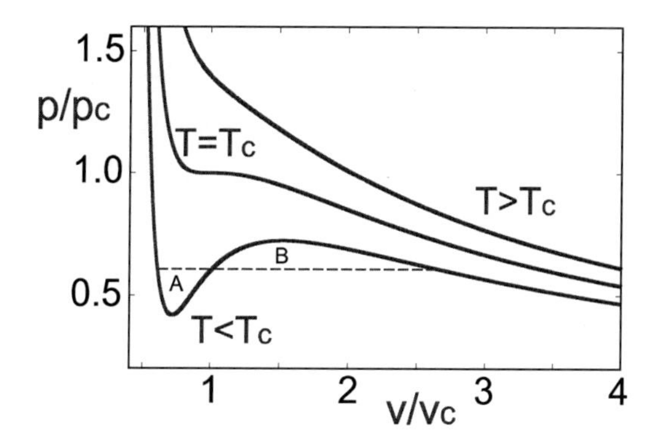

図 **3.9**　van der Waals 方程式による圧力のふるまい．

な状態が生じる点は

$$\frac{\partial p}{\partial v} = -\frac{T}{(v-b)^2} + \frac{2a}{v^3} = 0 \tag{3.66}$$

$$\frac{\partial^2 p}{\partial v^2} = \frac{2T}{(v-b)^3} - \frac{6a}{v^4} = 0 \tag{3.67}$$

で与えられる．ここで，1 粒子あたりの体積 $v = V/N$ を用いた．以下，v を密度とよぶ．上の二つの方程式より，臨界点

$$T_{\mathrm{c}} = \frac{8a}{27b}, \qquad p_{\mathrm{c}} = \frac{a}{27b^2}, \qquad v_{\mathrm{c}} = 3b \tag{3.68}$$

が得られる．$\tilde{T} = T/T_{\mathrm{c}}$，$\tilde{p} = p/p_{\mathrm{c}}$，$\tilde{v} = v/v_{\mathrm{c}}$ の変数を用いると，状態方程式 (3.64) は次のように書くことができる．

$$\tilde{p} = \frac{8\tilde{T}}{3\tilde{v}-1} - \frac{3}{\tilde{v}^2} \tag{3.69}$$

この方程式はパラメータをまったく含んでいない．臨界点の値自体は系に依存した値をとるが，それを基準にしてすべての変数を測ると，状態方程式は系によらず同一の線上に乗る．これを**対応状態の法則**（law of corresponding states）とよぶ．

$T < T_{\mathrm{c}}$（$\tilde{T} < 1$）のとき，実際の系がたどる安定な状態は **Maxwell の等面積則**（Maxwell equipartition law）によって決められる．つまり，図 3.9 のように A と B の面積が等しくなるように引いた水平線が系のたどる安定な状態となる[*22]．この

[*22] このような操作の正当性は 4.1.2 項（76 ページ）で議論する．

線上では二つの相が共存した状態となる．

臨界点以下の温度では，密度に不連続な変化が生じる．van der Waals 方程式は流体の状態を記述する方程式であるから，気体と液体の間の 1 次相転移と解釈するのが自然であろう．このときの秩序変数は，2 状態の密度の差によって表される．臨界点以上では密度の差は存在しない．2 状態は連続的につながり，境界は存在しない．このように液体と気体間の相転移を見てみると，磁性体の相転移とよく似ていることに気づく．磁性体の場合，秩序変数を表す磁化は磁場の関数である．$T \geq T_{\mathrm{c}}$ では磁化は磁場について連続であるが，$T < T_{\mathrm{c}}$ では磁場が 0 の点で不連続な変化をする．つまり，流体における圧力と密度が磁性体における磁場と磁化にそれぞれ対応している．

定量的な対応を調べるために，$\tilde{T} = 1$，$\tilde{p} = 1$，$\tilde{v} = 1$ で与えられる臨界点付近での臨界指数を求める．1 粒子あたりのエントロピー密度およびエネルギー密度は

$$s = -\frac{\partial f}{\partial T} = \frac{3}{2}\ln\left(\frac{mT}{2\pi}\right) + \ln\left(\frac{V-Nb}{N}\right) + \frac{5}{2} \tag{3.70}$$

$$\epsilon = \frac{\partial}{\partial \beta}\beta f = \frac{3}{2}T - \frac{a}{v} \tag{3.71}$$

で与えられるから，比熱は温度によらず

$$c = \frac{3}{2} \tag{3.72}$$

となる．臨界点で特異性は存在せず，臨界指数は $\alpha = 0$ となる．

密度は磁性体の系における磁化に対応しているので，その温度依存性から臨界指数 β が求まる．磁性体の場合，磁化が不連続になる点は $h = 0$ に決まっていたが，いまの場合，密度が不連続になる圧力の値は温度に依存するので注意する必要がある．臨界点のまわりで展開を行うために

$$\tilde{v} = 1 + \phi \tag{3.73}$$

$$\tilde{T} = 1 + t \tag{3.74}$$

とおき，ϕ と t で展開を行う．

$$\tilde{p} = \frac{8(1+t)}{2+3\phi} - \frac{3}{(1+\phi)^2} \sim 1 + 4t - 6t\phi - \frac{3}{2}\phi^3 \tag{3.75}$$

$t\phi^2$ の項は ϕ^3 より高次項になるとして無視した．この式が $\phi=0$ の解を常にもつためには，$\tilde{p}=1+4t$ でなければならない．これより，非自明な解は

$$\phi = \pm 2\sqrt{-t} \tag{3.76}$$

となる．つまり両相の密度の差が $4\sqrt{-t}$ で与えられることになる．臨界指数は $\beta = 1/2$ である．

圧縮率は次のように定義される．

$$\kappa_T = -\frac{1}{V}\frac{\partial V}{\partial p} \tag{3.77}$$

変数の対応を考えると，これは磁性体の磁化率に対応している．したがって，ここから臨界指数 γ が求まる．van der Waals 方程式より，

$$-\frac{\partial \tilde{v}}{\partial \tilde{p}} = \left[\frac{24\tilde{T}}{(3\tilde{v}-1)^2} - \frac{6}{\tilde{v}^3}\right]^{-1} \tag{3.78}$$

である．$\tilde{v}=1$ とすると

$$-\frac{\partial \tilde{v}}{\partial \tilde{p}} = \frac{1}{6t} \tag{3.79}$$

であるから，臨界点より上では $\gamma=1$ となる．臨界点より下では

$$-\frac{\partial \tilde{v}}{\partial \tilde{p}} \sim \frac{1}{6\left(t+\frac{3}{4}\phi^2\right)} \sim -\frac{1}{12t} \tag{3.80}$$

となる．この場合も $\gamma=1$ である．

最後に，$t=0$ とおいて展開すると

$$\tilde{p}-1 \sim -\frac{3}{2}\phi^3 \tag{3.81}$$

となり，$\delta=3$ が得られる．

以上より，臨界指数は $\alpha=0$，$\beta=1/2$，$\gamma=1$，$\delta=3$ となった．興味深いことに，これらの値は Ising 模型の平均場理論のものと一致している．しかも，γ に関する量について臨界振幅の比まで一致している．まったく関係がないように見える系同士の間にこのような関係があることは，何か背後に隠された法則があることを示唆している．

3.4.2　格子気体模型

流体と磁性体の相転移の関係をもう少し詳しく調べるために，微視的な模型である**格子気体模型**（lattice gas model）を解析する*23．格子点上に置かれた粒子が相互作用する単純な模型である．粒子は格子点上において定義される．粒子同士が離れているときには相互作用が働かず近づくと引力が働く様子を，ハミルトニアン

$$H = -\epsilon \sum_{\langle ij \rangle} n_i n_j \tag{3.82}$$

で表す．n_i は格子点 i に粒子が存在するときは $+1$，存在しないときは 0 の値をとる．和は Ising 模型のときと同様に最近接の組についてとられる．となり合った点に粒子が存在するとき，$-\epsilon$ の引力が働く．ϵ は正の定数である．格子点の数を N，配位数を z とする．粒子数は

$$N_{\mathrm{m}} = \sum_{i=1}^{N} n_i \tag{3.83}$$

によって与えられる．近づくと引力が働くが，近づきすぎることも禁止される（同じ格子点に二つの粒子が存在できない）という，二つの性質をとり入れた模型となっている*24．

粒子数が変動する場合を考えるので，扱う確率模型は**グランドカノニカル分布**（grand canonical distribution/ensemble）となる．**大分配関数**（grand partition function）は次のように書ける．

$$\Xi = \mathrm{Tr}\, \mathrm{e}^{-\beta(H-\mu N_{\mathrm{m}})} \tag{3.84}$$

μ は化学ポテンシャルであり，状態和 Tr は $\{n_i\}_{i=1,2,\cdots,N}$ のとりうる値についての和を表す．

この模型は，適当な変数変換を行うと Ising 模型に帰着する．つまり，格子気体模型の大分配関数 Ξ を Ising 模型の分配関数 Z を用いて表すことができる．変数変換

$$n_i = \frac{1+S_i}{2} \tag{3.85}$$

---

*23 T. D. Lee and C. N. Yang: Phys. Rev. **87**, 410 (1952).

*24 運動エネルギーは入っていない．古典系では運動エネルギーと相互作用エネルギーの分配関数への寄与は分離して考えることができる．運動エネルギーの状態方程式への寄与はあるはずだが，ここでは考えない．

を行うと

$$n_i = \begin{cases} 1 \\ 0 \end{cases} \quad \leftrightarrow \quad S_i = \begin{cases} 1 \\ -1 \end{cases} \tag{3.86}$$

であるから，S_i を Ising 模型のスピン変数に対応させることができる．ハミルトニアンは

$$H = -\frac{\epsilon}{4}\sum_{\langle ij\rangle} S_i S_j - \frac{z\epsilon}{4}\sum_{i=1}^{N} S_i - \frac{Nz\epsilon}{8} \tag{3.87}$$

と書ける．また，

$$N_{\mathrm{m}} = \frac{1}{2}\sum_{i=1}^{N} S_i + \frac{N}{2} \tag{3.88}$$

であるから，大分配関数は

$$\Xi = \exp\left[\beta N\left(\frac{z\epsilon}{8} + \frac{\mu}{2}\right)\right] \mathrm{Tr}\, \exp\left[\frac{\beta\epsilon}{4}\sum_{\langle ij\rangle} S_i S_j + \beta\left(\frac{z\epsilon}{4} + \frac{\mu}{2}\right)\sum_{i=1}^{N} S_i\right] \tag{3.89}$$

となる．したがって，Ising 模型の分配関数と比較すると，

$$\Xi = \mathrm{e}^{-\beta E_0} Z(J,h), \quad E_0 = -N\left(\frac{z\epsilon}{8} + \frac{\mu}{2}\right), \quad J = \frac{\epsilon}{4}, \quad h = \frac{z\epsilon}{4} + \frac{\mu}{2} \tag{3.90}$$

であることがわかる．

この模型において，圧力は

$$p = \frac{1}{N\beta}\ln \Xi \tag{3.91}$$

で与えられる．格子系を考えているので，系の体積として格子点の数 N が用いられている．このとき，

$$p = -\frac{E_0}{N} + \frac{1}{N\beta}\ln Z(J,h) = h - \frac{Jz}{2} - \frac{F}{N} \tag{3.92}$$

となる．F は Ising 模型の自由エネルギーである．

Ising 模型に対して平均場近似を適用し，対応する格子気体模型の性質を調べよう．平均場近似を用いると，Ising 模型の自由エネルギーは式 (3.13) のように書け，磁場 h と磁化 m の関係は式 (3.15) で決まる．

$$F = \frac{NJzm^2}{2} - \frac{N}{\beta}\ln\left[\frac{2}{(1-m^2)^{1/2}}\right] \tag{3.93}$$

$$h = -Jzm + \frac{1}{2\beta}\ln\left(\frac{1+m}{1-m}\right) \tag{3.94}$$

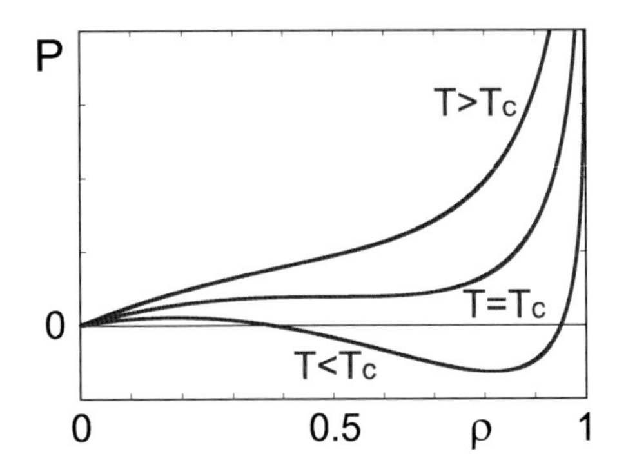

図 **3.10**　格子気体模型の平均場近似によって得られる状態方程式のふるまい．

であるので，圧力は

$$p = -\frac{Jz}{2}(m+1)^2 + \frac{1}{\beta}\ln\left(\frac{2}{1-m}\right) \tag{3.95}$$

と書ける[*25]．式 (3.85) より，Ising 模型の磁化 m は格子気体模型の密度 $\rho = N_\mathrm{m}/N$ と

$$m = 2\rho - 1 \tag{3.96}$$

の関係がある[*26]．したがって，状態方程式

$$p = -2Jz\rho^2 + \frac{1}{\beta}\ln\left(\frac{1}{1-\rho}\right) \tag{3.97}$$

が得られる．

Ising 模型の平均場近似は相転移を示し，転移温度は $T_\mathrm{c} = Jz$ で与えられる．格子模型で対応する相転移はどのようなものだろうか．状態方程式を用いて，圧力を密度の関数として描いたのが図 3.10 である．圧力の密度での 1 階および 2 階微分

[*25] いまの場合，密度 ρ の関数として圧力 p を求める．これは m の関数として h を求めることに対応しているため，自己無撞着方程式は容易に解ける．図 3.4(b) の縦横を逆にして見れば解が一意的に定まる様子がわかるだろう．

[*26] 密度 ρ は単位体積あたりの粒子数を表すことに注意．

は次のようになる．

$$\frac{\partial p}{\partial \rho} = Jz\left[-4\rho + \frac{1}{\beta Jz(1-\rho)}\right] \tag{3.98}$$

$$\frac{\partial^2 p}{\partial \rho^2} = Jz\left[-4 + \frac{1}{\beta Jz(1-\rho)^2}\right] \tag{3.99}$$

$T \leq T_\mathrm{c}$ のとき，$\frac{\partial p}{\partial \rho} = 0$ より，p は

$$\rho_\pm = \frac{1}{2}\left(1 \pm \sqrt{1 - \frac{1}{\beta Jz}}\right) \tag{3.100}$$

の点で極値をもつ．$\rho = \rho_+$ では $\frac{\partial^2 p}{\partial \rho^2} \geq 0$，$\rho = \rho_-$ では $\frac{\partial^2 p}{\partial \rho^2} \leq 0$ である．一方，$T > T_\mathrm{c}$ のとき，$\frac{\partial p}{\partial \rho} = 0$ は実の解をもたず，p は単調 (増加) 関数である．つまり，$T > T_\mathrm{c}$ の無秩序相では圧力は密度の単調増加関数であり安定であるが，$T < T_\mathrm{c}$ の秩序相では密度を大きくすると圧力が減少する不安定領域が現れる．$T = T_\mathrm{c}$ での密度 ρ_c，圧力 p_c は

$$\rho_\mathrm{c} = \frac{1}{2}, \qquad p_\mathrm{c} = T_\mathrm{c}\left(-\frac{1}{2} + \ln 2\right) \tag{3.101}$$

である．これが臨界点となる．

格子気体の状態方程式 (3.97) は，van der Waals 方程式と定性的なふるまいは同じであり，臨界指数も同じ値を与える．これは格子気体模型が Ising 模型と等価であることから明らかである．実際，臨界点の近くで圧力を温度と密度で展開すると

$$p = p_\mathrm{c} + (T - T_\mathrm{c})\ln 2 + 2(T - T_\mathrm{c})(\rho - \rho_\mathrm{c}) + \frac{8}{3}T_\mathrm{c}(\rho - \rho_\mathrm{c})^3 + \cdots \tag{3.102}$$

となり，式 (3.75) のふるまいと一致する．第 3 項と第 4 項の符号が逆に見えるが，式 (3.75) で用いられている 1 粒子あたりの体積 $v = V/N$ は，ここでの数密度 $\rho = N_\mathrm{m}/N$ の逆数に対応するので，そのことを考慮すると同じであることがわかる．このように，van der Waals 方程式は平均場近似にもとづく状態方程式といってもよいだろう．

臨界点付近ではパラメータに関する展開ができて，展開の最初の数項が臨界点付近での系の性質を決めている．この考え方を推し進めていくと次章で議論する Landau 理論に至る．

4 Landau 理論

平均場近似をより広い枠組からとらえるのが **Landau 理論**（Landau theory）である．本章では Landau 理論について議論を行い，異なる系の平均場近似が同じ臨界指数を与える仕組を考察する．その結果生じる概念が普遍性である．平均場近似が正当化される条件を詳しく調べると，ゆらぎが臨界現象において重要な役割を果たすことがわかってくる．

4.1 Landau 展開

統計力学は，微視的な理論と現象論的な熱力学を結びつけることを指針の一つとして構成されている．カノニカル分布という確率模型を用いることによって，微視的なハミルトニアンから熱力学関数を計算する処方箋を与えている．その際，平均場理論は熱力学関数を近似的に求める方法として用いられたが，同時に，秩序変数を導入する役割も果たしていた．

Landau は，まったく異なる観点から相転移の一般論を展開した[*1]．微視的な模型を考えるのをやめて，擬似自由エネルギーの一般形を出発点とする．基本的な仮定のもとで書き下された擬似自由エネルギーから自由エネルギーを導出し，それがどのような特異性をもつかを考察するのである．

4.1.1 Landau 展開

磁性体の例を考えよう．磁性体の自由エネルギーは温度と磁場の関数 $f(T,h)$ である．平均場近似では，これに磁化変数 m を加えた擬似自由エネルギー $\tilde{f}(T,h,m)$ を考える．Landau 理論では，その擬似自由エネルギーを対称性に基づく一般的な考察からただちに書き下す．原則は，系のもつ基本的対称性を考慮することおよび擬似自由エネルギーに特異性を含めないということである．

*1 L. D. Landau: Sov. Phys. JETP **7**, 19 (1937); Sov. Phys. JETP **7**, 627 (1937).

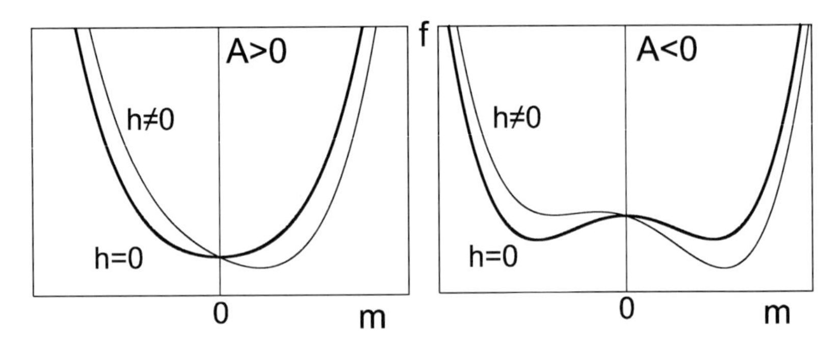

図 **4.1**　Landau 関数 (4.1) のふるまい．$B > 0$ とする．

臨界点に近ければ磁化が小さいので，特異性がないという仮定より $\tilde{f}$ を m について展開することができる．磁場がかかっていないときの自由エネルギーはスピン反転に対して対称であることから，$\tilde{f}$ は m に関して偶関数である．磁場がかかると m の 1 次の項が生じることから，$\tilde{f}$ のもっともらしい関数形は

$$\tilde{f}(T,h,m) = f_0(T) - hm + A(T)m^2 + B(T)m^4 \tag{4.1}$$

である．f_0，A，B は温度の関数である．ここでは m の 4 次の項までを考えたが，以下で見るようにそれは状況による．2 次まででよい場合もあるし，6 次の項が必要になる場合もある．この関数は **Landau 自由エネルギー**（Landau free energy），あるいはより一般に **Landau 関数**（Landau function）とよばれる．また，Landau 自由エネルギーをべき展開で表すことを **Landau 展開**（Landau expansion）という．

Landau 自由エネルギーが書ければ，あとは平均場近似のときと同じである．m についての最小条件より実現される磁化と自由エネルギーの値が決まる．

$$f(T,h) = \min_m \tilde{f}(T,h,m) \tag{4.2}$$

Landau 関数のふるまいは図 4.1 のようになる．4 次までの項を考えているので，有限な m で最小値をとるためには $B > 0$ でなければならない．A の符号によってふるまいは異なる．極値の条件は

$$h = 2Am + 4Bm^3 \tag{4.3}$$

である．磁場が 0 のとき，$m=0$ の解以外に

$$m^2 = -\frac{A}{2B} \tag{4.4}$$

という非自明な解をもつが，この解が物理的意味をもつのは A/B が負のときである．A の正負によって磁化が有限か 0 かが決まるので，$A=0$ が転移点を表している．温度が転移点に近いときには A は次のように書けるだろう．

$$A = a(T - T_{\mathrm{c}}) \tag{4.5}$$

a は正の数であり，T_{c} が転移温度を表す．上の磁化の解に代入すると，$T \le T_{\mathrm{c}}$ のとき，

$$m = \sqrt{\frac{a(T_{\mathrm{c}} - T)}{2B}} \tag{4.6}$$

となる．$T \to T_{\mathrm{c}}$ のとき，磁化は $(T_{\mathrm{c}} - T)^{1/2}$ に比例して 0 に近づく．a，B は正の値をもち，べきの値 1/2 に影響を与えることはない[*2]．つまり，このときの臨界指数 β は 1/2 である．自由エネルギーは

$$f(T,0) = \begin{cases} f_0(T) & (T \ge T_{\mathrm{c}}) \\ f_0(T) - \dfrac{a^2(T_{\mathrm{c}} - T)^2}{4B} & (T < T_{\mathrm{c}}) \end{cases} \tag{4.7}$$

で与えられる．$f_0(T)$ は未定だが性質のよい関数であり，臨界点での特異性を与えるものではない．比熱は

$$c = \begin{cases} c_0(T) & (T > T_{\mathrm{c}}) \\ c_0(T) + \dfrac{a^2}{2B}T & (T < T_{\mathrm{c}}) \end{cases} \tag{4.8}$$

となる．$c_0(T)$ は $f_0(T)$ による寄与である．比熱は臨界点で不連続となるから，$\alpha = 0$ である．磁化率は，式 (4.3) を h で微分して

$$\chi = \frac{1}{2A + 12Bm^2} = \begin{cases} \dfrac{1}{2a(T - T_{\mathrm{c}})} & (T > T_{\mathrm{c}}) \\ \dfrac{1}{4a(T_{\mathrm{c}} - T)} & (T < T_{\mathrm{c}}) \end{cases} \tag{4.9}$$

[*2] それらの係数は，一般に温度に依存する．$a(T) = a(T_{\mathrm{c}}) + (T - T_{\mathrm{c}})a'(T_{\mathrm{c}}) + \cdots$ のように展開すると，磁化に 3/2 乗などのべき項が生じるが，それらは高次補正である．式 (2.81) （44 ページ）の議論を参照．$a(T_{\mathrm{c}}) > 0$ である限り臨界指数の決定には影響を与えない．B についても同様に考えられる．

となることから，$\gamma = 1$ を得る．また，$T = T_{\mathrm{c}}$ では $A = 0$ なので式 (4.3) は

$$h = 4Bm^3 \tag{4.10}$$

となる．$\delta = 3$ である．

このように，Landau 理論の臨界指数は式 (3.29)（52 ページ）の値となり，すべて Ising 模型の平均場近似による結果と一致している．Weiss の分子場近似，Ising 模型の平均場近似，Landau 理論のどれもが同じ仕組で臨界指数を与えていることは，計算過程を追ってみるとわかるだろう．Landau 理論は，微視的な理論を参照しないことから，臨界点の位置などを予言することは原理的に不可能である．その代わり，相転移が生じるときの系のふるまいの本質をとらえている．f_0 や a，B などの詳細な情報は，特異性をもたないということ以外には問われていない．

詳細にしばられない記述であることから，その理論は多くの系に適用される．ここでは磁性体を想定しているが，変数を適当に読みかえることで他の系を記述できる．また，Landau 関数の関数形を変更するだけで異なる臨界指数を与える系を扱うこともできる．例えば，ここでの議論で正と仮定していた m^4 の項の係数 B が負となる場合，Landau 展開における次の 6 乗項もとり入れる必要があり，臨界点での系の性質が異なってくる．また，スピン反転対称性がない系では，奇数べきの項の存在も許される．6 次の項を入れた場合は 4.1.3 項で議論する．どのような項を考慮するかは，系のもつ対称性によって決められる．

4.1.2 Landau 関数と Legendre 変換

Landau 関数は前章で導入した擬似自由エネルギーを一般化したものであり，それ自体は熱力学関数ではない．とはいえ，次のような考察により熱力学関数と関係づけられる．

磁場項を除いた Landau 関数を

$$\tilde{g}(T, m) = f_0 + Am^2 + Bm^4 \tag{4.11}$$

とおいたとき，自由エネルギーは

$$f(T, h) = \min_m \left(\tilde{g}(T, m) - hm \right) \tag{4.12}$$

と書くことができる．これは Legendre 変換の形と同じである．つまり，$\tilde{g}(T, m)$ は

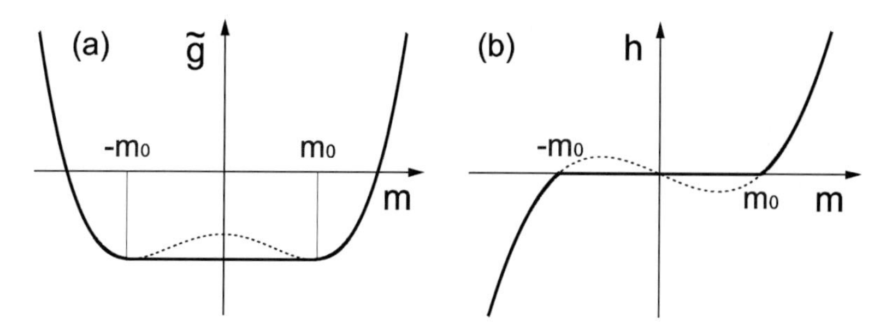

図 **4.2** (a) Landau 自由エネルギー $\tilde{g}$ と Gibbs の自由エネルギーの関係．前者は $-m_0 \leq m \leq m_0$ で点線部分をたどる．点線を直線でおきかえたものが後者になる．(b) 自由エネルギーの傾き $h = \frac{\partial \tilde{g}}{\partial m}$.

Gibbs の自由エネルギーに対応しているように見える[*3]．Helmholtz の自由エネルギーが磁場 h に関して上に凸の関数であることに対応して，Gibbs の自由エネルギーは磁化 m に関して下に凸の関数であることが，熱力学的に要請される．しかしながら，図 4.1 右のように $\tilde{g}(T,m)$ は下に凸でないときもあるから，$\tilde{g}(T,m)$ と Gibbs の自由エネルギーを同一視することはできない．

Landau 関数 $\tilde{g}(T,m)$ が下に凸のときは，式 (4.12) は Legendre 変換にほかならず，$\tilde{g}(T,m)$ は Gibbs の自由エネルギーに等しい．これは図 4.1 左，$T > T_{\mathrm{c}}$ のときである．このとき，磁場は $\tilde{g}$ の m についての傾きより求められる．

$$h = \frac{\partial \tilde{g}}{\partial m} \tag{4.13}$$

$T < T_{\mathrm{c}}$ のとき，下に凸でない領域が現れるが，式 (4.13) から h を求めようとすると，h と m が 1 対 1 ではなくなってしまう．図 4.2 を見るとわかるように，領域 $-m_0 \leq m \leq m_0$ で一つの h に対して複数の m が存在する．$\pm m_0$ は $\tilde{g}$ が最小になる点の m の値を表す．

そこで図 4.2 のように点線の部分を直線におきかえる．このようにすると h と m は $h = 0$ を除いて 1 対 1 となり，自由エネルギーは下に凸の関数となる．直線より上を通るとすると下に凸の性質が成り立たなくなってしまうし，下を通るわけにもいかないので，直線になるしかない．Landau 関数を修正することで熱力学的に正

[*3] 2.2.2 項の最後（22 ページ）で述べたように，本来は Helmholtz の自由エネルギーと Gibbs の自由エネルギーの定義は逆である．

しい自由エネルギーが得られる．修正された $\tilde{g}(T,m)$ から得られた自由エネルギー $f(T,h)$ を逆 Legendre 変換すると，下に凸の性質をもつ正しい Gibbs の自由エネルギーを得ることができる．

$$g(T,m) = \max_h \left(f(T,h) + hm\right) \tag{4.14}$$

図 4.2(b) で点線と直線が囲む二つの領域の面積は等しい．これは，$\tilde{g}(m_0) = \tilde{g}(-m_0)$ となることを意味している．対称性から明らかに見えるが，次のようにしてもわかる．(b) の図で h を $-m_0$ から 0 までと 0 から m_0 までを積分した値（点線と横軸の囲む面積）はそれぞれ

$$\int_{-m_0}^{0} \mathrm{d}m\, h = \int_{-m_0}^{0} \mathrm{d}m\, \frac{\partial \tilde{g}}{\partial m} = \tilde{g}(0) - \tilde{g}(-m_0) \tag{4.15}$$

$$\int_{0}^{m_0} \mathrm{d}m\, h = \int_{0}^{m_0} \mathrm{d}m\, \frac{\partial \tilde{g}}{\partial m} = \tilde{g}(m_0) - \tilde{g}(0) \tag{4.16}$$

である．これらがちょうど逆符号で大きさが等しいことを要請すると，$\tilde{g}(m_0) = \tilde{g}(-m_0)$ が得られる[*4]．

直線の領域の自由エネルギーを式で表してみよう．直線の両端の点をそれぞれ $(m_-, \tilde{g}_-)$，$(m_+, \tilde{g}_+)$ とする．いまの場合 $\tilde{g}_+ = \tilde{g}_-$ であるが，ここでは一般的に考える．このとき，$m_- \le m \le m_+$ の範囲で $\tilde{g}(m)$ は次のように書ける．

$$\tilde{g}(m) = \tilde{g}_+ \frac{m - m_-}{m_+ - m_-} + \tilde{g}_- \frac{m_+ - m}{m_+ - m_-} \tag{4.17}$$

つまり，m の点で $\tilde{g}_+$ の状態と $\tilde{g}_-$ の状態が $(m - m_-) : (m_+ - m)$ の比で混ざり合っているという解釈が可能となる．これは，**相分離**（phase separation）が起こっている状態である．強磁性体の例でいうと，スピンが上向きにそろった部分と下向きにそろった部分が空間的に共存したものとなる．系が 1 相にあるとするよりも 2 相に分離した方が自由エネルギーは得をする．

4.1.3　Landau 関数の他の例

前項までは，磁化の 4 次の項の係数 B は正であるとした．そうでないと m に関する最小化条件が有限の解をもたないからである．本項では，4 次の項が負となる

[*4] これと同様の解析を行うことで，前章で述べた Maxwell の等面積則を導出することができる．ただし，図 4.2(a) の点線で表されている $\tilde{g}$ に物理的意味はないので，導出する意義があるかどうか議論の余地がある．Lagendre 変換に基づく前の段落の議論は点線の $\tilde{g}$ を用いていない．

とき何が起こるかを考察する．有限の解をもつようにするため，正の係数をもつ 6 次の項を入れて Landau 関数を

$$\tilde{f}(m) = \frac{a}{2}m^2 + \frac{b}{4}m^4 + \frac{c}{6}m^6 \tag{4.18}$$

とする．$c > 0$ である．この Landau 関数は，例えばスピン 1 の系を記述するときに用いられる．

極値を求めるには，$\tilde{f}'(m) = 0$ の解を求めればよい．ここでは，$\tilde{f}'(m) = \frac{\partial \tilde{f}(m)}{\partial m}$ の記法を用いる．

$$\tilde{f}'(m) = m\left(a + bm^2 + cm^4\right) \tag{4.19}$$

であるから，$\tilde{f}'(m) = 0$ の解は $m = 0$，$m = \pm m_0$，$m = \pm m_1$ である．ただし，

$$m_0 = \left[\frac{-b + (b^2 - 4ac)^{1/2}}{2c}\right]^{1/2} \tag{4.20}$$

$$m_1 = \left[\frac{-b - (b^2 - 4ac)^{1/2}}{2c}\right]^{1/2} \tag{4.21}$$

とした．m_0，m_1 は実数とは限らない．実数のときに極値の位置を与える．極小か極大かを判断するためには，2 階微分

$$\tilde{f}''(m) = a + 3bm^2 + 5cm^4 \tag{4.22}$$

を用いる．

$a < 0$ のとき，$b^2 - 4ac > b^2 > 0$ より m_0 が実数となる．m_1 は虚数なので考えない．

$$\tilde{f}''(0) = a < 0 \tag{4.23}$$

$$\tilde{f}''(\pm m_0) = \frac{(b^2 - 4ac)^{1/2}}{c}\left[(b^2 - 4ac)^{1/2} - b\right] > 0 \tag{4.24}$$

であるから，Landau 関数は $m = 0$ で極大，$m = \pm m_0$ で極小値をとる．したがって実現される磁化は $m = \pm m_0$ である．

$a > 0$，$b > 0$ のとき，m_0 と m_1 は虚数となる．つまり，Landau 関数は $m = 0$ のみで極値をとる．このとき

$$\tilde{f}''(0) = a > 0 \tag{4.25}$$

であるので，極小となる．したがって実現される磁化は $m = 0$ である．

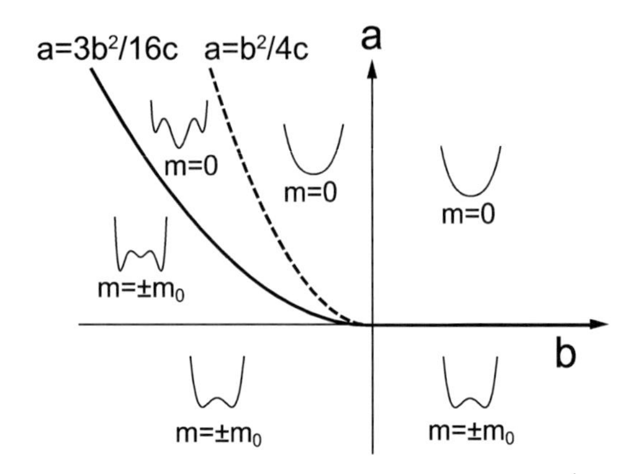

図 **4.3**　1 次相転移のある系の相図と各領域での Landau 関数．相境界は $a=0$, $b>0$ と $a=\frac{3b^2}{16c}$, $b<0$ の曲線で与えられる．

$a>0$, $b<0$ のときは二つの場合に分けて考える．$b^2-4ac<0$ のとき，m_0 と m_1 は実数でないので，$m=0$ が唯一の解である．解は極小値に対応している．したがって実現される磁化は $m=0$ である．$b^2-4ac>0$ のときは，m_0, m_1 ともに実数となる．また，常に $m_0>m_1$ が成り立つ．2 階微分の値は

$$\tilde{f}''(0)=a>0 \tag{4.26}$$

$$\tilde{f}''(\pm m_1)=\frac{(b^2-4ac)^{1/2}}{c}\left[(b^2-4ac)^{1/2}+b\right]<0 \tag{4.27}$$

$$\tilde{f}''(\pm m_0)=\frac{(b^2-4ac)^{1/2}}{c}\left[(b^2-4ac)^{1/2}-b\right]>0 \tag{4.28}$$

であるから，極小となる点は $m=0$ と $m=\pm m_0$ である．$m=0$ と $m=\pm m_0$ のどちらが Landau 関数の最小値を与えるかを考える．$\tilde{f}(0)=0$ であるから，次のように表される $\tilde{f}(\pm m_0)$ の正負を調べればよい．

$$\tilde{f}(\pm m_0)=\frac{m_0^2}{12}(bm_0^2+4a) \tag{4.29}$$

$bm_0^2+4a>0$ のとき，つまり $a>\frac{3b^2}{16c}$ のとき正であるから，実現される磁化は $m=0$ である．$a<\frac{3b^2}{16c}$ のときは，$m=\pm m_0$ となる．

以上の解析をまとめると，相図は図 4.3 のようになる．$a=0$, $b>0$ の線上で 2 次相転移が起こる．磁化が 0 か有限の値となる境界である．一方，$a=\frac{3b^2}{16c}$, $b<0$ の

線で磁化は不連続に変化する．Landau 関数の形を見ると，$m = 0$ の値と $m = \pm m_0$ の値の大小がこの線を境に入れかわる．この不連続変化は 1 次相転移の特徴である．1 次相転移の領域の端点である $a = 0$，$b = 0$ は**三重臨界点**（tricritical point）である．三重という理由は磁場を入れた 3 次元の空間で相図を調べることによりわかる．$a = \frac{b^2}{4c}$，$b < 0$ の線は相転移を表す線ではないが，3.3.1 項（53 ページ）で議論したような準安定状態の出現する境界，つまり**スピノーダル線**（spinodal line）を表す．臨界点における臨界指数も計算することができる．三重臨界点では，式 (4.1) の Landau 関数で計算したものと異なる値を得る．

4.2 ゆらぎと相関関数

Landau 理論は一般性のある理論であり，おかれるいくつかの仮定も自然に思える．しかしながら，この理論がいつでも適用できるわけでないことは，結果を見るとわかる．Landau 理論が与える臨界指数は整数や有理数など単純なものばかりで，現実の系が与える臨界指数のさまざまな値を説明しきれない．何よりも問題なのは，空間次元依存性がまったく理論に現れないことである．

Landau 理論を拡張するヒントは，第 2 章で考察した Peierls の議論にある．この議論では，適当な大きさのクラスターをつくることで熱ゆらぎの効果を調べた．実際の磁性体の系では，スピンはある領域でほとんどそろっていたとしても，より大きな領域を考えるとむらが見られる．平均場近似や Landau 理論では，空間座標に依存しない磁化を用いたために，不均一状態を扱うことができなかった．**Ginzburg–Landau 理論**（Ginzburg–Landau theory）は，そのような欠点を克服してゆらぎの効果をとり入れた Landau 理論である[*5]．元は超伝導の系への Landau 理論の応用として提案された理論であるが，他の系にも用いることができる．

磁化変数が空間座標依存性をもつとすると，それに対応した擬似自由エネルギーは Landau 汎関数 $\tilde{g}(m(\boldsymbol{r}))$ を用いて

$$\tilde{G}[m(\boldsymbol{r})] = \int \mathrm{d}^d\boldsymbol{r}\, \tilde{g}(m(\boldsymbol{r})) \tag{4.30}$$

と書ける．積分は全空間について行う．$\tilde{g}(m(\boldsymbol{r}))$ の最も簡単な形は次の通りである．

$$\tilde{g}(m(\boldsymbol{r})) = \tilde{g}_0 + Am^2(\boldsymbol{r}) + \frac{D}{2}\left(\nabla m(\boldsymbol{r})\right)^2 + Bm^4(\boldsymbol{r}) \tag{4.31}$$

[*5] V. L. Ginzburg and L. D. Landau: Sov. Phys. JETP **20**, 1064 (1950).

前節で考えた Landau 関数 (4.11) との違いは，磁化 m が座標依存性をもち微分項が加わっていることである．微分項は座標に依存する磁化を考えることで初めて生じる．1 階微分の 2 乗としたのは，これが反転対称性を満たす範囲で最も簡単な微分の関数であるからである．一様な磁化が生じやすい傾向を表すため，$D > 0$ とする．

この Landau 汎関数に対して，熱力学的な自由エネルギー

$$F[h(\boldsymbol{r})] = \min_{m(\boldsymbol{r})} \left[\tilde{G}[m(\boldsymbol{r})] - \int \mathrm{d}^d \boldsymbol{r}\, h(\boldsymbol{r}) m(\boldsymbol{r}) \right] \tag{4.32}$$

を求めればよい．$\tilde{G}$ は $m(\boldsymbol{r})$ の汎関数であるので，極値の条件も汎関数微分を用いて決められる．磁場も空間座標に依存して変動する関数であるとした．極値条件は，

$$2Am(\boldsymbol{r}) - D\nabla^2 m(\boldsymbol{r}) + 4Bm^3(\boldsymbol{r}) = h(\boldsymbol{r}) \tag{4.33}$$

となる．微分項は，

$$\int \mathrm{d}^d \boldsymbol{r}\, (\boldsymbol{\nabla} m(\boldsymbol{r}))^2 = -\int \mathrm{d}^d \boldsymbol{r}\, m(\boldsymbol{r}) \boldsymbol{\nabla}^2 m(\boldsymbol{r}) + (\text{表面項}) \tag{4.34}$$

と書きかえてから微分がかかっていない $m(\boldsymbol{r})$ について微分操作を行うことによって得られる．

磁場が一様であるとき，不均一性を導入する必要はないように思える．微分項は自由エネルギーに正の寄与を与えるから不均一性を導入しない方が自由エネルギーは大きくならずにすむからである．そこで，不均一性が非一様磁場によって生じると考えて，その効果の程度を調べよう．非一様磁場によってもたらされる不均一性が系の状態を異なるものに変えてしまう可能性を調べるのである[*6]．

磁場のゆらぎが弱いとして

$$h(\boldsymbol{r}) = h + \delta h(\boldsymbol{r}) \tag{4.35}$$

とおいて，$\delta h(\boldsymbol{r})$ の 1 次までで解を求めてみる．対応して，磁化を

$$m(\boldsymbol{r}) = m + \delta m(\boldsymbol{r}) \tag{4.36}$$

とおく．m は平均場近似で求めた一様解を表す．$\delta m(\boldsymbol{r})$ の満たす式は

$$\left(2A - D\nabla^2 + 12Bm^2\right) \delta m(\boldsymbol{r}) = \delta h(\boldsymbol{r}) \tag{4.37}$$

[*6] これは，Peierls の議論と類似の議論である．

であるが，この解は **Green 関数**（Green function）G を用いて

$$\delta m(\boldsymbol{r}) = \beta \int \mathrm{d}^d\boldsymbol{r}'\, G(\boldsymbol{r}-\boldsymbol{r}')\delta h(\boldsymbol{r}') \tag{4.38}$$

と書くことができる．Green 関数は次の微分方程式を満たす．

$$\left(2A - D\nabla_{\boldsymbol{r}}^2 + 12Bm^2\right) G(\boldsymbol{r}-\boldsymbol{r}') = \frac{1}{\beta}\delta^d(\boldsymbol{r}-\boldsymbol{r}') \tag{4.39}$$

この方程式を解くために，Fourier 変換を行う[*7]．

$$G(\boldsymbol{r}-\boldsymbol{r}') = \int \frac{\mathrm{d}^d\boldsymbol{k}}{(2\pi)^d}\, \mathrm{e}^{i\boldsymbol{k}\cdot(\boldsymbol{r}-\boldsymbol{r}')}\tilde{G}(\boldsymbol{k}) \tag{4.40}$$

このとき，式 (4.39) は Fourier 表示で

$$\tilde{G}(\boldsymbol{k}) = \frac{1}{\beta D}\frac{1}{\boldsymbol{k}^2 + \xi^{-2}} \tag{4.41}$$

と書ける．ここで，相関長 ξ は次のように定義される．

$$\xi^2 = \frac{D}{2A + 12Bm^2} \tag{4.42}$$

相関長とよぶ理由は，Fourier 逆変換を行い座標表示に戻した Green 関数が ξ の程度で減衰するからである．これは次のようにしてわかる．Green 関数の積分表示を補助変数を用いて表すと

$$\begin{aligned} G(\boldsymbol{r}) &= \frac{1}{\beta D}\int \frac{\mathrm{d}^d\boldsymbol{k}}{(2\pi)^d}\,\frac{\mathrm{e}^{i\boldsymbol{k}\cdot\boldsymbol{r}}}{\boldsymbol{k}^2+\xi^{-2}} \\ &= \frac{1}{\beta D}\int \frac{\mathrm{d}^d\boldsymbol{k}}{(2\pi)^d}\int_0^\infty \mathrm{d}t\, \exp\left[i\boldsymbol{k}\cdot\boldsymbol{r} - t(\boldsymbol{k}^2+\xi^{-2})\right] \\ &= \frac{1}{\beta D}\int_0^\infty \mathrm{d}t\,\left(\frac{1}{4\pi t}\right)^{d/2}\exp\left(-\frac{\boldsymbol{r}^2}{4t} - \frac{t}{\xi^2}\right) \\ &= \frac{|\boldsymbol{r}|}{\beta D}\int_0^\infty \mathrm{d}z\,\left(\frac{1}{4\pi|\boldsymbol{r}|z}\right)^{d/2}\exp\left[-|\boldsymbol{r}|\left(\frac{1}{4z}+\frac{z}{\xi^2}\right)\right] \end{aligned} \tag{4.43}$$

となる．最後の式では $t = |\boldsymbol{r}|z$ という変数変換を行っている．$|\boldsymbol{r}|$ が十分大きいとき，積分は鞍点法を用いて見積もることができる[*8]．鞍点 $z = z^*$ は

$$-\frac{1}{4z^{*2}} + \frac{1}{\xi^2} = 0 \tag{4.44}$$

[*7] Fourier 変換については付録 C を参照．
[*8] 付録 A.1 節（325 ページ）を参照．

つまり，$z^* = \xi/2$ で与えられる．鞍点近傍の寄与をとり入れて積分を評価すると，漸近形として

$$G(\boldsymbol{r}) \sim \frac{1}{2\beta D\xi^{d-2}}\left(\frac{\xi}{2\pi|\boldsymbol{r}|}\right)^{(d-1)/2} \mathrm{e}^{-|\boldsymbol{r}|/\xi} \qquad (|\boldsymbol{r}| \gg \xi) \tag{4.45}$$

を得る[*9]．これを **Ornstein–Zernike の公式**（Ornstein–Zernike formula）とよぶことがある[*10]．

式 (4.38)，(4.45) は，局所的に磁場を変化させるとそれに応じて局所磁化も変動するが，磁場の変化の影響が及ぶ長さが相関長 ξ 程度であることを示している．式 (4.5)，(4.6) を式 (4.42) に代入すると，

$$\xi = \begin{cases} \sqrt{\dfrac{D}{2a(T-T_{\mathrm{c}})}} & (T > T_{\mathrm{c}}) \\ \sqrt{\dfrac{D}{4a(T_{\mathrm{c}}-T)}} & (T < T_{\mathrm{c}}) \end{cases} \tag{4.46}$$

となる．ξ は $T = T_{\mathrm{c}}$ で発散する．つまり，臨界点ではほんのわずかの擾乱に対する応答が非常に敏感になる．そのような点では，δm の 1 次のみを考える線形近似が成り立たなくなり，平均場近似が破綻することが示唆される．臨界状態にある系の特異な性質をとらえた結果である．

磁場に対する磁化の応答が大きくなることは，磁化率が大きくなることを意味する．実際，式 (4.42) は式 (4.9) と比較すると

$$\xi^2 = D\chi \tag{4.47}$$

と書くことができる．これは次のように解釈される．式 (4.40) の Green 関数を積分すると，式 (4.41) を用いて

$$\frac{1}{V}\int \mathrm{d}^d\boldsymbol{r}\mathrm{d}^d\boldsymbol{r}'\, G(\boldsymbol{r}-\boldsymbol{r}') = \tilde{G}(\boldsymbol{k}=\boldsymbol{0}) = \frac{\xi^2}{\beta D} \tag{4.48}$$

であることがいえる．V は系の体積である．一方で，Green 関数は式 (4.38) より**汎関数微分**（functional derivative）を用いて

$$G(\boldsymbol{r}-\boldsymbol{r}') = \frac{1}{\beta}\frac{\delta m(\boldsymbol{r})}{\delta h(\boldsymbol{r}')} \tag{4.49}$$

[*9] 指数関数の肩の部分を $z - z^*$ で 2 次まで展開して Gauss 積分を行う．

[*10] L. S. Ornstein and F. Zernike: Proc. Acad. Sci. Amsterdam **17**, 793 (1914)．相関関数の積分方程式が **Ornstein–Zernike 方程式**（Ornstein–Zernike equation）として知られている．

と書ける．点 $\boldsymbol{r}$ での磁化が点 $\boldsymbol{r}'$ での磁場の変動によりどれだけ変化するかを示す局所磁化率を表している．すべての座標について積分すると磁化率が得られる．

$$\frac{1}{V}\int \mathrm{d}^d\boldsymbol{r}\mathrm{d}^d\boldsymbol{r}'\,\frac{\delta m(\boldsymbol{r})}{\delta h(\boldsymbol{r}')} = \chi \tag{4.50}$$

これらの式を合わせたものが式 (4.47) である．

一般に，磁化率は磁化のゆらぎとして表される．つまり，いまの場合 Green 関数は

$$G(\boldsymbol{r},\boldsymbol{r}') = \langle m(\boldsymbol{r})m(\boldsymbol{r}')\rangle - \langle m(\boldsymbol{r})\rangle\langle m(\boldsymbol{r}')\rangle \tag{4.51}$$

と書ける．ここで $\langle\ \ \rangle$ は変数 $m(\boldsymbol{r})$ に関する**汎関数積分**（functional integral）

$$\langle\cdots\rangle = \frac{\int \mathcal{D}m(\boldsymbol{r})\ (\cdots)\,\mathrm{e}^{-\beta\tilde{F}}}{\int \mathcal{D}m(\boldsymbol{r})\,\mathrm{e}^{-\beta\tilde{F}}} \tag{4.52}$$

を表す．$\tilde{F} = \tilde{G}(m(\boldsymbol{r})) - \int \mathrm{d}^d\boldsymbol{r}\,h(\boldsymbol{r})m(\boldsymbol{r})$ は Landau の擬似自由エネルギーを表す．この式は，磁化率がスピン系において式 (2.28)，(2.29)（22 ページ）のように書けていたことに対応している．つまり，ここで考えていた Green 関数は相関関数にほかならない．外部からかけた磁場に対する応答が系に内在するゆらぎに結びついているという関係 (4.47)，(4.48) は，**線形応答理論**（linear-response theory）における**揺動散逸関係式**（fluctuation–dissipation relation）の一例として知られている．

相関関数に関して定義された臨界指数 ν，η の値を求めよう．相関長の表現 (4.46) より，臨界点の両側で $\nu = 1/2$ であることがわかる．また，臨界点直上では相関長が無限大なので相関関数は

$$G(\boldsymbol{r}-\boldsymbol{r}') = \int \frac{\mathrm{d}^d\boldsymbol{k}}{(2\pi)^d}\,\mathrm{e}^{i\boldsymbol{k}\cdot(\boldsymbol{r}-\boldsymbol{r}')}\frac{1}{\beta D\boldsymbol{k}^2} \tag{4.53}$$

と書ける．無次元変数 $\boldsymbol{z}$ への変換 $\boldsymbol{k} = \boldsymbol{z}/|\boldsymbol{r}-\boldsymbol{r}'|$ を行うと，

$$G(\boldsymbol{r}-\boldsymbol{r}') = \frac{1}{|\boldsymbol{r}-\boldsymbol{r}'|^{d-2}}\int \frac{\mathrm{d}^d\boldsymbol{z}}{(2\pi)^d}\ \exp\left[\frac{i\boldsymbol{z}\cdot(\boldsymbol{r}-\boldsymbol{r}')}{|\boldsymbol{r}-\boldsymbol{r}'|}\right]\frac{1}{\beta D\boldsymbol{z}^2} \propto \frac{1}{|\boldsymbol{r}-\boldsymbol{r}'|^{d-2}} \tag{4.54}$$

となる．つまり，$\eta = 0$ である．

式 (4.53) の積分は発散するように見える．積分区間の上限と下限から生じる発散の度合いを調べてみよう．上限の値は系の分解能によって決まっている．Ising 模型

のような模型では，スピンは格子上に分布しており，波数の上限が $|\boldsymbol{k}| \sim 1/a$ と決まる[*11]．よって，a を有限にとどめておく限り発散は生じない．一方，下限は系の大きさで決まる．一辺の長さを L とすると下限は $|\boldsymbol{k}| \sim 1/L$ となり，熱力学極限では 0 となる．被積分関数の中の指数部分を無視すると $|\boldsymbol{k}|$ についての積分はおよそ $|\boldsymbol{k}|^{d-2}$ となるので，積分の下限の寄与は $1/L^{d-2}$ となる．つまり，熱力学極限では 2 次元以下で発散する．2 次元では対数発散となる[*12]．次元が低いほど熱ゆらぎの効果が大きいという Peierls の議論に対応した結果である．

4.3　Landau 関数の微視的導出

Ising 模型のように微視的な模型があり，平均場近似の計算を具体的に実行できるような場合には，そこから Landau 関数を導出できる．微視的な模型にこだわらずに Landau 関数を書き下すという本来の Landau 理論の精神からすればやや異質な方向性ではある．それでも，具体的に Landau 関数を導出できる例を見ておくと教訓になるだろう[*13]．

4.3.1　平均場近似と Landau 関数

Ising 模型の場合は，すでに Landau 関数に対応する擬似自由エネルギーを式 (3.13)（48 ページ）で導出している．式 (3.13) を磁化で展開すると，Landau 関数 (4.1) が得られる．具体的にパラメータの対応を書き下すと，

$$f_0 = -\frac{1}{\beta}\ln 2 \tag{4.55}$$

$$A = \frac{Jz}{2}(1-\beta Jz) \sim \frac{1}{2}(T-T_{\mathrm{c}}) \tag{4.56}$$

$$B = \frac{\beta^3 (Jz)^4}{12} \sim \frac{T_{\mathrm{c}}}{12} \tag{4.57}$$

である．$a = 1/2 > 0$，$B > 0$ であり，Landau 理論によって得られた結果と矛盾しない．

---

*11　a は格子定数である．詳しくは，付録 C を参照．

*12　2 次元の発散の扱いについては，例えば次の文献の付録 E.2 を参照．西森秀稔：「物理数学 II」（丸善出版，2015）．

*13　ここで用いられる手法は場の量子論の解析において用いられる手法でもある．

4.3.2 Hubbard–Stratonovich 変換

平均場近似は単純な近似であり，無限レンジの系で正当化されるものであった．実際には相互作用は短距離にしか及ばない．対応して，座標依存性をもつ Landau 汎関数が導出される．このことを具体的に見てみよう．

一般に Ising 模型の分配関数は次のように書ける．

$$Z = \mathrm{Tr}\,\exp\left(\frac{\beta}{2}\sum_{i,j=1}^{N} S_i J_{ij} S_j + \beta\sum_{i=1}^{N} h_i S_i\right) \tag{4.58}$$

J_{ij} は空間座標 $\boldsymbol{r}_i$ と $\boldsymbol{r}_j$ にあるスピン間の相互作用を表している．通常の Ising 模型と同様に超立方格子上の格子点に配置されたスピンを考えるが，最近接対以外にも相互作用が働く一般の形で議論を行う[*14]．

分配関数を次のように行列形式で書く．

$$Z = \mathrm{Tr}\,\exp\left[\frac{\beta}{2}S^{\mathrm{T}}\hat{J}S + \frac{\beta}{2}\left(h^{\mathrm{T}}S + S^{\mathrm{T}}h\right)\right] \tag{4.59}$$

$\hat{J}$ はその ij 成分に J_{ij} をもつ対称行列であり，$S = (S_1, S_2, \cdots, S_N)^{\mathrm{T}}$ はスピン変数を並べたベクトルである．同様にして磁場のベクトルも $h = (h_1, h_2, \cdots, h_N)^{\mathrm{T}}$ と定義される．次に，補助変数ベクトル $\phi = (\phi_1, \phi_2, \cdots, \phi_N)^{\mathrm{T}}$ を導入して，恒等式

$$1 = \left(\frac{\beta}{2\pi}\right)^{N/2} \frac{1}{\sqrt{\det \hat{J}}} \prod_{i=1}^{N} \int_{-\infty}^{\infty} \mathrm{d}\phi_i\ \exp\left(-\frac{\beta}{2}\phi^{\mathrm{T}}\hat{J}^{-1}\phi\right) \tag{4.60}$$

を分配関数に挿入する．変数変換 $\phi \to \phi - \hat{J}S$ を行うと，式 (4.60) 右辺の積分の前の係数を C として，

$$\begin{aligned} Z &= C\int \mathrm{d}\phi\,\mathrm{Tr}\,\exp\left[-\frac{\beta}{2}(\phi^{\mathrm{T}} - S^{\mathrm{T}}\hat{J})\hat{J}^{-1}(\phi - \hat{J}S) + \frac{\beta}{2}S^{\mathrm{T}}\hat{J}S\right. \\ &\qquad \left. + \frac{\beta}{2}\left(h^{\mathrm{T}}S + S^{\mathrm{T}}h\right)\right] \\ &= C\int \mathrm{d}\phi\,\mathrm{Tr}\,\exp\left\{-\frac{\beta}{2}\phi^{\mathrm{T}}\hat{J}^{-1}\phi + \frac{\beta}{2}\left[(\phi+h)^{\mathrm{T}}S + S^{\mathrm{T}}(\phi+h)\right]\right\} \\ &= C\int \mathrm{d}\phi\,\exp\left\{-\frac{\beta}{2}\phi^{\mathrm{T}}\hat{J}^{-1}\phi + \sum_{i=1}^{N}\ln\left[\mathrm{e}^{\beta(\phi_i+h_i)} + \mathrm{e}^{-\beta(\phi_i+h_i)}\right]\right\} \end{aligned} \tag{4.61}$$

[*14] 和の中には $i = j$ の寄与も含まれている．$J_{ii} = 0$ とすればよいが，あったとしても $J_{ii}S_iS_i = J_{ii}$ のように定数の寄与しか与えないので，どちらで考えてもよい．

と書ける．つまり，Gauss 積分の変数変換を利用して S の 2 次の項を消去している．指数の肩が S の 1 次になればスピンに関する和は容易にとることができるが，その代償として変数 ϕ に関する積分が残る．この補助変数の積分を用いた計算手法は，一般に **Hubbard–Stratonovich 変換**（Hubbard–Stratonovich transformation）とよばれる[*15]．さまざまな系においてさまざまなタイプのものが用いられている．

数学的にはスピン変数 S の和が新しい変数 ϕ の積分におきかわっただけで，特に問題が簡単になったわけではないように見える．Hubbard–Stratonovich 変換の本質は，数学的な変数変換を利用して秩序変数を導入できるように分配関数を書きかえるという点にある．変数変換によって，離散的なスピン変数 S_i は，連続変数 ϕ_i におきかわっている．いまの場合，この変数が磁化に対応している．一般に，微視的なハミルトニアンは秩序変数を用いて書かれているわけではない．どのようにして秩序変数の関数である擬似自由エネルギーを導出するかが問題となるが，Hubbard–Stratonovich 変換はこのことを数学的な恒等式を用いて巧妙に行う方法なのである[*16]．

分配関数の表現を見ると，積分は鞍点法を用いて評価できることがわかる．つまり，被積分関数が $\exp[N(-\beta\tilde{f})]$ という形をもっている．$\tilde{f}$ は N によらない関数である[*17]．最も簡単な仮定として，ϕ_i が格子点 i によらずすべて同じものであるとする．磁場 h_i も定数 h であるとして被積分関数の鞍点での値で積分を近似すると，

$$Z \sim \exp\left\{-\frac{\beta}{2}\sum_{i,j=1}^{N}(\hat{J}^{-1})_{ij}\phi^2 + N\ln\left[\mathrm{e}^{\beta(\phi+h)} + \mathrm{e}^{-\beta(\phi+h)}\right]\right\} \tag{4.62}$$

と書ける[*18]．この式は，平均場近似を用いて計算された分配関数 (3.12)（48 ページ）とよく似ている．第 1 項を変形するために，最近接間のみに一定の値 J が働く

[*15] R. L. Stratonovich: Soviet Phys. Doklady **2**, 416 (1958); J. Hubbard: Phys. Rev. Lett. **3**, 77 (1959).

[*16]「巧妙に」と述べたが，恒等式を無理やり挿入するという点では，どんなものを考えてもよいので，かなり乱暴な方法に思える．しかしながら，そのような計算がいつでもうまくいくわけではない．多くの場合，以下で説明するように，積分は鞍点法を用いて見積もられる．そのときに物理的な秩序変数解を表す適切な鞍点を選ぶことができるように変換を行っておく必要がある．Hubbard–Stratonovich 変換は鞍点法と組み合わせて最大の威力を発揮する．したがって，適切な変換を選ぶには背後にある物理を考慮しなければならない．

[*17] 式 (4.61) 最後の行第 1 項の N 依存性が自明ではないが，以下の計算を行ってみると N に比例していることがわかる．

[*18] ϕ と h はもはやベクトルではないことに注意されたい．

J_{ij} を考えてみる．行列の関係式

$$\sum_{j=1}^{N} J_{ij}(\hat{J}^{-1})_{jk} = \delta_{ik} \tag{4.63}$$

において，i と k について和をとると

$$\sum_{j,k=1}^{N} (\hat{J}^{-1})_{jk} = \frac{N}{Jz} \tag{4.64}$$

が得られる．z は配位数である．よって，自由エネルギーは

$$\tilde{f} = \frac{\phi^2}{2Jz} - \frac{1}{\beta} \ln\left[\mathrm{e}^{\beta(\phi+h)} + \mathrm{e}^{-\beta(\phi+h)} \right] \tag{4.65}$$

と書ける．ϕ は鞍点方程式より決められるから，$\tilde{f}$ は ϕ を未定変数としてもつ擬似自由エネルギーを表す．この式と式 (3.13)（48 ページ）を比較すると，

$$\phi = Jzm \tag{4.66}$$

とすることで平均場近似の擬似自由エネルギーに等しくなることがわかる．ϕ を導入した式 (4.61) を思い起こすと，

$$\phi_i \sim \sum_{j} J_{ij} S_j \tag{4.67}$$

という対応関係がある．変数変換によって右辺の変数を ϕ に吸収させていることから，右辺の性質が左辺に受け継がれている．S_j を m とおきかえることで式 (4.66) が導かれる．

4.3.3 勾配展開

ϕ_i を一様におくことが平均場近似に対応していることがわかったので，ϕ_i の空間依存性を考慮した表現を次に調べよう．Fourier 変換を用いるとわかりやすい．

$$\phi_i = \frac{1}{\sqrt{N}} \sum_{\boldsymbol{k}} \tilde{\phi}_{\boldsymbol{k}} \mathrm{e}^{i\boldsymbol{k}\cdot\boldsymbol{r}_i} \tag{4.68}$$

$$\tilde{\phi}_{\boldsymbol{k}} = \frac{1}{\sqrt{N}} \sum_{i} \phi_i \mathrm{e}^{-i\boldsymbol{k}\cdot\boldsymbol{r}_i} \tag{4.69}$$

$\boldsymbol{r}_i$ は格子点 i の位置ベクトルを表す．熱力学極限および連続極限をとると，$\phi(\boldsymbol{r}) = \phi_i$，$\tilde{\phi}(\boldsymbol{k}) = \sqrt{N}a^d\tilde{\phi}_{\boldsymbol{k}}$ として，

$$\phi(\boldsymbol{r}) = \int \frac{\mathrm{d}^d\boldsymbol{k}}{(2\pi)^d}\,\tilde{\phi}(\boldsymbol{k})\mathrm{e}^{i\boldsymbol{k}\cdot\boldsymbol{r}} \tag{4.70}$$

$$\tilde{\phi}(\boldsymbol{k}) = \int \mathrm{d}^d\boldsymbol{r}\,\phi(\boldsymbol{r})\mathrm{e}^{-i\boldsymbol{k}\cdot\boldsymbol{r}} \tag{4.71}$$

となる．積分は，それぞれの空間の全領域にわたって行われる．Fourier 変換や連続極限の詳しい性質は，付録 C にまとめてある．

同様にして相互作用 J_{ij} についても Fourier 変換を行う．J_{ij} が並進不変，つまり $\boldsymbol{r}_i - \boldsymbol{r}_j$ にしかよらないとき，$J_{ij} = J(\boldsymbol{r}_i - \boldsymbol{r}_j)$ と書いて，

$$J(\boldsymbol{r}) = \frac{1}{\sqrt{N}}\sum_{\boldsymbol{k}}\tilde{J}_{\boldsymbol{k}}\mathrm{e}^{i\boldsymbol{k}\cdot\boldsymbol{r}} \tag{4.72}$$

$$\tilde{J}_{\boldsymbol{k}} = \frac{1}{\sqrt{N}}\sum_{\boldsymbol{r}}J(\boldsymbol{r})\mathrm{e}^{-i\boldsymbol{k}\cdot\boldsymbol{r}} \tag{4.73}$$

とすることができる．また，i と j を入れかえても同じなので $J(\boldsymbol{r}) = J(-\boldsymbol{r})$ より，$\tilde{J}_{\boldsymbol{k}} = \tilde{J}_{-\boldsymbol{k}} = \tilde{J}^*_{\boldsymbol{k}}$ である．並進不変な相互作用について Fourier 変換を行うことは，行列 $\hat{J}$ を対角化することにほかならない．J_{ij} を成分にもつ行列が，$\tilde{J}_{\boldsymbol{k}}$ を対角成分にもつ行列に変換される．付録 C.2 節の式 (C.16)（339 ページ）によると，$(\hat{J}^{-1})_{ij}$ の Fourier 変換は $\frac{1}{N\tilde{J}_{\boldsymbol{k}}}$ になる．熱力学極限をとると，ϕ と同様にして $\tilde{J}(\boldsymbol{k}) = \sqrt{N}a^d\tilde{J}_{\boldsymbol{k}}$ が定義される．以上により，式 (4.61) の相互作用項は次のように書ける．

$$\sum_{i,j}\phi_i(\hat{J}^{-1})_{ij}\phi_j = \frac{1}{\sqrt{N}}\sum_{\boldsymbol{k}}\frac{1}{\tilde{J}_{\boldsymbol{k}}}\tilde{\phi}^*_{\boldsymbol{k}}\tilde{\phi}_{\boldsymbol{k}} \to \int\frac{\mathrm{d}^d\boldsymbol{k}}{(2\pi)^d}\,\frac{1}{\tilde{J}(\boldsymbol{k})}\tilde{\phi}^*(\boldsymbol{k})\tilde{\phi}(\boldsymbol{k}) \tag{4.74}$$

最後の式では熱力学極限をとっている．

$\tilde{J}(\boldsymbol{k})$ はどのような関数だろうか．もし $\boldsymbol{k}$ に依存しない定数であればそれを $\tilde{J}(\boldsymbol{0})$ とおいて

$$\int\frac{\mathrm{d}^d\boldsymbol{k}}{(2\pi)^d}\,\frac{1}{\tilde{J}(\boldsymbol{0})}\tilde{\phi}^*(\boldsymbol{k})\tilde{\phi}(\boldsymbol{k}) = \frac{1}{\tilde{J}(\boldsymbol{0})}\int\mathrm{d}^d\boldsymbol{r}\,\phi^2(\boldsymbol{r}) \tag{4.75}$$

と書ける．$J(\boldsymbol{k})$ が $\boldsymbol{k}$ に依存しないということは，J_{ij} が空間座標 i，j によらず一様であることを意味する．つまり，3.3.5 項（61 ページ）で扱った無限レンジ Ising 模型である．このときの擬似自由エネルギーは，$\tilde{f} = \sum_i \tilde{f}_i(\phi_i)$ のように各座標点

の寄与が独立になっている．それぞれの点での鞍点はすべて同じであるから，これは平均場近似にほかならない．つまり，無限レンジの系で平均場近似が厳密になるということが裏づけられた．

無限レンジからのずれは，$\tilde{J}(\boldsymbol{k})$ の $\boldsymbol{k}$ 依存性が小さいとして $\boldsymbol{k}$ に関して展開することによって調べることができる．この展開は，座標空間で微分演算子に関して展開することに相当するから，**勾配展開** (gradient expansion) とよばれている．系がほとんど一様であるときに，そこからのずれを扱う一般的な方法である．$\tilde{J}(\boldsymbol{k}) = \tilde{J}(-\boldsymbol{k})$ であり，連続極限は回転対称な系であるから，$\tilde{J}(\boldsymbol{k})$ は $\boldsymbol{k}$ の大きさ $k = |\boldsymbol{k}|$ のみに依存する関数 $\tilde{J}(k)$ であると考えられる[19]．展開を行うと

$$\tilde{J}(k) = \tilde{J}(0) + \frac{k^2}{2}\tilde{J}''(0) + \cdots \tag{4.76}$$

$$\tilde{J}^{-1}(k) = \tilde{J}^{-1}(0) - \frac{k^2}{2}\frac{\tilde{J}''(0)}{\tilde{J}^2(0)} + \cdots \tag{4.77}$$

であるから，k の 2 次までで

$$\begin{aligned}
&\int \frac{\mathrm{d}^d\boldsymbol{k}}{(2\pi)^d}\,\tilde{\phi}^*(\boldsymbol{k})\tilde{J}^{-1}(k)\tilde{\phi}(\boldsymbol{k}) \\
&\quad\sim \int \frac{\mathrm{d}^d\boldsymbol{k}}{(2\pi)^d}\,\tilde{\phi}^*(\boldsymbol{k})\left[\tilde{J}^{-1}(0) + \left(\frac{-\tilde{J}''(0)}{2\tilde{J}^2(0)}\right)\boldsymbol{k}^2\right]\tilde{\phi}(\boldsymbol{k}) \\
&\quad\to \int \mathrm{d}^d\boldsymbol{r}\left[\tilde{J}^{-1}(0)\phi^2(\boldsymbol{r}) + \left(\frac{-\tilde{J}''(0)}{2\tilde{J}^2(0)}\right)(\boldsymbol{\nabla}\phi(\boldsymbol{r}))^2\right]
\end{aligned} \tag{4.78}$$

と書ける．最後の式では連続極限をとっている[20]．残りの項からの寄与も合わせて考えると，式 (4.31) で考えた，空間依存性，つまり微分項をもつ Landau 関数が得られる．

各項の係数は $\hat{J}$ によって決まる定数であり，その大きさや相関の及ぶ距離などに依存する．例えば，$J(\boldsymbol{r})$ が $|\boldsymbol{r}| < \ell$ でほとんど一定で，$|\boldsymbol{r}| > \ell$ では指数関数的に減衰するような関数を考えよう．つまり相互作用が及ぶ距離を ℓ とする．系がほとんど一様であることが勾配展開できるための条件なので，ℓ は格子定数と比較して十分大きいのが望ましい．したがって，最近接間にのみ相互作用がある系では勾配展開を行うことができるかどうかは疑問である．少なくとも 2 次程度までの展開では

[19] ここで行っている連続極限の操作は，現実にそのような極限を考えるというよりは回転対称な系を扱うための方策である．
[20] 連続極限をとると積分範囲が無限になり Fourier 逆変換を行うことができる．付録 C 参照．

よい近似ではないだろう[21]．ℓ より大きいスケールで見たとき，空間の離散性，つまり格子構造はほとんどつぶれて見えなくなる．このようなとき，勾配展開を行うことができて連続極限をとることが許されるだろう．このときの連続変数 $\boldsymbol{r}$ は，体積 ℓ^d の**セル**（cell）を代表する座標と考えればよい．この考え方は後に扱うくりこみ群の理論においても重要となる．

以上のように Ising 模型で展開を行うことで，Ginzburg–Landau 理論の汎関数を形式的に導出することができる．ここで用いた導出によると，分配関数が秩序変数の積分

$$Z = \int \mathcal{D}\phi(\boldsymbol{r}) \exp\left[-\beta \int \mathrm{d}^d\boldsymbol{r} \left(\tilde{g}(\phi(\boldsymbol{r})) - h\phi(\boldsymbol{r})\right)\right] \tag{4.79}$$

として表される．これは，関数 $\phi(\boldsymbol{r})$ についての積分なので，汎関数積分である．ϕ はいろいろな値をとり，その総和として自由エネルギーが得られる．系の大きさを無限大にすることによって鞍点方程式が導かれる[22]．式 (4.51) で述べたように，相関関数はこの積分を用いて表すことができる．

有限系の解析に積極的な意味があるとすると，鞍点以外での擬似自由エネルギーのふるまいも重要になる．特に準安定状態が存在するときに，非自明なふるまいを示すことが示唆される．準安定状態は，3.3.1 項（53 ページ）で扱ったような 1 次相転移を示す系で存在する．しかしながら，その節でも述べたように，Landau 関数における準安定状態は熱力学的に正当化されるかどうかは明らかではない．Landau 関数は，変数の値を一つに定めることによって初めて物理的な意味をもつからである．

また，自由エネルギーを汎関数積分として表現することで場の量子論との接点が生じる．場の量子論では経路積分を用いて生成汎関数が表され，摂動・非摂動計算を行う出発点となる．汎関数積分を定義してしまえば解析の手法は同じであり，多くの共通の性質が得られる．

Landau 関数を一般に導出するには，秩序変数が何であるかがわからなければならない．微視的な変数を用いて秩序変数を書くことができれば，Landau 関数は原

---

[21] それにもかかわらず，2 次までの微分項のみをとり入れた Landau 理論は，最近接相互作用 Ising 模型のある側面をよく記述する．その理由は次節や次章以降の議論を参照．

[22] $\tilde{g}$ が熱力学的な Gibbs の自由エネルギー密度であれば，鞍点方程式は Legendre 変換を行うことに対応する．

理的には導出できるはずである．すなわち，Ising 模型のような磁化を秩序変数としてもつ系では，分配関数を

$$\mathrm{e}^{-N\beta f} = \mathrm{Tr}\,\mathrm{e}^{-\beta H} = \mathrm{Tr}\int \mathrm{d}m\,\delta\left(m - \frac{1}{N}\sum_{i=1}^{N} S_i\right)\mathrm{e}^{-\beta H} \tag{4.80}$$

と書くことができる．ここから，Landau 関数 $\tilde{f}$ が

$$\mathrm{e}^{-N\beta\tilde{f}(m)} = \mathrm{Tr}\,\delta\left(m - \frac{1}{N}\sum_{i=1}^{N} S_i\right)\mathrm{e}^{-\beta H} \tag{4.81}$$

と定義される．つまり，分配関数の計算を拘束条件つきで行えばよい[*23]．もちろん，このような計算は一般には容易ではない．拘束条件なしで分配関数を求める計算と比べれば，ほとんどの場合非常に難しい問題である．

4.4 Landau 理論と普遍性

Landau 理論は系の対称性のような基本的な要素にのみ依存する理論であり，具体的な相互作用の詳細は問わない．そのようにして構成された理論は一般性をもち，普遍性の概念が適用される．つまり，第 1 章で述べたように，Landau 理論は微視的な理論とは直接的に関わりなく独立した基本的な理論だと考えることができる．微視的な理論が常に最上段にあるという要素還元主義の立場からは出てこない発想である．Landau 理論，ひいてはくりこみ群の理論は，統計力学，特にカノニカル分布の処方箋に基づいて物理量をていねいかつ厳密に計算するという発想とはほど遠いところにある．

このことが必ずしも十分に認識されていない場合があるように見受けられるが，その原因は二つの見方を混同しているところにあると思われる．一つは微視的な模型を出発点として，そこからの近似による有効理論として Landau 自由エネルギーが導出されるという観点である．具体例として，前節で Ising 模型について詳しく計算を行った．もう一つは，Landau 理論を厳密さに欠ける近似理論とは見なさず，ある普遍類を表現したそれ自体で完全な理論であるとする立場である．後者の立場では，Landau 自由エネルギーについて，微視的な模型から計算されるはずの自由エ

[*23] 上の例ではデルタ関数の代わりに Hubbard–Stratonovich 変換を用いて拘束条件を課すことになっていた．

表 4.1 臨界指数の古典的な値．$t = (T - T_c)/T_c$ とした．

指数	定　義	条　件	古典的な値
α	$c \sim \|t\|^{-\alpha}$	$T \neq T_c, h = 0$	0
β	$m \sim (-t)^{\beta}$	$T \leq T_c, h = 0$	1/2
γ	$\chi \sim \|t\|^{-\gamma}$	$T \neq T_c, h = 0$	1
δ	$m \sim \|h\|^{1/\delta}$	$T = T_c$	3
ν	$\xi \sim \|t\|^{-\nu}$	$T \neq T_c, h = 0$	1/2
η	$G(r) \sim r^{-d+2-\eta}$	$T = T_c, h = 0$	0

ネルギーとの関係を直接的に問うことはない．このため，転移温度などの次元（単位）をもつ物理量の定量的な予言は理論の範疇の外にある．しかしながら，対象とする系が Landau 理論の枠組内にあるということが対称性の議論などによって理解されると，その系における臨界現象の普遍的なふるまいは完全に説明できる．

最も簡単な Landau 理論を用いて，臨界指数は表 4.1 のように求められた．これらは**臨界指数の古典的な値**（classical values of critical exponents）とよばれる．Ising 模型や van der Waals 流体のような系では，まったく同じ Landau 関数によって臨界現象が平均場のレベルで記述され，それらは上記の臨界指数を与える．これが臨界現象の普遍性の典型例である．

系の対称性が異なれば，Landau 関数も異なってくる．例えば，秩序変数がベクトルや複素数であったり，Landau 関数に奇数べきの項が存在したりする．異なる Landau 関数に対しては異なる臨界現象が見られる．このようにして，**普遍類**（universality class）という見方が生じる．一つの普遍類に属する系は，同じ臨界指数をもつ[*24]．

一方で，Landau 理論は系の次元には本質的には依存しない．4.2 節で空間のゆらぎを扱ったが，そこでのゆらぎは小さいとした．次節で議論するが，実際には空間のゆらぎにより，ある次元以下では平均場近似が破綻する．これは Landau 理論の重大な欠陥を示しているともいえる．それでも，Landau 理論によって提起された普遍性の描像は，臨界現象を理解するための本質的に重要な概念であったと，いまでは考えられている．歴史上で普遍性という言葉が用いられるようになったのは 1970 年前後 Kadanoff らによるようである[*25]．以下の章で議論するスケーリングやくり

[*24] 一つの系が一つの普遍類に属するとは限らない．複数の臨界点が存在する系では，それぞれの臨界点は一般に異なる普遍類に属する．

[*25] 7 ページで挙げたウェブサイトに掲載されている Kadanoff のインタビューでそのことが言及されている．

こみ群の考え方が提案されたころである．Landau 理論（1937 年）は早すぎる先駆的研究であったのだろう．

4.5 平均場理論の破綻

4.5.1 Ginzburg の基準

平均場理論は，スピン変数をその平均値でおきかえる近似である．したがって，平均値からのゆらぎが大きいとき，平均場近似は妥当性に欠ける．Ising 模型の場合，ゆらぎが小さいという条件は

$$|\langle S_i S_j \rangle - \langle S_i \rangle \langle S_j \rangle| \ll \langle S_i \rangle \langle S_j \rangle \tag{4.82}$$

と書ける．右辺は磁化の 2 乗を表す．以下，Ginzburg–Landau 理論を用いて平均場理論の成り立つ条件について調べよう．

式 (4.82) の条件は磁化が 0 でない強磁性相を想定している．常磁性の場合，右辺は $h = 0$ で 0 になってしまうので，ゆらぎの大きさを測る指標が明らかではない．一般に，ゆらぎは秩序状態に対して秩序を破壊する効果をもつと考えられる．常磁性相のような無秩序状態においては，ゆらぎから秩序がつくられるという事態は考えにくい[*26]．平均場近似は，ゆらぎを無視しているので秩序が起こりやすい傾向をもつ．このため，平均場近似で得られる転移温度は実際の値よりも大きく見積もられる．これは実際に 3.3.4 項（59 ページ）の計算で見たことである．

式 (4.82) は点 i と j に依存する関数であり，そのままでは評価しづらい．そこで，適当な平均をとることを考える．Landau 理論に空間不均一性を入れたとき，相関長程度の領域にまで相関が生じる．そこで，その領域で $\boldsymbol{r}_i - \boldsymbol{r}_j$ の積分を行う[*27]．式 (4.82) の左辺は相関関数であり，相関長以上の距離では急激に減衰してしまう．よって積分範囲を全空間に拡大しても大きな違いは生じない．臨界点付近では，相関関数の和が磁化率になることと式 (4.9) を用いて

$$\int \mathrm{d}^3\boldsymbol{r}\, G(\boldsymbol{r}) = \frac{\chi}{\beta} \sim \frac{T_\mathrm{c}}{4a(T_\mathrm{c} - T)} \tag{4.83}$$

と見積もることができる．式 (4.82) 右辺の積分は磁化の 2 乗に空間の体積を掛けた

[*26] 複雑な系では**ゆらぎによる秩序化**（order-by-disorder）が生じる場合もある．
[*27] より大きな空間について積分しても，ここで導く条件よりもゆるいものが得られる．

ものであり，式 (4.6)，(4.46) より，臨界点付近で

$$m^2\xi^3 \sim \frac{1}{16}\left[\frac{D^3}{aB^2(T_\mathrm{c}-T)}\right]^{1/2} \tag{4.84}$$

となる．よって両者を比較することで，転移温度を基準にして測られた温度

$$t = \frac{T-T_\mathrm{c}}{T_\mathrm{c}} \tag{4.85}$$

に対する条件が求められる．その結果を，式 (4.8) で与えられる比熱のとび $\Delta c = \frac{a^2 T_\mathrm{c}}{2B}$ および，相関長を $\xi = \xi_0|t|^{-1/2}$ と書いたときの基準となる長さ $\xi_0 = \sqrt{\frac{D}{4aT_\mathrm{c}}}$ を用いて表すと，

$$|t| \gg \frac{T_\mathrm{c}^4}{16(\Delta c)^2\xi_0^6} \tag{4.86}$$

である．この式は平均場理論が成り立つ条件を表しており，**Ginzburg の基準**（Ginzburg criterion）とよばれる[*28]．臨界点に近づくにつれてゆらぎが大きくなり，条件が成り立たなくなっていく．臨界指数は臨界点の近くで定義されるものだから，平均場理論によって導かれたこれまでの結果は信頼できない．現実の系の結果を必ずしも定量的に正しく説明できないという点から考えても，もっともな結論であろう．

式 (4.86) 右辺の量が十分に小さければ，平均場理論は臨界点のごく近傍以外では十分に信頼できる．相関長の基準 ξ_0 が十分大きい系では，右辺は非常に小さい量となる．例えば，典型的な超伝導の系がそのような場合にあたる．

4.5.2　上部臨界次元

前項で導いた結果を一般化することは容易である．d 次元の系で，ゆらぎが小さいという条件は

$$T\chi \ll m^2\xi^d \tag{4.87}$$

と書ける．これに臨界指数の定義 $\chi \sim |t|^{-\gamma}$，$m \sim |t|^{\beta}$，$\xi \sim |t|^{-\nu}$ を代入すると，

$$|t|^{-\gamma} \ll |t|^{2\beta-\nu d} \tag{4.88}$$

となる．つまり，

$$d > d_\mathrm{u} = \frac{2\beta+\gamma}{\nu} \tag{4.89}$$

[*28] V. L. Ginzburg: Soviet Physics – Solid State **2**, 1824 (1960).

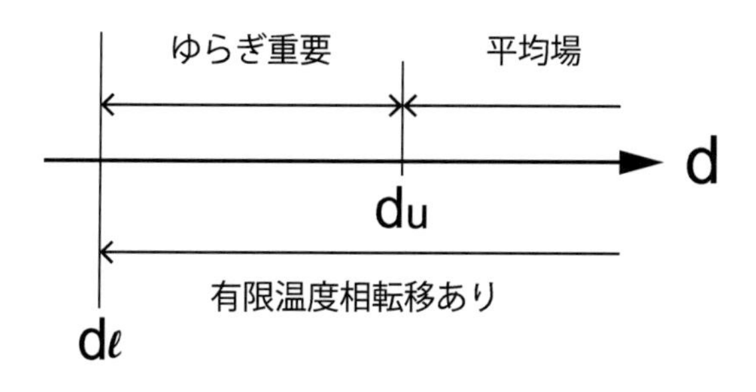

図 4.4 次元 d と相転移の関係．d_ℓ は下部臨界次元，d_u は上部臨界次元を表す．

のとき，平均場近似は正当化される．この境界となる次元 d_u を**上部臨界次元**（upper critical dimension）という．例えば，Ising 系の場合は $\beta = 1/2$，$\gamma = 1$，$\nu = 1/2$ なので，$d_\mathrm{u} = 4$ となる．式 (4.86) の結果は $d = 3$ であったので，上部臨界次元より小さい次元を考えていたことになる．

このように，これまでの議論から期待されていたように，次元が大きいと平均場理論が信頼できるということがわかった．次元が無限大と見なせる無限レンジの系では平均場理論による解析が厳密な結果を与えるが，そこまで大きくなくても 4 次元でよいというのはきわめて非自明な結論である．

一方，低次元では一般に相転移が起こりにくく，2.3.2 項（27 ページ）で相転移が起こる次元の下限を表す下部臨界次元を定義した．したがって，興味深いのは上部臨界次元が下部臨界次元より大きいときである．このとき，両次元の間で平均場では記述できない臨界現象が存在する（図 4.4）．例えば Ising 模型は，下部臨界次元は 1，上部臨界次元は 4 である．現実的に最も興味のある 3 次元は非自明な領域にある．

本章の後半では，最も単純な空間一様の平均場理論を不均一性を許す形式に拡張したとき，そのゆらぎが重要な役割を果たすかどうかを調べた．元の空間一様な平均場理論を考えているだけではその適用限界は見えてこない．ゆらぎの効果をどのようにとらえていくかを解決しないと臨界現象は理解できないのである．これが以降の章の主な課題である．

5　動的現象と相転移

本書では平衡状態，つまり状態の巨視的な性質に時間変化がない系を扱っている．それらは熱力学や統計力学の体系によって記述されるものであり，時間変化のある非平衡の系は考察の対象外にある．しかしながら，広い枠組から現象を調べることで理解が深まることはよくある．そこで，本章では擬似的な時間発展規則を用いて系が平衡状態へどう近づいていくかを議論する．特に，相転移のある系における時間発展がどのようなものかを調べることで，臨界状態の特徴を調べる．

5.1　Markov 過程

5.1.1　マスター方程式

N 個の Ising スピン変数 $S=(S_1,S_2,\cdots,S_N)$ が時間とともに変化していく系を考察しよう．微視的な面から見れば，スピンは量子力学的な自由度であるので，時間発展は Schrödinger 方程式に従うはずである．ここで議論するのはそのような視点ではない．熱浴も含めて膨大な数に上るすべての自由度の時間発展を正確に追うのは現実的ではない．そこで，現象論的な観点からダイナミクスがどのように規定されるかを考える．いろいろな可能性があるだろうが，その中で最も単純で明快な発展規則の一つが，現在の系の状態が次の時間発展を決めるという **Markov 過程**である．履歴が異なっていても現在の状態さえ同じであれば次の瞬間の状態は同じものになる．式を用いて書くと次のようになる．

$$P(S,t+\Delta t)=\sum_{S'}P(S',t)W(S'\to S) \tag{5.1}$$

ここでは離散時間の遷移過程を考えている．遷移が Δt の時間ごとに起こるというものである．$P(S,t)$ は時間 t でスピン配位が S である確率，$W(S'\to S)$ はスピン配位が S' から S に遷移する確率を表している．それらは次の式を満たす非負の量である．

$$\sum_S P(S,t) = 1, \qquad \sum_S W(S' \to S) = 1 \tag{5.2}$$

二つめの式は，必ず元のものも含めたいずれかの状態に遷移するという条件を表している[*1]．

解析的な扱いを容易にするために，連続極限をとることを考える．まず，方程式を差分の形に書きかえる．

$$P(S,t+\Delta t) - P(S,t) = \sum_{S'} P(S',t)W(S' \to S) - \sum_{S'} P(S,t)W(S \to S') \tag{5.3}$$

右辺第 2 項は式 (5.2) を用いている．連続極限をとることができる場合，遷移確率は次のように書けるはずである[*2]．

$$W(S' \to S) = (\mathrm{e}^{w\Delta t})_{S'S} = \delta_{S'S} + w(S' \to S)\Delta t + O(\Delta t^2) \tag{5.4}$$

$w(S' \to S)$ は単位時間あたりの遷移確率を表す．ただし，$W(S' \to S)$ が確率変数の要件 (5.2) を満たすように $w(S' \to S')$ を次のように定義している[*3]．

$$w(S' \to S') = -\sum_{S(\neq S')} w(S' \to S) \tag{5.5}$$

$\Delta t \to 0$ の極限をとると，次の式が得られる．

$$\begin{aligned}\frac{\mathrm{d}}{\mathrm{d}t}P(S,t) &= \sum_{S'} P(S',t)w(S' \to S) \\ &= \sum_{S'(\neq S)} P(S',t)w(S' \to S) - \sum_{S'(\neq S)} P(S,t)w(S \to S')\end{aligned} \tag{5.6}$$

この式は，確率の時間変化が他の状態からの遷移による寄与（最右辺第 1 項）から異なる状態への遷移による寄与（第 2 項）を引いたものに等しいことを表している．式 (5.1) または (5.6) は**マスター方程式**（Master equation）とよばれる[*4]．

[*1] これら二つの条件により，式 (5.1) を S について和をとると両辺とも 1 になる．一方，$\sum_{S'} W(S' \to S)$ は 1 とは限らない．状態 S に必ず到達する必要はないからである．

[*2] 指数関数の形で表現するのは結果 (5.6) を見越してのことである．

[*3] したがって，$S \neq S'$ のとき $w(S' \to S) \geq 0$ であるが $S = S'$ のときは $w(S \to S) \leq 0$ となる．

[*4] 確率の保存という意味では連続の方程式と本質的に同じものである．マスター方程式という名称は，次の論文で用いられたのが最初である．A. Nordsieck, W. E. Lamb Jr., and G. E. Uhlenbeck: Physica **7**, 344 (1940)．方程式からすべての物理量の平均値が計算できるという意味で用いられたものが定着したようである．

遷移確率 $w(S \to S')$ を適切に決めれば，系はマスター方程式に従って時間発展する．そのような時間発展をしたのち，系の状態が定常状態の確率分布 $P_{\mathrm{eq}}(S)$ に行き着くとすると，式 (5.6) で $P(S,t) \to P_{\mathrm{eq}}(S)$ とおいて

$$\sum_{S'} P_{\mathrm{eq}}(S')w(S' \to S) = \sum_{S'} P_{\mathrm{eq}}(S)w(S \to S') \tag{5.7}$$

を得る．状態が他のものから S に変わる単位時間あたりの確率変化と，S が他のものに変わる確率変化が等しいことを表した式である．これは**つりあい条件**（balance condition）を表す．つりあい条件の式から和をとり去って各項が両辺で等しいという関係

$$P_{\mathrm{eq}}(S')w(S' \to S) = P_{\mathrm{eq}}(S)w(S \to S') \tag{5.8}$$

を，**詳細つりあい条件**（detailed balance condition）という．詳細つりあい条件 (5.8) は，つりあい条件 (5.7) の十分条件である．詳細つりあい条件を課す必要はないが，つりあい条件は自由度が高すぎるため遷移確率を決定しづらい．そのため，詳細つりあい条件がよく用いられている．

平衡状態の確率分布，すなわちカノニカル分布 $P_{\mathrm{eq}}(S) = \exp(-\beta H(S))/Z$ に近づくように（詳細）つりあいの条件から遷移確率 $w(S' \to S)$ を定めると，系は平衡状態に近づいていくと期待される[*5]．微視的な運動方程式がわかりそれが Markov 過程であれば遷移確率が求まるはずであるが，実際にそのような計算を行うのは困難である．ここではそのような問題を考える代わりに，式 (5.8) を満たすように遷移確率を定め，マスター方程式で記述される擬似的な時間発展問題を調べることにする．

5.1.2　Monte Carlo 法

現代の物理学において Markov 過程が重要である理由の一つは，**Monte Carlo 法**（Monte Carlo method）の基礎となっているからである．Monte Carlo 法は物理量の計算に必要な熱平均の操作を計算機上で近似的に行う方法である．今日の計算機の飛躍的な進歩のため，Monte Carlo 法によって膨大な量の研究がなされている．Monte Carlo 法が主要な研究手段となっている分野も多い．

[*5] 必ず平衡状態に近づくという保証があるわけではない．以下で見るようにそうならないことはよくあることである．マスター方程式において定常状態に漸近する条件は詳しく調べられているが，ここでは議論しない．

巨視的な系の時間発展を計算機上で擬似的に実現するアルゴリズムを考察しよう．系の状態，つまりいまの場合スピン変数は $S \to S' \to S'' \to \cdots$ のように計算機上で更新されて変化していくが，この時間変化がマスター方程式に従うとする．この場合，時間 t は現実の時間ではなく，計算機上での状態更新の回数を表す．そのような更新をくり返して平衡状態に行き着くことができれば，その状態を用いて物理量の熱平均が計算できる．平衡状態に達したとしても，スピン変数がある一定の値に固定されるわけではない．巨視的な物理量は確定値をとっている平衡状態でも微視的な状態は時間とともに変動しているからである．よって何度も更新を行うことで平均値の計算を行うことができる．Monte Carlo 法は，計算機上でカノニカル分布のような平衡状態を実現させる方法として設計されている．平衡状態に達した後にマスター方程式に従って状態を更新していくと，各微視的な状態 S がその Boltzmann 因子 $\mathrm{e}^{-\beta H(S)}$ に比例する確率で出現するので，状態更新をくり返しながら物理量の単純な平均をとるだけでカノニカル分布に基づく熱平均が計算できる．

もちろんいくつかの問題はある．まず，計算機上で実現できるのは有限系であり，熱力学極限をとることができないという問題がある．有限系では相転移は存在しない．したがって，なるべく大きい系を考えることで相転移の兆候をとらえるしかない*6．

また，どのようにして遷移確率 $w(S \to S')$ を定めるかであるが，微視的に導出するのはほぼ不可能であるし，そうすることにあまり意味もないので，適切だと思われるものを用いることになる．どれがよいかということは一概にはいえないので，問題に応じて効率のよいものを採用する．参考のため，簡単で典型的な Monte Carlo 法のアルゴリズムを付録 D に示す．より洗練された方法は付録 H.1 節の文献 [9, 20]（371, 372 ページ）等を参照されたい．

実際に遷移確率を定めて時間発展を考えることができても，まだ問題がある．平衡状態に行きつくまでの時間（更新回数）はどれくらいかを見積もらないといけない．実のところ，これが本章の主要な問題である．次節で見るように，臨界点では系が平衡状態に到達するまでの時間が発散する．このことが数値的に臨界点近傍の性質を調べることを難しくさせている．

---

*6　このことに関連した話題を，後の章で扱う．興味深いことに，本書の主題であるスケーリングやくりこみ群の考え方が役に立つのである．

5.2 Glauber ダイナミクス

マスター方程式に従う系の時間発展の具体例として，Ising 模型の平均場近似を用いた系または 1 次元系における **Glauber ダイナミクス**（Glauber dynamics）を考えよう[*7]．スピン変数の 1 回の更新としてある一つのサイト i におけるスピン S_i の反転 $S_i \to -S_i$ を行い，詳細つりあいの条件を課す．連続時間マスター方程式を考え，詳細つりあいの条件を Ising 模型の場合に書き下すと

$$\frac{w(S \to S^{(i)})}{w(S^{(i)} \to S)} = \frac{\mathrm{e}^{-\beta h_i S_i}}{\mathrm{e}^{\beta h_i S_i}} = \frac{1 - S_i \tanh \beta h_i}{1 + S_i \tanh \beta h_i} \tag{5.9}$$

である．ここで，$S^{(i)}$ はスピン配位 S においてスピン S_i を反転させた配位，h_i は式 (3.49)（59 ページ）で定義したサイト i にかかる有効磁場である．この条件を満たす w は一意的ではない．最も単純な次の例を考えよう．

$$w(S \to S^{(i)}) = \frac{1}{2\tau_0} (1 - S_i \tanh \beta h_i) \tag{5.10}$$

τ_0 は正定数である．この遷移確率がどのような物理量の時間発展をもたらすかを見るために，磁化

$$\langle S_i \rangle = \mathrm{Tr}\, S_i P(S,t) \tag{5.11}$$

の時間依存性を調べる．時間微分を行い，マスター方程式を用いると，

$$\begin{aligned}
\frac{\mathrm{d}}{\mathrm{d}t}\langle S_i \rangle &= \frac{1}{2\tau_0} \mathrm{Tr}\, S_i \left[\sum_j P(S^{(j)},t)\,(1 + S_j \tanh \beta h_j) \right. \\
&\qquad \left. - \sum_j P(S,t)\,(1 - S_j \tanh \beta h_j) \right] \\
&= \frac{1}{2\tau_0} \mathrm{Tr}\, S_i \Big[P(S^{(i)},t)\,(1 + S_i \tanh \beta h_i) - P(S,t)\,(1 - S_i \tanh \beta h_i) \Big] \\
&\qquad + \frac{1}{2\tau_0} \sum_{j(\neq i)} \mathrm{Tr}\, S_i \left[P(S^{(j)},t)\,(1 + S_j \tanh \beta h_j) \right. \\
&\qquad \left. - P(S,t)\,(1 - S_j \tanh \beta h_j) \right]
\end{aligned} \tag{5.12}$$

*7 R. J. Glauber: J. Math. Phys. **4**, 294 (1963).

と書ける．二つめの等式では j についての和を $j=i$ のものとそれ以外に分けた．$P(S^{(i)},t)$ と $P(S^{(j)},t)$ を含む項についてそれぞれ $S_i \to -S_i$，$S_j \to -S_j$ の変数変換を行うと

$$\mathrm{Tr}\, S_i P(S^{(i)},t)\,(1+S_i \tanh\beta h_i) = -\mathrm{Tr}\, S_i P(S,t)\,(1-S_i \tanh\beta h_i) \tag{5.13}$$

$$\mathrm{Tr}\, S_i P(S^{(j)},t)\,(1+S_j \tanh\beta h_j) = \mathrm{Tr}\, S_i P(S,t)\,(1-S_j \tanh\beta h_j) \tag{5.14}$$

であるから，式 (5.12) 最後の表現の第 2 項（$j(\neq i)$ についての和の項）は 0 となり

$$\frac{\mathrm{d}}{\mathrm{d}t}\langle S_i\rangle = -\frac{1}{\tau_0}\mathrm{Tr}\, S_i P(S,t)\,(1-S_i \tanh\beta h_i) = -\frac{1}{\tau_0}\langle S_i - \tanh\beta h_i\rangle \tag{5.15}$$

を得る．定常状態では左辺が 0 であるから，$\langle S_i\rangle = \langle\tanh\beta h_i\rangle$ となり，3.3.4 項（59 ページ）で得た平衡状態での関係式を得る．

ここまで近似はいっさい用いていない．微分方程式の解を詳しく調べるために，$\langle\tanh\beta h_i\rangle$ が小さい場合を考えよう．これは平衡系では磁場が小さく臨界点に近い場合を表す．動的な系でもこれが成り立つとすると，tanh の関数を 1 次まで展開して

$$\left(\frac{\mathrm{d}}{\mathrm{d}t}+\frac{1}{\tau_0}\right)\langle S_i\rangle \sim \frac{1}{\tau_0}\langle\beta h_i\rangle = \frac{1}{\tau_0}\beta J\sum_{j\in\partial i}\langle S_j\rangle \tag{5.16}$$

を得る．磁場 h は簡単のため 0 とした．磁化が一様であるとすると，$m(t)=\langle S_i\rangle$ とおいて

$$\left(\frac{\mathrm{d}}{\mathrm{d}t}+\frac{1}{\tau_0}\right)m(t) = \frac{\beta J z}{\tau_0}m(t) \tag{5.17}$$

となる．この微分方程式を解くのは容易であり，次の式が得られる．

$$m(t) = m(0)\mathrm{e}^{-t/\tau}, \qquad \tau = \frac{\tau_0}{1-\beta J z} = \frac{T}{T-T_{\mathrm{c}}}\tau_0 \tag{5.18}$$

$T_{\mathrm{c}} = Jz$ は平均場近似のもとで求められた転移温度である．このように，磁化は時間に関して指数関数的に減衰する．減衰の度合を表すパラメータ τ は**緩和時間**（relaxation time）とよばれる．いわば，時間に関する相関長である．緩和時間は温度に依存しており，$T \to T_{\mathrm{c}}$ で発散する．磁化が小さくなったと見なせるには $t>\tau$ の時間が必要となる．つまり，マスター方程式に従った時間発展において，$m=0$ の平衡臨界状態にたどり着くまでに無限の時間がかかる．これは相転移の特徴の一つであり，**臨界緩和**（critical slowing down）とよばれている[*8]．

[*8] 日本語と英語でニュアンスが異なるが，通常それぞれの言語でこうよぶようである．

緩和時間の表式 (5.18) において，転移温度は平均場近似と同じ式で与えられる．つまり，上で考えていたのは平均場近似に基づく結果である．緩和時間の表式を見るとわかるように，$T > T_\mathrm{c}$ で正当化される計算である．$T < T_\mathrm{c}$ のときは，$\tanh \beta h_i$ を βh_i について 3 次まで展開し，自発磁化 m^* の寄与を考慮する必要がある．$\langle(\beta h_i)^3\rangle \sim (\beta J z m(t))^3$ とおきかえ，m^* からのずれ $m(t) - m^*$ が小さいとして線形近似を行うと，

$$m(t) = m^* + (m(0) - m^*)\mathrm{e}^{-t/\tau}, \qquad \tau = \frac{T}{2(T_\mathrm{c} - T)}\tau_0 \tag{5.19}$$

という結果を得る[*9]．やはり平衡系の値に指数関数的に近づいていく[*10]．

1 次元の系では，3.3.4 項（59 ページ）で行った計算と同様にして緩和時間を厳密に計算することができる．式 (5.15) は

$$\frac{\mathrm{d}}{\mathrm{d}t}\langle S_i\rangle = -\frac{1}{\tau_0}\left(\langle S_i\rangle - \frac{\tanh \beta J}{1 + \tanh^2 \beta J}\langle S_{i-1} + S_{i+1}\rangle\right) \tag{5.20}$$

と書くことができて，$m(t) = \langle S_i\rangle$ とすると緩和時間が次の式のように得られる．

$$\tau = \frac{1 + \tanh^2 \beta J}{(1 - \tanh \beta J)^2}\tau_0 \tag{5.21}$$

やはりこの場合も 1 次元の転移温度 $T = 0$ で発散する．

臨界点で緩和時間が発散するのは，ゆらぎが大きくなり相関長が発散することと無関係ではないだろう．平衡状態の普遍性が臨界指数によって特徴づけられることを前章で見た．同様に考えれば，緩和時間の温度に関する発散について，**動的臨界指数**（dynamical critical exponent）z を次のように定義することができる．

$$\tau \sim \xi^z \sim \frac{1}{|T - T_\mathrm{c}|^{z\nu}} \tag{5.22}$$

平均場理論では $\nu = 1/2$ であるから $z = 2$ という値を得る[*11]．

Monte Carlo 法では平衡状態に達しないと平衡系の物理量を計算できないので，臨界点付近での系のふるまいを調べるのは困難である．実際には，有限系を考えて

[*9] $\langle(\beta h_i)^3\rangle \sim (\beta J z m(t))^3$ のおきかえは，式 (3.58)（60 ページ）と同様の近似である．

[*10] 緩和時間は転移温度の上下で 2 倍の違いがある．これは，式 (3.22)，(3.23)（51 ページ）の磁化率と同じであるが，同様の近似計算を行ったためと考えられる．

[*11] 1 次元系では，緩和時間 τ は温度に関して指数関数的に発散するが，相関長 ξ もまた同様の発散を示す．緩和時間と相関長の関係式 $\tau \sim \xi^z$ による z の定義を用いると，$z = 2$ を得る．指数関数的な発散は低次元系でしばしば見られる．6.1 節（113 ページ）を参照．

いる限り緩和時間は発散しないので，十分長い時間をかければ計算を行うことができるが，熱力学極限への外挿を行わないといけない．臨界点付近のふるまいを Monte Carlo 法を用いて決めるには大きな計算時間をかける必要がある．細かい点は本書の範囲外であるが，その問題の一端は後の章で見ることができる．

5.3　Langevin ダイナミクス

マスター方程式は，遷移行列の選択に任意性がありすぎて具体的な問題設定を行うのが難しい面がある．本節では，Markov 過程ではあるがマスター方程式とは少し異なる **Langevin ダイナミクス**（Langevin dynamics）を調べる．古典力学の運動方程式に基づいた時間発展規則である．

5.3.1　Brown 運動と Langevin 方程式

Langevin ダイナミクスは，**Brown 運動**（Brownian motion）とよばれる微粒子の不規則な運動をモデル化したものである．1827 年に Brown が発見したこの微粒子の運動機構は長らく謎であったが，1905 年に Einstein によって明らかにされた*12．Langevin は，その Brown 運動が次の **Langevin 方程式**（Langevin equation）で記述されることを示した*13．

$$m\frac{\mathrm{d}v_i(t)}{\mathrm{d}t} = -m\gamma v_i(t) + \xi_i(t) \tag{5.23}$$

m は粒子の質量，$v_i(t)$ は粒子 i の速度，γ は正定数，$\xi_i(t)$ は粒子 i にかかる不規則な力を表す乱数である．粒子は媒質中の分子と衝突しながら運動を行う．媒質中の分子は粒子と比べて十分小さくて軽く膨大な数があり，頻繁に粒子と衝突する．衝突によって粒子は減速を受けるとともに不規則な運動を行う．減速を受ける効果を表したものが右辺第 1 項の摩擦項，不規則な運動を表したものが右辺第 2 項である．摩擦があるため粒子は減速する方向に向かうが，完全には停止せず分子との不規則な衝突により粒子は絶えず運動を続ける．膨大な数の分子は熱浴の役割を果たしていると考えられる．乱数は確率変数として扱う．つまり，$\xi_i(t)$ を用いて表される物理量に対して，適当な確率分布について平均操作を行う．Langevin 方程式は微分方

*12 A. Einstein: Annalen der Physik **322**, 549 (1905).「奇跡の年」に発表された有名な 3 論文のうちの一つである．
*13 P. Langevin: C. R. Acad. Sci. (Paris) **146**, 530 (1908).

程式に確率の概念をとり入れたものであり，**確率微分方程式**（stochastic differential equation）の代表的な例として知られている．

Langevin 方程式は 1 階の線形微分方程式であるから簡単に解くことができる．

$$v_i(t) = v_i(0)\mathrm{e}^{-\gamma t} + \int_0^t \mathrm{d}t'\, \mathrm{e}^{-\gamma(t-t')} \frac{\xi_i(t')}{m} \tag{5.24}$$

ここで，不規則性をとり入れるために平均操作を行う．多数の分子からの不規則な影響の効果であることから Gauss 分布を用いるのが最も簡単かつ妥当な仮定であろう．つまり，確率分布関数が

$$P_\xi \propto \exp\left(-\frac{1}{4mD}\sum_i \int \mathrm{d}t\, \xi_i^2(t)\right) \tag{5.25}$$

に従うとして，平均と分散が

$$\langle \xi_i(t) \rangle = 0, \qquad \langle \xi_i(t)\xi_j(t') \rangle = 2mD\delta_{ij}\delta(t-t') \tag{5.26}$$

となる．D は適当な正定数である．デルタ関数は，異なる時間における不規則性の間には相関がないことを表している．このとき，速度の 2 乗平均を計算すると，

$$\langle v_i^2(t) \rangle = v_i^2(0)\mathrm{e}^{-2\gamma t} + \frac{D}{m\gamma}\left(1 - \mathrm{e}^{-2\gamma t}\right) \to \frac{D}{m\gamma} \tag{5.27}$$

となる．最後の式では長時間極限をとっている．速度の 2 乗平均は，気体分子運動論を思い出すとわかるように温度 T に比例している．つまり，等分配則 $\frac{1}{2}m\langle v_i^2 \rangle = \frac{1}{2}T$ が成立している．Langevin 方程式が熱平衡状態を定常状態としてもつとすると，

$$D = \gamma T \tag{5.28}$$

が成り立たなければならない．

Langevin 方程式 (5.23) によって記述される Langevin ダイナミクスは Markov 過程である．詳細つりあい条件を満たすことは次のようにしてわかる．Δt の微小時間において，速度 v と v' の間の遷移確率比を計算すると，

$$\begin{aligned}\frac{w(v \to v')}{w(v' \to v)} &= \frac{P_\xi\left(\xi_i = m\frac{v'-v}{\Delta t} + m\gamma v\right)}{P_\xi\left(\xi_i = m\frac{v-v'}{\Delta t} + m\gamma v'\right)} = \exp\left[-\frac{m\gamma}{2D}(v'^2 - v^2)\right] \\ &= \frac{\exp\left(-\beta\frac{m}{2}v'^2\right)}{\exp\left(-\beta\frac{m}{2}v^2\right)}\end{aligned} \tag{5.29}$$

となる．$mv^2/2$ は粒子の運動エネルギーであるから，Boltzmann 因子の比が得られた．摩擦項が v に比例していることから得られた結果であることに注意すると，一般化を行うこともできる．つまり，Langevin 方程式を全系のハミルトニアン $H(v=\{v_i\})$ を用いて

$$m\frac{\mathrm{d}v_i(t)}{\mathrm{d}t} = -\gamma\frac{\partial H(v)}{\partial v_i(t)} + \xi_i(t) \tag{5.30}$$

と表すと，詳細つりあいは

$$\frac{w(v \to v')}{w(v' \to v)} = \frac{\exp\left(-\beta H(v')\right)}{\exp\left(-\beta H(v)\right)} \tag{5.31}$$

となることが上と同様の計算を行うとわかる．

係数 D の物理的意味を調べるために，速度分布関数

$$P_v(v,t) = \langle \delta(v - v_i(t)) \rangle \tag{5.32}$$

の性質を考えてみよう．$v_i(t)$ は式 (5.24) で与えられている．デルタ関数を積分表示すると

$$P_v(v,t) = \int \frac{\mathrm{d}\eta}{2\pi}\,\langle \mathrm{e}^{-i\eta(v - v_i(t))} \rangle \tag{5.33}$$

であり，ランダム平均の部分はキュムラント展開を用いて計算することができる．詳しくは，付録 A.2 節（326 ページ）を参照．Gauss 分布についての平均の場合，2 次までの展開が厳密な結果を与え，次のようになる．

$$\begin{aligned}\langle \mathrm{e}^{i\eta v_i(t))} \rangle = \exp\Bigg[& i\eta v_i(0)\mathrm{e}^{-\gamma t} \\ & -\frac{\eta^2}{2}\int_0^t \mathrm{d}t' \int_0^t \mathrm{d}t''\, \mathrm{e}^{-\gamma(t-t')}\mathrm{e}^{-\gamma(t-t'')}\,\frac{\langle \xi_i(t')\xi_i(t'') \rangle}{m^2}\Bigg] \\ = \exp\Bigg[& i\eta v_i(0)\mathrm{e}^{-\gamma t} - \frac{D\eta^2}{2m\gamma}(1 - \mathrm{e}^{-2\gamma t})\Bigg]\end{aligned} \tag{5.34}$$

この関数は**生成関数**または**母関数**（generating function）を表している．つまり，$\langle \mathrm{e}^{i\eta v_i(t))} \rangle$ を η について微分することによって任意のべき平均 $\langle v_i^n(t) \rangle$ を求めることができる．この式を式 (5.33) に入れて η の Gauss 積分を行うと，

$$P_v(v,t) = \sqrt{\frac{m\gamma}{2\pi D(1 - \mathrm{e}^{-2\gamma t})}}\exp\left[-\frac{m\gamma}{2D}\frac{(v - v_i(0)\mathrm{e}^{-\gamma t})^2}{1 - \mathrm{e}^{-2\gamma t}}\right] \tag{5.35}$$

を得る．この関数は次の **Fokker–Planck 方程式**（Fokker–Planck equation）を満たす[*14]．

$$m\frac{\partial}{\partial t}P_v(v,t) = \frac{\partial}{\partial v}\Big(m\gamma v P_v(v,t)\Big) + D\frac{\partial^2}{\partial v^2}P_v(v,t) \tag{5.36}$$

これは**拡散方程式**（diffusion equation）の一種である．時間がたつと速度分布が広がっていく様子を記述する方程式である．解 (5.35) からわかるように，その広がりの度合いは 2 階微分の係数である D によって決まるため，D は**拡散係数**（diffusion constant）とよばれる．拡散係数と摩擦係数 γ の関係を表した式 (5.28) は，揺動散逸関係式の例であり，**Einstein の関係式**（Einstein relation）として知られている．また，式 (5.36) 右辺第 1 項はドリフト項であり，分布の中心が移動していく効果を表している．

なお，速度分布関数だけでなく位置分布関数

$$P_x(x,t) = \langle \delta(x - x_i(t)) \rangle \tag{5.37}$$

を計算することもできる．粒子の位置座標 $x_i(t)$ は式 (5.24) を積分して得ることができる．速度分布関数と同様の計算により

$$P_x(x,t) = \sqrt{\frac{m\gamma^2}{4\pi D\left[t - \frac{2(1-\mathrm{e}^{-\gamma t})}{\gamma} + \frac{1-\mathrm{e}^{-2\gamma t}}{2\gamma}\right]}} \times \exp\left[-\frac{m\gamma^2\left(x - v_i(0)\frac{1-\mathrm{e}^{-\gamma t}}{\gamma}\right)^2}{4D\left(t - \frac{2(1-\mathrm{e}^{-\gamma t})}{\gamma} + \frac{1-\mathrm{e}^{-2\gamma t}}{2\gamma}\right)}\right] \tag{5.38}$$

を得る．$\gamma t \gg 1$ のとき

$$P_x(x,t) \sim \sqrt{\frac{m\gamma^2}{4\pi D t}} \exp\left[-\frac{m\gamma^2}{4Dt}\left(x - \frac{v_i(0)}{\gamma}\right)^2\right] \tag{5.39}$$

となり，拡散方程式

$$\frac{\partial}{\partial t}P_x(x,t) = \frac{D}{m\gamma^2}\frac{\partial^2}{\partial x^2}P_x(x,t) \tag{5.40}$$

を満たす．粒子位置のゆらぎ $\langle x^2 \rangle - \langle x \rangle^2$ が t に比例するという，拡散運動の特徴を表している．

[*14] A. D. Fokker: Annalen der Physik **348**, 810 (1914); M. Planck: Sitzungsber. Preuss. Akad. Wiss. Phys. Math. Kl. **23**, 324 (1917).

5.3.2 スピン系における Langevin ダイナミクス

Langevin 方程式を一般化してスピン系に応用しよう．磁化のダイナミクスを調べたいのだが，摩擦項に対応するものはどのように考えたらよいだろうか．式 (5.30) のように，Langevin 方程式で摩擦項は $-\frac{\gamma}{m}\frac{\partial H}{\partial v}$ と書けていた．H は系のハミルトニアンであり，平衡状態の分布を決定する．揺動項 $\xi_i(t)$ がないとき，定常状態は摩擦項が 0 となる条件で与えられる．これらの点をふまえて，磁化のダイナミクスを Ginzburg–Landau 理論の擬似自由エネルギーを用いて記述してみよう．Langevin 型の方程式は

$$\frac{\partial}{\partial t}m(\boldsymbol{r},t) = -\gamma\frac{\delta F}{\delta m(\boldsymbol{r},t)} + \xi(\boldsymbol{r},t), \tag{5.41}$$

$$F = \tilde{G}(m(\boldsymbol{r}),t) - \int \mathrm{d}^d\boldsymbol{r}\, h(\boldsymbol{r})m(\boldsymbol{r},t) \tag{5.42}$$

となる．F は Ginzburg–Landau 理論で用いられる汎関数 (4.32)（82 ページ）を表している．これは，**時間依存 Ginzburg–Landau 模型**（time-dependent Ginzburg–Landau model）とよばれている[*15]．擬似自由エネルギーは最小値となる点が平衡状態を表したものであってその点以外での状態の物理的意味はあいまいであるが，それらを平衡状態からのずれと見なして積極的に活用しようという模型である．

極値条件は $\frac{\delta F}{\delta m(\boldsymbol{r},t)} = 0$ であるから，この運動方程式に従う磁化 $m(\boldsymbol{r},t)$ は平衡状態に近づいていくと期待される．揺動力 $\xi(\boldsymbol{r},t)$ が存在するため，磁化は定常状態に達してもゆらぎ続ける．また，$\xi(\boldsymbol{r},t)$ のゆらぎに対応する拡散係数を適切に選んで β と関係づければ，$P_{\mathrm{eq}} \sim \exp(-\beta F)$ の平衡状態分布についての詳細つりあい条件を満たすことも容易にわかる．

解の性質を具体的に調べるために，式 (4.31)（81 ページ）の擬似自由エネルギーを代入してみよう．簡単のため，磁場を無視すると

$$\frac{\partial}{\partial t}m(\boldsymbol{r},t) = -\gamma\left[2Am(\boldsymbol{r},t) - D\nabla^2 m(\boldsymbol{r},t) + 4Bm^3(\boldsymbol{r},t)\right] + \xi(\boldsymbol{r},t) \tag{5.43}$$

となる．この方程式は非線形の微分方程式であるから一般に解くのは困難であるが，非線形項（m^3 の項）が無視できるならば

$$\frac{\partial}{\partial t}\langle m(\boldsymbol{r},t)\rangle = -\gamma(2A - D\nabla^2)\langle m(\boldsymbol{r},t)\rangle \tag{5.44}$$

---

*15 B. I. Halperin, P. C. Hohenberg, and S. K. Ma: Phys. Rev. Lett. **29**, 1548 (1972).

となって解くことができる．$m(\boldsymbol{r},t)$ を座標について Fourier 変換すると

$$\langle \tilde{m}(\boldsymbol{k},t)\rangle = \langle \tilde{m}(\boldsymbol{k},0)\rangle \mathrm{e}^{-t/\tau(\boldsymbol{k})} \tag{5.45}$$

$$\tau(\boldsymbol{k}) = \frac{1}{\gamma(2A + D\boldsymbol{k}^2)} \tag{5.46}$$

が得られる．$\boldsymbol{k}$ で指定される磁化の各モードは緩和時間 $\tau(\boldsymbol{k})$ で減衰する．この結果は非線形項を無視して得られたものであり，$T > T_\mathrm{c}$ の無秩序相を表している．$A = a(T - T_\mathrm{c})$ なので，$\boldsymbol{k} = \boldsymbol{0}$ のモードの緩和時間は $T = T_\mathrm{c}$ で $\tau(\boldsymbol{0}) \sim 1/(T - T_\mathrm{c})$ のように発散する．Glauber ダイナミクスと同じ結果である．

非線形項を入れた $T < T_\mathrm{c}$ の状況を解析するのは非常に難しい問題であり，ここでは扱わない．詳しくは，原論文やそれを引用している各論文等を参照してほしい．摂動展開を用いた解析は第 10 章で行う．静的な系の計算であるが，問題の難しさの本質は同じところにある．

6 可解模型

前章まで相転移の具体的な例は平均場理論を用いて議論されていた．本章では，いくつかの代表的な可解模型を解析することにより，相転移がどのようにして起こるのか，あるいは起こらないのかを見る．自由エネルギーなどの物理量が閉じた形で計算できる模型は限られているが，平均場理論を代表例とする近似がどのくらい正しいのかという適用限界を明らかにするためにも，厳密解は重要な役割を果たす．

6.1 1次元 Ising 模型

はじめに，最も簡単な模型である1次元 Ising 模型を解析しよう．ハミルトニアンは次のように書ける．

$$H = -J\sum_{i=1}^{N} S_i S_{i+1} - h\sum_{i=1}^{N} S_i \tag{6.1}$$

簡単のため，最近接間相互作用の強さ J と磁場 h が添字 i によらずすべて等しいとした．また，周期的境界条件を用い，$S_{N+1} = S_1$ とする．通常，境界の影響は熱力学極限では無視できると考えられるので，以下の計算に都合のよい周期的境界条件を用いることにする[*1]．

計算は**転送行列**（transfer matrix）の方法を用いる．この方法は低次元の離散自由度をもつ系を解析するときによく用いられ，数値計算を行うときにも有用な方法

[*1] 周期的境界条件は両端をつないで輪をつくることを意味する．ほかによく用いられる例は，端がとぎれている**自由境界条件**（free boundary condition/open boundary condition）である．このとき，ハミルトニアンの第1項は $-J\sum_{i=1}^{N-1} S_i S_{i+1}$ と書かれる．

である[*2]．1 次元 Ising 模型の場合，分配関数は次のように書ける．

$$
\begin{aligned}
Z &= \sum_{S_1, S_2, \cdots, S_N} \exp\left(\beta J \sum_{i=1}^{N} S_i S_{i+1} + \beta h \sum_{i=1}^{N} S_i\right) \\
&= \sum_{S_1, S_2, \cdots, S_N} T(S_1, S_2) T(S_2, S_3) \cdots T(S_N, S_1)
\end{aligned}
\tag{6.2}
$$

ここで，$T(S_i, S_{i+1})$ はとなりあったスピン変数に依存する関数

$$
T(S_i, S_{i+1}) = \exp\left[\beta J S_i S_{i+1} + \frac{\beta h}{2}(S_i + S_{i+1})\right] \tag{6.3}
$$

である．スピン変数はそれぞれ ± 1 の値をとる．(S_i, S_{i+1}) の組のとりうる値は 4 通りあり，これを次の転送行列を用いて表す．

$$
\hat{T} = \begin{pmatrix} T(1,1) & T(1,-1) \\ T(-1,1) & T(-1,-1) \end{pmatrix} = \begin{pmatrix} \mathrm{e}^{\beta J + \beta h} & \mathrm{e}^{-\beta J} \\ \mathrm{e}^{-\beta J} & \mathrm{e}^{\beta J - \beta h} \end{pmatrix} \tag{6.4}
$$

このとき，分配関数は転送行列の積のトレースを用いて

$$
Z = \mathrm{Tr}\, \hat{T}^N \tag{6.5}
$$

と表現できる．したがって，分配関数は転送行列の固有値を用いて表される．

転送行列による分配関数の分解の仕方は一意的ではない．例えば，

$$
T(S_i, S_{i+1}) = \exp\left(\beta J S_i S_{i+1} + \beta h S_i\right) \tag{6.6}
$$

としてもよいが，その場合転送行列は対称ではなくなってしまう．式 (6.3) のように選ぶと対称行列になって計算が簡単になる．ある直交行列 $\hat{U}$ を用いて転送行列を $\hat{T} = \hat{U}^{\mathrm{T}} \hat{T}_0 \hat{U}$ のように対角化できるからである．また，分配関数が転送行列の固有値のみを用いて表されるのは周期的境界条件を用いているためである．

転送行列 $\hat{T}$ の固有値 $\lambda_\pm$ は

$$
\lambda_\pm = \frac{1}{2}\left[\mathrm{e}^{\beta J + \beta h} + \mathrm{e}^{\beta J - \beta h} \pm \sqrt{(\mathrm{e}^{\beta J + \beta h} - \mathrm{e}^{\beta J - \beta h})^2 + 4\mathrm{e}^{-2\beta J}}\right] \tag{6.7}
$$

である．これを用いて，

$$
Z = \lambda_+^N + \lambda_-^N \to \lambda_+^N \tag{6.8}
$$

[*2] 量子古典対応にも用いられる．14.4 節（307 ページ）参照．

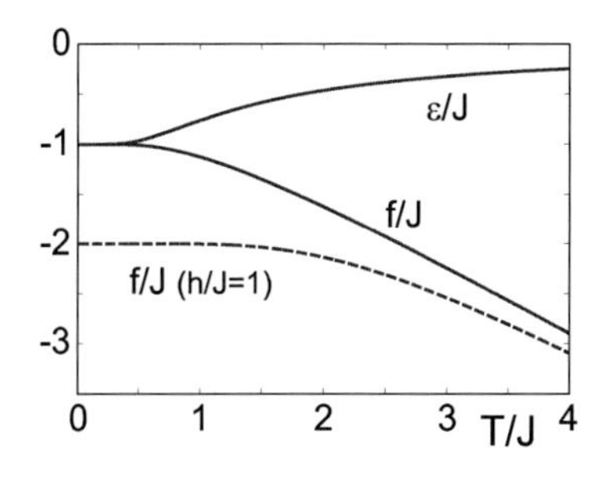

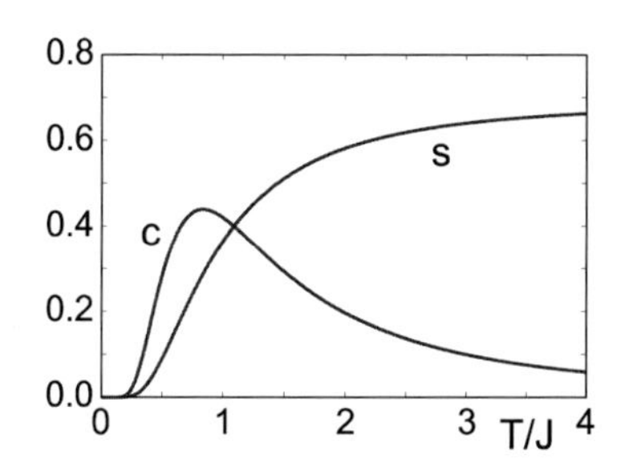

図 **6.1**　1 次元 Ising 模型における熱力学関数の温度依存性．実線は $h = 0$ のとき．

となる．有限温度では $\lambda_+ > \lambda_-$ であるから，熱力学極限の分配関数は大きい固有値 λ_+ のみで表される．分配関数が求められたので，熱力学関数を計算することができる．自由エネルギー密度は

$$f = -\frac{1}{\beta} \ln \left(\mathrm{e}^{\beta J} \cosh \beta h + \sqrt{\mathrm{e}^{2\beta J} \sinh^2 \beta h + \mathrm{e}^{-2\beta J}} \right) \tag{6.9}$$

となる．$h = 0$ のときの熱力学関数（自由エネルギー，内部エネルギー，エントロピー，比熱．それぞれ 1 自由度あたりのもの）は次のように計算される．

$$f = -\frac{1}{\beta} \ln \left(\mathrm{e}^{\beta J} + \mathrm{e}^{-\beta J} \right) \tag{6.10}$$

$$\epsilon = -J \tanh \beta J \tag{6.11}$$

$$s = -\beta J \tanh \beta J + \ln \left(\mathrm{e}^{\beta J} + \mathrm{e}^{-\beta J} \right) \tag{6.12}$$

$$c = \left(\frac{\beta J}{\cosh \beta J} \right)^2 \tag{6.13}$$

温度依存性の様子を図 6.1 に示す．これらの関数は有限温度では温度の関数として特異性をもたず，有限温度で相転移は起こらないと結論できる．2.3.2 項（27 ページ）において，1 次元の系では熱ゆらぎが秩序状態を壊してしまうことを Peierls の議論を用いて示したが，それと整合性のある結果である．

有限温度で磁場 h が 0 のとき，磁化 $m = -\frac{\partial f}{\partial h}$ は 0 となる．一方，絶対零度のときの自由エネルギーは，磁場を入れておいて極限 $\beta \to \infty$ をとると式 (6.9) より

$$f \to -J - |h| \tag{6.14}$$

となる．つまり，$h = 0$ で磁化が不連続となる．これは式 (2.46)（28 ページ）で示した結果と一致している．磁場が 0 のときの磁化率 $\chi = \frac{\partial m}{\partial h} = -\frac{\partial^2 f}{\partial h^2}$ は次のように

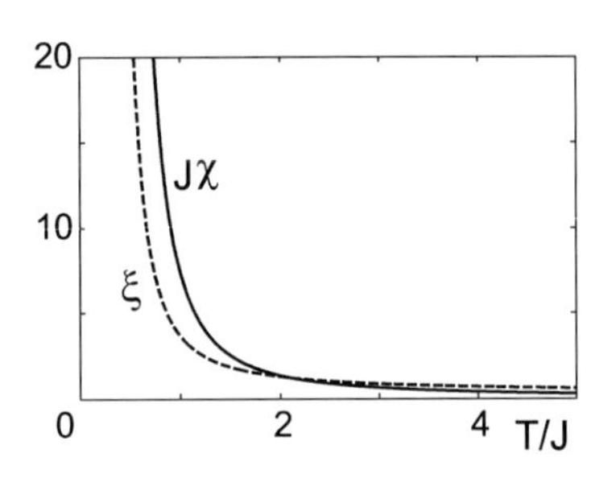

図 **6.2**　1 次元 Ising 模型の磁化率 χ と相関長 ξ.

なる．

$$\chi = \beta e^{2\beta J} \tag{6.15}$$

図 6.2 に温度依存性の様子を示す．$\beta \to \infty$ で磁化率が発散することは，相転移が絶対零度で生じていることを示している．

次に，相関関数を有限温度で計算しよう．定義は $G_{ij} = \langle S_i S_j \rangle - \langle S_i \rangle \langle S_j \rangle$ であるが，第 2 項は $h = 0$ で 0 となる．第 1 項は，式 (6.2) のように分配関数を転送行列を用いて分解したとき，S_i と S_j を表す行列 $\hat{\sigma}^z = \mathrm{diag}(1, -1)$ を i と j の位置にはさむことによって表現できる．つまり，$i < j$ として，

$$\sum_{S_1, \cdots, S_N} S_i S_j e^{-\beta H} = \mathrm{Tr}\ \hat{T}^{i-1} \hat{\sigma}^z \hat{T}^{j-i} \hat{\sigma}^z \hat{T}^{N-j+1} = \mathrm{Tr}\ \hat{\sigma}^z \hat{T}^{j-i} \hat{\sigma}^z \hat{T}^{N-(j-i)} \tag{6.16}$$

である．転送行列は，適当な直交行列 $\hat{U}$ を用いて対角行列 $\hat{T}_0$ に変換される．$h = 0$ とすると，

$$\begin{aligned} \hat{T} &= \hat{U}^{\mathrm{T}} \hat{T}_0 \hat{U} \\ &= \frac{1}{\sqrt{2}} \begin{pmatrix} 1 & 1 \\ 1 & -1 \end{pmatrix} \begin{pmatrix} e^{\beta J} + e^{-\beta J} & 0 \\ 0 & e^{\beta J} - e^{-\beta J} \end{pmatrix} \times \frac{1}{\sqrt{2}} \begin{pmatrix} 1 & 1 \\ 1 & -1 \end{pmatrix} \end{aligned} \tag{6.17}$$

である．$\hat{\sigma}^z$ の直交変換は

$$\hat{U}\hat{\sigma}^z\hat{U}^{\mathrm{T}} = \hat{\sigma}^x = \begin{pmatrix} 0 & 1 \\ 1 & 0 \end{pmatrix} \tag{6.18}$$

であるから，

$$\begin{aligned} \sum_{S_1,\cdots,S_N} S_i S_j \mathrm{e}^{-\beta H} &= \mathrm{Tr}\ \hat{\sigma}^x \hat{T}_0^{j-i} \hat{\sigma}^x \hat{T}_0^{N-(j-i)} \\ &= \lambda_+^{N-(j-i)} \lambda_-^{j-i} + \lambda_-^{N-(j-i)} \lambda_+^{j-i} \end{aligned} \tag{6.19}$$

と計算される．よって，$h=0$ の相関関数は

$$\begin{aligned} G_{ij} &= \frac{\lambda_+^{N-|i-j|}\lambda_-^{|i-j|} + \lambda_-^{N-|i-j|}\lambda_+^{|i-j|}}{\lambda_+^N + \lambda_-^N} \\ &\to \left(\frac{\lambda_-}{\lambda_+}\right)^{|i-j|} = (\tanh\beta J)^{|i-j|} \end{aligned} \tag{6.20}$$

となる．相関関数は $G_{ij} = G_{ji}$ の性質をもつので $j-i$ を $|i-j|$ とおきかえ，$|i-j| < N/2$ の下で熱力学極限をとった[*3]．結果は距離について指数関数的に減衰する関数であるので，

$$G_{ij} = \exp\left(-\frac{|i-j|}{\xi}\right) \tag{6.21}$$

と書いて相関長 ξ を定義すると，

$$\xi = \frac{1}{\ln\left(\frac{\lambda_+}{\lambda_-}\right)} = \frac{1}{\ln\left(\frac{1}{\tanh\beta J}\right)} \tag{6.22}$$

である．相関長は転送行列固有値の比で決まる．温度について単調に減少する関数であり，$\beta\to\infty$（$T\to 0$）で次のように発散する．

$$\xi \sim \frac{1}{2}\mathrm{e}^{2\beta J} \tag{6.23}$$

相関長の温度依存性の様子を図 6.2 に示す．

このように，1 次元 Ising 模型は絶対零度でのみ秩序相が存在する．磁化率や相関長は，$\beta\to\infty$ でべきではなく指数関数的に強い発散を示す．このような転移点での指数関数的なふるまいは下部臨界次元の系の特徴であると（経験的に）考えられ

[*3] 熱力学極限 $N\to\infty$ で有限の距離 $|i-j|$ を考えるので，$|i-j| < N/2$ の場合のみを考えれば十分である．

ている．なお，比熱は低温で

$$c \sim 4\beta^2 J^2 \mathrm{e}^{-2\beta J} \tag{6.24}$$

となる．このときも指数関数的なふるまいが得られるが，発散はせずに絶対零度で 0 になる[*4]．

6.2　2次元 Ising 模型と高温展開

次に，2次元 Ising 模型を扱う．第1章で述べたように，2次元 Ising 模型は Onsager によって厳密解が求められた[*5]．Onsager は，転送行列を対角化することで磁場のないときの自由エネルギーを求め，比熱がある温度で発散することを示した．いくつかの解法が知られているが，ここではその中で，**高温展開**（high-temperature expansion）を用いた解法を扱う[*6]．高温展開は，温度が高いとして自由エネルギーを βJ のべきで展開する方法である．十分高温であれば，その展開を数項で打ち切って自由エネルギーの近似値とする．計算が比較的簡単なため，汎用的な手法として用いられているが，近似の正当性に十分注意する必要がある．この近似のみを用いて相転移を調べることはできない．有限項の和から特異性が生じることはないからである[*7]．本節では，無限和を計算することにより厳密解を求め，特異性が生じることを示す．

なお，高温展開があるのだから，**低温展開**（low-temperature expansion）という方法も存在することは容易に想像できる．ただし，低温展開は低温極限での状態がわかっているときにのみ用いることができる手法である．低温における状態は一般には自明ではないので，高温展開ほど汎用性は高くない．低温で常磁性相にある系を強磁性状態にあると仮定して計算を行うと，各項が発散したりするなどして展開

[*4] $h = 0$ の 1 次元 Ising 模型は，各粒子が 2 状態を独立にとる 2 準位系と等価となる．これは，1 次元系では格子点とボンドが 1 対 1 に対応づけられることによるものである．式 (6.13) は Schottky 型の比熱を表している．

[*5] L. Onsager: Phys. Rev. **65**, 117 (1944). 転移温度の値は，Onsager 以前に双対性を用いて求められている: H. A. Kramers and G. H. Wannier: Phys. Rev. **60**, 252 (1941). ただし，これは相転移が存在するという仮定のもとに導かれた結果である．

[*6] M. Kac and J. C. Ward: Phys. Rev. **88**, 1332 (1952). ほかに，比較的簡単に解ける代表的な手法として付録 G の Fermi 演算子を用いた方法も知られている．

[*7] 例えば，関数 $\frac{1}{1-x} = 1 + x + x^2 + \cdots$ の展開を途中で打ち切ると，$x = 1$ における発散は見えなくなる．高次の項を近似的に推定する **Padé 近似**（Padé approximation）のような方法を用いれば，特異性を（近似的に）得ることは可能である．

が破綻することがある．そのような破綻を見ることで，低温での系の状態を調べられるともいえる[*8]．

6.2.1　高温展開

$h = 0$ の場合に高温展開を行う．2 次元 Ising 模型の分配関数は，

$$Z = \mathrm{Tr} \prod_{\langle ij \rangle} \exp(\beta J S_i S_j) \tag{6.25}$$

と書ける．積はスピンの最近接対についてとる．スピン変数が $S_i^2 = 1$ であることを用いると，

$$\begin{aligned} Z &= \mathrm{Tr} \prod_{\langle ij \rangle} (\cosh \beta J + S_i S_j \sinh \beta J) \\ &= (\cosh \beta J)^{N_{\mathrm{B}}} \, \mathrm{Tr} \prod_{\langle ij \rangle} (1 + S_i S_j \tanh \beta J) \end{aligned} \tag{6.26}$$

と書ける．$N_{\mathrm{B}} = Nz/2 = 2N$ は最近接対の数を表す．$v = \tanh \beta J$ は有限温度で 1 より小さい非負の量なので，式 (6.26) を v について次のように展開してみる．

$$\prod_{\langle ij \rangle} (1 + v S_i S_j) = 1 + v \sum_{\langle ij \rangle} S_i S_j + v^2 \sum_{\substack{\langle ij \rangle, \langle k\ell \rangle \\ (\langle ij \rangle \neq \langle k\ell \rangle)}} S_i S_j S_k S_\ell + \cdots \tag{6.27}$$

この展開の項数は膨大であるが，スピン和をとると $\mathrm{Tr}\, S_i = 0$ のため多くが 0 になる．有限に残るのは各変数 S_i が偶数べきになっている項である[*9]．各項は図 6.3 のようにスピンを結ぶボンドを用いて表現することができる．スピン和をとって有限に残るのは，このボンドをつなぐ線が閉じている（ループになっている）ときのみである．すべてのスピン変数についての和は 2^N 個あるので $\mathrm{Tr}\, 1 = 2^N$ であり，ℓ 本のボンドでつくることができるループの数を $g(\ell)$ とすると，

$$Z = 2^N (\cosh \beta J)^{N_{\mathrm{B}}} \sum_{\ell=0}^{\infty} g(\ell) v^\ell \tag{6.28}$$

と書ける．ただし，$g(0) = 1$，$\ell > N_{\mathrm{B}}$ のとき $g(\ell) = 0$ とする．この $g(\ell)$ を求めて和をとることができれば解が得られる．v は高温では小さいから，展開を低次の項で打ち切って近似値を得ることができる．これが高温展開の方法である．

[*8] それは第 2 章で用いた Peierls の議論にほかならない．

[*9] $S_i^2 = S_i^4 = \cdots = 1$ なのでスピン和をとっても 0 にならない．

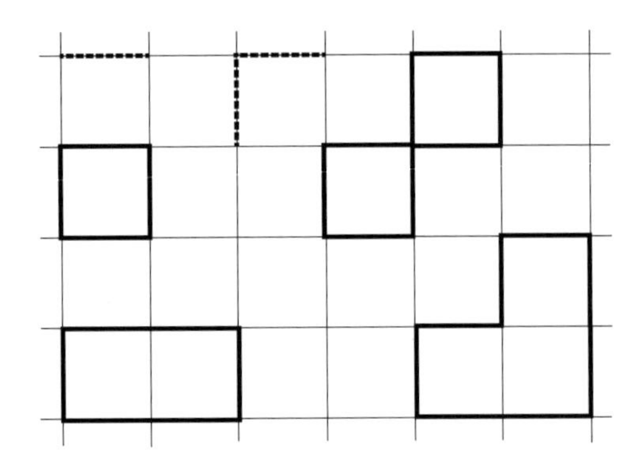

図 **6.3**　分配関数への寄与を図で表したもの．太線のボンドが vS_iS_j を表す．破線のような寄与は，端点のスピン S_i がそのまま残るため，$\mathrm{Tr}\, S_i = 0$ より 0 となる．

1 次元と 2 次元の Ising 模型では，この無限和を厳密に計算することができる．1 次元の場合，周期的境界条件をとるとループをつくることができるのは $\ell = N$ のときの一つだけである．よって，

$$Z = 2^N (\cosh \beta J)^N (1 + v^N) \to (2 \cosh \beta J)^N \tag{6.29}$$

となり，前節の結果と一致する[*10]．2 次元の場合，ループ数の計算は非常に複雑である．詳しい計算は付録 E で行うことにして，次節では結果のみを述べる．

6.2.2　2 次元 Ising 模型の解

付録 E によると，$N \to \infty$ のとき自由エネルギー密度は

$$-\beta f = \ln[2 \cosh(2\beta J)] + \frac{1}{2} \int_0^{2\pi} \frac{\mathrm{d}^2 \boldsymbol{k}}{(2\pi)^2} \ln \left[1 - \frac{t}{2} (\cos k_1 + \cos k_2) \right] \tag{6.30}$$

と書ける．ここでパラメータ t を次のように導入した．

$$t = \frac{2 \sinh(2\beta J)}{\cosh^2(2\beta J)} \tag{6.31}$$

このパラメータのとりうる値は $0 \leq t \leq 1$ である．$T = 0$ で 0 であり，温度を上げると最大値 $t = 1$ になるまで単調増加し，その点を境に単調減少に転じる．以下で見るように，$t = 1$ となる温度が相転移点を表す．

[*10] 自由境界条件の場合，ループがつくれないので $\ell = 0$ の項のみが残り $Z = 2^N (\cosh \beta J)^{N-1}$ となる．自由エネルギー密度の熱力学極限は周期的境界条件のものと一致する．

特異性が生じていることを見るために比熱を計算する．まず内部エネルギーを計算すると，

$$\epsilon = -\frac{J}{\tanh(2\beta J)}\left\{1-[1-2\tanh^2(2\beta J)]\frac{2}{\pi}K(t)\right\} \tag{6.32}$$

となる．$K(t)$ は第 1 種完全楕円積分を表しており，次のようにして出てくる．

$$\int_0^{2\pi}\frac{\mathrm{d}^2\boldsymbol{k}}{(2\pi)^2}\frac{1}{1-\frac{t}{2}(\cos k_1+\cos k_2)} = \frac{2}{\pi}\int_0^{\pi/2}\frac{\mathrm{d}\theta}{\sqrt{1-t^2\sin^2\theta}} = \frac{2}{\pi}K(t) \tag{6.33}$$

内部エネルギーを温度で微分することで比熱が得られる．次の楕円積分の微分を用いる．

$$\frac{\mathrm{d}K(t)}{\mathrm{d}t} = \frac{E(t)}{t(1-t^2)} - \frac{K(t)}{t} \tag{6.34}$$

$$E(t) = \int_0^{\pi/2}\mathrm{d}\theta\sqrt{1-t^2\sin^2\theta} \tag{6.35}$$

$E(t)$ は第 2 種完全楕円積分である．こうして，比熱は次のように求められる．

$$c = \frac{4}{\pi}\left[\frac{\beta J}{\tanh(2\beta J)}\right]^2 \times\left(K(t)-E(t)-\frac{1}{\cosh^2(2\beta J)}\left\{\frac{\pi}{2}-\left[1-2\tanh^2(2\beta J)\right]K(t)\right\}\right) \tag{6.36}$$

比熱の特異性は楕円積分の特異性を見ることでわかる．$0\le t\le 1$ の範囲において，$K(t)$ は $t=1$ で発散し，$E(t)$ は有限値をとる．よって，比熱は $t=1$ で発散する．これが 2 次元 Ising 模型の相転移である．このときの温度は

$$\sinh(2\beta_{\mathrm{c}}J) = 1 \tag{6.37}$$

より，

$$\beta_{\mathrm{c}}J = \frac{1}{2}\ln(1+\sqrt{2}) \approx 0.4407, \qquad \frac{T_{\mathrm{c}}}{J} \approx 2.269 \tag{6.38}$$

と求められる．なお，内部エネルギー (6.32) も楕円積分を含むが，発散は生じない．それは楕円積分にかかる係数 $1-2\tanh^2(2\beta J)$ が $T=T_{\mathrm{c}}$ で 0 となり，発散を打ち消すからである．

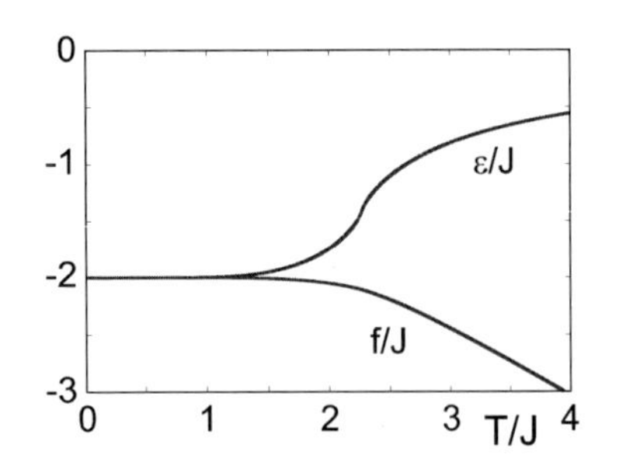

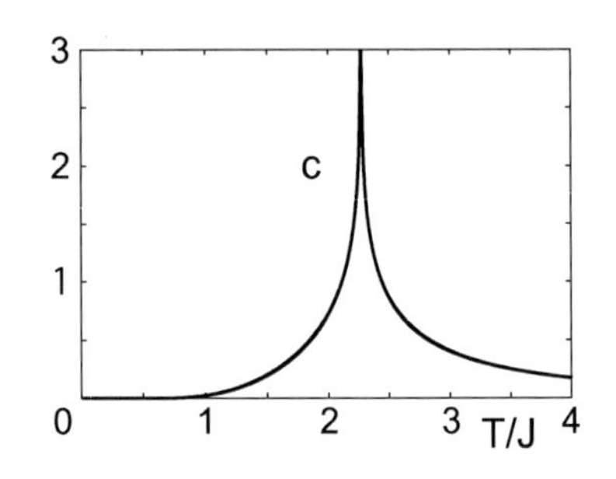

図 **6.4**　$h=0$ の 2 次元 Ising 模型における熱力学関数．転移温度は $T/J \approx 2.269$ の位置にある．比熱はこの点で対数的に発散し，非常に鋭いピークをもつ．

比熱の発散は対数発散であるから，臨界指数は $\alpha=0$ となる．これは次のようにしてわかる．温度が転移温度からわずかにずれたとき，$t \sim 1-\delta$ と書ける．δ は正の微小量である．このとき，楕円関数は

$$K(1-\delta) \sim \int_0^{\pi/2} \frac{\mathrm{d}\theta}{\sqrt{\cos^2\theta + 2\delta\sin^2\theta}} \tag{6.39}$$

である．発散は $\theta \sim \pi/2$ からくるため，$\theta = \frac{\pi}{2} - x$ として x で被積分関数を展開すると，

$$K(1-\delta) \sim \int_0 \frac{\mathrm{d}x}{\sqrt{x^2+2\delta}} \sim \int_0 \frac{\mathrm{d}x}{x+\delta} \tag{6.40}$$

と近似できる．よって積分は $\ln\delta$ で発散する．δ は $T-T_\mathrm{c}$ に比例した量であるから，比熱が温度に関して対数発散するという結論が得られる．$h=0$ のときの自由エネルギー，エネルギー，比熱の温度依存性の様子を図 6.4 に示す．

他の量を計算するには長い計算を必要とするので，ここでは省略する．自発磁化は，相関関数 $\langle S_iS_j\rangle$ が $h=0$，$|i-j| \to \infty$ で自発磁化の 2 乗になることから，転移温度以下で

$$m \sim \left[1 - \frac{1}{\sinh^2(2\beta J)}\right]^{1/8} \tag{6.41}$$

と求められている[*11]．臨界指数は $\beta = 1/8$ となる．磁場のあるときの熱力学関数は厳密には求められていないが，α と β 以外の臨界指数は，次章で扱うスケーリン

[*11] 導出は次の論文でなされているが，Onsager はそれ以前に結果を得ていたようである．C. N. Yang: Phys. Rev. **85**, 808 (1952).

グ理論を用いると，α，β から求めることができる．2 次元 Ising 模型における強磁性–常磁性相転移の臨界指数は次のようになる．

$$\alpha = 0, \qquad \beta = \frac{1}{8}, \qquad \gamma = \frac{7}{4}, \qquad \delta = 15, \qquad \nu = 1, \qquad \eta = \frac{1}{4} \tag{6.42}$$

これらの値は平均場近似のものとは異なっている．

6.3 球形模型

本節では**球形模型**（spherical model）の厳密解を導く[*12]．Ising 模型と似たスピンの模型であるが，連続対称性をもつため，熱力学的性質は大きく異なる．直接的な実験的対象をもたない人工的な模型ではあるが，熱力学的な性質を次元を変えて系統的に調べることができるなどの特徴があるため，相転移・臨界現象の研究対象として有用である．

ハミルトニアン

球形模型では，d 次元超立方格子の各格子点で定義された n 成分のベクトルスピン $\boldsymbol{S}_i = (S_i^1, S_i^2, \cdots, S_i^n)$ が基本的な自由度となる．各成分は任意の実数値をとるが，次の拘束条件を満たす．

$$\boldsymbol{S}_i^2 = \sum_{a=1}^{n} (S_i^a)^2 = n \tag{6.43}$$

このスピン変数を用いて次のハミルトニアンを考える．

$$H = -J \sum_{\langle ij \rangle} \boldsymbol{S}_i \cdot \boldsymbol{S}_j - h \sum_{i=1}^{N} \sum_{a=1}^{n} S_i^a \tag{6.44}$$

和は最近接のスピン対についてとられる．磁場はベクトルのすべての成分に一様にかかるとした．この模型は，$n=1$ のとき Ising 模型，$n=2$ のとき XY 模型，$n=3$ のとき Heisenberg 模型を表している．いずれも古典スピンの模型である．ここで扱う球形模型は，$n \to \infty$ の極限として定義される．

[*12] T. H. Berlin and M. Kac: Phys. Rev. **86**, 821 (1952). 元の球形模型はここで扱うものと少し異なる．二つの模型が等価であることは，次の論文で示された．H. E. Stanley: Phys. Rev. **176**, 718 (1968).

ハミルトニアン (6.44) は右辺第 1 項が内積で表されているため，$h=0$ のとき n 次元スピン空間の任意の回転に対して不変である．つまり連続対称性をもつ．成分数が大きいスピンを考えることは現実的ではないが，極限をとることにより厳密解を求めることが可能になる．また，磁場はすべてのスピン成分に作用する．ある成分のみにかかるとしなかったのは計算の都合のためである[*13]．

鞍点法

分配関数を計算しよう．拘束条件 (6.43) はデルタ関数を用いて表されるが，スピン変数の積分を実行できるように補助変数の積分で表す．

$$
\begin{aligned}
Z &= \mathrm{Tr}\ \exp\left(\beta J\sum_{\langle ij\rangle}\boldsymbol{S}_i\cdot\boldsymbol{S}_j+\beta h\sum_{i,a}S_i^a\right)\prod_i\delta\left(\boldsymbol{S}_i^2-n\right)\\
&=\prod_i\int\frac{\mathrm{d}z_i}{2\pi}\ \mathrm{Tr}\ \exp\left[\beta J\sum_{\langle ij\rangle}\boldsymbol{S}_i\cdot\boldsymbol{S}_j+\beta h\sum_{i,a}S_i^a+\sum_{i,a}z_i(1-(S_i^a)^2)\right]
\end{aligned}
\tag{6.45}
$$

補助変数 z_i の積分範囲は本来 $-i\infty$ から $i\infty$ までの虚軸上にわたって行われるが，以下の計算では積分路を適当に変形して考えるのであらわには表記しないことにする[*14]．Tr はスピン変数に関する積分を表しており，

$$
\mathrm{Tr}\ (\cdots)=\prod_{i,a}\int_{-\infty}^{\infty}\frac{\mathrm{d}S_i^a}{\sqrt{2\pi}}(\cdots)
\tag{6.46}
$$

とする．式 (6.45) はベクトルの成分ごとに積分が分離するので計算が実行できる．各成分の積分はまったく同じ形をもつので，次のように書ける．

$$
\begin{aligned}
Z=\prod_i\int\frac{\mathrm{d}z_i}{2\pi}\ \exp\Bigg[n\sum_i z_i+n\ln\mathrm{Tr}\ \exp\Bigg(&\beta J\sum_{\langle ij\rangle}S_iS_j-\sum_i z_iS_i^2\\
&+\beta h\sum_i S_i\Bigg)\Bigg]
\end{aligned}
\tag{6.47}
$$

ここで現れるスピン変数 S_i は 1 成分の単なるスカラーである．式 (6.47) に現れるスピン変数についての積分は Gauss 積分であり，結果は**格子 Green 関数**（lattice

[*13] n を大きくすると自由エネルギーが n に比例するようになる．このように磁場をかけると連続対称性の特徴をとらえやすいという理由もある．12.2 節（233 ページ）の議論を参照．

[*14] この式は Lagrange の未定乗数法と解釈することもできる．未定定数 z_i は拘束条件を満たすように決められるが，その条件は以下で求める z_i の鞍点方程式に一致する．

Green function) $\hat{G}$ を用いて表すことができる．

$$
\begin{aligned}
&\mathrm{Tr}\exp\left(\beta J\sum_{\langle ij\rangle}S_iS_j-\sum_i z_iS_i^2+\beta h\sum_i S_i\right)\\
&\quad=\mathrm{Tr}\exp\left(-\frac{1}{2}\sum_{i,j}S_i(\hat{G}^{-1})_{ij}S_j+\beta h\sum_i S_i\right)\\
&\quad=\exp\left(\frac{1}{2}\mathrm{Tr}\ \ln\hat{G}+\frac{\beta^2h^2}{2}\sum_{i,j}G_{ij}\right)
\end{aligned}
\tag{6.48}
$$

1 行目の等式で $(\hat{G}^{-1})_{ij}$ を成分としてもつ $N\times N$ の行列 $\hat{G}^{-1}$ が定義され，そこからその逆行列 $\hat{G}$ が求められる．Gauss 積分を行ったあと，恒等式 $(\det\hat{G})^{1/2}=\exp\left(\frac{1}{2}\mathrm{Tr}\ \ln\hat{G}\right)$ を用いている．この Gauss 積分についての詳細は付録 C.3 節（341 ページ）で扱っている．

残るは z_i についての積分であるが，被積分関数の z_i 依存性は複雑で計算を行うことは一般には困難である．しかし，うまいことに $n\to\infty$ の極限では計算が可能になる．式 (6.47) においてスピンの成分数 n は全体にかかる因子としてのみ現れるので，z_i の積分は鞍点法を用いて評価することができる．つまり，式 (6.47) の指数関数の肩の部分が最大値を与えるような z_i の値によって積分値が決まる．そのような最大値を与える z_i は，系が一様であるので，i によらない解をもつ[*15]．その解を $z_i=z$ とすると，自由エネルギー密度 $f=-\frac{1}{Nn\beta}\ln Z$ は次のように書ける[*16]．

$$
-\beta f=z+\frac{1}{2N}\mathrm{Tr}\ \ln\hat{G}+\frac{\beta^2h^2}{2N}\sum_{i,j=1}^{N}G_{ij}
\tag{6.49}
$$

最大値を与える鞍点方程式は $\frac{\partial f}{\partial z}=0$ より決まる．鞍点方程式を用いると，与えられた β に対して z の値が決まる．その得られた値を用いて，自由エネルギー密度 f が式 (6.49) より計算される．また，磁化率は，格子 Green 関数を用いて

$$
\chi=\frac{\beta}{N}\sum_{i,j=1}^{N}G_{ij}
\tag{6.50}
$$

と書ける．磁化率がスピン相関関数を用いて書けるという一般的な関係式 (2.29)（22 ページ）より，格子 Green 関数がスピン相関関数にほかならないことがわかる．

[*15] 詳しい議論は 123 ページ脚注の Stanley の論文を参照．

[*16] 本来の自由エネルギー密度は $f=-\frac{1}{N\beta}\ln Z$ であるが，これは $n\to\infty$ で発散する．そのため，n で割ったものを自由エネルギー密度とする．

Green 関数

鞍点方程式の具体形を求めるためには格子 Green 関数の詳しい性質を調べる必要がある．式 (6.48) より，$\hat{G}^{-1}$ は次のような行列であることがわかる．

$$(\hat{G}^{-1})_{ij} = \begin{cases} 2z & (i=j) \\ -\beta J & ((i,j)\ \text{が最近接対}) \\ 0 & (\text{その他}) \end{cases} \tag{6.51}$$

$\hat{G}_{ij}$ は並進不変，つまり i と j の位置ベクトルの差 $\boldsymbol{r}_i - \boldsymbol{r}_j$ のみによるから，Fourier 変換を用いて対角化される[*17]．

$$G_{ij} = \frac{1}{\sqrt{N}} \sum_{\boldsymbol{k}} \tilde{G}_{\boldsymbol{k}} \mathrm{e}^{i\boldsymbol{k}\cdot(\boldsymbol{r}_i - \boldsymbol{r}_j)} \tag{6.52}$$

$$\tilde{G}_{\boldsymbol{k}} = \frac{1}{\sqrt{N}} \sum_{\boldsymbol{r}_i - \boldsymbol{r}_j} G_{ij} \mathrm{e}^{-i\boldsymbol{k}\cdot(\boldsymbol{r}_i - \boldsymbol{r}_j)} \tag{6.53}$$

$\tilde{G}_{\boldsymbol{k}}$ は，式 (6.51) より

$$\tilde{G}_{\boldsymbol{k}} = \frac{1}{\sqrt{N}} \frac{1}{2z - 2\beta J \sum_{\mu=1}^{d} \cos k_\mu} \tag{6.54}$$

と計算される[*18]．周期的境界条件を課すと，$\mathrm{e}^{ik_\mu L} = 1$ という条件が得られ，許される $\boldsymbol{k}$ の値は付録 C の式 (C.4)，(C.5)（337 ページ）で与えられている．熱力学極限において和は積分におきかえられ，

$$G_{ij} = \int \frac{\mathrm{d}^d \boldsymbol{k}}{(2\pi)^d} \tilde{G}(\boldsymbol{k}) \mathrm{e}^{i\boldsymbol{k}\cdot(\boldsymbol{r}_i - \boldsymbol{r}_j)} \tag{6.55}$$

$$\tilde{G}(\boldsymbol{k}) = \frac{1}{2z - 2\beta J \sum_{\mu=1}^{d} \cos k_\mu} \tag{6.56}$$

となる．$\boldsymbol{k}$ の各成分は 0 から 2π の範囲にわたって積分を行う．

得られた Green 関数の表式を用いると，自由エネルギーは

$$\begin{aligned} -\beta f &= z + \frac{1}{2} \int \frac{\mathrm{d}^d \boldsymbol{k}}{(2\pi)^d} \ln \tilde{G}(\boldsymbol{k}) + \frac{\beta^2 h^2}{2} \tilde{G}(\boldsymbol{0}) \\ &= z - \frac{1}{2} \int \frac{\mathrm{d}^d \boldsymbol{k}}{(2\pi)^d} \ln \left(2z - 2\beta J \sum_{\mu=1}^{d} \cos k_\mu \right) + \frac{\beta^2 h^2}{2} \frac{1}{2z - 2\beta J d} \end{aligned} \tag{6.57}$$

[*17] Fourier 変換について詳しくは付録 C.1 節（337 ページ）を参照．

[*18] $(\hat{G}^{-1})_{ij}$ の Fourier 変換を $(\hat{G}^{-1})_{\boldsymbol{k}}$ とすると，$\tilde{G}_{\boldsymbol{k}} = \frac{1}{N(\hat{G}^{-1})_{\boldsymbol{k}}}$ なので，式 (6.51) の Fourier 変換の逆数をとればよい．

と書けて，鞍点方程式は

$$\int \frac{\mathrm{d}^d \boldsymbol{k}}{(2\pi)^d} \frac{1}{2z - 2\beta J \sum_{\mu=1}^d \cos k_\mu} + \frac{\beta^2 h^2}{(2z - 2\beta J d)^2} = 1 \tag{6.58}$$

となる．計算の都合上，変数 z の代わりに次のように定義される m を導入すると便利である[*19]．

$$m^2 = 2\left(\frac{z}{\beta J} - d\right) \tag{6.59}$$

このとき，鞍点方程式 (6.58) は

$$g(m) = \beta J \int \frac{\mathrm{d}^d \boldsymbol{k}}{(2\pi)^d} \tilde{G}(\boldsymbol{k}) = \int \frac{\mathrm{d}^d \boldsymbol{k}}{(2\pi)^d} \frac{1}{m^2 + \sum_{\mu=1}^d \left[2\sin\left(\frac{k_\mu}{2}\right)\right]^2} \tag{6.60}$$

を用いて

$$\beta J = g(m) + \frac{\beta h^2}{J m^4} \tag{6.61}$$

と書ける．

鞍点方程式を解くために，関数 $g(m)$ のふるまいを詳しく調べよう[*20]．$g(m)$ は $m \geq 0$ の領域で m の減少関数である．補助変数を用いて表すと，

$$\begin{aligned} g(m) &= \int \frac{\mathrm{d}^d \boldsymbol{k}}{(2\pi)^d} \int_0^\infty \mathrm{d}t \, \exp\left(-t\left\{m^2 + \sum_{\mu=1}^d \left[2\sin\left(\frac{k_\mu}{2}\right)\right]^2\right\}\right) \\ &= \int_0^\infty \mathrm{d}t \, \mathrm{e}^{-m^2 t} \left[\int_0^{2\pi} \frac{\mathrm{d}k}{2\pi} \mathrm{e}^{-4t\sin^2(k/2)}\right]^d \\ &= \int_0^\infty \mathrm{d}t \, \mathrm{e}^{-(m^2+2d)t} \left(I_0(2t)\right)^d \end{aligned} \tag{6.62}$$

と書ける．I_0 は 0 次の変形 Bessel 関数を表す．式 (6.61) が有限の β で解をもつかどうかは積分値が発散するかによって決まる．原点付近で $I_0(2t) \sim 1 - t^2$ であるので，$t = 0$ 付近では積分は有限の値を与える．一方，$t \to \infty$ では $I_0(2t)$ は

*19 $m^2 < 0$ の場合は考えない．元のスピン変数に戻って考えると，式 (6.48) の Gauss 積分が収束しなくなってしまうからである．なお，m は磁化ではないので注意．以下で見るが，相関長の逆数を表す量である．

*20 解析の結果は式 (6.70) にまとめられる．計算に興味がなければそこまでとばしてもよい．

$I_0(2t) \sim \mathrm{e}^{2t}/\sqrt{4\pi t}$ の漸近形をもつことが知られている．よって，積分は $m^2 > 0$ のときに収束する．$m^2 = 0$ のときは，t が大きいところでの寄与により $g(0)$ は

$$g(0) \sim \int^{\infty} \frac{\mathrm{d}t}{(4\pi t)^{d/2}} \sim \left[t^{1-d/2}\right]^{\infty} = \begin{cases} \infty & (0 < d \leq 2) \\ 0 & (2 < d) \end{cases} \tag{6.63}$$

というふるまいをする．$d \leq 2$ のとき発散し，$d > 2$ のとき有限値を与えると結論される[*21]．

$d = 1$ のとき，積分は具体的に行うことができて，

$$g(m) = \frac{1}{\sqrt{m^2(m^2+4)}} \tag{6.64}$$

が得られる[*22]．確かに $m^2 = 0$ で発散している．$d = 2$ のとき，g は式 (6.33) の楕円積分 K を用いて次のように表すことができる．

$$g(m) = \frac{1}{\pi\left(\frac{m^2}{2}+2\right)} K\left(\frac{2}{\frac{m^2}{2}+2}\right) \tag{6.65}$$

楕円関数の性質より，$m^2 = 0$ で対数発散していることがわかる．$d > 2$ のとき，$g(0)$ は有限値となる．例えば，$d = 3$ のとき，$g(0) \approx 0.253$ である．

原点付近での減少度合を調べるために，$g(m)$ の m^2 についての微分

$$\frac{\mathrm{d}g(m)}{\mathrm{d}m^2} = -\int \frac{\mathrm{d}^d \boldsymbol{k}}{(2\pi)^d} \frac{1}{\left\{m^2 + \sum_{\mu=1}^{d} \left[2\sin\left(\frac{k_\mu}{2}\right)\right]^2\right\}^2} \tag{6.66}$$

を調べよう．$\boldsymbol{k} = m\boldsymbol{t}$ とおくと，

$$\frac{\mathrm{d}g(m)}{\mathrm{d}m^2} = -m^{d-4} \int \frac{\mathrm{d}^d \boldsymbol{t}}{(2\pi)^d} \frac{1}{\left\{1 + \sum_{\mu=1}^{d} \left[\frac{2}{m}\sin\left(\frac{m t_\mu}{2}\right)\right]^2\right\}^2} \tag{6.67}$$

であるが，m が小さければ sin 関数を展開して

$$\frac{\mathrm{d}g(m)}{\mathrm{d}m^2} \sim -m^{d-4} \int \frac{\mathrm{d}^d \boldsymbol{t}}{(2\pi)^d} \frac{1}{(1+\boldsymbol{t}^2)^2} \tag{6.68}$$

と書けるだろう．ただし，$t = |\boldsymbol{t}|$ が大きいところの寄与が小さくなる必要がある．t が大きいとき，被積分関数は t^{d-5} のようにふるまうから，$d < 4$ となることが

[*21] $d = 2$ のときは対数発散となる．

[*22] 補助変数導入前の式 (6.60) に戻ると積分を容易に行える．

条件である．このとき，$g(m)$ を m^2 で 1 回微分して m^{d-4} に比例しているから $g(m) \sim g(0) - cm^{d-2}$ である．c は正の定数を表す．$d > 4$ のとき，$\frac{\mathrm{d}g(m)}{\mathrm{d}m^2}$ は $m = 0$ で有限の値をもつ．これは次のように書いてみるとわかる．

$$\left.\frac{\mathrm{d}g(m)}{\mathrm{d}m^2}\right|_{m=0} = -\int_0^{\pi} \frac{\mathrm{d}^d \boldsymbol{k}}{\pi^d} \frac{1}{\left\{\sum_{\mu=1}^{d}\left[2\sin\left(\frac{k_\mu}{2}\right)\right]^2\right\}^2} \tag{6.69}$$

$\boldsymbol{k}$ の各成分の積分は正の領域にわたって行われる．動径成分 $k = |\boldsymbol{k}|$ の積分に関して，k が小さいとき被積分関数は k^{d-5} のようにふるまうから $d > 4$ で発散しない．上限 π では発散せず有限の寄与を与える．よって，$d > 4$ のときは m^2 の整数べきで展開することができる．$d = 4$ のとき，積分は対数発散する．

まとめると，関数 $g(m)$ は $m > 0$ で単調減少関数となり，$m^2 \sim 0$ で

$$g(m) \sim \begin{cases} \infty & (1 \leq d \leq 2) \\ g(0) - c_d m^{d-2} & (2 < d < 4) \\ g(0) + \left.\dfrac{\mathrm{d}g(m)}{\mathrm{d}m^2}\right|_{m=0} m^2 & (4 \leq d) \end{cases} \tag{6.70}$$

のようにふるまう．c_d は正定数である．$g(0)$ は，$d > 2$ のとき正の有限値をとる．$\left.\frac{\mathrm{d}g(m)}{\mathrm{d}m^2}\right|_{m=0}$ は，$d > 4$ のとき負の有限値となり，$d = 4$ のとき発散する．

鞍点方程式の解と相転移

鞍点方程式 (6.61) の解を式 (6.70) の性質を用いて求めると，球形模型における相転移の性質が明らかになる．基本的には $h = 0$ のときの解を求めるが，ある場合には解が求められないことがある．そのときは微小量の磁場を入れて計算を行う[*23]．計算は $d \leq 2$ と $2 < d < 4$ と $d \geq 4$ の三つの場合に分けて考える．

● $d \leq 2$

$h = 0$ とする．$d = 2$ のとき，式 (6.61) の右辺を m の関数としてプロットしたのが図 6.5 である．関数は原点で発散し，単調に減少している．したがって，任意の β を与えたときに解が一意的に決まる．鞍点方程式が解をもつので，熱力学状態も問題なく求められる．$d = 1$ のときも同様にして解を求めることができる．

[*23] 磁場を入れないでも相転移を記述することはできる．そのときの計算は，Bose–Einstein 凝縮のときに用いる方法とよく似たものを用いる．すなわち，$\boldsymbol{k} = \boldsymbol{0}$ のモードを積分から切り離して扱う．

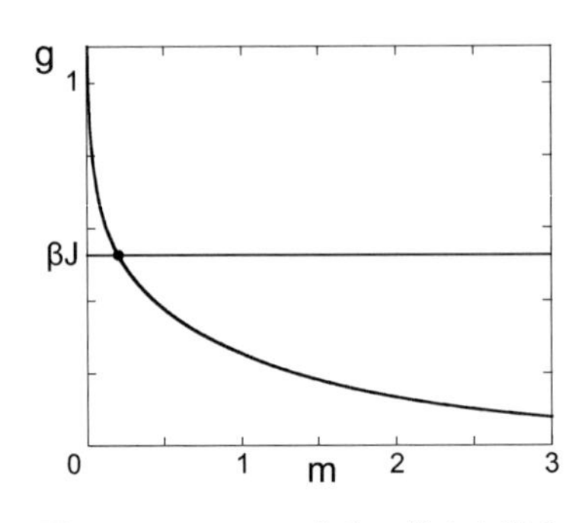

図 6.5　$d=2$ のときの鞍点方程式 $(h=0)$．曲線と水平線の交点が m の解を与え，縦軸の値が βJ となる．

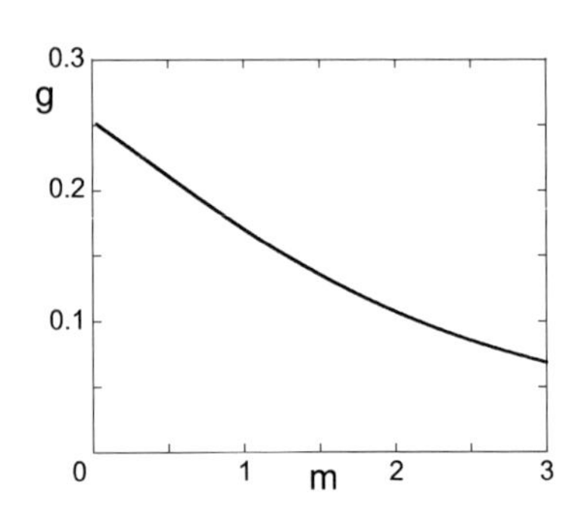

図 6.6　$d=3$ のときの鞍点方程式 $(h=0)$．曲線は $m=0$ で有限の値にとどまり，鞍点方程式 $\beta J=g(m)$ の解が求まらない領域が生じる．

● $2<d<4$

$d=3$，$h=0$ のとき，$g(m)$ は図 6.6 のように $m=0$ で有限の値をもち単調に減少する．βJ が $\beta_{\mathrm{c}}J=g(0)$ となる温度以下で鞍点方程式の解がなくなってしまう．しかしながら，この問題は磁場が有限であれば生じない．鞍点方程式 (6.61) の右辺第 2 項は $m=0$ で発散し，左辺が大きくなっても対応する解が存在するからである．よって低温では磁場に関する特異性が生じると考えられる．

鞍点方程式 (6.61) を式 (6.70) を用いて $m=0$ 付近で展開すると，

$$(\beta-\beta_{\mathrm{c}})J+c_d m^{d-2}\sim\frac{\beta_{\mathrm{c}}h^2}{Jm^4} \tag{6.71}$$

である．$\beta<\beta_{\mathrm{c}}$ であれば右辺の磁場は 0 にしても解が求められるが，$\beta>\beta_{\mathrm{c}}$ のときは，右辺は無視できない．後者のとき，左辺第 2 項は特異性もなく小さいので無視する．よって

$$(\beta-\beta_{\mathrm{c}})J\sim\begin{cases}-c_d m^{d-2} & (\beta<\beta_{\mathrm{c}})\\ \dfrac{\beta_{\mathrm{c}}h^2}{Jm^4} & (\beta>\beta_{\mathrm{c}})\end{cases} \tag{6.72}$$

より，

$$m^2\sim\begin{cases}c_d(T-T_{\mathrm{c}})^{2/(d-2)} & (\beta<\beta_{\mathrm{c}})\\ \sqrt{\dfrac{T_{\mathrm{c}}h^2}{(T_{\mathrm{c}}-T)J^2}} & (\beta>\beta_{\mathrm{c}})\end{cases} \tag{6.73}$$

となる．低温側で自由エネルギー (6.57) の磁場に依存する項は

$$f_h = -\frac{h^2}{2J}\frac{1}{m^2} \sim -\frac{|h|}{2}\sqrt{\frac{T_c - T}{T_c}} \tag{6.74}$$

となる．転移温度 $T_c = 1/\beta_c$ で相転移が起きていることがわかる．式 (6.74) の h 微分で得られる自発磁化は $(T_c - T)^{1/2}$ に比例しているから，臨界指数 $\beta = 1/2$ が得られる．この値は Ising 模型の平均場近似のものと一致している．しかしながら，磁化率のふるまいは異なる．

$$\chi = \frac{1}{Jm^2} \sim \begin{cases} \dfrac{1}{(T - T_c)^{2/(d-2)}} & (\beta < \beta_c) \\ \dfrac{(T_c - T)^{1/2}}{|h|} & (\beta > \beta_c) \end{cases} \tag{6.75}$$

T が上から T_c に近づくと発散し，その臨界指数は $\gamma = 2/(d-2)$ である．一方，T_c 以下では $h = 0$ で磁化率は温度によらず発散してしまう．これは，この系が連続対称性をもつからであると考えられる．磁場をかけるとその方向に磁化が生じるが，磁場が 0 の極限ではスピンは n 次元空間において任意の方向にそろう．つまり，スピンがそろったまま回転する南部–Goldstone モードが存在する．このため磁化は磁場の変化に敏感に反応し，磁化率が発散する．磁化率の発散や南部–Goldstone モードについては 12.2 節（233 ページ）で詳しく議論する．

$T = T_c$ のとき，鞍点方程式 (6.71) は

$$m^{d+2} \sim h^2 \tag{6.76}$$

となる．よって自由エネルギー (6.57) の h 依存性は

$$f_h \sim -h^{2d/(d+2)} \tag{6.77}$$

となる．磁場で微分して磁化 $m(h)$ を求めると

$$m(h) \sim h^{(d-2)/(d+2)} \tag{6.78}$$

である[*24]．よって $\delta = (d+2)/(d-2)$ が求められる．

自由エネルギーは式 (6.57) のように書けるが，内部エネルギーは $h = 0$ のとき，

$$\begin{aligned} \epsilon &= \frac{1}{2\beta}\int \frac{\mathrm{d}^d \boldsymbol{k}}{(2\pi)^d}\left(1 - \frac{2z}{2z - 2\beta J \sum_{\mu=1}^{d} \cos k_\mu}\right) \\ &= \frac{1}{2\beta}(1 - 2z) = \frac{T}{2} - J\left(\frac{m^2}{2} + d\right) \end{aligned} \tag{6.79}$$

[*24] 再度注意するが，式 (6.76) の m は式 (6.59) で定義された変数であって磁化ではない．

と計算される．温度で微分することで比熱が求められる．$\beta < \beta_\mathrm{c}$ のとき，m^2 の温度依存性は鞍点方程式 (6.61) を T で微分することで次の式から求められる．

$$-\beta^2 J = \frac{\mathrm{d}g(m)}{\mathrm{d}m^2}\frac{\partial m^2}{\partial T} \tag{6.80}$$

$\beta > \beta_\mathrm{c}$ のときは $m = 0$ となるから，$\frac{\partial m^2}{\partial T} = 0$ である．よって，比熱は

$$c = \begin{cases} \dfrac{1}{2} + \dfrac{\beta^2 J^2}{\frac{\mathrm{d}g(m)}{\mathrm{d}m^2}} & (\beta < \beta_\mathrm{c}) \\ \dfrac{1}{2} & (\beta > \beta_\mathrm{c}) \end{cases} \tag{6.81}$$

と書ける．$\frac{\mathrm{d}g(m)}{\mathrm{d}m^2}$ は β_c 付近で $\frac{\mathrm{d}g(m)}{\mathrm{d}m^2} \sim -\frac{1}{m^{4-d}}$ と発散する．式 (6.73) を用いると，比熱の $T = T_\mathrm{c}$ 付近でのふるまいは

$$c - \frac{1}{2} \sim \begin{cases} -(T - T_\mathrm{c})^{(4-d)/(d-2)} & (\beta < \beta_\mathrm{c}) \\ 0 & (\beta > \beta_\mathrm{c}) \end{cases} \tag{6.82}$$

となる．比熱は高温では単調減少し，$\beta < \beta_\mathrm{c}$ で一定の値をとる．比熱は発散しないが，その微分が $T = T_\mathrm{c}$ で不連続になる．臨界指数 α は低温側では 0 となり，高温側では $\alpha = (d-4)/(d-2)$ と負の値をとる．

次に，スピン相関関数を考える．スピン相関関数は Green 関数に等しく，

$$G(\boldsymbol{r}) = \int \frac{\mathrm{d}^d\boldsymbol{k}}{(2\pi)^d}\,\tilde{G}(\boldsymbol{k})\mathrm{e}^{i\boldsymbol{k}\cdot\boldsymbol{r}} = \frac{1}{\beta J}\int \frac{\mathrm{d}^d\boldsymbol{k}}{(2\pi)^d}\,\frac{\mathrm{e}^{i\boldsymbol{k}\cdot\boldsymbol{r}}}{m^2 + \sum_{\mu=1}^d \left[2\sin\left(\frac{k_\mu}{2}\right)\right]^2} \tag{6.83}$$

と書ける．長距離でのふるまいは $\boldsymbol{k}$ が小さいところの積分の値で決まる．よって被積分関数の sin 関数を展開して，

$$G(\boldsymbol{r}) \sim \frac{1}{\beta J}\int \frac{\mathrm{d}^d\boldsymbol{k}}{(2\pi)^d}\,\frac{\mathrm{e}^{i\boldsymbol{k}\cdot\boldsymbol{r}}}{m^2 + \boldsymbol{k}^2} \tag{6.84}$$

と書ける[*25]．この関数は遠方で e^{-mr} のように減衰する．つまり，$\xi \sim 1/m$ であり，高温側で $\xi \sim (T - T_\mathrm{c})^{-1/(d-2)}$ である．よって，臨界指数が $\nu = 1/(d-2)$ と求められる．また，$m = 0$ のとき，つまり臨界点で，Green 関数を $\boldsymbol{k} = \boldsymbol{t}/r$ と変数変換することで

$$G(\boldsymbol{r}) \sim \frac{1}{\beta J}\frac{1}{r^{d-2}}\int \frac{\mathrm{d}^d\boldsymbol{t}}{(2\pi)^d}\,\frac{\mathrm{e}^{i\boldsymbol{t}\cdot\boldsymbol{r}/r}}{\boldsymbol{t}^2} \propto \frac{1}{r^{d-2}} \tag{6.85}$$

と書けるから，$\eta = 0$ である．

[*25] これは場の量子論における自由 Bose 粒子の Green 関数と同じ形をしている．m は Bose 粒子の質量を表す．

表 6.1　$2 < d \leq 4$ のときの球形模型の臨界指数．$d > 4$ のときは表の値を $d = 4$ としたものになる．

	$T < T_c$	$T = T_c$	$T_c < T$
α	0	-	$-\frac{4-d}{d-2}$
β	$\frac{1}{2}$	-	-
γ	（定義不可）	-	$\frac{2}{d-2}$
δ	-	$\frac{d+2}{d-2}$	-
ν	（定義不可）	-	$\frac{1}{d-2}$
η	-	0	-

● $4 \leq d$

このとき，鞍点方程式は $2 < d < 4$ のときと同じように解ける．$\beta = \beta_c$ で相転移を起こすことが示される．臨界点付近高温側 $h = 0$ での鞍点方程式は

$$(\beta_c - \beta)J \sim -\left.\frac{\mathrm{d}g(m)}{\mathrm{d}m^2}\right|_{m=0} m^2 \tag{6.86}$$

と書けるから，臨界点付近のふるまいは $2 < d < 4$ の結果で $d = 4$ とおいたものによって得られる[*26]．つまり，$\alpha = 0$，$\beta = 1/2$，$\gamma = 1$（高温側），$\delta = 3$，$\nu = 1/2$（高温側），$\eta = 0$ である．これらは臨界指数の古典的な値と一致している．

以上のように，$d > 2$ のとき相転移が起こると結論できる．つまり，球形模型の下部臨界次元は $d = 2$ である．臨界指数の値は空間の次元に依存する．値をまとめたのが表 6.1 である．これらの値は次章で得られるスケーリング則を満たしている[*27]．また，$d \geq 4$ での相転移は，Ising 模型の平均場理論と同じ臨界指数をもつ．つまり，この系の上部臨界次元は $d = 4$ である．Ginzburg の基準と矛盾しない結果である．

[*26] $d = 4$ のときは対数補正が生じる．

[*27] 転移温度の上と下で定義される指数については上のものを採用することにする．

7 スケーリング理論

本章では，スケーリング理論について議論する．スケーリング理論では，スケールに関する性質に注目する．例えば，系の大きさを2倍にしたとき，物理量はそれに応じてどのように変化するかといったことである．それは当然ながら物理量がどのようなスケールをどのような形で含んでいるかによる．

スケーリング理論を臨界現象に適用すると，ある普遍的な性質が浮かび上がってくる．そしてそれは平均場理論を超えてくりこみ群の方法に至るための重要な考え方を提起している．

7.1 スケールと異常次元

はじめに，スケーリング理論の考え方を理解するために三つの例を考察する．これらは相転移・臨界現象に直接関係したものではないが，次節以降で展開されるスケーリング理論と類似の側面をもっている．

● 古典力学におけるスケール変換

古典力学における Newton の運動方程式は，質点の運動，つまり座標ベクトル $\boldsymbol{r}$ の時間依存性を記述する方程式であり，次のように書ける．

$$m_i \frac{\mathrm{d}^2}{\mathrm{d}t^2}\boldsymbol{r}_i = -\frac{\partial}{\partial \boldsymbol{r}_i}V(\boldsymbol{r}_1, \boldsymbol{r}_2, \cdots, \boldsymbol{r}_N) \qquad (i = 1, 2, \cdots, N) \tag{7.1}$$

$\boldsymbol{r}_i$ と m_i は質点 i の座標ベクトルおよび質量をそれぞれ表しており，V は質点の配位に応じて決まるポテンシャルエネルギーである．V が与えられたときに各質点の運動の軌跡がどのようになるかを微分方程式を解くことによって調べることが，古典力学の基本的な課題である．

しかしながら，方程式を解かなくてもわかることはある．関数 V において，任意の実数 α に対して次の関係を満たす実数 k が存在するとする．

$$V(\alpha\boldsymbol{r}_1, \alpha\boldsymbol{r}_2, \cdots, \alpha\boldsymbol{r}_N) = \alpha^k V(\boldsymbol{r}_1, \boldsymbol{r}_2, \cdots, \boldsymbol{r}_N) \tag{7.2}$$

これは**同次性**（homogeneity）とよばれる性質である．このとき，運動方程式において変数のおきかえ

$$\boldsymbol{r}_i \to \boldsymbol{r}'_i = \alpha \boldsymbol{r}_i \tag{7.3}$$

を行うと，

$$\alpha m_i \frac{\mathrm{d}^2}{\mathrm{d}t^2}\boldsymbol{r}_i = -\alpha^{k-1}\frac{\partial}{\partial \boldsymbol{r}_i}V(\boldsymbol{r}_1, \boldsymbol{r}_2, \cdots, \boldsymbol{r}_N) \tag{7.4}$$

となる．元の方程式と同じ形にするためには時間変数 t を次のようにおきかえればよい．

$$t \to t' = \alpha^{(2-k)/2} t \tag{7.5}$$

これらのスケール変換の下で運動方程式は不変である．つまり，$\boldsymbol{r}(t) = (\boldsymbol{r}_1(t), \cdots, \boldsymbol{r}_N(t))$ という解があるとき，$\alpha \boldsymbol{r}(\alpha^{-(2-k)/2} t)$ も解である．相似変換 (7.3) を行った系の運動を得るには，時間の尺度を式 (7.5) のように変える必要がある．変換前後の時間の比と空間座標の比に次の関係がある．

$$\frac{t'}{t} = \left(\frac{|\boldsymbol{r}'_i|}{|\boldsymbol{r}_i|}\right)^{(2-k)/2} \tag{7.6}$$

これは式 (7.3)，(7.5) から α を消去することで得られる．

例えば，万有引力の系を考えてみよう．このとき，$k = -1$ である．質点の公転半径を R，周期を T とすると，式 (7.6) より異なる系の (R, T) と (R', T') の間に次の関係が成り立つ．

$$\frac{T'}{T} = \left(\frac{R'}{R}\right)^{3/2} \tag{7.7}$$

これは Kepler の第 3 法則である．(R, T) と (R', T') という二つの変数の組の間の関係として書かれているが，次のように書くこともできる．

$$T = A R^{3/2} \tag{7.8}$$

後者の場合，A という適当な定数が式の中に現れている．この値は系（ポテンシャル）の詳細に依存しており，ここで行った解析からは決定することはできない．実際に運動方程式を解いて求めるよりほかない．しかしながら，往々にしてわれわれの知りたいのはこの定数ではなく，T が R の何乗に比例しているかである．その指数値 3/2 は，べきの指数により決まる同次性以外の詳細にはまったく依存しない．

• 2 成分混合気体の Gibbs 自由エネルギー

次に，粒子数 N の熱力学系における Gibbs の自由エネルギー $G(T,p,N)$ について考察してみよう．この熱力学関数は温度 T と圧力 p と粒子数 N を変数としてもつが，このうち示量性をもつのは N のみである．温度と圧力は示強変数であり，系の大きさによらない．Gibbs の自由エネルギーは示量変数であるから，系の大きさを α 倍したとき

$$G(T,p,\alpha N) = \alpha G(T,p,N) \tag{7.9}$$

の関係が成り立つ．$\alpha N = 1$ となるように α を選ぶと

$$G(T,p,N) = NG(T,p,1) = N\mu(T,p) \tag{7.10}$$

が得られる．つまり，G は N に比例している[*1]．G は示量変数であるので，唯一の示量変数である粒子数に比例する以外の選択肢はない．定義 $\mu = \partial G/\partial N$ より，関数 $\mu(T,p)$ は化学ポテンシャルを表す．

同様の考察を，異なる粒子が 2 種類混合した系について行ってみよう．それぞれの粒子数を N_1，N_2 とする．このとき，Gibbs の自由エネルギーは 1 成分系と同様の考察より，

$$G(T,p,N_1,N_2) = N_1\tilde{\mu}_1 + N_2\tilde{\mu}_2 \tag{7.11}$$

と書ける．G の示量性は N_1 および N_2 が担っている．問題は，そこに現れる二つの関数 $\tilde{\mu}_1$，$\tilde{\mu}_2$ である．それらは，一方の粒子数を 0 にしたときにもう一方の化学ポテンシャルを与える．任意の粒子数ではどうだろうか．

$\tilde{\mu}_1$ と $\tilde{\mu}_2$ は，示強性をもち示強変数のみに依存する．1 成分系の場合，化学ポテンシャルは温度と圧力の関数であり，粒子数の関数にはなりえない．同様のことがいまの場合にもあてはまるように思える．ところが，2 成分の系では事情が異なる．二つの示量変数から一つの示強変数をつくることができるからである．つまり，$\tilde{\mu}_1$，$\tilde{\mu}_2$ は温度と圧力だけでなく粒子数の比 N_1/N_2 の 3 変数関数であり，2 変数関数である μ よりも複雑である．例えば，次のような関数が知られている．

$$\tilde{\mu}_{1,2}\left(T,p,\frac{N_1}{N_2}\right) = \mu_{1,2}(T,p) + T\ln\left(\frac{N_{1,2}}{N_1+N_2}\right) \tag{7.12}$$

[*1] 適当な定数 N_0 を用いて $\alpha N = N_0$ とおいても $G(T,p,N) = N\cdot(1/N_0)G(T,p,N_0)$ となって N に比例しているという結論は変わらない．

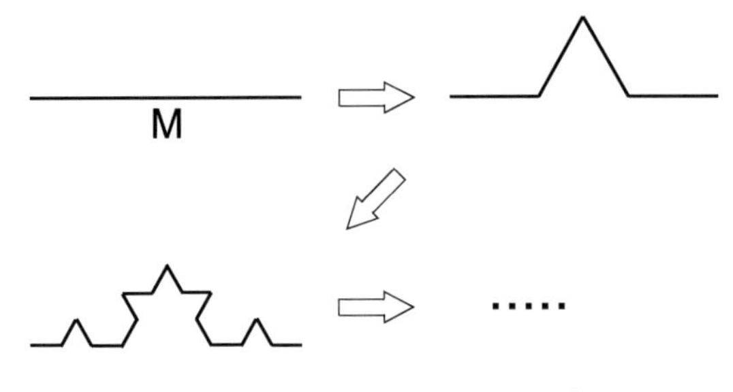

図 **7.1**　von Koch 曲線のつくり方.

右辺第 1 項は 1 成分系のときの化学ポテンシャルである．化学ポテンシャルの定義より，関数 $\tilde{\mu}_{1,2}$ はそれぞれの粒子の化学ポテンシャルとなる．第 2 項は混合により生じたエントロピーの増加分

$$\Delta S = -\left[N_1 \ln\left(\frac{N_1}{N_1+N_2}\right) + N_2 \ln\left(\frac{N_2}{N_1+N_2}\right)\right] \tag{7.13}$$

に起因する．このように，示量変数が一つしかない系ではその熱力学関数は一意的に決まるが，二つ以上のときは決まらない．しかしながら，そのような系でも変数の依存性は比で現れるため，独立変数の数は一つ少なくなる．

• von Koch 曲線

von Koch 曲線は**フラクタル**（fractal）の一つであり，後で議論するように，くりこみ群の方法を用いて解析できる系である[*2]．

von Koch 曲線は次のようにして構成される．まず，長さ M の線分を 3 等分し，真ん中の線分を抜いて同じ長さの 2 本の線分を図 7.1 のように加え，四つの線分からなる曲線をつくる．このときの曲線の長さは $L = 4M/3$ となる．これが 1 ステップを表す．次にまた，4 本ある各線分を 3 等分し真ん中の線分を抜いて同じ長さの 2 本の線分を加える．これを無限にくり返していく．

曲線の長さ L と元の長さ M の関係を調べよう．フラクタル曲線の特徴として，曲線の長さは無限に大きくなっていく．これは，例えば図 7.2 のような直径 M の円に内接する曲線と比較してみると違いが明らかである．この場合，曲線の長さは $\pi M/2$ に近づいていく．つまり，L は M に比例している．これは，他に特徴的な長

[*2] 付録 H.1 節の文献 [21]（372 ページ）を参照.

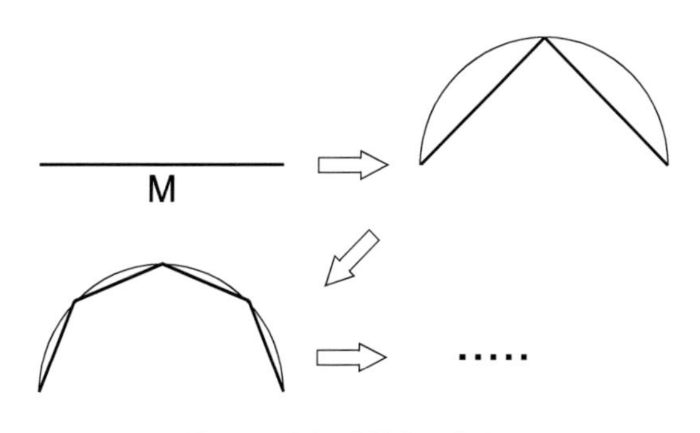

図 **7.2**　円に内接する曲線.

さのスケールが存在しないからという見方もできる．長さの次元をもつ量は M しかなく，L は M に比例するしかない．

図 7.1 や 7.2 で表される各ステップでの単位線分の長さ ℓ を特徴的な長さとすると，**次元解析**（dimensional analysis）から系全体の長さは次のように書けるだろう．

$$L = Mf\left(\frac{\ell}{M}\right) \tag{7.14}$$

f は適当な関数である．線分のおきかえをくり返していくと ℓ は 0 に近づいていく．もしフラクタル曲線のような特殊な例でなければ ℓ は M に比較して非常に小さくなっていくので，全体の長さに影響を与えることはないと期待される．そのとき，$f(0)$ は定数になり，L は M に比例することが結論される．これは円に内接する曲線の例で正しい．フラクタル曲線ではこのことが成り立たない．つまり，$f(0)$ が発散しており，M とまったくかけ離れたスケールが系のふるまいに影響を与える．これは以下で見るように，臨界現象の特徴にもなっている．

von Koch 曲線の場合の関数 f を具体的に求めてみよう．まず，一つの線分の長さ ℓ と線分の数 N の関係を調べる．変換をくり返していくと両者の値は変化するが，その変化率がどのようになるかを知りたい．そこで，次のように**相似次元**（similarity dimension）D を定義する．

$$\frac{N'}{N} = \left(\frac{\ell'}{\ell}\right)^{-D} \tag{7.15}$$

線分の長さが ℓ，ℓ' のときの線分の数をそれぞれ N，N' とした．通常の曲線であれば D は曲線の次元に等しい．1 本の線分を単純に 3 等分していくことを考えると，

k 回目の分割で $N_k = 3^k$，$\ell_k = (1/3)^k M$ であるから，$N_k = M/\ell_k$ となり，$D = 1$ が得られる．同様にして，正方形を 4 分割，16 分割していくことを考えると $D = 2$ となる．

フラクタル曲線の特徴は，相似次元が通常の意味での次元（位相次元）と異なることであり，一般に整数値とは限らない．このような次元は**フラクタル次元**（fractral dimension）とよばれる．von Koch 曲線では k 回目の分割で $N_k = 4^k, \ell_k = (1/3)^k M$ となることより，

$$N_k = \left(\frac{\ell_k}{M}\right)^{-\ln 4/\ln 3} \tag{7.16}$$

である．よって，

$$D = \frac{\ln 4}{\ln 3} \approx 1.26 \tag{7.17}$$

となる．

曲線の長さは $L = N\ell$ で与えられ，

$$L = \ell^{-\zeta} M^{1+\zeta}, \qquad \zeta = D - 1 = \frac{\ln 4}{\ln 3} - 1 \approx 0.26 \tag{7.18}$$

と書ける．これで関数 f が $f(x) = x^{-\zeta}$ と決定された．この結果を見ると，系の長さは M でなく $M^{1+\zeta}$ に比例している．L の次元が 1 から $1 + \zeta$ にずれてしまったように見える．このずれた部分 ζ を**異常次元**（anomalous dimension）という．

異常次元は，その系に特徴的なスケールが複数存在するときに生じる．通常，考えているスケールとかけ離れているスケールは，無視することができる．しかしながら，場合によってはあらゆるスケールが混ざり合い，系の記述に影響を与えることがある．

7.2　スケーリング則

第 4 章において Landau 理論を展開し，臨界指数の普遍性について言及した．さまざまな臨界指数が定義されているが，それらの関係がどのようなものかを考えてみると背後にある法則を探ることができる．臨界指数間の関係式は**スケーリング則**（scaling law）とよばれている．例えば 4.2 節（81 ページ）で扱った例では，γ と ν が直接関係していることが式 (4.47)（84 ページ）からわかる．これを一般化することを考えてみよう．

熱力学を用いると，臨界指数の満たす不等式がいくつか求められる．それらの一つが **Rushbrooke の不等式**（Rushbrooke inequality）である[*3]．次の式で表される．

$$\alpha + 2\beta + \gamma \geq 2: \text{ Rushbrooke} \tag{7.19}$$

ここで，α および γ は転移温度下側で定義された値を用いる．

導出は非常に簡単である．次の熱力学関係式を用いる．

$$C_h - C_M = T\frac{\left(\frac{\partial M}{\partial T}\right)_h^2}{\left(\frac{\partial M}{\partial h}\right)_T} \tag{7.20}$$

C_h，C_M はそれぞれ磁場，磁化一定の過程での熱容量を表す．臨界指数 α が定義されるのは前者の C_h である．熱容量は非負の値であることを用いると，

$$C_h \geq T\frac{\left(\frac{\partial M}{\partial T}\right)_h^2}{\left(\frac{\partial M}{\partial h}\right)_T} \tag{7.21}$$

が成り立つ．右辺の分子は磁化を温度で微分したもの，分母は磁化率であるから，それらは臨界点付近で β，γ を用いてそれぞれ書かれる．$T < T_{\mathrm{c}}$ で

$$A(T_{\mathrm{c}} - T)^{-\alpha} \geq B(T_{\mathrm{c}} - T)^{2(\beta-1)+\gamma} \tag{7.22}$$

となる．A，B は適当な定数である．この式は左辺の特異性が右辺のものより強いことを意味している．よって，不等式 (7.19) が成り立つ．

同様にして他のいくつかの不等式が示されている．結果は次のようにまとめられる[*4]．

$$\beta(1+\delta) \geq 2-\alpha : \text{ Griffiths} \tag{7.23}$$

$$\nu(2-\eta) \geq \gamma : \text{ Fisher} \tag{7.24}$$

$$\nu d \geq 2-\alpha : \text{ Josephson} \tag{7.25}$$

興味深いことに，これらの不等式が等式として成り立つことが不等式の導出以前に実験や厳密計算の結果などから知られていた．熱力学はそれらの等式と矛盾していないことを示したことになるが，それと同時に，熱力学のみでは示すことができない何らかの法則があることを示唆している．

[*3] G. S. Rushbrooke: J. Chem. Phys. **39**, 842 (1963).

[*4] R. B. Griffiths: Phys. Rev. Lett. **14**, 623 (1965); J. Chem. Phys. **43**, 1958 (1965); M. E. Fisher: Phys. Rev. **180**, 594 (1969); B. D. Josephson: Proc. Phys. Soc. **92**, 269 (1967); Proc. Phys. Soc. **92**, 276 (1967).

7.3　スケーリング仮説

平均場理論において，磁化の満たす方程式は臨界点付近で

$$h = 2a(T - T_c)m + 4Bm^3 \tag{7.26}$$

と与えられた（式 (4.3)（74 ページ））．この式は次のように書くことができる．

$$\frac{h}{t^{3/2}} = 2aT_c\frac{m}{t^{1/2}} + 4B\left(\frac{m}{t^{1/2}}\right)^3 \qquad (t > 0) \tag{7.27}$$

$$\frac{h}{(-t)^{3/2}} = -2aT_c\frac{m}{(-t)^{1/2}} + 4B\left[\frac{m}{(-t)^{1/2}}\right]^3 \qquad (t < 0) \tag{7.28}$$

ここで，

$$t = \frac{T - T_c}{T_c} \tag{7.29}$$

と臨界点から測った無次元の温度変数を導入した．磁化は t と h の 2 変数をもつが，ある 1 変数関数 $f_\pm(x)$ を用いて

$$m \sim \begin{cases} t^{1/2} f_+\left(\frac{h}{t^{3/2}}\right) & (t > 0) \\ (-t)^{1/2} f_-\left(\frac{h}{(-t)^{3/2}}\right) & (t < 0) \end{cases} \tag{7.30}$$

と書ける．

得られた式は平均場理論についてのものであるが，これを一般に拡張した

$$m(t,h) \sim \begin{cases} t^{\beta} f_+\left(\frac{h}{t^{\beta\delta}}\right) & (t > 0) \\ (-t)^{\beta} f_-\left(\frac{h}{(-t)^{\beta\delta}}\right) & (t < 0) \end{cases} \tag{7.31}$$

が Widom の**スケーリング仮説**（scaling hypothesis）である[*5]．関数 $f_\pm$ は次の性質を満たすものとする．

$$f_+(0) = 0 \tag{7.32}$$

$$f_-(0) = \text{const.} \tag{7.33}$$

$$f_\pm(x) \sim x^{1/\delta} \qquad (x \gg 1) \tag{7.34}$$

[*5] B. Widom: J. Chem. Phys. **43**, 3898 (1965).

このとき，

$$m(t,0) \sim \begin{cases} 0 & (t > 0) \\ (-t)^{\beta} & (t < 0) \end{cases} \tag{7.35}$$

$$m(0,h) \sim h^{1/\delta} \tag{7.36}$$

が成り立ち，臨界指数の定義を再現する．$f_{\pm}$ のような関数を一般に**スケーリング関数**（scaling function）とよぶ．臨界指数の定義がスケーリング関数の極限でのふるまいを規定している．

ここまでは特に驚くことはない．仮定をしただけで何も示していないからである．スケーリング関数を導入する利点は，臨界指数間の関係を決定できることにある．磁化を磁場で微分したものが磁化率であるから，磁場が 0 の極限で

$$\chi \sim |t|^{\beta(1-\delta)} f'_{\pm}(0) \tag{7.37}$$

と書ける．$f'_{\pm}(0)$ が有限値と仮定すると，臨界指数 γ の定義より次の関係を得る．

$$\gamma = \beta\delta - \beta \tag{7.38}$$

つまり，これらの臨界指数は独立ではない．これは，式 (7.31) のように磁化を 1 変数関数を用いて書けると仮定したことによって得られた結論である．また，臨界点の両側で定義される臨界指数が一致することも同時に示されている[*6]．

さらに議論を進めよう．磁化は自由エネルギーの磁場微分で与えられるので，自由エネルギーは

$$f \sim |t|^{\beta+\beta\delta} \mathcal{F}_{\pm}\left(\frac{h}{|t|^{\beta\delta}}\right) \tag{7.39}$$

と書けるはずである．この場合のスケーリング関数 $\mathcal{F}_{\pm}$ は，$f_{\pm}$ を積分することによって得られる．自由エネルギーの特異部分は $|t|^{2-\alpha}$ であるから，$\mathcal{F}_{\pm}(0)$ が有限値であるとすると

$$\alpha = 2 - \beta - \beta\delta \tag{7.40}$$

が得られる．得られた式を組み合わせると，

$$\alpha + 2\beta + \gamma = 2 \tag{7.41}$$

[*6] ただし，式 (7.31) で $t > 0$ と $t < 0$ の表現にそれぞれ現れる β が同じものであるとした場合である．

となる．つまり，Rushbrooke の関係が不等式ではなく等式として得られる．

相関関数についてもスケーリング仮説を考えることができる．Landau 理論，あるいは臨界指数の定義より，

$$G(\boldsymbol{r},t)=\frac{1}{r^{d-2+\eta}}\mathrm{e}^{-r/\xi},\qquad \xi\sim|t|^{-\nu} \tag{7.42}$$

となることから，一般に

$$G(\boldsymbol{r},t)=\frac{1}{r^{d-2+\eta}}g\left(\frac{r}{|t|^{-\nu}}\right) \tag{7.43}$$

と書けることが示唆される．式 (4.47)，(4.48)（84 ページ）より，

$$\int \mathrm{d}^d\boldsymbol{r}\,G(\boldsymbol{r},t)=\frac{\chi}{\beta}\sim|t|^{-\gamma} \tag{7.44}$$

であるが，左辺について式 (7.43) および変数変換 $x=|t|^{\nu}r$ を用いると

$$\begin{aligned}\int \mathrm{d}^d\boldsymbol{r}\,G(\boldsymbol{r},t)&\sim\int \mathrm{d}r\,r^{d-1}\frac{1}{r^{d-2+\eta}}g\left(\frac{r}{|t|^{-\nu}}\right)\\&\sim|t|^{-\nu(2-\eta)}\int \mathrm{d}x\,x^{1-\eta}g(x)\end{aligned} \tag{7.45}$$

であるので，

$$\nu(2-\eta)=\gamma \tag{7.46}$$

が成り立つ．

得られた臨界指数間の関係式は，Ising 模型や球形模型の例ではたしかに成り立っている．関係式が平均場理論で記述できない系でも満たされるということは，スケーリング仮説が特定の模型の範囲を超えて正しいことを示唆している．

スケーリング仮設の重要な点は，スケーリング関数の存在を主張していることである．スケーリング関数を用いると，例えば磁場を有限にしたまま臨界点に近づく際に生じるクロスオーバーの問題をスケーリング理論の観点から理解することも可能になる．付録 F にて扱う．

7.4　相関長とスケーリング

Patashinskii と Pokrovskii は，Widom とほぼ同時期に同様の議論を行った[*7]．彼らは，スケーリング関数がどのように導入されるかについて一歩踏みこんだ議論を

[*7] A. Z. Patashinskii and V. L. Pokrovskii: Sov. Phys. JETP **23**, 292 (1966). この論文は 1965 年 8 月 2 日，前節で挙げた Widom の論文は 1965 年 7 月に投稿されている．

行っている．

前節でも用いたが，磁化率と相関関数は次の関係をもつ．

$$\chi = \beta \int \mathrm{d}^d \boldsymbol{r}\, G(\boldsymbol{r}, t) \tag{7.47}$$

相関関数は，臨界点付近では式 (7.42) のように書くことができる．つまり，被積分関数は $|\boldsymbol{r}| \leq \xi$ の領域内ではべき的なふるまい $r^{-(d-2+\eta)}$ を示し，領域外では急激に減衰する．よって，磁化率は次のように見積もられる．

$$\chi \sim \xi^d \cdot \xi^{-(d-2+\eta)} = \xi^{2-\eta} \sim |t|^{-\nu(2-\eta)} \tag{7.48}$$

つまり，

$$\gamma = \nu(2-\eta) \tag{7.49}$$

となり，簡単な議論で前節と同じ結果が得られる．前節との違いは，スケーリング関数を仮定する代わりに相関長を用いた議論を行っていることである．

相関長を用いた議論を高次相関関数に対しても適用しよう．自由エネルギーを磁場で展開する．

$$F(h) - F(0) = \sum_{n=1}^{\infty} \frac{h^{2n}}{(2n)!} \Gamma_{2n} \tag{7.50}$$

自由エネルギーは磁場について偶関数とした．ハミルトニアンが $H(h) = H(0) - h\sum_{i=1}^{N} S_i$ である系において，自由エネルギーの磁場依存性は次のように書ける．

$$\exp\left[-\beta(F(h) - F(0))\right] = \left\langle \exp\left(\beta h \sum_{i=1}^{N} S_i\right) \right\rangle \tag{7.51}$$

右辺はハミルトニアンを $H(0)$ としたときのカノニカル平均を表す．右辺（の対数）を h でキュムラント展開することで Γ_{2n} の表現が求められる．例えば，

$$\Gamma_2 \propto \left\langle \left(\sum_i S_i\right)^2 \right\rangle - \left\langle \sum_i S_i \right\rangle^2 = \left\langle \left(\sum_i S_i - \left\langle \sum_i S_i \right\rangle\right)^2 \right\rangle \tag{7.52}$$

$$\Gamma_4 \propto \left\langle \left(\sum_i S_i - \left\langle \sum_i S_i \right\rangle\right)^4 \right\rangle - 3\left\langle \left(\sum_i S_i - \left\langle \sum_i S_i \right\rangle\right)^2 \right\rangle^2 \tag{7.53}$$

である[*8]．これらは連続極限を考えると相関関数の積分で表される．例えば，

$$\Gamma_2 \sim \int \mathrm{d}^d \boldsymbol{r}_1 \mathrm{d}^d \boldsymbol{r}_2\, G_2(\boldsymbol{r}_1, \boldsymbol{r}_2) \tag{7.54}$$

[*8] 付録 A.2 節（326 ページ）を参照．

である．G_2 は 2 点連結相関関数を表す．

問題は Γ_{2n} を相関長のべきで表現することである．連結相関関数の基本的な性質は，任意の 2 点間の距離を離すと減衰することである．これは 2.4 節（34 ページ）で議論したクラスター性により導かれる性質である．このことを考慮すると，Γ_{2n} はおよそ次のようなふるまいをすると考えられる．

$$\Gamma_{2n} \sim M^{2n} \frac{V}{\xi^d} \tag{7.55}$$

ξ の大きさの領域での相関の程度を M で表し，領域の数が V/ξ^d 程度あると解釈できる式である．M の大きさを決めるために $n=1$ のときを考える．Γ_2 は磁化率に体積を掛けたもので与えられる．磁化率は式 (7.48) のようにふるまうから，

$$V\xi^{2-\eta} \sim M^2 \frac{V}{\xi^d} \tag{7.56}$$

より

$$M^2 \sim \xi^{d+2-\eta} \tag{7.57}$$

となる．これを式 (7.55) に代入すると Γ_{2n} のふるまいを

$$\Gamma_{2n} \sim V\xi^{(d+2-\eta)n-d} \sim V|t|^{\nu d}\left(|t|^{-\nu(d+2-\eta)}\right)^n \tag{7.58}$$

と見積もることができる．よって，自由エネルギーの磁場依存性は

$$F(h) - F(0) \sim \sum_{n=1}^{\infty} \frac{h^{2n}}{(2n)!} c_n V|t|^{\nu d}\left(|t|^{-\nu(d+2-\eta)}\right)^n \tag{7.59}$$

という形に書ける．係数 c_n がどのような値かはわからないので和を計算することは困難であるが，次の形に書けることはいえる．

$$F(h) - F(0) \sim V|t|^{\nu d}\mathcal{F}\left(h^2|t|^{-\nu(d+2-\eta)}\right) \tag{7.60}$$

$\mathcal{F}$ は適当な関数である．これはまさにスケーリング関数を表している．

臨界点 $t \to 0$ を考える．自由エネルギーは臨界点でも発散しないことから，スケーリング関数 $\mathcal{F}(x)$ の $x \to 0$ でのふるまいが決まる．

$$F(h) - F(0) \sim V|t|^{\nu d}\left(h^2|t|^{-\nu(d+2-\eta)}\right)^{\frac{\nu d}{\nu(d+2-\eta)}} \sim h^{\frac{2d}{d+2-\eta}} \tag{7.61}$$

答が t を含まないようにべき指数を決めている．これより，臨界点直上 $t=0$ での磁化の磁場依存性は

$$m \sim h^{\frac{2d}{d+2-\eta}-1} \tag{7.62}$$

となり，臨界指数の間の関係式

$$\delta = \frac{d+2-\eta}{d-2+\eta} \tag{7.63}$$

が導かれる．

相関長を媒介することによってさまざまな量の関係づけを行うことが Patashinskii と Pokrovskii の理論の特徴である．臨界点付近では相関長が系を特徴づける唯一の長さのスケールと考えられ，そのことを積極的に用いている．

7.5　粗視化の方法

Widom や Patashinskii–Pokrovskii の理論は臨界指数の間の関係式を見事に導いているが，根本的な解決を得ているわけではない．どのようにしてスケーリング関数が導かれるかは不明である．Kadanoff は，**粗視化**（coarse graining）の方法を用いる手法を提案した[*9]．これは次章のくりこみ群の方法につながる考え方となる．

4.3 節（86 ページ）で扱った性質をもつ系を考える．すなわち，秩序変数があまり変動しないスケール ℓ が存在する系である．このスケールは，格子間隔 a のような系の微視的な距離と比較すれば十分大きい．また，臨界点付近では，系の相関長 ξ は十分大きく，$a \ll \ell \ll \xi$ という関係が成り立つ．

この系の Ginzburg–Landau 理論では，スケール ℓ を単位として系の長さが測られている．この長さはだいたいの値であり，相関長が十分大きければ少しくらい変化させてもさしつかえないだろう．そこで，$b>1$ として，系の長さの単位を $b\ell$ に変えてみよう．このとき，長さのスケールは x から x/b に変化する．相関長も $\xi \to \xi/b$ と小さくなる．$b>1$ であるからスケールを変えることは系を粗く見るということになっており，粗視化とよばれる．

さて，このとき自由エネルギー密度 f は，$t=(T-T_c)/T_c$ と h の関数としてどのように変換されるだろうか．t と h がどのようにスケールされるかは自明ではないので，$t \to b^{x_t}t$，$h \to b^{x_h}h$ であると仮定する．この x_t，x_h をそれぞれの変数に対する

[*9] L. P. Kadanoff: Physics **2**, 263 (1966).

スケーリング次元（scaling dimension）という．変換が b のべきで書かれることは，$b=b_1b_2$ のスケール変換と b_1 と b_2 の変換を 2 回続けて行ったものが等しいはずであることから導かれる[*10]．分配関数はどのようなスケールで見るかにはよらない量であるはずであるから，βF もスケール変換で変わらない．体積のスケールは変わるから，自由エネルギーを体積で割った自由エネルギー密度は変化を受けるはずである．体積が $V \to V/b^d$ と変換されることを考えると，$\beta F = V\beta f = (b^d V)b^{-d}\beta f$ であるから $f \to b^d f$ となる[*11]．つまり，f のスケーリング次元は d である．よって，次の関係が成り立たなければならない．

$$f(b^{x_t}t, b^{x_h}h) = b^d f(t,h) \tag{7.64}$$

この自由エネルギーの等式を用いると，非自明な関係式が導かれる．スケール変換の b は任意性があった．そこで，この b を $b^{x_t}t$ が定数 t_0 となるように調節しよう[*12]．このとき，

$$f(t,h) = \left(\frac{t}{t_0}\right)^{d/x_t} f\left(t_0, \left(\tfrac{t_0}{t}\right)^{x_h/x_t} h\right) \tag{7.65}$$

と書ける．つまり，

$$f(t,h) = t^{d/x_t}\mathcal{F}\left(\tfrac{h}{t^{x_h/x_t}}\right) \tag{7.66}$$

という前節で得たスケーリング仮説の式 (7.39) と同じ関係を得る．よって，同様の議論より臨界指数

$$\alpha = 2 - \frac{d}{x_t} \tag{7.67}$$

が得られる．磁化は

$$m(t,h) = t^{(d-x_h)/x_t}\mathcal{F}'\left(\tfrac{h}{t^{x_h/x_t}}\right) \tag{7.68}$$

であるから，次の臨界指数も得られる．

$$\beta = \frac{d-x_h}{x_t} \tag{7.69}$$

$$\delta = \frac{x_h}{d-x_h} \tag{7.70}$$

[*10] 詳しくは，8.2.2 項（158 ページ）の議論を参照．

[*11] β を落として考えている．$\beta = \frac{1}{1+t}\beta_c \sim (1-t)\beta_c$ であるから β の変化分は高次補正となる．

[*12] これは式 (7.10) で行った操作と同じである．$|t_0| > |t|$ のとき，$x_t > 0$ でなければならない．次章の議論を参照．

さらにもう 1 回微分すると磁化率

$$\chi(t,h) = t^{(d-2x_h)/x_t}\mathcal{F}''\left(\frac{h}{t^{x_h/x_t}}\right) \tag{7.71}$$

が得られ,

$$\gamma = \frac{2x_h - d}{x_t} \tag{7.72}$$

を得る.

相関関数についても同様に考えることができる.まず秩序変数のスケーリング次元を求めよう.

$$m(t,h) = b^{-x_m}m(b^{x_t}t, b^{x_h}h) \tag{7.73}$$

によってスケーリング次元 x_m が定義されるが,磁場を 0 とし,$b^{x_t}t = 1$ となるように b を選ぶと

$$m(t) \sim t^{x_m/x_t} \tag{7.74}$$

となる.式 (7.68) と比較すると,

$$x_m = d - x_h \tag{7.75}$$

であることがわかる.対応して,相関関数は

$$G(\boldsymbol{r},t) = b^{-2x_m}G\left(\tfrac{\boldsymbol{r}}{b}, b^{x_t}t\right) \tag{7.76}$$

と書けるが,$b^{x_t}t = 1$ とすると

$$G(\boldsymbol{r},t) = t^{2x_m/x_t}\mathcal{G}(t^{1/x_t}\boldsymbol{r}) = t^{2(d-x_h)/x_t}\mathcal{G}(t^{1/x_t}\boldsymbol{r}) \tag{7.77}$$

である.式 (7.43) と比較して,次の関係が得られる.

$$\eta = d + 2 - 2x_h \tag{7.78}$$

$$\nu = \frac{1}{x_t} \tag{7.79}$$

このようにして,スケール変換を行っても理論が変わらないという要請をすると,Widom のスケーリング仮説が成り立つことが示され,臨界指数が二つのスケーリング次元 x_t, x_h を用いて書ける.後者は臨界指数が互いに独立でないことを示しており,Rushbrooke の不等式等を等式として満たしていることが容易に確かめられる.

表 7.1　(左) スケーリング次元と臨界指数の関係．(右) スケーリング次元を消去して得られるスケーリング則．熱力学的には式の $=$ を $\geq$ に変えたものとして導出されている．

$\alpha = 2 - \dfrac{d}{x_t}$	Rushbrooke:	$\alpha + 2\beta + \gamma = 2$
$\beta = \dfrac{d - x_h}{x_t}$	Griffiths:	$\beta(1+\delta) = 2 - \alpha$
$\gamma = \dfrac{2x_h - d}{x_t}$	Fisher:	$\nu(2-\eta) = \gamma$
$\delta = \dfrac{x_h}{d - x_h}$	Josephson:	$\nu d = 2 - \alpha$
$\nu = \dfrac{1}{x_t}$		
$\eta = d + 2 - 2x_h$		

結果を表 7.1 にまとめる．スケーリング次元を二つ用いて六つの臨界指数を表現できるので，独立な指数の数は 2 である．相関関数に関わる臨界指数 ν と η についての関係式は空間次元 d に依存している．上部臨界次元以上の次元においては，実際の次元 d の代わりに上部臨界次元の値を用いなければならない[*13]．ν と η についての関係式を**ハイパースケーリング** (hyperscaling) とよんで α，β，γ，δ についての関係式と区別することがある．

Kadanoff のスケーリング理論では，適当な長さのスケール ℓ が存在することを前提としていた．このようなセル解析を一般に用いることができるかどうかは自明ではない．また，この理論では二つのスケーリング次元を用いているが，これらの値を求めることはできない．

系のスケールを変化させたとき，各変数がどのように変化するかを見ることは 7.1 節で挙げた Gibbs の自由エネルギーの解析に似ている．そこでの議論は変数の示量性，示強性に基づく一般的なものであったが，ここで行った解析は臨界点付近のみで成り立つ．また，変数の次元やその示量性，示強性といった性質からではスケーリング次元を定められないことは，他のスケールの影響，つまり異常次元が存在しうることから明らかであろう．

スケーリング理論で未解決の問題は，次章で議論するくりこみ群の方法を用いて解決される．そこでわかるのが，スケーリング理論がくりこみ群の考え方の本質をついていたということである．

[*13] そのようなおきかえが必要なことを前章の球形模型の例で見た．

8 くりこみ群

本章ではいよいよ相転移・臨界現象の核心に迫っていく．くりこみ群の一般的な枠組を導入し，スケーリング理論がくりこみ群の方法からどのように理解されるかを議論する．Wilson によるくりこみ群の理論は，これまでの問題点を解決するばかりか普遍性をとらえる斬新な描像を与えてくれる．

まず，話をわかりやすくするために，1 次元 Ising 模型を用いてくりこみ群の具体的な解析を行う．それから，その結果や問題点をふまえてくりこみ群の一般論を展開する．

8.1 1 次元 Ising 模型

本節では，1 次元 Ising 模型の解析を具体的に行う．これによりくりこみ群の基本的な考え方を提示し，次節以降で一般論を展開する際に理解が容易になるように配慮する．1 次元 Ising 模型は 6.1 節（113 ページ）で厳密に解かれており，秩序相が絶対零度のみで存在することを念頭に置いて計算を進める．

8.1.1 粗視化

前章の最後に議論した Kadanoff のスケーリング理論，セル解析の考え方を援用して，粗視化を行う．セル解析では，系に特徴的な長さ ℓ が存在することや，相関長が ℓ と比べて十分大きいなどの仮定が存在していたが，ここではそのような制約を気にしないで計算を行ってみる．

各格子点に置かれたスピンの系を粗視化するということは，となり合ったいくつかのスピンをまとめて一つに見ることを意味する．考えられる中で最も単純であろう粗視化として，一つおきのスピンについて和をとることにする．1 次元 Ising 模型は単純なので，具体的な計算が可能となる．分配関数において部分和をとると，残りのスピン変数を用いて書かれた分配関数の表現が得られる．部分和をとったときにどのような変化が生じるかを調べることで，くりこみ群の意味を明らかにしていく．

1 次元 Ising 模型 (6.1)（113 ページ）の分配関数は，$K=\beta J$，$H=\beta h$ として

$$Z=\sum_{S_1,S_2,\cdots,S_N}\exp\left(K\sum_{i=1}^{N}S_iS_{i+1}+H\sum_{i=1}^{N}S_i\right) \tag{8.1}$$

と書ける．スピン数 N は偶数とし，周期的境界条件 $S_{N+1}=S_1$ を課す．偶数番目のスピンについて和をとることを考えよう．例えば，スピン S_2 に関する部分を抜き出すと

$$\sum_{S_2=\pm1}\exp\left(KS_1S_2+HS_2+KS_2S_3\right)=\mathrm{e}^{KS_1+H+KS_3}+\mathrm{e}^{-KS_1-H-KS_3} \tag{8.2}$$

となる．右辺はスピン変数 S_1 と S_3 を含む関数であるが，スピン変数は 2 乗すれば 1 になるので，定数および S_1，S_3，S_1S_3 の線形結合で表すことができる．指数関数の形に書くこともできる．すなわち，上式は

$$\exp\left(A'+\frac{\delta H}{2}S_1+K'S_1S_3+\frac{\delta H}{2}S_3\right) \tag{8.3}$$

と書ける．このハミルトニアンは元のものと似た形をしている．S_2 を消去することによって，もともと存在していなかった S_1 と S_3 の交換相互作用項が生じている．他の偶数番目のスピンについても同様に計算できる．以上より，1 次元 Ising 模型において部分和をとることで

$$Z(K,H,N)=\mathrm{e}^{NA'/2}Z(K',H',N/2) \tag{8.4}$$

の関係が得られる．$H'=H+\delta H$ である．

新しい相互作用 K' と磁場 H' の表現を具体的に求めよう．式 (8.2) と (8.3) を等置すればよいが，6.1 節（113 ページ）で用いた転送行列 $\hat{T}$ の 2 乗を計算することでも得られる．すなわち，

$$\begin{aligned}\hat{T}^2&=\begin{pmatrix}\mathrm{e}^{K+H} & \mathrm{e}^{-K}\\ \mathrm{e}^{-K} & \mathrm{e}^{K-H}\end{pmatrix}^2=\begin{pmatrix}\mathrm{e}^{2K+2H}+\mathrm{e}^{-2K} & \mathrm{e}^{H}+\mathrm{e}^{-H}\\ \mathrm{e}^{H}+\mathrm{e}^{-H} & \mathrm{e}^{2K-2H}+\mathrm{e}^{-2K}\end{pmatrix}\\ &=\mathrm{e}^{A'}\begin{pmatrix}\mathrm{e}^{K'+H'} & \mathrm{e}^{-K'}\\ \mathrm{e}^{-K'} & \mathrm{e}^{K'-H'}\end{pmatrix}\end{aligned} \tag{8.5}$$

より,

$$
\mathrm{e}^{4K'} = \frac{\cosh(2K+H)\cosh(2K-H)}{\cosh^2 H} \tag{8.6}
$$

$$
\mathrm{e}^{2H'} = \mathrm{e}^{2H}\frac{\cosh(2K+H)}{\cosh(2K-H)} \tag{8.7}
$$

$$
\mathrm{e}^{4A'} = 16\cosh(2K+H)\cosh(2K-H)\cosh^2 H \tag{8.8}
$$

となる.

いくつかの特別な場合に K' と H' の具体的なふるまいを調べてみる. A' は自由エネルギーに寄与する量であるが, ここでは考えない.

- $H = 0$

$$
\mathrm{e}^{2K'} = \cosh(2K), \qquad H' = 0 \tag{8.9}
$$

  K の値は正のとき減少するが, $K = 0$ のときは K' も 0 のままで変化しない. 磁場は 0 から変化しない.

- $K = 0$

$$
K' = 0, \qquad H' = H \tag{8.10}
$$

  $K = 0$ は相互作用がないことを意味するので, 部分和による影響はなく K も H も変化しない.

- $K \to \infty$

$$
\mathrm{e}^{4K'} \sim \frac{\mathrm{e}^{4K}}{4\cosh^2 H}, \qquad H' \sim 2H \tag{8.11}
$$

  K' は無限大のままで, H' は増加する. ただし, $H = 0$ のときは $H' = 0$ で変わらない.

- $H \to \infty$

$$
\mathrm{e}^{4K'} \to 1, \qquad H' \sim H \tag{8.12}
$$

  K は急速に 0 に近づき, 磁場は変化しない.

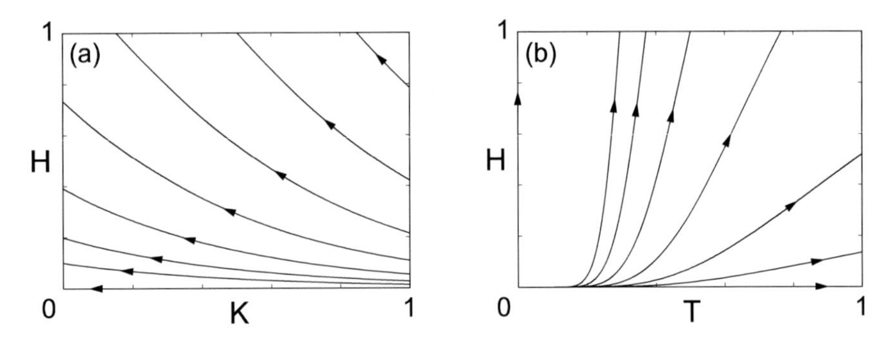

図 **8.1**　1 次元 Ising 模型における粗視化による結合定数の変化. (a) K–H 平面. (b) T–H 平面 ($T = 1/K$).

このようなふるまいをふまえて，任意の K と H の変化についてまとめたのが図 8.1 である．図中の任意の点は粗視化によって点上にある線に沿って矢印の方向に動く．粗視化を何度もくり返すと，一つの曲線が形成される．それぞれの曲線は次の式で与えられる．

$$e^{2K} \sinh H = \text{const.} \tag{8.13}$$

これは式 (8.6)，(8.7) より得られる関係である．

全体的に K が小さく，H が大きくなる流れが見られる．$K = \beta J$ が小さくなることは，J を基準にして測った温度が大きくなることを意味する．つまり，粗視化を行うとスピンはばらばらな状態になっていき，無限回行うと温度無限大の完全に無秩序な状態に行き着く．系が無秩序相にあるときおおざっぱに見ることをくり返すと完全に無秩序な状態に近づくのはもっともな結果である．磁場が少しでもあれば，磁場が無限に強い状態に向かい，すべてのスピンは磁場方向にそろう．このように，粗視化は考えている系の特徴を増幅させる傾向がある．それによって系がどの相に属しているかがわかる．

一方，$K = \infty$，$H = 0$ の点では，粗視化を行っても元の状態にとどまる．粗視化を行っても状態が変わらないということは，フラクタル曲線の例のように，どのようなスケールで見ても系は同じに見えるということである．粗視化はこの点が特別な状態にあることを浮き彫りにしてくれる．

8.1.2　スケーリング

粗視化の方法が果たす役割はまだある．前章のスケーリング解析は，相関長が十分大きい領域，つまり臨界点付近でのふるまいを調べるものであった．そこで，$K=\infty$，$H=0$ 付近のふるまいを詳しく調べよう．この点付近で粗視化を行うと，流れは点から急速に遠ざかっていく．その離れ方の度合からスケーリング次元が求められる．式 (8.11) は，$K=\infty$，$H=0$ に十分近いとき

$$\mathrm{e}^{4K'} \sim \frac{1}{4}\mathrm{e}^{4K} \tag{8.14}$$

$$H' \sim 2H \tag{8.15}$$

と書ける．7.5 節（147 ページ）で議論したスケーリング理論にあてはめて考えると，系のスケール変化は $x \to x/2$ であるから $b=2$ である．このとき，磁場のスケーリング次元は，$H' = b^{x_H}H$ の定義より $x_H = 1$ となる．温度については，一般論と異なり $t = (T-T_{\mathrm{c}})/T_{\mathrm{c}}$ を自然な変数とすることができない．第 6.1 節（113 ページ）で議論したように，相関長などの量は e^K のべきで発散するからである．これは 1 次元 Ising 模型の特殊性である．そこで，$t=\mathrm{e}^{-4K}$ を変数として用いることにする．このとき，式 (8.14) より t のスケーリング次元は $x_t = 2$ である．これを表 7.1（150 ページ）の関係式に代入すると，臨界指数は

$$\alpha = \frac{3}{2}, \qquad \beta = 0, \qquad \gamma = \frac{1}{2}, \qquad \delta = \infty, \qquad \nu = \frac{1}{2}, \qquad \eta = 1 \tag{8.16}$$

となる．

これらの結果の妥当性を調べよう．温度の変数を変えたため，比熱の臨界指数については注意が必要である．通常は自由エネルギー $f \sim t^{2-\alpha}$ を温度で 2 回微分することで比熱が求められるが，いまの場合 t は温度に比例していない．そこで，$t^{2-\alpha}$ を t で微分し，さらに t を温度で微分したものを掛けるという操作を 2 回くり返す必要がある．その結果，

$$c \sim t^{2-\alpha} \sim (\mathrm{e}^{-4K})^{1/2} = \mathrm{e}^{-2K} \tag{8.17}$$

が得られる．これは厳密解 (6.13)（115 ページ）の低温極限と一致しているから，$\alpha = 3/2$ であることが確かめられた．磁化に関する臨界指数 β が 0 になるのは，磁化は有限温度では 0 で絶対零度で有限になるという結果と矛盾していない．また，磁化率と相関長の発散に関しても $\chi \sim t^{-1/2}$，$\xi \sim t^{-1/2}$ となり，厳密解のふるまいと一致する．$\delta = \infty$ の結果もわずかな磁場でもスピンが完全にそろい磁化が 1 にな

るという絶対零度の特徴を反映して自然な結果である．絶対零度での相関関数は距離に依存しない定数であり，$-d+2-\eta=0$ という結果と整合している．

以上の解析により，粗視化の方法を用いるとスケーリング理論の帰結を完全に再現できることがわかった．さらに，スケーリング理論では求められなかったスケーリング次元，臨界指数の値を具体的に計算することもできた．

なお，1 次元 Ising 模型は自由エネルギーがすでに式 (6.9)（115 ページ）で求められており，次のように書ける．

$$-\beta f = \ln\left(\cosh H + \sqrt{\sinh^2 H + t}\right) + K \tag{8.18}$$

この式からもスケーリング理論の成立を確かめることができる．$t \ll 1$，$H \ll 1$ のとき，

$$-\beta f \sim t^{1/2}\left[1 + \left(\frac{H}{t^{1/2}}\right)^2\right]^{1/2} \tag{8.19}$$

である．$x_t = 2$，$x_H = 1$ であるから，式 (7.66)（148 ページ）で定義されたスケーリング関数 $\mathcal{F}$ は

$$\mathcal{F}(z) = \sqrt{1+z^2} \tag{8.20}$$

となる[*1]．この解析からわかるように，スケーリング関数を用いた表現は臨界点付近においてのみ成立する．関数をべき展開したり，式 (8.18) 右辺第 2 項のような臨界指数に寄与しない項を無視している．

8.2　くりこみ群の一般論

Wilson は，Kadanoff のスケーリング理論を受けてくりこみ群の方法を提案した[*2]．これによってスケーリング次元を計算する処方箋が与えられ，普遍性について大きく踏みこんだ理解が得られる．

8.2.1　記法

カノニカル分布において，分配関数は βH という演算子を用いて表されており，自由エネルギーは $\ln Z$ から計算される．これらは無次元量である．対応して，前節

[*1] ここの $-\beta f$ が式 (7.66)（148 ページ）の f に対応する．次節を参照．
[*2] K. G. Wilson: Phys. Rev. B **4**, 3174 (1971); Phys. Rev. B **4**, 3184 (1971).

の例では βJ や βh という無次元量を自然な変数として用いていた．基本的に，臨界現象の普遍性は J や h などの具体的な値に左右されない．熱力学関数や臨界点の値ではなく，臨界指数の値で特徴づけられる相転移の性質に注目しているからである．そこで，くりこみ群解析において便利な新しい記法を導入しよう．次章以降でも用いるので，参照できるようにまとめておく．

系のハミルトニアン H に $-\beta$ を含めて次の演算子を定義する．

$$\mathcal{H}(K;S) = -\beta H(J, h, \cdots; S) \tag{8.21}$$

$S = \{S_i\}_{i=1,2,\cdots}$ はスピンのような微視的変数，$K = \{K_\alpha\}_{\alpha=1,\cdots}$ はハミルトニアンに含まれる相互作用 J や磁場 h などの定数に $-\beta$ を掛けたものを表す．例えば，

$$\mathcal{H}(K;S) = K_1 \sum_i S_i + K_2 \sum_{i,j} S_i S_j + K_3 \sum_{i,j,k} S_i S_j S_k + \cdots \tag{8.22}$$

などと書かれる．以下では，H に加えて $\mathcal{H}$ もハミルトニアンとよぶことにする．また，S をスピン変数，K を結合定数とよぶ[*3]．さらにこれを簡略化して，

$$\mathcal{H}(K;S) = \sum_\alpha K_\alpha S_\alpha \tag{8.23}$$

と書く場合がある．S_α は複数のスピン変数を用いて書かれた関数である．上の例では，$\sum_i S_i$ や $\sum_{i,j} S_i S_j$ を表している．同じ記号 S を用いていて紛らわしく見えるが，添字をギリシア文字とすることで区別する．

このとき，分配関数は

$$Z(K) = \mathrm{Tr}_S\, \mathrm{e}^{\mathcal{H}(K;S)} \tag{8.24}$$

と書ける．そして，本来の自由エネルギー密度に $-\beta$ を掛けたものを f と定義し直す．

$$f(K) = \frac{1}{V} \ln Z(K) \tag{8.25}$$

V は系の体積である．格子系を考える場合，V の代わりに粒子数 N を用いる．

[*3] これらはスピン系では無次元量だが，一般にはそうとは限らない．連続場の系では，和は空間座標の積分におきかえられるため，「スピン」変数や結合定数は次元をもつ．

8.2.2　くりこみ群変換

Kadanoff のスケーリング理論や 1 次元 Ising 模型の解析で見てきたように，臨界現象の性質は粗視化の方法を用いてとらえられる．そこで，粗視化の手続きを**くりこみ群変換**（renormalization group transformation）として表現しよう．この変換は二つの操作からなる．自由度の部分的消去と空間のスケール変換である．

● 自由度の部分的消去

考えている系における長さの最小スケールを a としたとき，ba 以下のスケールの自由度を消去する．最小スケールは系の解像度を表したものである．例えば，格子上に定義された模型では，a は格子定数である．スケール変換パラメータ b は $b>1$ をみたし，どれだけの自由度を消去するかを表す無次元量である．前節の 1 次元 Ising 模型では，一つおきにスピン変数の和をとっている．このとき，格子定数は $2a$ になるから $b=2$ である．部分的にスピン和をとる方法を**デシメーション**（decimation）という[*4]．デシメーションを行うと分配関数は次のように書ける．

$$Z = \mathrm{Tr}_S \mathrm{e}^{\mathcal{H}(K;S)} = \mathrm{Tr}_{S_\circ} \mathrm{Tr}_{S_\bullet} \mathrm{e}^{\mathcal{H}(K;S_\circ,S_\bullet)} = \mathrm{Tr}_{S_\circ} \mathrm{e}^{\mathcal{H}'(K';S_\circ)} \tag{8.26}$$

スピン変数 S を $S_\bullet$ と $S_\circ$ に分けて前者について和をとっている．このとき定義されるハミルトニアン $\mathcal{H}'(K';S_\circ)$ は，一般に元のハミルトニアン $\mathcal{H}$ と同じ形ではなく，長さ ba の格子上のスピン変数 $S_\circ$ と結合定数 K' によって表されるハミルトニアンである．元の $\mathcal{H}$ が 2 体相互作用のみを用いて書かれていたとしても，新しい $\mathcal{H}'$ は一般に他の項，例えば 3 体相互作用の項などを含む[*5]．

自由度の消去の仕方は一通りではない．粗視化を行うものであればデシメーション以外のものでもよい．例えば，図 8.2 のような消去の仕方は**ブロックスピン変換**（block-spin transformation）とよばれる．図左のような 2 次元正方格子上のスピンについて，四つのスピン変数を一つの有効スピンにおきかえる．新しいスピン変数は，元の変数の平均等，元のスピンを代表するものとなるように決める[*6]．図の場合，スケール変換パラメータ b は 2 に等しい．他の次元の場合も同様に考えることができる．

一般にブロックスピン変換では，元のスピン変数 S から新しいスピン変数 S' への変換はある関数 $\mathrm{P}(S',S)$ を用いて表される．S が与えられたとき，ある S' に対

[*4] 10 分の 1 をとる，多くを殺す，などの意．
[*5] 1 次元 Ising 模型では定数項以外の新たな項は生じなかった．
[*6] Ising スピンの場合，新しいスピン変数は ±1 をとるように決められる．

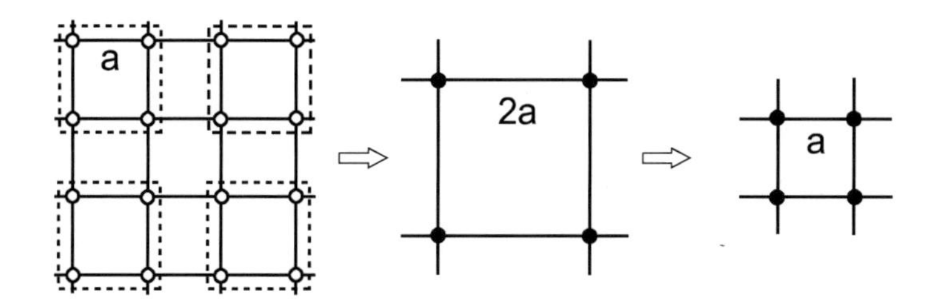

図 **8.2** 2次元正方格子スピン系におけるくりこみ群変換の例．四つのスピンを一つにおきかえる．

して1，その他の S' に対して0となるようなものである．したがって，$\mathrm{P}(S',S)$ は $\mathrm{Tr}_{S'}\mathrm{P}(S',S)=1$ の性質を満たす．これを分配関数の表現に挿入すると，

$$Z=\mathrm{Tr}_S\mathrm{Tr}_{S'}\,\mathrm{P}(S',S)\mathrm{e}^{\mathcal{H}(K;S)}=\mathrm{Tr}_{S'}\,\mathrm{e}^{\mathcal{H}'(K';S')} \tag{8.27}$$

となる．変換後のハミルトニアン $\mathcal{H}'$ は

$$\mathrm{e}^{\mathcal{H}'(K';S')}=\mathrm{Tr}_S\,\mathrm{P}(S',S)\mathrm{e}^{\mathcal{H}(K;S)} \tag{8.28}$$

と定義される．関数 $P(S',S)$ の例は次章で見ることができる．

格子上で定義された模型で用いられる変換の方法を総称して**実空間くりこみ群**（real-space renormalization group）という．直観的にわかりやすい方法であり，数値計算も行いやすい．次章で解析計算の具体例を扱う．

スピン系以外の例として連続場の系を考えよう．Ginzburg–Landau 理論において導入された汎関数を微視的なハミルトニアンとして用いるような場合である．そのような系を記述する「スピン」変数は連続的な空間上で定義された連続場 $\phi(\boldsymbol{r})$ である．このようなとき，実空間くりこみ群を用いることは難しく，Fourier 分解を用いて波数空間でくりこみ群変換を行うことが多い．$\phi(\boldsymbol{r})$ の Fourier 変換は

$$\phi(\boldsymbol{r})=\int_{|\boldsymbol{k}|<\Lambda}\frac{\mathrm{d}^d\boldsymbol{k}}{(2\pi)^d}\,\tilde{\phi}(\boldsymbol{k})\mathrm{e}^{i\boldsymbol{k}\cdot\boldsymbol{r}} \tag{8.29}$$

であるが，波数 $\boldsymbol{k}$ の大きさが大きい成分は短いスケールでのゆらぎを表している．したがって，粗視化はそれらの成分を消去することを意味する．$\boldsymbol{k}$ に関する積分には適当な上限 $|\boldsymbol{k}|=\Lambda$ が存在する．この上限は，格子定数のような最小スケールの

逆数を表している．$\Lambda/b < |\boldsymbol{k}| < \Lambda$ の範囲の $\boldsymbol{k}$ をもつ $\tilde{\phi}(\boldsymbol{k})$ について積分を行う．これは，**運動量空間くりこみ群**（momentum-space renormalization group）とよばれている[*7]．運動量空間くりこみ群の具体例は，第 10，11，12 章で扱われる．

● スケール変換

自由度の部分的消去を行った後，元の系との長さをそろえるスケール変換を行う．消去を行った系では格子定数 a や波数積分の上限 Λ が元の模型からずれたものとなっている．これを元のものと同じになるようにする．つまり，空間座標を $\boldsymbol{r} \to \boldsymbol{r}' = \boldsymbol{r}/b$，波数を $\boldsymbol{k} \to \boldsymbol{k}' = b\boldsymbol{k}$ とする．このとき，長さの尺度は元の系と同じものになる．長さをそろえてから粗視化前の系と比較することで，系の特徴をとらえることができる．

図 8.2 のブロックスピン変換の例では，中央から右へのおきかえがスケール変換を表している．スケール変換を行って初めて元の格子と同じ格子になる．もっとも，格子上に定義されたスピン模型では格子定数 a はハミルトニアンにあらわに現れないので，このような変換を行っても式の変化はない．

運動量空間くりこみ群の場合，自由度の消去で波数積分の上限は Λ/b になる．$\boldsymbol{k} \to \boldsymbol{k}' = b\boldsymbol{k}$ のスケール変換を行うと，上限が Λ に戻り元の模型と同じスケールで定義された模型が得られる．このとき，連続場は式 (C.7)（338 ページ）のようにスケールに依存する変数なので，同時に変換を行って新しい変数を定義する必要がある．どのような変換を行うかは，第 10 章で考察する．

以上のような短いスケールのゆらぎを消去して長さのスケールをそろえるという，いわば対象物をズームアウトして見る操作がくりこみ群変換である．これによって，粗視化された新しい系のハミルトニアンが定義される．変換によって結合定数が変化を受けるが，この変換を

$$K' = \mathcal{R}_b(K) \tag{8.30}$$

と書く．具体的なくりこみ群変換はさまざまなものが考えられるが，いずれの場合も結果は式 (8.30) のように表される．

[*7] 運動量ではなくて波数というべきだが，量子系では波数（の $\hbar$ 倍）は運動量に対応するのでこういうことが多い．また，$\Lambda/b < |\boldsymbol{k}| < \Lambda$ の範囲の積分を行うので，momentum-shell renormalization group ということもある．

この変換がくりこみ「群」変換とよばれる理由は，群のもつべき次の要件を満たすことによる．

$$\text{恒等変換の存在:}\quad K = \mathcal{R}_1(K) \tag{8.31}$$

$$\text{結合律:}\quad \mathcal{R}_{b_2}(\mathcal{R}_{b_1}(K)) = \mathcal{R}_{b_2 b_1}(K) \tag{8.32}$$

ところが，逆変換の存在というもう一つの要件は満たさない．粗視化を行うと元に戻すのは不可能であるからである．逆元が存在しない群を**半群**（semi group）という[*8]．つまり，くりこみ群変換は半群をなす[*9]．

くりこみ群変換によって自由エネルギー密度も変化する．変換を行ったときの自由エネルギー密度は，元の自由エネルギー密度と次の関係がある．

$$f(K) = \frac{1}{V}\ln Z_N(K) = b^{-d}\frac{1}{Vb^{-d}}\ln Z_{Nb^{-d}}(K') = b^{-d}f(K') \tag{8.33}$$

分配関数の値は $Z_N(K) = Z_{Nb^{-d}}(K')$ と変化しないが，その表現は異なる．得られる自由エネルギーの関係 $f(K) = b^{-d}f(K')$ は，スケーリング理論において導かれた関係 (7.64)（148 ページ）を一般化したものとなっている[*10]．

くりこみ群変換は Kadanoff のスケーリング理論において抽象的に考えられていた粗視化を具体的に表現している．異なる点は，臨界点に近い領域に限らず任意のパラメータの領域で変換が行われることと，変換が元にはなかった新しい項をつくり出しうることである．したがって，元の系が 2 体相互作用のみをもつものであったとしても，変換をくり返すと 3 体相互作用，4 体相互作用，$\cdots$ というように次から次へと新しい項が生じうる．スケーリング理論では想定していなかったそのような事態をどのようにとらえるかは，以下で考察する．

くりこみ群変換を行うときに用いるスケール変換パラメータ b は 1 より大きい任意の値であるが，実際には 1 に近い値を用いるのが望ましい．1 回の粗視化のスケールを大きくとりすぎると問題が生じるからである．例えば，以下で行う臨界点まわりの挙動を調べるのに不都合であること，新たな相互作用項が多く生じてしまうこ

[*8] 正確には**モノイド**（monoid）という．単位元をもつ半群をそうよぶ．

[*9] とはいえ，くりこみ群の理論において群としての性質を積極的に利用することはほとんどない．第 1 章で述べたように，くりこみ群という言葉は場の量子論の研究の過程において生じたものである．

[*10] 左辺と右辺の f は同じ関数として扱われる．K の次元（成分数）を無限大としてハミルトニアンを式 (8.22) や式 (8.23) のように定義しておけば，対応する自由エネルギーの関数形は変わらず K が変化しただけと見なせる．例えば，$H = K_1\sum_i S_i + K_2\sum_{ij} S_iS_j$ としたとき，$H = K\sum_i S_i$ から $H' = K'\sum_{ij} S_iS_j$ という変化は結合定数の変化 $(K, 0) \to (0, K')$ と見なせる．

と，計算方法によっては b の値で結果が変わってしまうことなどの問題が考えられる[*11]．実空間くりこみ群は，b を任意の値にとることが難しくやや不便である[*12]．それに対して，連続場の系の運動量空間くりこみ群では，$b = 1 + \epsilon$ のように ϵ を無限小にとった変換を行うことができる．このようにすれば，1 回のくりこみで生じる変化は最小限にとどまる．それによってくりこみ群方程式という方程式を考えることができる．8.2.5 項で議論する．

短いスケールのゆらぎの効果を結合定数の変化にとりこんでいくことがくりこみ群変換の本質である．これによって，平均場理論では扱えなかったゆらぎの効果を記述することができる．1 回のくりこみ群変換は，有限和もしくは有限領域の積分であるから，特異性を伴わない．部分的な和をとることによって結合定数の変化を求める計算は，分配関数を一気に計算するより簡単なことが多く，以下で見るように多くの計算手法が確立している．それでも計算が煩雑になることが多いが，それは技術的な問題であり，粗視化の基本的な考え方は単純である．

8.2.3　くりこみ群の流れと固定点

くりこみ群変換をくり返し行うと，結合定数の値は変化していく．その変化の様子は，結合定数の空間，つまり相図上において見ることができる．1 回のくりこみ群変換を無限小にとどめるように行うと，図の各点でベクトルが定義できて，変化の様子は相図上の流れとして表されるだろう．これを**くりこみ群の流れ**（renormalization group flow）という．

くりこみ群の流れがどのようになるかを考察してみよう．そこで重要な役割を果たすのは，くりこみ群変換のもとでその値を変えない**固定点**（fixed point）である．つまり，固定点 K^* は

$$K^* = \mathcal{R}_b(K^*) \tag{8.34}$$

を満たす点である．相図上の任意の点は，くりこみ群変換を無限回くり返すと，やがてはどこかの固定点に行きつき，そこにとどまる[*13]．元の点によって表される系

[*11] 1 回のくりこみ群変換は b に強く依存するが，そこから計算される臨界指数のような量は b に依存するべきでない．

[*12] 自然数の b で定義されたブロックスピン変換を実数に解析接続するという手法も存在する．次章の例を参照．

[*13] 1 点ではなく**リミットサイクル**（limit cycle）のような閉軌道に収束する場合もありうる．本書では扱わないが，対応すると考えられる現象として **Efimov 効果**（Efimov effect）とよばれるものが知られている．

の性質は，その点が流れこむ固定点によって表される系の性質に準ずるものとなる．解析的なくりこみ群変換によって特異的な相境界を越える流れを得ることはできないからである．例えば，1 次元 Ising 模型において有限温度の任意の点は無限大の温度の固定点に流れこむ．これは有限温度で系は常磁性相にあることを意味している．ある固定点に吸いこまれる相図上の点の集合は，その固定点の**吸引流域**（basin of attraction）とよばれる．

変換を無限回くり返して流れこんでいく固定点における相関長は 0 である．なぜなら，くりこみ群変換を行うと相関長は $\xi \to \xi/b$ のように減少するからである．最初の点において相関長が無限大でない限り，くりこみを無限回続けると相関長は 0 になる．相関長が 0 になる点は文字通り相関がまったくない点であり，多くの場合，温度無限大のような自明な状態を表す．

逆に，流れこみのない固定点はどのようなものだろうか．その固定点から少しでも離れた点から出発すると，固定点に流れこむことはできないから，他の固定点に向かっていく．固定点にとどまるためにはその固定点から出発するしかない．非常に不安定な固定点である．変換による相関長の変化を考えると，このような点での相関長は無限大でなければならない．相関長無限大の点は，われわれの最も興味をひく臨界点を表している．そのような固定点は**臨界固定点**（critical fixed point）とよばれる．臨界固定点ではあらゆるスケールのゆらぎが存在するので，系を粗視化しても元のものと区別がつかない．特徴的な長さのスケールが存在しないことが，くりこみ群変換に対して不変であるために必要な条件である．

1 次元 Ising 模型の例では存在しなかったが，相関長が無限大の臨界固定点に向かう流れを考えることもできる．その場合，固定点に流れこむすべての点で相関長は無限大でなければならない．そのような相図上の点の集合を**臨界面**（critical surface），より一般的には**臨界多様体**（critical manifold）という[*14]．臨界面が存在することは，臨界点と固定点とは別の概念であることを意味している．固定点ではない臨界点でくりこみ群変換を行うと，臨界面に沿って流れが生じ固定点に流れこんでいく．元の臨界点の性質はその固定点の性質によって記述されると考えられる．また，臨界面は相境界であるが，その逆，相境界は臨界面とは限らないことも注意されたい[*15]．

[*14] これまで臨界点は 1 点でのみ生じることとして考えてきたが，一般に多次元の空間では線や面となりうる．次章でその例を見る．

[*15] 例えば，Ising 模型において $T \leq T_c$，$h = 0$ は相境界を表すが，$T < T_c$ で相関長は発散しない．

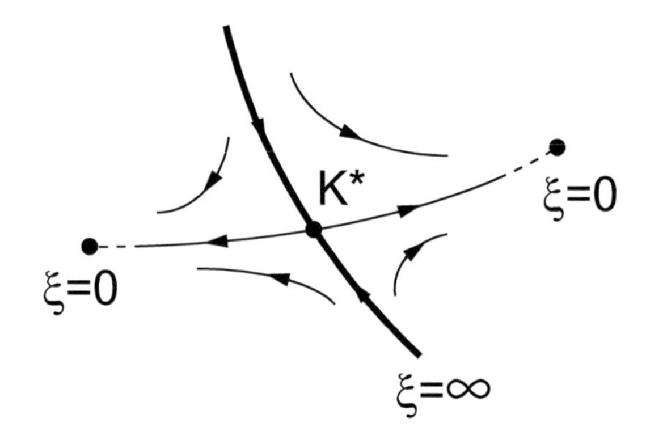

図 8.3　くりこみ群の流れの例．固定点 K^* に流れこむ太線上では相関長が発散しており，臨界面を表す．太線上にない点はすべて $\xi = 0$ の固定点に流れこむ．

くりこみ群の流れの例を図 8.3 に示す．くりこみ群の流れの大域的な様子を見ることで相図を描くことができる．興味のある点から出発してくりこみ群変換をくり返すことで流れこむ固定点を見つけ，その固定点の特徴から元の点の性質が理解される．これがくりこみ群の果たす役割の一つである．

8.2.4　スケーリングと普遍性

系の相図を得ることだけが目的であれば，くりこみ群変換を少しずつ行う必要はない．スケール変換パラメータ b が 1 に近いくりこみ群変換を行う意義は，くりこみ群の流れの局所的なふるまいを見ることで臨界現象の性質を調べることができるという点にある．

固定点 K^* の近くの点

$$K = K^* + \delta K \tag{8.35}$$

でのくりこみ群変換を考えよう．このとき，結合定数は

$$K' = K^* + \delta K' \tag{8.36}$$

と変化する．変換は特異性を伴わない，固定点に十分近い，という 2 点より，固定点からのずれ δK と $\delta K'$ は線形の関係にあることがいえる．

$$\delta K'_\alpha = \sum_\beta (\hat{T}^{(b)})_{\alpha\beta} \delta K_\beta \tag{8.37}$$

よって，この変換の性質は行列 $\hat{T}^{(b)}$ の固有値と固有ベクトルによって決まる．

一般に，変換行列 $\hat{T}^{(b)}$ は対角行列でも対称行列でもないので，左固有ベクトルと右固有ベクトルが異なる．

$$L_\mu^{\mathrm{T}}\hat{T}^{(b)} = L_\mu^{\mathrm{T}}\lambda_\mu^{(b)} \tag{8.38}$$

$$\hat{T}^{(b)}R_\mu = \lambda_\mu^{(b)}R_\mu \tag{8.39}$$

L_μ^{T} は横ベクトル，R_μ は縦ベクトルを表す．両者の固有値方程式において固有値 $\lambda_\mu^{(b)}$ は等しく，$\det(\lambda_\mu^{(b)} - \hat{T}^{(b)}) = 0$ から決まる．これらの固有ベクトルを用いて次の行列 $\hat{L}^{\mathrm{T}}$，$\hat{R}$ を定義する．

$$\hat{L}^{\mathrm{T}} = \begin{pmatrix} L_1^{\mathrm{T}} \\ L_2^{\mathrm{T}} \\ \vdots \end{pmatrix}, \qquad \hat{R} = \begin{pmatrix} R_1 & R_2 & \cdots \end{pmatrix} \tag{8.40}$$

このとき，

$$\hat{L}^{\mathrm{T}}\hat{T}^{(b)}\hat{R} = \begin{pmatrix} L_1^{\mathrm{T}} \\ L_2^{\mathrm{T}} \\ \vdots \end{pmatrix} \begin{pmatrix} \lambda_1^{(b)}R_1 & \lambda_2^{(b)}R_2 & \cdots \end{pmatrix} \tag{8.41}$$

であるが，一方で

$$\hat{L}^{\mathrm{T}}\hat{T}^{(b)}\hat{R} = \begin{pmatrix} \lambda_1^{(b)}L_1^{\mathrm{T}} \\ \lambda_2^{(b)}L_2^{\mathrm{T}} \\ \vdots \end{pmatrix} \begin{pmatrix} R_1 & R_2 & \cdots \end{pmatrix} \tag{8.42}$$

でもあるので，両者を比べると異なる固有値の固有ベクトルは直交することがわかる．規格化条件 $L_\mu^{\mathrm{T}}R_\mu = 1$ をとると

$$\hat{L}^{\mathrm{T}}\hat{R} = 1 \tag{8.43}$$

である[*16]．右辺は単位行列を表す．以上より，変換行列 $\hat{T}^{(b)}$ は次のように書くことができる．

$$\hat{T}^{(b)} = \hat{R}\hat{\Lambda}^{(b)}\hat{L}^{\mathrm{T}}, \qquad \hat{\Lambda}^{(b)} = \mathrm{diag}\begin{pmatrix} \lambda_1^{(b)} & \lambda_2^{(b)} & \cdots \end{pmatrix} \tag{8.44}$$

[*16] 固有値に縮退のあるときは，縮退している空間の固有ベクトルを互いに直交するように決める．

δK を縦ベクトルとしたとき，変換則は $\delta K' = \hat{T}^{(b)}\delta K$ であるが，左から $\hat{L}^{\mathrm{T}}$ を掛けると

$$\hat{L}^{\mathrm{T}}\delta K' = \hat{\Lambda}^{(b)}\hat{L}^{\mathrm{T}}\delta K \tag{8.45}$$

となる．δK，$\delta K'$ を右固有ベクトルの線形結合で表す．

$$\delta K = \sum_{\mu} g_{\mu} R_{\mu} \tag{8.46}$$

$$\delta K' = \sum_{\mu} g'_{\mu} R_{\mu} \tag{8.47}$$

このとき，

$$g'_{\mu} = \lambda_{\mu}^{(b)} g_{\mu} \tag{8.48}$$

が成り立つ．g_{μ} は**スケーリング変数**（scaling variable）とよばれる[*17]．固定点で 0 となる量である．

非対称行列の固有値 $\lambda_{\mu}^{(b)}$ は一般に実数とは限らないが，スケール変換パラメータ b を任意の実数にとることができる場合には，実数 x_{μ} を用いて $\lambda_{\mu}^{(b)} = b^{x_{\mu}}$ と表される[*18]．これは変換行列の次の性質から導かれる．

$$\hat{T}^{(b_2)}\hat{T}^{(b_1)} = \hat{T}^{(b_1 b_2)} \tag{8.49}$$

これはくりこみ群変換の結合律 (8.32) である．$\hat{T}^{(b)}$ について，$b = 1 + \epsilon$，$\epsilon \ll 1$ のとき，変換の生成子 $\hat{X}$ を次のように定義する．

$$\hat{T}^{(1+\epsilon)} = 1 + \epsilon\hat{X} \tag{8.50}$$

式 (8.49) において $b_1 = b$，$b_2 = 1 + \epsilon$ とおくと，$\epsilon \to 0$ の極限で

$$(1 + \epsilon\hat{X})\hat{T}^{(b)} = \hat{T}^{(b+b\epsilon)} \tag{8.51}$$

$$\hat{X}\hat{T}^{(b)} = \frac{\hat{T}^{(b+b\epsilon)} - \hat{T}^{(b)}}{\epsilon} \to b\frac{\mathrm{d}\hat{T}^{(b)}}{\mathrm{d}b} \tag{8.52}$$

となる．この微分方程式を解くと

$$\hat{T}^{(b)} = b^{\hat{X}} \tag{8.53}$$

[*17] 名称について，167 ページの脚注参照．

[*18] 次章で行う実空間くりこみ群では b はとびとびの値しかとらないので，この関係が成り立つ保証はない．

を得る．よって，$\hat{T}^{(b)}$ の固有値は $\hat{X}$ の固有値 x_μ を用いて $\lambda_\mu^{(b)} = b^{x_\mu}$ と書ける．スケーリング変数は次のように変換される．

$$g'_\mu = b^{x_\mu} g_\mu \tag{8.54}$$

つまり，x_μ はスケーリング次元にほかならない．

くりこみ群変換を行うとスケーリング変数 g_μ はつぎつぎと変化していくが，スケーリング次元 x_μ の符号がそのふるまいを決定する．$x_\mu > 0$ のとき，対応するスケーリング変数 g_μ を**有意な変数**（relevant variable），$x_\mu = 0$ のとき**中立変数**（marginal variable），$x_\mu < 0$ のとき**有意でない変数**（irrelevant variable）という[*19]．$b > 1$ であるから，有意な変数の大きさはくりこみ群変換によって大きくなる．つまり，固定点から離れるふるまいを示す．有意でない変数はその逆で小さくなっていく．

固定点付近 $K = K^* + \delta K$ でハミルトニアンは次のように書ける．

$$\mathcal{H} = \sum_\alpha K_\alpha S_\alpha = \sum_\alpha K_\alpha^* S_\alpha + \sum_\alpha \delta K_\alpha S_\alpha \tag{8.55}$$

スケーリング変数を用いると最右辺第 2 項は

$$\sum_\alpha \delta K_\alpha S_\alpha = \sum_\mu g_\mu \phi_\mu \tag{8.56}$$

と書き直すことができる．ここで ϕ_μ は S_α の線形結合

$$\phi_\mu = \sum_\alpha (R_\mu)_\alpha S_\alpha \tag{8.57}$$

であり，**スケーリング演算子**（scaling operator）とよばれる[*20][*21]．g_μ が有意な変数であればその項はくりこみを行うと増大していき，有意でなければ減衰してしまう．有意な変数が固定点付近でのふるまいを決定すると考えられる．

また，固定点付近での自由エネルギーを

$$f(K^* + \delta K) = f(K^*; g) \tag{8.58}$$

[*19] これらの訳語は一般的に定着しているとはいいがたい．

[*20] 演算子という語は場の量子論に由来するものである．場の量子論ではスピン変数 S，ϕ が場の演算子に対応している．

[*21] ここでは付録 H.1 節の文献 [6]（371 ページ）に従って，g_μ をスケーリング変数，ϕ_μ をスケーリング演算子とよぶ．文献によっては g_μ を**スケーリング場**（scaling field）とよぶ場合もあるが，スケーリング演算子と紛らわしいので避けることにする．

と書くと，くりこみ群変換のもとで次のような関係が成り立つ．

$$f(K^*; g_1, g_2, g_3, \cdots) = b^{-d} f(K^*; b^{x_1} g_1, b^{x_2} g_2, b^{x_3} g_3, \cdots) \tag{8.59}$$

g_1，g_2 のみが有意な変数で他は有意でないとすると，g_1，g_2 以外の変数はくりこむごとにどんどん小さくなる．そこで，$g_3 = g_4 = \cdots = 0$ とおくと，自由エネルギーは実質 2 変数関数として扱うことができる．

$$f(K^*; g_1, g_2) = b^{-d} f(K^*; b^{x_1} g_1, b^{x_2} g_2) \tag{8.60}$$

この自由エネルギーの関係は，スケーリング理論において扱われた式 (7.64)（148 ページ）とまったく同じものである．g_1 が温度，g_2 が磁場の結合定数にそれぞれ対応する．一般に，複数の変数は式 (8.37) の行列を対角化するときにまざり合い，元のものとは異なる二つの独立変数を用いて表現される．つまり，基本変数は K でなく g である．その点を修正して前章のスケーリング理論を適用することができる．臨界指数は有意な変数のスケーリング次元を用いて表される．

臨界固定点 K^* 付近でのパラメータの変化の例を図 8.4 に示す．図 8.3 と同様に，結合定数ベクトル K が 2 次元であり，二つのスケーリング変数がそれぞれ有意，非有意の場合である．流れは有意な変数の軸に沿って固定点から離れていく．その流れの度合がスケーリング次元，ひいては臨界指数を決めることになる．太線で示されている臨界面での臨界現象の普遍性はすべて固定点 K^* まわりのふるまいによって決められる．なお，固定点で交わる二つの曲線は一般に直交しない．これはくりこみ群変換により生じる行列 $\hat{T}^{(b)}$ が対称行列でないことによる．

このようにして，スケーリング理論はくりこみ群変換を用いて理解できる．くりこみ群による解析で新たにわかった点は，有意でない変数は無視できるということである[*22]．一般に，系のハミルトニアンはさまざまな項を含む．元の系で含まれていなくても，くりこみ群変換を行うことで新しい項が生じうる．しかしながら，それらの結合定数が考えている固定点のまわりで有意でない変数となっていれば，対応する項は臨界現象において重要な役割を果たさない．これによって，臨界現象の普遍性を理解することができる．いろいろな項が存在しても，数個の有意な変数のみによって臨界現象を記述できる．くりこみ群変換の出発点，つまり元の系の状態

[*22] ただし，有意でない変数を 0 としたときにスケーリング関数 f が発散してしまう場合がある．このようなとき，その変数を有意でないが危険な変数という．7.1 節（135 ページ）で扱った von Koch 曲線の例では，ℓ がそのような変数に対応する．10.2 節（196 ページ）で，別の例を用いてどのように扱えばよいかを議論する．

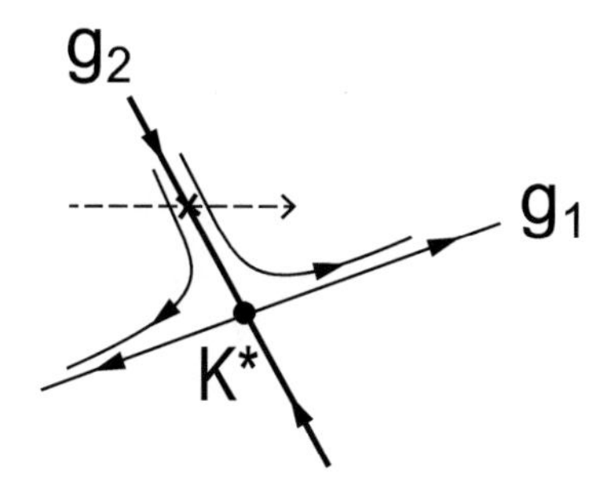

図 **8.4**　くりこみ群の流れと普遍性．スケーリング変数 g_1 が有意，g_2 が有意でない場合．太線が臨界面，● が臨界固定点を表す．破線に沿って動いたとき，相転移は × で生じるが，その点における普遍性は固定点から g_1 軸に沿った流れによって決まる．

を変えても，それらが同じ固定点によって支配されていれば，それらは同じ普遍類に属する．

8.2.5　くりこみ群方程式

スピン系のような格子系では，スケール変換パラメータ b のとりうる値は限定されているが，連続場の系では任意の実数値にすることができる．b を 1 よりわずかに大きな数として無限小のくりこみ群変換を行ったとき，各結合定数がどのように変化するかを微分方程式として表すことができて，それらの方程式を**くりこみ群方程式**（renormalization group equation）とよぶ[*23]．

結合定数 K に依存する物理量 f が次のような関係をもつとする．

$$f(K_1, K_2, \cdots) = Zf(K'_1, K'_2, \cdots) \tag{8.61}$$

両辺に $b\frac{\partial}{\partial b} = \frac{\partial}{\partial \ln b}$ を作用させてから $b = 1$ とおく．左辺は 0 になることおよび $b = 1$ で $Z = 1$ になることに注意すると，

$$\left(b\left.\frac{\partial Z}{\partial b}\right|_{b=1} + \sum_{\alpha} \beta_\alpha \frac{\partial}{\partial K_\alpha} \right) f(K_1, K_2, \cdots) = 0 \tag{8.62}$$

[*23] 場の量子論において **Gell-Mann–Low** 方程式や **Callan–Symanzik** 方程式とよばれているものも，くりこみ群方程式の一種である．

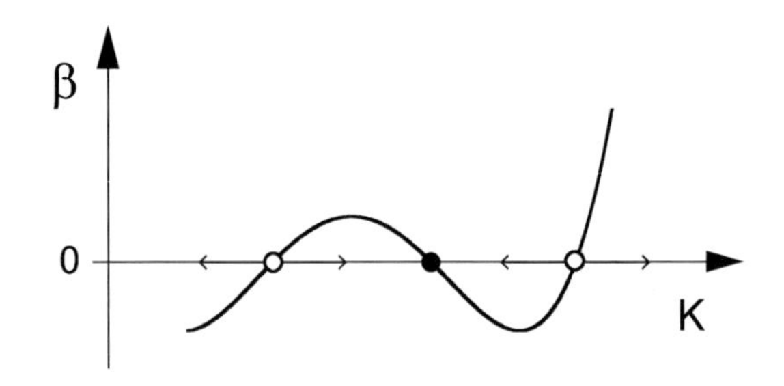

図 **8.5**　ベータ関数の例．● が安定固定点，○ が不安定固定点を表す．

が得られる．ここで，**ベータ関数**（beta function）を次のように定義した[*24]．

$$\beta_\alpha = b\frac{\partial K_\alpha(b)}{\partial b}\bigg|_{b=1} = \frac{\partial K_\alpha(b)}{\partial \ln b}\bigg|_{b=1} \tag{8.63}$$

式 (8.62) がくりこみ群方程式を表す．くりこみ群変換のもとで関数 f がどのように変化するかを表したのがくりこみ群方程式，結合定数がどのように変化するかを表したのがベータ関数である．$b=1$ とおく必要は必ずしもないが，わずかにくりこみ群変換を行った効果を見ることができるし表現も簡単になるのでそうとることが多い．

ベータ関数は結合定数 K の関数である．例えば，結合定数が一つしかない系を考える．$\beta(K)$ が図 8.5 のようなふるまいをするとする．$\beta>0$ の領域では K はくりこみによって増加し，$\beta<0$ の領域では減少する．そのため，$\beta=0$ となる点が重要な役割を果たす．この点のまわりで β が単調増加するとき，$\beta=0$ となる点は不安定な点であり，くりこみによってこの点から離れていく．逆に単調減少のときはゼロ点に吸いこまれていく．これらの結果はくりこみ群の流れに対応している．つまり，ベータ関数がゼロとなる点が固定点を表している．

一般に K から K' への変換則は複雑であるが，固定点 K^* のまわりでは前節で行ったようにずれを線形近似して扱うことができる．式 (8.37) と (8.53) を用いると次のように書ける．

$$\beta_\alpha = \sum_{\alpha'} X_{\alpha\alpha'}\delta K_{\alpha'} \tag{8.64}$$

---

*24 $b \geq 1$ のときに定義される K'_α を $K_\alpha(b)$ と書いている．

$X_{\alpha\alpha'}$ を成分にもつ行列 $\hat{X}$ の対角化を行うと，g_μ に対応するベータ関数 β_μ は $\hat{X}$ の固有値であるスケーリング次元 x_μ を用いて

$$\beta_\mu = x_\mu g_\mu \tag{8.65}$$

と書ける．つまり，ベータ関数の固定点付近での傾きがスケーリング次元を表している．g_μ が有意な変数であれば $x_\mu > 0$ であり，くりこみ群変換によって固定点から離れていく．有意でない変数であれば $x_\mu < 0$ であり，固定点に吸いこまれていく．このように，ベータ関数を求めることがくりこみ群の流れを知ることに対応している．

ベータ関数や Z が得られたとき，くりこみ群方程式を用いるとスケーリング関数が計算される．例えば，

$$\left(-d + x_t t\frac{\mathrm{d}}{\mathrm{d}t}\right) f(t) = 0 \tag{8.66}$$

であるとすると，方程式を解いて

$$f(t) = t^{d/x_t} f(1) \tag{8.67}$$

が得られる．これは次の関係を満たすスケーリング関数に対して成り立つ結果である．

$$f(t) = b^{-d} f(b^{x_t} t) \tag{8.68}$$

このように，くりこみ群方程式を解くことでこれまでの解析と等価な結果を得る．b を連続変数にとれる場合に便利な方法となる．

8.3 まとめ

本章で得られたくりこみ群解析の手順についてまとめておこう．基本的にはこの手順にそって解析が行われるが，実際には系特有の性質や近似の都合などによりうまくいかない場合もある．次章以降では，さまざまな例を用いて具体的な解析を行いながらその物理的意味や対処の仕方を議論していく．

[1] くりこみ群変換

(a) **自由度の部分的消去**: 粗視化を特徴づけるスケール変換パラメータ $b > 1$ を導入して自由度の消去を行う．長さの最小スケール a が ba，波数の最大

スケール Λ が Λ/b になる．実空間くりこみ群，運動量空間くりこみ群などの方法を用いる．

(b) **スケール変換**: スケール変換 $\boldsymbol{r} \to \boldsymbol{r}' = \boldsymbol{r}/b$, $\boldsymbol{k} \to \boldsymbol{k}' = b\boldsymbol{k}$ を行い，スケールを元のものにそろえる．

(c) **結合定数の変化則**: (a)，(b) のくりこみ群変換の結果，分配関数に現れる結合定数 K は

$$K \to K' = \mathcal{R}_b(K) \tag{8.69}$$

と変化する．

[2] くりこみ群の流れと固定点

(a) **相図**: 式 (8.69) を用いてパラメータ空間上におけるくりこみ群の流れを描くことで相図が決まる[*25]．

(b) **固定点**: 固定点を見つける．固定点は次の式を満たす相図上の点である．

$$K^* = \mathcal{R}_b(K^*) \tag{8.70}$$

[3] スケーリング解析

(a) **変換行列**: 各固定点 K^* からわずかに離れた点における流れを調べ，次の関係から変換行列 $\hat{T}^{(b)}$ を決定する．

$$K_\alpha = K_\alpha^* + \delta K_\alpha \to K'_\alpha = K_\alpha^* + \delta K'_\alpha = K_\alpha^* + \sum_\beta (\hat{T}^{(b)})_{\alpha\beta} \delta K_\beta \tag{8.71}$$

(b) **スケーリング変数・次元**: 変換行列 $\hat{T}^{(b)}$ を対角化することにより，スケーリング変数およびスケーリング次元を決定する．変換行列を

$$\hat{T}^{(b)} = b^{\hat{X}} \tag{8.72}$$

とおいたとき，行列 $\hat{X}$ の固有値がスケーリング次元 x_μ を与え，右固有ベクトル R_μ がスケーリング変数 g_μ を $\delta K_\alpha = \sum_\mu g_\mu (R_\mu)_\alpha$ の関係から決める．スケーリング次元 x_μ が正のとき対応するスケーリング変数 g_μ は有意，負のとき非有意となる．

b を任意の実数にとることができる場合，ベータ関数を調べることによってスケーリング変数・次元を決定することもできる．

[*25] 結合定数の変化則から流れの大域的なふるまいを読みとることが難しい場合がある．そのような場合は，以下のステップに従って固定点を決めてそのまわりでの局所的な流れを詳しく調べることで，大域的な流れの様子を予想できる．次章以降の解析で見るように，実際にはそのようにして流れ図を得ることが多い．

(c) **臨界指数**: 固定点近傍における物理量は

$$f(K^*; g_1, g_2, g_3, \cdots) = b^{-x_f} f(K^*; b^{x_1} g_1, b^{x_2} g_2, b^{x_3} g_3, \cdots) \quad (8.73)$$

などと書ける．スケーリング理論を用いて，物理量の臨界指数を有意な変数のスケーリング次元と関係づける．最も基本的な場合の解析は第 7 章で行っている．

9　実空間くりこみ群

前章の一般論を具体的な系に応用してみよう．多くの系ではくりこみ群変換を厳密に実行するのは困難である．変換を行うこと自体が自明でない場合もあるし，変換を実行するとさまざまな項が生じ，計算が非常に煩雑になることもある．そこで，くりこみ群変換を近似的に実行するさまざまな手法が考えられてきた．本章以降の章では，具体的な系を扱いながらそのような近似法についても議論していく．

本章では，格子上に定義されたスピン系の実空間くりこみ群を扱う．実空間くりこみ群はスピン系において有用な方法であり，数値計算との相性もよいのでよく用いられる．しかしながら，そこで用いられる近似は系統的なものではなく，得られた結果がどれだけ信頼できるものか判断しにくいという問題もある．

9.1　1 次元 Ising 模型

まず，1 次元 Ising 模型を扱う．この模型はすでに 8.1 節（151 ページ）でくりこみ群の考え方を具体化するために解析を行っている．ここではその補足的な計算を行う．

ベータ関数

8.1 節の計算を一般化して，任意のスケール変換パラメータ b を用いて計算を行う．式 (6.4)（114 ページ）の転送行列を用いると，分配関数は

$$Z = \mathrm{Tr}\,\hat{T}^N = \mathrm{Tr}\,(\hat{T}^b)^{N/b} = \mathrm{Tr}\,\hat{T}'^{N'} \tag{9.1}$$

と書くことができる．$N' = N/b$ であり，部分和をとることによって得られる転送行列は

$$\hat{T}' = \mathrm{e}^{A'} \begin{pmatrix} \mathrm{e}^{K'+H'} & \mathrm{e}^{-K'} \\ \mathrm{e}^{-K'} & \mathrm{e}^{K'-H'} \end{pmatrix} = \mathrm{e}^{bA} \begin{pmatrix} \mathrm{e}^{K+H} & \mathrm{e}^{-K} \\ \mathrm{e}^{-K} & \mathrm{e}^{K-H} \end{pmatrix}^b \tag{9.2}$$

と書ける．これは，式 (8.5)（152 ページ）の一般化である．

簡単のため $H = 0$ とする．このとき，上の式から K と K' の関係を求めると

$$\tanh K' = (\tanh K)^b \tag{9.3}$$

である．磁場は 0 のままなので $H' = 0$ である．この式は，$N' = N/b$ が自然数となるような自然数 b について成り立つが，N は最終的には無限大とする量であり，b を任意の実数としても不都合はない．解析接続を行うと，ベータ関数を計算することができる．式 (9.3) の K' を b で微分すると

$$\frac{1}{\cosh^2 K'} \frac{\partial K'}{\partial b} = (\tanh K)^b \ln \tanh K \tag{9.4}$$

が得られる．これより，K についてのベータ関数は

$$\beta_K = b \left. \frac{\partial K}{\partial b} \right|_{b=1} = \frac{\tanh K \ln \tanh K}{1 - \tanh^2 K} \tag{9.5}$$

と計算される．この系の自然な変数は $t = \mathrm{e}^{-4K}$ であるので，t についてのベータ関数

$$\beta_t = b \left. \frac{\partial t}{\partial b} \right|_{b=1} = -4t\beta_K \tag{9.6}$$

を考えるとよい．β_t がゼロとなる固定点は $t = 0$ と $t = 1$ で与えられる．前者は $T = 0$，後者は $T = \infty$ に対応しているから，もっともな結果である．ベータ関数のふるまいは図 9.1 のようになる．$t = 0$ の不安定固定点のまわりでベータ関数を展開すると，式 (9.5) が極限 $K \to \infty$ で $-1/2$ となるので，

$$\beta_t \sim 2t \tag{9.7}$$

を得る．つまり，$t = 0$ の固定点についてスケーリング次元は $x_t = 2$ である．前章の結果と一致している．

相関関数

次に，相関関数

$$G(r = 2^n, K, N) = \langle S_0 S_r \rangle \tag{9.8}$$

のふるまいをくりこみ群を用いて解析する．磁場は 0 とする．n は自然数を表す．$r = 2^n$ とするのはくりこみ群変換をわかりやすくするためである．

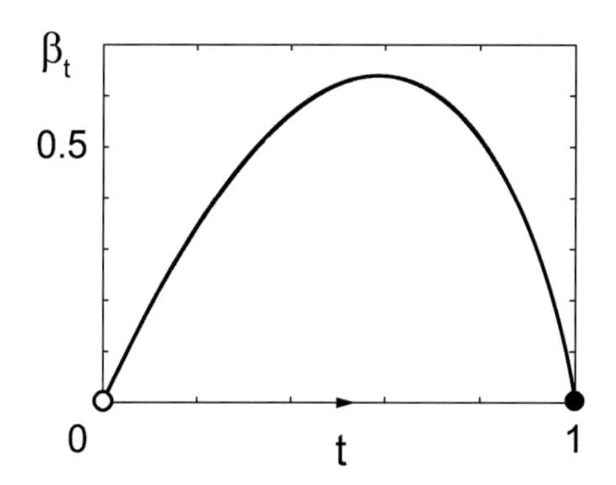

図 **9.1**　1 次元 Ising 模型のベータ関数．矢印はくりこみ群の流れの向きを表す．

$b = 2$ のくりこみ群変換を n 回行うと，

$$G(r = 2^n, K, N) = G\left(1, K^{(n)}, \frac{N}{2^n}\right) \tag{9.9}$$

と書くことができる．$K^{(n)}$ は n 回変換を行った結合定数を表す．距離 2^n だけ離れていたスピンが，粗視化によって最近接の位置に近づいている．K が有限で n が十分大きな数とすると，$K^{(n)}$ は非常に小さい．このとき，相関関数を $K^{(n)}$ のべき展開（高温展開）を用いて計算することができる．

$$G\left(1, K^{(n)}, \frac{N}{2^n}\right) = \frac{\mathrm{Tr}\, S_0 S_1 \left(1 + K^{(n)} \sum_i S_i S_{i+1} + \cdots\right)}{\mathrm{Tr}\, \left(1 + K^{(n)} \sum_i S_i S_{i+1} + \cdots\right)} \sim K^{(n)} \tag{9.10}$$

また，結合定数 $K^{(n)}$ のくりこみは，式 (8.9)（153 ページ）から

$$K^{(n)} = \frac{1}{2} \ln \cosh(2K^{(n-1)}) \sim (K^{(n-1)})^2 \tag{9.11}$$

となる．最後の近似では $K^{(n-1)} \ll 1$ を用いている．十分な回数くりこみ群変換を行った領域では，K は 1 回くりこみ群変換を行う度に 2 乗されていく．

これらの結果を用いると，次の関係が成り立つ．

$$\frac{\ln G(r, K, N)}{\ln G\,(r/2, K, N/2)} \sim \frac{\ln K^{(n)}}{\ln K^{(n-1)}} = 2 \tag{9.12}$$

この式は，N が無限大の極限で距離 r が 2 倍違う相関関数の関係を表している．このような関係を満たす関数は次のものである．

$$G(r, K, N) \sim \mathrm{e}^{-r/\xi} \tag{9.13}$$

K はくりこみ群変換前の結合定数であるので，任意の値をとる．比例係数を表す相関長 ξ はこの時点では未定である．ξ の温度依存性を決定するために，次の関係を利用する．

$$G(2^n, K, N) = G\left(\frac{2^n}{2}, K', \frac{N}{2}\right) \tag{9.14}$$

K' は変換を 1 回行ったときの結合定数を表す．式 (9.13) を用いると，

$$\frac{2^n}{\xi(t)} = \frac{2^{n-1}}{\xi(t')} \tag{9.15}$$

となる．1 次元 Ising 模型の臨界点は $t = 0$ で表される．その低温領域では $t \ll 1$ であり，くりこみ群変換は $t' = 4t$ と表される．よって上記の関係式から

$$\xi(t) \sim t^{-1/2} \tag{9.16}$$

となり，臨界指数 $\nu = 1/2$ が得られる．この関係は，式 (6.21)（117 ページ）で得られた相関関数の厳密解と一致している．

ここで行った計算のポイントは，くりこみ群変換を行うことによって任意温度での相関関数の計算を高温領域でのものに帰着させていることである．また，くりこみ群変換を行う対象は分配関数に限る必要はないという点も注目すべきである．くりこみ群の方法が物理量の計算手法としても役に立つことを示している．

9.2　2 次元 Ising 模型

次に，正方格子上の 2 次元 Ising 模型を扱う．この模型は厳密に解けることを 6.2 節（118 ページ）で見たが，ここでは近似を用いた実空間くりこみ群を解析し，厳密解との比較を行う．それによって，ここで用いた近似法が未知の問題に対してどれだけ役に立つかの判断基準となるであろう．

ハミルトニアンは

$$\mathcal{H} = K \sum_{\langle ij \rangle} S_i S_j \tag{9.17}$$

とする．磁場は簡単のため考えない．8.3 節（171 ページ）でまとめたステップに従って計算を進める．

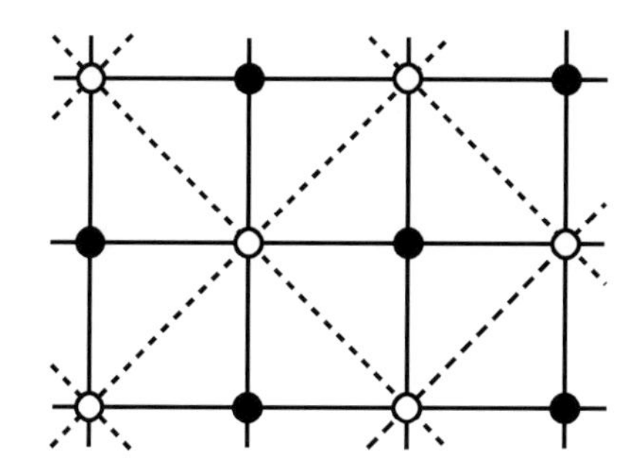

図 9.2　2 次元 Ising 模型の実空間くりこみ群変換．$b = \sqrt{2}$ のデシメーションを行う．● のスピンについて和をとると，破線の格子が得られる．

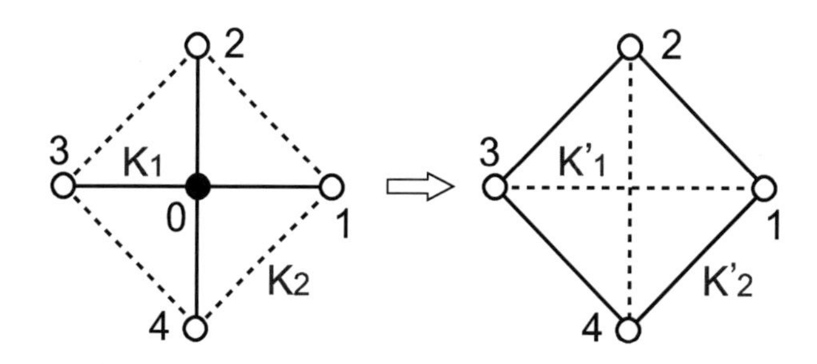

図 9.3　スピン S_0 について和をとると，S_1，S_2，S_3，S_4 で書かれたハミルトニアンが得られる．元の格子の次近接対は新しい格子の最近接対となる．

[1] くりこみ群変換

1 次元 Ising 模型と同様にデシメーションを用いる．図 9.2 のように一つおきのスピンについて和をとるとすると，スケール変換パラメータは $b = \sqrt{2}$ となる．新しい格子は元の格子を 45 度回転した向きとなる．

あるスピン S_0 について和をとる操作を具体的に見てみよう．図 9.3 のようにとなり合った四つのスピンをそれぞれ S_1，S_2，S_3，S_4 とすると，

$$\sum_{S_0} \exp\Big[K(S_1 + S_2 + S_3 + S_4)S_0\Big] = 2\cosh\Big[K(S_1 + S_2 + S_3 + S_4)\Big] \quad (9.18)$$

である．これからくりこみ群変換後の新しいハミルトニアンが定義される．式 (9.18) は，S_1，S_2，S_3，S_4 の符号をすべて同時に変えても値が変わらないことと $S_i^2 = 1$

であることなどを考慮すると，次の形に書くことができる．

$$\exp\Big[A+\frac{1}{2}K'(S_1S_2+S_2S_3+S_3S_4+S_4S_1)\\+K''(S_1S_3+S_2S_4)+K'''S_1S_2S_3S_4\Big] \tag{9.19}$$

指数関数の肩が新しいハミルトニアンとなる．デシメーション後の新しい格子において，K' の項は最近接対間の相互作用，K'' の項は次近接対間の相互作用を表す．さらに，プラケット上の 4 体相互作用項（K'''）も生じる．A は定数で，臨界指数を求める目的のためには特に必要とする量ではない．

このように，くりこみ群変換を行うと，元のハミルトニアンには含まれていなかった多体相互作用項が生じる．さらにくりこみ群変換を行うと，新しい項がつぎつぎと生じて収拾がつかない状況に陥ってしまうように思える．1 次元系の場合，ハミルトニアンは 2 体相互作用にとどまっていたが，高次元の系ではそのような性質が成り立たない．

そこで，大胆ではあるが，次近接までの項をとり入れて後はすべて無視する切断近似を行う．無視された項は非有意で重要な役割を果たさないと期待するのである．さらに計算を簡単にするため，K に関して高次べきを無視するという近似，つまり高温展開を行う．ここまですると計算は非常に簡単になる．

出発点に戻り，元の模型を次近接相互作用を含めたものに修正する．

$$\mathcal{H}=K_1\sum_{\mathrm{nn}}S_iS_j+K_2\sum_{\mathrm{nnn}}S_iS_j \tag{9.20}$$

第 1 項は最近接対，第 2 項は次近接対についての和をそれぞれ表す[*1]．くりこみ群変換により次近接相互作用項が生じてしまうのだから，はじめから入れておこうというわけである．計算後に $K_1=K$，$K_2=0$ とおけば元の模型に戻ることができる．デシメーションを行うと，近接相互作用項は式 (9.18) のように計算される．次近接相互作用は，和をとるスピン同士または和をとらないスピン同士の相互作用なので，デシメーションによって定数項のみが得られる．K_1 について 2 次まで展開

[*1] nn は最近接（nearest neighbor），nnn は次近接（next nearest neighbor）を表す．

し，次近接相互作用まで残すと

$$
\begin{aligned}
&\sum_{S_0} \exp\Big[K_1(S_1+S_2+S_3+S_4)S_0 + K_2(S_1S_2+S_2S_3+S_3S_4+S_4S_1)\Big] \\
&\quad \sim 2\Big[1+2K_1^2+K_1^2(S_1S_2+S_2S_3+S_3S_4+S_4S_1+S_1S_3+S_2S_4)\Big] \\
&\qquad \times \exp\Big[K_2(S_1S_2+S_2S_3+S_3S_4+S_4S_1)\Big] \\
&\quad \sim \exp\Big[\ln 2 + 2K_1^2 + (K_1^2+K_2)(S_1S_2+S_2S_3+S_3S_4+S_4S_1) \\
&\qquad +K_1^2(S_1S_3+S_2S_4)\Big]
\end{aligned} \tag{9.21}
$$

となる．新しい格子における最近接相互作用は，S_0 の和からだけでなく図 9.3 で着目しているスピンの外側にあるスピンの和からも生じることを考慮すると，新しいハミルトニアン

$$
\mathcal{H}' = K_1' \sum_{\mathrm{nn}} S_iS_j + K_2' \sum_{\mathrm{nnn}} S_iS_j \tag{9.22}
$$

の結合定数は，

$$
K_1' = 2K_1^2 + K_2, \qquad K_2' = K_1^2 \tag{9.23}
$$

で与えられる．

[2] くりこみ群の流れと固定点

結合定数の変化則 (9.23) からくりこみ群の流れが得られる．結論を先に述べると図 9.4 のようになるのだが，流れの大域的なふるまいを読みとることは意外と難しい．そこで，ここでは固定点まわりでの局所的な流れを調べ，大域的な流れを予想する[*2]．

固定点は三つあり，

$$
(K_1^*, K_2^*) = (0,\ 0), \qquad (\infty,\ \infty), \qquad \left(\frac{1}{3},\ \frac{1}{9}\right) \tag{9.24}
$$

で与えられる．このうち最初の二つは $T=\infty$ と $T=0$ に対応する自明な固定点である．三つめのものが臨界固定点を表す．このような非自明な固定点は，1 次元では存在しなかったものである．次近接相互作用をとり入れて拡大された結合定数の空間での流れを考えたことによって生じたことがわかる．

[*2] そもそも，近似を用いて得られた結果であるので，大域的なふるまいの結果の信頼度は低い．

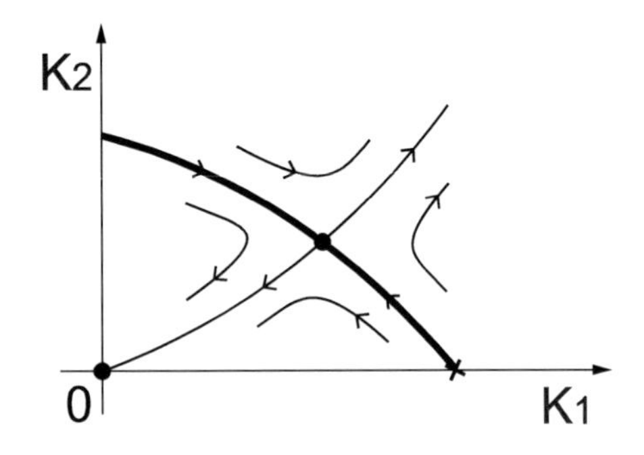

図 **9.4**　2 次元 Ising 模型のくりこみ群の流れ．● が固定点，太線が臨界面を表す．×は次近接相互作用のない Ising 模型の臨界点を表す．

[3] スケーリング解析

固定点 $K^* = (1/3, 1/9)^{\mathrm{T}}$ のまわりで式 (8.71)（172 ページ）の線形近似を行うと，式 (9.23) から

$$\delta K' = \begin{pmatrix} \frac{4}{3} & 1 \\ \frac{2}{3} & 0 \end{pmatrix} \delta K \tag{9.25}$$

が得られる．右辺の行列が変換行列 $\hat{T}^{(b=\sqrt{2})}$ を表す．固有値および右固有ベクトルを求めると，

$$\lambda_1 = \frac{1}{3}(\sqrt{10}+2), \qquad v_1 = \begin{pmatrix} \sqrt{10}+2 \\ 2 \end{pmatrix} \tag{9.26}$$

$$\lambda_2 = -\frac{1}{3}(\sqrt{10}-2), \qquad v_2 = \begin{pmatrix} -(\sqrt{10}-2) \\ 2 \end{pmatrix} \tag{9.27}$$

である．固有ベクトルの規格化は行っていない．

一つめのモードについて，$\lambda_1 > 1$ であるから，対応するスケーリング変数は有意な変数である．スケーリング次元 x_1 は $\lambda_1 = (\sqrt{2})^{x_1}$ より求められ，およそ 1.566 となる．もう一方の固有値 λ_2 は負の値をとり，一般形 $\lambda = b^x$ と合わない．これは，いま考えている系では任意の実数 b をとれないこと，近似を用いて計算したことが原因であると考えられる．それでも，λ_2 の絶対値は 1 より小さいので，くりこみ群

変換をくり返すと対応する g_2 の項は振動しながら減衰する．つまり，有意でない変数であると考えられる．

得られた固有ベクトルを用いると，δK は

$$\delta K = g_1 v_1 + g_2 v_2 \tag{9.28}$$

と書ける．くりこみ群変換を行うと

$$\delta K' = \lambda_1 g_1 v_1 + \lambda_2 g_2 v_2 \tag{9.29}$$

となり，右辺第 1 項の大きさは増大，第 2 項は減少していく．したがって，くりこみ群の流れは図 9.4 のようになると考えられる．各点での流れを正確に計算したわけではないが，固定点付近の流れから全体のおおよその様子がわかる．

固定点（図の $\bullet$）から離れると非線形効果が効いてくるので，臨界固定点で交差する二つの線は直線ではなく曲線となる．直線として線を延ばすとすると，臨界線（太線）は K_1 がおよそ 0.398 の値で横軸にぶつかる．これが元の最近接相互作用のみで書かれた 2 次元 Ising 模型の臨界点（×印）の近似値となる．x_1 が第 7 章で考えたスケーリング次元 x_t に対応しているとすると，臨界指数の一つ ν は，式 (7.79)（149 ページ）より $\nu = 1/x_1 \approx 0.639$ と求められる．

この例では，相転移の普遍性は横軸から離れた点での固定点によって支配されている．次近接相互作用を含めたより広い結合定数の空間で考えないと普遍性の記述ができないという結果はよい教訓である．得られた転移温度および臨界指数は，厳密解の値 $K_1 \approx 0.44$ および $\nu = 1$ とあまり合ってはいないが，粗い近似計算にしてはそれほど悪くない値を出しているともいえる．切断近似や高温展開を改良すれば，よりよい値を出すことが期待される．

9.3 三角格子 Ising 模型

前節と似たような例だが，三角格子 Ising 模型をブロックスピン変換を用いて扱う．これは，2 次元の三角格子上で定義された Ising 模型である．正方格子のときの 2 次元 Ising 模型は 6.2 節（118 ページ）で厳密解が求められているが，ここではくりこみ群変換を行いやすい三角格子を扱う．ハミルトニアンは

$$\mathcal{H} = K \sum_{\langle ij \rangle} S_i S_j + H \sum_i S_i \tag{9.30}$$

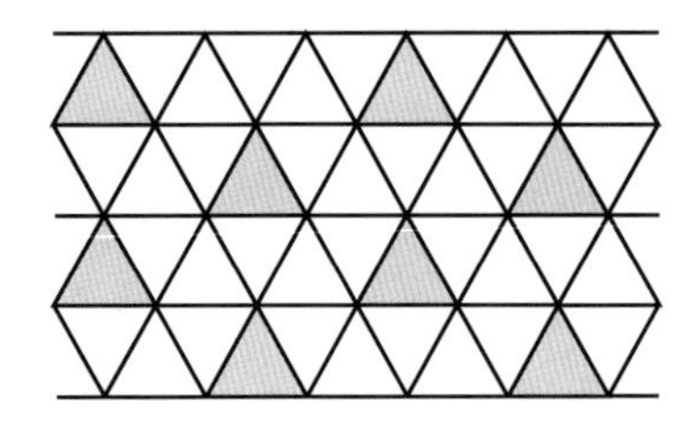

図 **9.5**　三角格子系のブロックスピン変換．色のついた各三角形をつくる三つのスピンをまとめて一つのスピンにする．

で与えられる．第 1 項は最近接相互作用，第 2 項は磁場の項を表す．

この系は，正方格子 Ising 模型と同様に，$H=0$ のとき有限温度で相転移を示す．転移温度の厳密な値は双対性を用いて求められており，$K_{\mathrm{c}}=\frac{1}{4}\ln 3\approx 0.275$ である[*3]．臨界指数は正方格子のものと同じである．つまり，2 次元の三角格子 Ising 模型と正方格子 Ising 模型の常磁性–強磁性相転移は同じ普遍類に属するといえる．一方，平均場近似を用いると，三角格子系の配位数は $z=6$ であるから，$K_{\mathrm{c}}=\frac{1}{6}\approx 0.167$ となる．ここではくりこみ群の方法を用いて転移温度を求め，これらの値と比較を行う．

ブロックスピン変換

くりこみ群変換は，複数のスピンを一つにまとめるブロックスピン変換を用いる．図 9.5 のように，1 辺の長さ a の正三角形の頂点上に配置されている三つのスピンをまとめて一つにする．このとき変換されたスピンは，再び三角格子上に配置されている．変換後の正三角形の 1 辺の長さは $\sqrt{3}a$ となるので，スケール変換パラメータは $b=\sqrt{3}$ である．

新しいスピン変数は次のように三つのスピンの多数決で決める．

$$S_i'=\mathrm{sgn}(S_{i1}+S_{i2}+S_{i3}) \tag{9.31}$$

i は図 9.5 の色のついた三角形の一つ，$i1$，$i2$，$i3$ はその三角形をつくるスピンを指定するラベルである．このように定義した新しいスピン変数も ± 1 の値をとる．三角格子の利点は，奇数個のスピンを考えられることである．偶数個のスピンを考えると右辺の和が 0 になるときがあり，解析的な扱いが困難になる．

[*3] G. H. Wannier: Rev. Mod. Phys. **17**, 50 (1945).

全部で 8 通りの状態から 2 通りの状態 $S'_i = \pm 1$ が決められる．分配関数は式 (8.27)（159 ページ）のように書ける．変換後のハミルトニアン $\mathcal{H}'$ は

$$\mathrm{e}^{\mathcal{H}'(S')} = \mathrm{Tr}_S \mathrm{P}(S', S)\mathrm{e}^{\mathcal{H}(S)} \tag{9.32}$$

であり，変換演算子 $\mathrm{P}(S', S)$ は Kronecker のデルタを用いて

$$\mathrm{P}(S', S) = \prod_i \delta\left(S'_i, \mathrm{sgn}(S_{i1} + S_{i2} + S_{i3})\right) \tag{9.33}$$

と書ける．分配関数を拘束条件のもとでスピン変数について和をとることで，新しいハミルトニアン $\mathcal{H}'(S')$ が求められる．

摂動展開

三角格子の模型においてブロックスピン変換を定義するのは簡単であるが，実際の計算は変換によりさまざまな項が生じるため，厳密に実行することは困難である．そこでここでは**摂動展開**（perturbative expansion）の方法を用いて切断近似を行う[*4]．

ハミルトニアンを二つの部分に分ける．

$$\mathcal{H}(S) = \mathcal{H}_0(S) + V(S) \tag{9.34}$$

第 2 項は第 1 項と比較して小さいとして V について展開を行う．しかしながら，いまの場合は小さいパラメータというものは存在しない．そこで，やや恣意的であるが，$\mathcal{H}_0$ を図 9.5 の色のついた三角形内の相互作用，V を色のついた三角形同士を結びつける相互作用の部分として扱う．両者の結合定数は同じであるので摂動展開を行う根拠はまったくなく，展開を途中で打ち切った近似は厳密解とは異なる結果を与えるだろう．それでも具体的な計算を行うことができて定性的に正しい答が得られることがわかれば，くりこみ群変換を具体的に調べるといういまの目的は達成される．展開は系統的に行うことができるので，高次項をとり入れていくことは原理的には可能である．

さて，摂動展開は次のように分配関数を表すことで実行できる．

$$\mathrm{e}^{\mathcal{H}'(S')} = \mathrm{Tr}_S \mathrm{P}(S', S)\mathrm{e}^{\mathcal{H}(S)} = \mathrm{Tr}_S \mathrm{P}(S', S)\mathrm{e}^{\mathcal{H}_0(S)} \left\langle \mathrm{e}^{V(S)} \right\rangle_0 \tag{9.35}$$

[*4] 摂動展開の方法の一般的な定式化は 10.3 節（202 ページ）で行う．

$\langle\ \rangle_0$ は無摂動部分のハミルトニアン $\mathcal{H}_0$ に関する平均で，

$$\langle\cdots\rangle_0 = \frac{\mathrm{Tr}_S \mathrm{P}(S', S)\mathrm{e}^{\mathcal{H}_0(S)}(\cdots)}{\mathrm{Tr}_S \mathrm{P}(S', S)\mathrm{e}^{\mathcal{H}_0(S)}} \tag{9.36}$$

と表される．V の部分をキュムラント展開を用いて表すと，

$$\left\langle \mathrm{e}^{V(S)} \right\rangle_0 = \exp\left[\langle V(S)\rangle_0 + \frac{1}{2}\left(\left\langle V^2(S)\right\rangle_0 - \langle V(S)\rangle_0^2\right) + \cdots\right] \tag{9.37}$$

である[*5]．したがって，

$$\mathcal{H}'(S') = \ln\left(\mathrm{Tr}_S \mathrm{P}(S', S)\mathrm{e}^{\mathcal{H}_0(S)}\right) + \langle V(S)\rangle_0 + \cdots \tag{9.38}$$

と書ける．

ひとまず，磁場を無視したハミルトニアンを考えよう．各三角形のブロックにおいて，スピン S' を指定すると元のスピン S のとりうる値が決まる．一つのブロックに対して，元の三つのスピン変数 $S_i = (S_{i1}, S_{i2}, S_{i3})$ と新しいスピン変数 S'_i は次の関係にある．

$$S'_i = +1:\ S_i = (1,1,1),\ (1,1,-1),\ (1,-1,1),\ (-1,1,1) \tag{9.39}$$

$$S'_i = -1:\ S_i = (-1,-1,-1),\ (-1,-1,1),\ (-1,1,-1),\ (1,-1,-1) \tag{9.40}$$

$S'_i = \pm 1$ の状態への射影演算子が $\delta_{S'_i,\pm 1} = (1 \pm S'_i)/2$ であることを用いると，摂動展開の 0 次の項は

$$\begin{aligned}\mathrm{Tr}_S \mathrm{P}(S', S)\mathrm{e}^{\mathcal{H}_0(S)} &= \prod_i \left[\frac{1+S'_i}{2}\left(\mathrm{e}^{3K} + 3\mathrm{e}^{-K}\right) + \frac{1-S'_i}{2}\left(\mathrm{e}^{3K} + 3\mathrm{e}^{-K}\right)\right] \\ &= \left(\mathrm{e}^{3K} + 3\mathrm{e}^{-K}\right)^M \end{aligned} \tag{9.41}$$

と計算される．M はブロックの数を表す．この結果はスピン変数 S' によらない．つまり，0 次の項は $\mathcal{H}'$ の定数項を与える．

次に，摂動の 1 次の項を見る．例えば，図 9.6 のようなブロック a と b の間に働く相互作用を考えよう．このとき，ブロック間に働く相互作用は

$$V_{ab} = K(S_{a1} + S_{a2})S_{b3} \tag{9.42}$$

[*5] 付録 A.2 節（326 ページ）を参照．

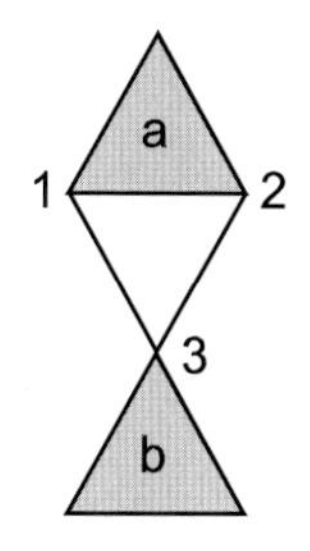

図 **9.6**　三角格子系の摂動計算．ボンド 13 と 23 の相互作用を摂動として扱う．

であるから，

$$\langle V_{ab}\rangle_0 = K\left\langle (S_{a1}+S_{a2})S_{b3}\right\rangle_0 = 2K\left\langle S_{a1}S_{b3}\right\rangle_0 = 2K\left\langle S_{a1}\right\rangle_0\left\langle S_{b3}\right\rangle_0 \quad (9.43)$$

となる．ここで，各スピンは同等であることと，異なるブロックに属するスピンの平均は独立に行えることを用いた．一つのスピンの平均値は

$$\langle S_{a1}\rangle_0 = \frac{1+S'_a}{2}\frac{\mathrm{e}^{3K}+\mathrm{e}^{-K}}{\mathrm{e}^{3K}+3\mathrm{e}^{-K}} - \frac{1-S'_a}{2}\frac{\mathrm{e}^{3K}+\mathrm{e}^{-K}}{\mathrm{e}^{3K}+3\mathrm{e}^{-K}} = \frac{\mathrm{e}^{3K}+\mathrm{e}^{-K}}{\mathrm{e}^{3K}+3\mathrm{e}^{-K}}S'_a \quad (9.44)$$

と計算される．よって，

$$\langle V_{ab}\rangle_0 = 2K\left(\frac{\mathrm{e}^{3K}+\mathrm{e}^{-K}}{\mathrm{e}^{3K}+3\mathrm{e}^{-K}}\right)^2 S'_a S'_b \quad (9.45)$$

となる．他の項も同様にするとブロック間の相互作用が得られる．まとめると，磁場のないとき，摂動の 1 次までの展開で

$$\mathcal{H}'(S') = \sum_i \ln\left(\mathrm{e}^{3K}+3\mathrm{e}^{-K}\right) + 2K\left(\frac{\mathrm{e}^{3K}+\mathrm{e}^{-K}}{\mathrm{e}^{3K}+3\mathrm{e}^{-K}}\right)^2 \sum_{\langle ij\rangle} S'_i S'_j \quad (9.46)$$

となる．i，j はブロックスピン変換後のスピン S' を指定する座標である．この変換によって次の相互作用が得られる．

$$K' = 2K\left(\frac{\mathrm{e}^{3K}+\mathrm{e}^{-K}}{\mathrm{e}^{3K}+3\mathrm{e}^{-K}}\right)^2 \quad (9.47)$$

ここまで磁場の寄与は無視していた．磁場があるとき摂動計算は複雑なので，磁

場に関しては 0 次の項のみを考えることにすると，次のように計算できる．

$$
\begin{aligned}
&\ln \mathrm{Tr}_S \mathrm{P}(S', S)\mathrm{e}^{\mathcal{H}_0(S)} \\
&= \sum_i \ln \left[\frac{1+S_i'}{2}\left(\mathrm{e}^{3K+3H}+3\mathrm{e}^{-K+H}\right) + \frac{1-S_i'}{2}\left(\mathrm{e}^{3K-3H}+3\mathrm{e}^{-K-H}\right) \right] \\
&= \frac{1}{2}\sum_i \ln \left[\left(\mathrm{e}^{3K+3H}+3\mathrm{e}^{-K+H}\right)\left(\mathrm{e}^{3K-3H}+3\mathrm{e}^{-K-H}\right) \right] \\
&\qquad + \frac{1}{2}\sum_i S_i' \ln \left(\frac{\mathrm{e}^{3K+3H}+3\mathrm{e}^{-K+H}}{\mathrm{e}^{3K-3H}+3\mathrm{e}^{-K-H}} \right)
\end{aligned}
\tag{9.48}
$$

よって，磁場は

$$
H' = \frac{1}{2}\ln \left(\frac{\mathrm{e}^{3K+3H}+3\mathrm{e}^{-K+H}}{\mathrm{e}^{3K-3H}+3\mathrm{e}^{-K-H}} \right) \tag{9.49}
$$

と変化する．

くりこみ群の流れと相図

かなり雑な近似ではあるが，結合定数の変換則 (9.47)，(9.49) が得られた．本来は両式を用いて固定点を調べるが，非自明な固定点は $H=0$ のときにのみ存在すると考えられる．実際，式 (9.49) で $H=H'=0$ とおくと，K の値によらず式が成立する．よって，$H=0$ のときの固定点を調べる．式 (9.49) は $H=0$ 上にある固定点のまわりで展開したときのスケーリング次元を求めるために用いる．

$H=0$ のとき，K の固定点 K^* は次の式から求められる．

$$
K^* = 2K^* \left(\frac{\mathrm{e}^{3K^*}+\mathrm{e}^{-K^*}}{\mathrm{e}^{3K^*}+3\mathrm{e}^{-K^*}} \right)^2 \tag{9.50}
$$

この式は三つの解をもつ．

● 臨界固定点

$$
K^* = \frac{1}{4}\ln(1+2\sqrt{2}) \approx 0.336 \tag{9.51}
$$

これは臨界点を表す．この固定点についてのスケーリング次元を求めるために，式

(9.47) を固定点のまわりで展開して $\delta K' = T\delta K$ とすると，

$$T = 2\left(\frac{e^{3K^*} + e^{-K^*}}{e^{3K^*} + 3e^{-K^*}}\right)^2 + 32K^* e^{2K^*} \frac{e^{3K^*} + e^{-K^*}}{(e^{3K^*} + 3e^{-K^*})^3}$$
$$= 1 + \frac{8 - 5\sqrt{2}}{2} \ln(1 + 2\sqrt{2}) \approx 1.624 \tag{9.52}$$

を得る．変換係数 T が $b^{x_K} = (\sqrt{3})^{x_K}$ に等しいことから，

$$x_K = \frac{\ln T}{\ln \sqrt{3}} \approx 0.882 \tag{9.53}$$

となる．これから，臨界指数の一つが $\nu = 1/x_K \approx 1.134$ と求められる．一方，磁場に関しては，この固定点まわりで展開すると

$$H' = 3\left(\frac{e^{3K^*} + e^{-K^*}}{e^{3K^*} + 3e^{-K^*}}\right) H = \frac{3}{\sqrt{2}} H \tag{9.54}$$

である．$3/\sqrt{2} > 1$ であるから H はこの固定点について有意な変数である．スケーリング次元は

$$x_H = \frac{\ln\left(\frac{3}{\sqrt{2}}\right)}{\ln \sqrt{3}} \approx 1.369 \tag{9.55}$$

となる．

● **常磁性固定点**

$$K^* = 0 \tag{9.56}$$

これは常磁性を特徴づける固定点である．近傍では

$$K' \sim \frac{1}{2} K \tag{9.57}$$
$$H' \sim \frac{3}{2} H \tag{9.58}$$

と書けるから，K 軸方向については固定点に吸いこまれる流れ，磁場方向については $H = 0$ の軸から離れていく流れが生じる．常磁性相の固定点の特徴が現れている．

● **強磁性固定点**

$$K^* = \infty \tag{9.59}$$

強磁性相を特徴づける固定点である．近傍では

$$K' - K^* \sim 2(K - K^*) \tag{9.60}$$

$$H' \sim 3H \tag{9.61}$$

となって K に関して不安定な固定点に見えるが，その結論は誤りである．$K^* = \infty$ であるから式 (9.60) は意味をもたない．温度変数 $t = 1/K$ を用いて表す必要がある．このとき，$t = 0$ のまわりで

$$t' \sim \frac{1}{2}t \tag{9.62}$$

となり，たしかに吸いこみのある固定点である．磁場に関するスケーリング次元は，$3 = (\sqrt{3})^2$ より $x_H = 2$ となる．$K > K_\mathrm{c}$ の低温側で，$H = 0$ の線上の点はすべて $K = \infty$，$H = 0$ の固定点に流れこむ．

磁場に関するスケーリング次元 $x_H = 2$ は，系の空間次元に等しい．臨界指数を表 7.1（150 ページ）に基づいて考えると，$\beta = \frac{d - x_H}{x_t} = 0$，$\delta = \frac{x_H}{d - x_H} = \infty$ を得る．磁場についてのスケーリング次元 x_H が空間次元に等しいとき，臨界指数 δ は無限大になる．これは，磁化が磁場について不連続に変化するという 1 次相転移の特徴を表している．$K > K_\mathrm{c}$，$H = 0$ の線は 1 次相転移を表しているから，自然な結果である．

磁場が有限のときは，いずれの温度においてもすべての流れは $H = \infty$ の固定点に流れこむと考えられる．よって，くりこみ群の流れは図 9.7 のようになる．

最後に，得られた転移温度と臨界指数の値を厳密解と比較する．転移温度の厳密な値は $K_\mathrm{c} = \frac{1}{4}\ln 3 \approx 0.275$，臨界指数 ν は $\nu = 1$ である．ブロックスピン変換による摂動展開を用いた計算は $K_\mathrm{c} \approx 0.336$，$\nu \approx 1.134$ であるから，平均場近似によって得られる値 $K_\mathrm{c} = 1/6 \approx 0.167$，$\nu = 1/2$ よりは厳密解に近い．

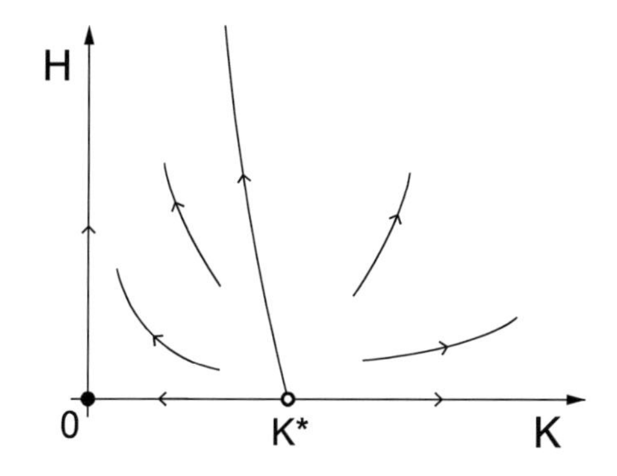

図 **9.7**　三角格子 Ising 模型におけるくりこみ群の流れ.

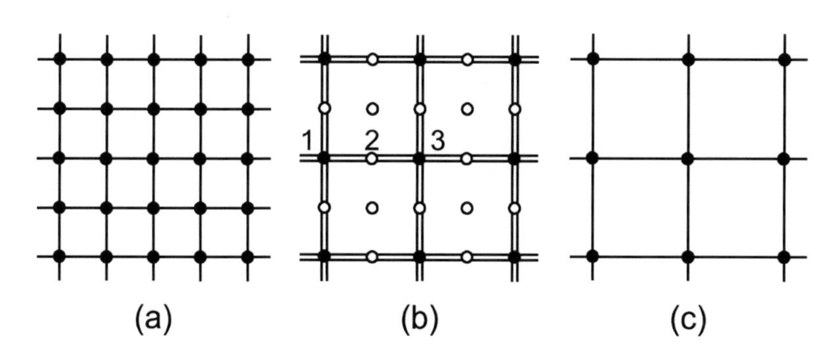

図 **9.8**　$b = 2$ の Migdal–Kadanoff くりこみ群．元の格子 (a) を (b) のように考え，∘ のスピンについて和をとると (c) になる．

9.4　Migdal–Kadanoff くりこみ群

格子スピン系の実空間くりこみ群を近似的に扱う一般的な手法として **Migdal–Kadanoff くりこみ群**（Migdal–Kadanoff renormalization group）の方法が知られている[*6]．簡単な計算で通常のデシメーションの方法を改良することができるため，よく用いられる．

2 次元正方格子上の Ising 模型を考える（図 9.8(a)）．簡単のため，磁場は考えな

[*6] A. A. Migdal: Zh. Eksp. Teor. Fiz. **69**, 810, 1457 (1975); L. P. Kadanoff: Ann. Phys. (N.Y.) **100**, 359 (1976).

い．まず，図 9.8(a) から (b) のようにボンドを移動させる．ボンドのないスピン間の相互作用はなく，その代わりに，2 重のボンドの結合定数 K は 2 倍されている．このとき，∘ のスピンについて和をとる．つまり，デシメーションの操作を行う．ボンドがまったくついていないスピンは分配関数に定数倍の寄与を与える．ボンドがついた ∘ のスピンの和は 1 次元 Ising 模型のときの計算とまったく同じように実行できる．スピン和が厳密に実行できるようにボンドを移動させたことがこの方法の特徴である．

例えば，図の (b) で指定したスピン 1，2，3 に着目すると，2 のスピンについて和をとり，

$$\sum_{S_2} \exp\left(2KS_1S_2 + 2KS_2S_3\right) = \mathrm{e}^{2K(S_1+S_3)} + \mathrm{e}^{-2K(S_1+S_3)} = 2\cosh^2(2K) + 2\sinh^2(2K)S_1S_3 \tag{9.63}$$

となる．これを新しい結合定数の定義 K'

$$\mathrm{e}^{K'S_1S_3} = \cosh K' + S_1S_3 \sinh K' \tag{9.64}$$

と比較すると，

$$\tanh K' = \tanh^2(2K) \tag{9.65}$$

である．変数 $u = \tanh K$ を定義すると，

$$u' = \left(\frac{2u}{1+u^2}\right)^2 \tag{9.66}$$

と書ける．他の部分も同様に計算され，このくりこみ群変換の下で得られる結合定数の変化は式 (9.66) と結論できる．

固定点を求めよう．$u = 0$（$K = 0$）と $u = 1$（$K = \infty$）は自明な固定点として存在する．これ以外に非自明な固定点が存在し，

$$u_{\mathrm{c}} = \tanh K_{\mathrm{c}} \approx 0.296, \qquad \frac{T_{\mathrm{c}}}{J} \approx 3.28 \tag{9.67}$$

で与えられる．これが転移温度の近似値となる．平均場近似による値 4 と比較すると，厳密値 $T_{\mathrm{c}}/J \approx 2.26$ に近づいていることがわかる．

固定点 u_{c} のまわりで $u = u_{\mathrm{c}} + \delta u$ と展開すると，δu の 1 次で

$$\delta u' = 2\left(1 - \frac{2u_{\mathrm{c}}^2}{1+u_{\mathrm{c}}^2}\right)\delta u \tag{9.68}$$

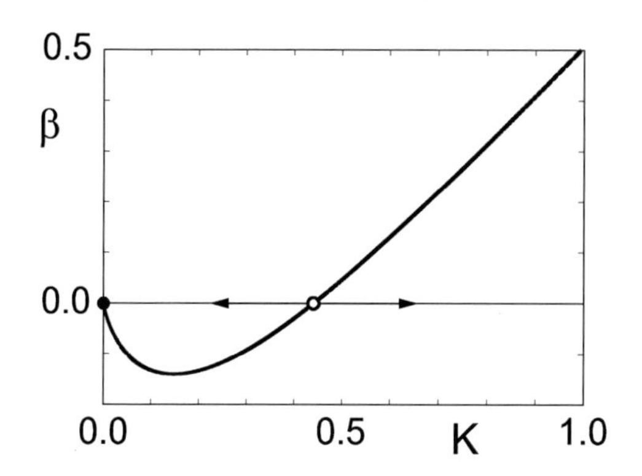

図 9.9 Migdal–Kadanoff くりこみ群を用いたときのベータ関数．○ で示した K の値が臨界点を表す．矢印はくりこみ群の流れの向きを表す．

となる．スケーリング次元の定義

$$\delta u' = 2^{x_u}\delta u \tag{9.69}$$

より，$x_u \approx 0.747$ と求められる．x_u が温度変数 $t = (T - T_\mathrm{c})/T_\mathrm{c}$ に関するスケーリング次元 x_t に対応すると考えると，臨界指数 ν は $\nu = 1/x_u \approx 1.338$ となる．一方，平均場解は $\nu = 1/2$，厳密解は $\nu = 1$ である．やはり平均場解よりはよい値を与える．

このくりこみ群変換のスケール変換パラメータは $b = 2$ であるが，くりこみ群変換の式 (9.65) を見ると，一般の b に拡張できることが予想される．つまり，

$$\tanh K' = \tanh^b(bK) \tag{9.70}$$

である．実際，自然数の b でこの式が成り立つことを確かめることができる．さらに，解析接続を行って b を実数として扱う．このとき，ベータ関数を計算することができて，

$$\beta_K = b\left.\frac{\partial K}{\partial b}\right|_{b=1} = K + \sinh K \cosh K\ \ln\tanh K \tag{9.71}$$

となる．この関数のふるまいを図 9.9 に示す．ベータ関数のゼロ点が固定点を与えるから，このときの固定点 K_c は

$$K_\mathrm{c} + \sinh K_\mathrm{c} \cosh K_\mathrm{c}\ \ln\tanh K_\mathrm{c} = 0 \tag{9.72}$$

を満たし，$\sinh(2K_c) = 1$ が解となっている．これは，驚くべきことに厳密解と一致している．ところが，臨界指数の値は一致しない．スケーリング次元は，ベータ関数から

$$x_K = \left.\frac{\partial \beta_K}{\partial K}\right|_{K=K_c} \approx 0.7535 \tag{9.73}$$

と計算され，これより $\nu = 1/x_K \approx 1.327$ となる．$b = 2$ のときより少しだけ厳密解に近づくが，残念ながら依然として一致にはほど遠い[*7]．

9.5　von Koch 曲線

本章の最後に，7.1 節（135 ページ）で扱った von Koch 曲線の例を考えよう．これは統計力学を用いて扱われる系ではないが，くりこみ群の考え方を用いてフラクタル次元を得ることができる．

くりこみ群変換は粗視化であるから，曲線をつくっていく過程を逆にたどることになる．粗視化を行ったとき，一つの線分の長さおよび曲線の長さは

$$\ell \to 3\ell, \qquad L \to \frac{3}{4}L \tag{9.74}$$

と変わる．ℓ を元の長さにそろえるために系の長さを 1/3 倍することで，くりこみ群変換が完了する．変換の下で，系の長さ L と元の長さ M は次のようになる．

$$\mathcal{R}(L) = \frac{1}{4}L, \qquad \mathcal{R}(M) = \frac{1}{3}M \tag{9.75}$$

変換を n 回くり返すと，

$$L_n = \mathcal{R}^n(L) = \left(\frac{1}{4}\right)^n L, \qquad M_n = \mathcal{R}^n(M) = \left(\frac{1}{3}\right)^n M \tag{9.76}$$

であるが，この式から n を消去すると，

$$\frac{L}{L_n} = \left(\frac{M}{M_n}\right)^{\ln 4/\ln 3} \tag{9.77}$$

と書ける．L が $M^{\ln 4/\ln 3}$ に比例しているという厳密な結果 (7.18)（140 ページ）が得られた．比例係数が L_n と M_n という適当な係数として表され，普遍的なべき則が抽出されている．

[*7] 臨界指数の値が b に依存するのは，近似を用いているためであると考えられる．普遍的な値である臨界指数は，b の値によらないはずである．

10 運動量空間くりこみ群

本章では，連続的な空間上で定義された変数をもつ系を扱う．そのような系では実空間くりこみ群を用いるのは不便であり，運動量空間くりこみ群を用いる．扱う模型は，第4章のGinzburg–Landau理論で導入したLandau関数である．この模型のくりこみ群を用いた解析はWilsonらによって行われ，**Ginzburg–Landau–Wilson 模型**（Ginzburg–Landau–Wilson model）とよばれている．秩序変数の4乗の項を考えることから，**ϕ^4 模型**（ϕ^4 model）という通称もよく用いられている．本書でも後者の名前を用いる．

10.1 ϕ^4 模型

ϕ^4 模型のハミルトニアンは次のように定義される．

$$\mathcal{H} = -\int \mathrm{d}^d \boldsymbol{r} \left[\frac{c}{2} \left(\boldsymbol{\nabla} \phi(\boldsymbol{r}) \right)^2 + \frac{t}{2} \phi^2(\boldsymbol{r}) + \frac{u}{4!} \phi^4(\boldsymbol{r}) - H\phi(\boldsymbol{r}) \right] \tag{10.1}$$

スピン変数に対応する $\phi(\boldsymbol{r})$ は実関数であり，連続空間の任意の点で定義される．c，t，u，H は結合定数を表す．第4章のGinzburg–Landau理論では，t が転移温度を基準にして測った温度，H が磁場を表していた．状態和は $\mathrm{e}^{\mathcal{H}}$ の $\phi(\boldsymbol{r})$ についての汎関数積分で表され，これが収束するためには $u \geq 0$ でなければならない．ϕ^4 模型は1成分のスカラー変数 $\phi(\boldsymbol{r})$ を基本変数としてもち，Ising模型と同じ対称性や特徴をもっている．つまり，これらの模型の属する普遍類は同じであると考えられる．したがって，この模型とIsing模型の臨界指数を比較することにより，普遍類という概念が正しいものであるか調べることができる．

くりこみ群変換を厳密に実行するのは難しいので，摂動展開の方法を用いる．すでに何度か同様の考え方を用いた計算を行ってきたが，ハミルトニアンを二つに分けてそのうちの一つに関して展開を行う方法である．いまの場合は ϕ^4 の項を摂動項として扱う．

原則として，摂動項を摂動として扱うためにはその項の寄与がもう一方のものと比べて小さくなければならない．しかしながら，以下で見るように結合定数 u は 4 次元以下で有意な変数となり，決して小さい量とは見なせない．それでも次元が 4 に近ければ影響はそれほど大きくないはずである．そこで，空間次元の 4 次元からのずれを $\epsilon = 4 - d$ として，ϵ に関する展開を同時に行う．空間の次元は自然数でなければ物理的な意味がないが，実数であると考えても計算上の問題は生じない．$\epsilon \ll 1$ として ϵ についての展開を行い，最後に $\epsilon = 1$ と外挿して 3 次元の結果を導く．この方法を **ϵ 展開**（ϵ expansion）という[*1]．

10.2　Gauss 模型

ϕ^4 模型の解析に入る前に，摂動の出発点となる $u = 0$ の場合を考える．このとき，ハミルトニアンは

$$\begin{aligned}\mathcal{H} &= -\int \mathrm{d}^d\boldsymbol{r}\left[\frac{c}{2}\left(\boldsymbol{\nabla}\phi(\boldsymbol{r})\right)^2 + \frac{t}{2}\phi^2(\boldsymbol{r}) - H\phi(\boldsymbol{r})\right] \\ &= -\frac{1}{2}\int \frac{\mathrm{d}^d\boldsymbol{k}}{(2\pi)^d}\left(c\boldsymbol{k}^2 + t\right)|\tilde{\phi}(\boldsymbol{k})|^2 + H\tilde{\phi}(\boldsymbol{0})\end{aligned} \tag{10.2}$$

と書ける[*2]．この模型は，分配関数を計算するときの状態和が Gauss 積分となるため，**Gauss 模型**（Gaussian model）とよばれる．積分が発散しない条件を課すと，$c \geq 0$，$t > 0$ となる．Landau 理論との対応を考えると，Gauss 模型は常磁性相を記述する．

この模型は，ϕ^4 模型における摂動展開の第 0 近似状態として用いられる．4 次の項を入れたときにどのような効果が生じるかを理解するためにも，この単純な模型を詳しく解析しておく必要がある．

10.2.1　Gauss 模型のくりこみ

くりこみ群変換は，場の変数 $\phi(\boldsymbol{r})$ の Fourier 積分表示を

$$\phi(\boldsymbol{r}) = \int_{k<\Lambda}\tilde{\phi}(\boldsymbol{k})\mathrm{e}^{i\boldsymbol{k}\cdot\boldsymbol{r}} = \int_{k<\Lambda/b}\tilde{\phi}(\boldsymbol{k})\mathrm{e}^{i\boldsymbol{k}\cdot\boldsymbol{r}} + \int_{\Lambda/b<k<\Lambda}\tilde{\phi}(\boldsymbol{k})\mathrm{e}^{i\boldsymbol{k}\cdot\boldsymbol{r}} \tag{10.3}$$

[*1] K. G. Wilson and M. E. Fisher: Phys. Rev. Lett. **28**, 240 (1972).
[*2] $\phi(\boldsymbol{r})$ の Fourier 変換表示およびその性質については，付録 C を参照．

と分けて，第 2 項の $\tilde{\phi}(\boldsymbol{k})$ について積分することによってなされる．ここで，$\int_{k<\Lambda} = \int_{|\boldsymbol{k}|<\Lambda} \frac{\mathrm{d}^d \boldsymbol{k}}{(2\pi)^d}$ などと略記した．8.2.2 項（158 ページ）で議論したように，大きい波数で振動するモードについて積分することが粗視化を表している．ハミルトニアンは各モードの単純な和（積分）で表され，モードの混じり合いは生じない[*3]．

$$\mathcal{H} = -\frac{1}{2}\int_{k<\Lambda/b} \left(c\boldsymbol{k}^2 + t\right) |\tilde{\phi}(\boldsymbol{k})|^2 - \frac{1}{2}\int_{\Lambda/b<k<\Lambda} \left(c\boldsymbol{k}^2 + t\right) |\tilde{\phi}(\boldsymbol{k})|^2 + H\tilde{\phi}(\boldsymbol{0}) \tag{10.4}$$

変数が $\boldsymbol{k}$ ごとに完全に分離しているので，$\Lambda/b < k < \Lambda$ のモードの積分を行っても定数項が得られるだけである．つまり，くりこみ群変換によって得られる新たな項は定数項のみであり，臨界指数の計算には寄与しない．

自由度の消去の次にスケール変換を行う．$\boldsymbol{k} \to \boldsymbol{k}' = b\boldsymbol{k}$ とすることで式 (10.4) 右辺第 1 項の積分の上限を元のものと同じ Λ にする．また，変数 $\tilde{\phi}(\boldsymbol{k})$ についてもスケール変換を行う．スピンのときはそのような変換がなかったが，連続系の場合，ハミルトニアンの形を同じに保つためには $\tilde{\phi}(\boldsymbol{k})$ にはスケール変換が必要となる[*4]．次のようにおく．

$$\tilde{\phi}'(\boldsymbol{k}') = b^{x_\phi}\tilde{\phi}(\boldsymbol{k}) \tag{10.5}$$

x_ϕ は以下の議論で決定する．ϕ のスケール変換を，**波動関数のくりこみ**（wavefunction renormalization）とよぶことがある．場の量子論では ϕ が場の演算子を表すからである．

このようにして，式 (10.4) の右辺第 1 項を書きかえた新しいハミルトニアンは

$$\mathcal{H}' = -\frac{1}{2b^{d+2+2x_\phi}}\int_{k'<\Lambda} \left(c\boldsymbol{k}'^2 + b^2 t\right) |\tilde{\phi}'(\boldsymbol{k}')|^2 + b^{-x_\phi} H\tilde{\phi}'(\boldsymbol{0}) \tag{10.6}$$

となり，

$$\mathcal{H}' = -\frac{1}{2}\int_{k<\Lambda} \left(c'\boldsymbol{k}^2 + t'\right) |\tilde{\phi}'(\boldsymbol{k})|^2 + H'\tilde{\phi}'(\boldsymbol{0}) \tag{10.7}$$

と書くと結合定数は元のものとそれぞれ次のような関係をもつ．

$$c' = b^{-d-2-2x_\phi} c, \qquad t' = b^{-d-2x_\phi} t, \qquad H' = b^{-x_\phi} H \tag{10.8}$$

[*3] $\tilde{\phi}(-\boldsymbol{k}) = \tilde{\phi}^*(\boldsymbol{k})$ であることに注意．

[*4] $\tilde{\phi}(\boldsymbol{k})$ はスピン変数とは違って次元をもつ量である．付録 C の式 (C.7)（338 ページ）を参照．

これがくりこみ群変換によって得られる結合定数の変換則である．元の変数のスケール変換のみで表され異なる結合定数の混じり合いが生じないのは，Gauss 模型では各モードが完全に分離しているからである．

得られた変換則 (10.8) について，固定点を探す．$(c,t,H)=(0,0,0)$ は自明な固定点である．他の解は x_ϕ の選択に依存する．$x_\phi=-d/2$ のとき，

$$c'=b^{-2}c, \qquad t'=t, \qquad H'=b^{d/2}H \tag{10.9}$$

である．つまり，$(c,t,H)=(0,t,0)$ が固定点となる．t は任意の値をとる．このとき，微分項が 0 となり，ハミルトニアンは空間の各点からの寄与の独立な和となる．これは物理的には相関長が 0 の系を表しており，温度無限大の無秩序相を表す自明な固定点である．$x_\phi=0$ のときの固定点 $(0,0,H)$ も興味がない．最も興味があるのは，$x_\phi=-(d+2)/2$ とおくことによって得られる固定点である．このとき，

$$c'=c, \qquad t'=b^2t, \qquad H'=b^{(d+2)/2}H \tag{10.10}$$

より，固定点は $(c,t,H)=(c,0,0)$ で与えられる．c は任意の値である．$t=0$ は $T=T_{\rm c}$ を表しているから臨界固定点である．この点に関して t および H のスケーリング次元は $x_t=2$，$x_H=(d+2)/2$ となる．つまり，t と h は有意な変数である．この x_ϕ を選んだとき，c は任意の値をとり，くりこみ群変換でその値を変えない．よって，以下の計算では $c=1$ と固定することにする．

10.2.2　次元解析

Gauss 模型で得られた固定点 $(c,t,H)=(1,0,0)$ に関するスケーリング次元は，次元解析からも理解することができる．ϕ のもつ次元を考えてみよう．自然単位系において，次元は**質量次元**（mass dimension）を用いて表される[*5]．自然単位系では，Planck 定数（を 2π で割ったもの）$\hbar$ や光速 c，Boltzmann 定数 $k_{\rm B}$ などの基本定数を 1 にとる．このとき，例えば光速が 1 であるから長さと時間は同じ次元になる．同様に考えていくと，すべての量の次元は質量の次元のみで決められる．考えている量の次元が質量の n 乗であるとき，その量の質量次元は n であるという．長さ，時間などの質量次元は -1，エネルギー，周波数，運動量，波数，温度などは 1 となる．ϕ の質量次元を $[\phi]$ と表す．

[*5] **カノニカル次元**（canonical dimension）ともよばれる．素粒子論では質量次元とよばれることが多い．

ハミルトニアン $\mathcal{H}$ は β を含めて考えており，$e^{\mathcal{H}}$ という関数形から $[\mathcal{H}]=0$ であることがわかる．よって，微分項の係数 c を 1 とした ϕ^4 模型のハミルトニアン (10.1) から，各量の質量次元は

$$
\begin{aligned}
&[t]=2, \qquad [u]=4-d, \qquad [H]=\frac{d+2}{2} \\
&[\phi(\boldsymbol{r})]=\frac{d-2}{2}, \qquad [\tilde{\phi}(\boldsymbol{k})]=-\frac{d+2}{2}
\end{aligned}
\tag{10.11}
$$

と求められる[*6]．t，H，$\tilde{\phi}$ の質量次元は，くりこみ群解析によって得られたスケーリング次元と一致している．以下でわかるように u も同様である．

質量次元 n をもつ量 f は，長さのスケールを $x \to x'=x/b$ と変えると $f \to b^n f$ と変化する．スケーリング次元は，考えている量のもつ質量次元に等しいように見えるが，一般には正しくない．von Koch 曲線の例で見たように，考えている理論に特徴的なスケールが複数あると，べきの指数が次元解析からでは理解できなくなる．Gauss 模型の場合，くりこみ群変換によって生まれる新たな項は存在せず，新しい結合定数はスケール変換の分だけ変化する．結合定数が他のスケールによって影響を受けることはなく，スケーリング次元は質量次元のみによって決まる自明なものとなる．非線形効果がある系では異なるスケールの混じり合いが生じ，異常次元が得られる[*7]．

異常次元の存在を，相関関数のふるまいから見てみよう．Gauss 模型の相関関数は 4.2 節（81 ページ）で計算された Green 関数と同じである．相関関数は $\mathcal{H}$ についての平均 $\langle\ \rangle$ を用いて

$$
G(\boldsymbol{r},\boldsymbol{r}')=\langle\phi(\boldsymbol{r})\phi(\boldsymbol{r}')\rangle \tag{10.12}
$$

と書けるから，

$$
[G(\boldsymbol{r},\boldsymbol{r}')]=2[\phi(\boldsymbol{r})]=d-2 \tag{10.13}
$$

である．一方，臨界点直上での相関関数から臨界指数 η が次のように定義される．

$$
G(\boldsymbol{r},\boldsymbol{r}')\sim\frac{1}{|\boldsymbol{r}-\boldsymbol{r}'|^{d-2+\eta}} \tag{10.14}
$$

[*6] 例えば，微分項より $-d+2+2[\phi(\boldsymbol{r})]=0$ が成り立ち $[\phi(\boldsymbol{r})]$ が決まる．$-d$ は座標積分，2 は 2 階の微分演算子からくる寄与である．

[*7] 場の理論において，Gauss 模型は自由スカラー場の系に対応している．この系では，**Klein–Gordon 方程式**（Klein–Gordon equation）によって表される運動方程式は線形の方程式であり，異なったスケールの混じり合いが生じない．非線形な相互作用のある系においてのみ，くりこみ群変換が非自明になる．

Gauss 模型の場合，$\eta = 0$ であり，$1/|\boldsymbol{r} - \boldsymbol{r}'|^{d-2}$ の次元は G の次元と一致する．一般には省略した比例係数に次元のある量が隠れている．そのとき，$\eta \neq 0$ になることがある．

10.2.3　Gauss 固定点

Gauss 模型に ϕ^4 の項を入れて計算しても $u = 0$ とすれば Gauss 模型の結果に帰着するから，$(t, H, u) = (0, 0, 0)$ は固定点の一つである．この固定点を **Gauss 固定点**（Gaussian fixed point）とよぶ．後の計算で確かめるが，この固定点では u のスケーリング次元も質量次元に等しい値 $4 - d$ をとる．$d < 4$ のとき，u は有意な変数，$d > 4$ のとき有意でない変数となる．$d = 4$ が境になることは，Ginzburg の基準で得た結果にほかならない．$d = 4$ は上部臨界次元を表す．

$d > 4$ で u は有意でない変数となるので，このときの臨界現象は Gauss 固定点によって支配されているといえる．この固定点に関する臨界指数を求めてみよう．表 7.1（150 ページ）の公式に $x_t = 2$，$x_H = (d + 2)/2$ の値を代入すると，

$$\alpha = \frac{4-d}{2}, \quad \beta = \frac{d-2}{4}, \quad \gamma = 1, \quad \delta = \frac{d+2}{d-2}, \quad \nu = \frac{1}{2}, \quad \eta = 0 \tag{10.15}$$

を得る．これらの値は次元に依存した結果であり，Ising 模型の平均場近似による指数とは一致していない．

不一致の理由は，u が**有意でないが危険な変数**（dangerous irrelevant variable）となっているからである．u はくりこみ群変換によって固定点に向かうにつれ小さくなるので最初からないものとして扱うのが基本的な考え方だが，自由エネルギーや磁化が $u = 0$ で発散するときには単に $u = 0$ とおくと誤った結果になる．例えば，磁場が 0 のときの自由エネルギーおよび磁化は，スケーリング理論を用いて

$$f(t, u) = t^{d/x_t} F_f(t^{-x_u/x_t} u) \tag{10.16}$$

$$m(t, u) = t^{(d-x_H)/x_t} F_m(t^{-x_u/x_t} u) \tag{10.17}$$

と書けるが，スケーリング関数 $F_f(x)$ および $F_m(x)$ が $x = 0$ で発散してしまう．正しい臨界指数を求めるには自由エネルギーの u に関する依存性を調べる必要がある[*8]．

*8　7.1 節（135 ページ）で扱った von Koch 曲線の例では，ℓ がそのような変数に対応する．

ハミルトニアンの変数 $\phi(\boldsymbol{r})$ を $u^{-1/2}\phi(\boldsymbol{r})$ とおきかえると，$H=0$ で

$$\mathcal{H}(u) = -\frac{1}{u}\int \mathrm{d}^d\boldsymbol{r}\left[\frac{1}{2}\left(\boldsymbol{\nabla}\phi(\boldsymbol{r})\right)^2 + \frac{t}{2}\phi^2(\boldsymbol{r}) + \frac{1}{4!}\phi^4(\boldsymbol{r})\right] = \frac{1}{u}\mathcal{H}(1) \tag{10.18}$$

となる．自由エネルギーと磁化は

$$f(t,u) = \frac{1}{V}\ln \mathrm{Tr}\,\mathrm{e}^{\mathcal{H}(1)/u} \tag{10.19}$$

$$m(t,u) = u^{-1/2}\frac{\mathrm{Tr}\,\phi(\boldsymbol{r})\mathrm{e}^{\mathcal{H}(1)/u}}{\mathrm{Tr}\,\mathrm{e}^{\mathcal{H}(1)/u}} \tag{10.20}$$

と書ける．$u\to 0$ のとき，ϕ に関する積分は鞍点法を用いて見積もることができて，自由エネルギーは u^{-1}，磁化は $u^{-1/2}$ に比例していることがわかる．よって，

$$f(t,u) \sim t^{d/x_t}(t^{-x_u/x_t}u)^{-1} = t^{(d+x_u)/x_t}u^{-1} \sim t^{2-\alpha} \tag{10.21}$$

$$m(t,u) \sim t^{(d-x_H)/x_t}(t^{-x_u/x_t}u)^{-1/2} = t^{[2(d-x_H)+x_u]/(2x_t)}u^{-1/2} \sim t^{\beta} \tag{10.22}$$

となり，臨界指数は $x_t=2$，$x_H=(d+2)/2$，$x_u=4-d$ を用いて

$$\alpha = 2 - \frac{d+x_u}{x_t} = 0 \tag{10.23}$$

$$\beta = \frac{2(d-x_H)+x_u}{2x_t} = \frac{1}{2} \tag{10.24}$$

と，平均場近似の値と一致する．同様にして δ についても計算することができるが，磁場を考えないといけないので計算はやや面倒である．また，相関関数に関する臨界指数 γ，ν，η は，u によって影響を受けず平均場解と一致している．磁化が $u^{-1/2}$ に比例しているから 2 点相関関数は u^{-1} に比例すると思えるが，u^{-1} の項は相殺して発散しない項のみが残る[*9]．

このようにして，有意でないが危険な変数に対する注意は必要となるが，Gauss 固定点から求められる臨界指数は平均場理論による古典的な値を与える．ϕ^4 模型が 4 次元以下の系において異なる臨界指数をもつのであれば，Gauss 固定点とは異なる固定点が存在するはずである．次節以降ではこの点について摂動展開を用いて考える．

[*9] 式 (4.51)（85 ページ）の連結相関関数であるから，u^{-1} の項は第 1 項と第 2 項の間で打ち消し合う．

10.3　摂動展開

ϕ^4 模型の分配関数を厳密に計算して自由エネルギーを求めることはできない．そこで，摂動展開の方法を用いてくりこみ群解析を近似的に行う．興味があるのは，4 次元以下の系で Gauss 固定点以外の非自明な固定点があるかどうかである．ここでは摂動展開の一般論を展開し，それを ϕ^4 模型のくりこみ群変換に適用する．近似の結果，結合定数の変換則 (10.66)，(10.67) が得られる．結果の解析は次節で行う．

10.3.1　摂動の一般論

キュムラント展開

ハミルトニアンを二つに分割する．

$$\mathcal{H} = \mathcal{H}_0 + \mathcal{H}_{\mathrm{I}} \tag{10.25}$$

$\mathcal{H}_0$ を第 0 近似解として $\mathcal{H}_{\mathrm{I}}$ の寄与を摂動として扱う．すなわち，自由エネルギーは $\mathcal{H}_{\mathrm{I}}$ のべき展開を用いて表される．

分配関数は 9.3 節（183 ページ）で考えたように

$$Z = \mathrm{Tr}\,\mathrm{e}^{\mathcal{H}} = Z_0 \left\langle \mathrm{e}^{\mathcal{H}_{\mathrm{I}}} \right\rangle_0 \tag{10.26}$$

と書ける．ここで

$$Z_0 = \mathrm{Tr}\,\mathrm{e}^{\mathcal{H}_0} \tag{10.27}$$

$$\langle \cdots \rangle_0 = \frac{1}{Z_0} \mathrm{Tr}\,\mathrm{e}^{\mathcal{H}_0} (\cdots) \tag{10.28}$$

とした．$\mathcal{H}_{\mathrm{I}}$ の $\mathcal{H}_0$ に関する平均は，付録 A.2 節（326 ページ）のキュムラント展開を用いると

$$\left\langle \mathrm{e}^{\mathcal{H}_{\mathrm{I}}} \right\rangle_0 = \exp\left(\sum_{n=1}^{\infty} \frac{1}{n!} \langle \mathcal{H}_{\mathrm{I}}^n \rangle_{0\mathrm{c}} \right) \tag{10.29}$$

と表される．キュムラントを用いる理由は，式 (10.26) の対数が自由エネルギーを表しているからである．つまり，キュムラント展開の n 次の項が自由エネルギーの n 次の寄与を与える．

Gauss 基底

前節までと同様に，実スカラー変数 $\phi(\boldsymbol{r})$ で記述される系を扱おう．$\mathcal{H}_0$ が $\phi(\boldsymbol{r})$ の 2 次形式である Gauss 基底を用いると摂動展開が行いやすい[*10]．次のような $\mathcal{H}_0$ を考える．

$$\mathcal{H}_0 = -\frac{1}{2}\int \mathrm{d}^d\boldsymbol{r}\mathrm{d}^d\boldsymbol{r}'\,\phi(\boldsymbol{r})G^{-1}(\boldsymbol{r}-\boldsymbol{r}')\phi(\boldsymbol{r}') \tag{10.30}$$

$G^{-1}(\boldsymbol{r})$ は Green 関数 $G(\boldsymbol{r})$ と次の関係をもつ．

$$\int \mathrm{d}^d\boldsymbol{r}'\,G^{-1}(\boldsymbol{r}-\boldsymbol{r}')G(\boldsymbol{r}'-\boldsymbol{r}'') = \delta^d(\boldsymbol{r}-\boldsymbol{r}'') \tag{10.31}$$

Green 関数はハミルトニアン $\mathcal{H}_0$ についての 2 点相関関数にほかならず，次のように書ける．

$$G(\boldsymbol{r}-\boldsymbol{r}') = \langle\phi(\boldsymbol{r})\phi(\boldsymbol{r}')\rangle_0 \tag{10.32}$$

Gauss 積分の性質を利用している．詳しくは付録 C.3 節（341 ページ）を参照．

Green 関数を二つのベクトルの差 $\boldsymbol{r}-\boldsymbol{r}'$ の関数としているのは，考えている系が並進不変であることを想定しているためである．このとき Fourier 変換を用いるのが便利であり，ハミルトニアンは

$$\mathcal{H}_0 = -\frac{1}{2}\int \frac{\mathrm{d}^d\boldsymbol{k}}{(2\pi)^d}\,\tilde{G}^{-1}(\boldsymbol{k})|\tilde{\phi}(\boldsymbol{k})|^2 \tag{10.33}$$

と書ける．Green 関数の Fourier 変換は，付録 C.2 節（338 ページ）のように

$$G(\boldsymbol{r}) = \int \frac{\mathrm{d}^d\boldsymbol{k}}{(2\pi)^d}\,\tilde{G}(\boldsymbol{k})\mathrm{e}^{i\boldsymbol{k}\cdot\boldsymbol{r}} \tag{10.34}$$

$$\tilde{G}(\boldsymbol{k}) = \int \mathrm{d}^d\boldsymbol{r}\,G(\boldsymbol{r})\mathrm{e}^{-i\boldsymbol{k}\cdot\boldsymbol{r}} \tag{10.35}$$

と定義される．$\tilde{G}^{-1}(\boldsymbol{k})$ は $\tilde{G}(\boldsymbol{k})$ の逆数を表す．$\boldsymbol{k}$ 空間での相関関数は次のようになる．

$$\langle\tilde{\phi}(\boldsymbol{k})\tilde{\phi}(\boldsymbol{k}')\rangle_0 = \tilde{G}(\boldsymbol{k})(2\pi)^d\delta^d(\boldsymbol{k}+\boldsymbol{k}') \tag{10.36}$$

$\mathcal{H}_0$ として Gauss 模型のハミルトニアン (10.2)（磁場は 0 とする）を選ぶのが典型的な例である．Green 関数を用いて表していた一般的な表現 (10.30), (10.33) は，

[*10] Gauss 基底とよぶのは 2 次形式であると平均計算 $\langle\cdots\rangle_0$ が Gauss 積分になるからである．

Gauss 模型の場合

$$\mathcal{H}_0 = -\frac{1}{2}\int \mathrm{d}^d\boldsymbol{r}\,\phi(\boldsymbol{r})\left(-\boldsymbol{\nabla}^2 + t\right)\phi(\boldsymbol{r}) = -\frac{1}{2}\int \frac{\mathrm{d}^d\boldsymbol{k}}{(2\pi)^d}\,(\boldsymbol{k}^2 + t)|\tilde{\phi}(\boldsymbol{k})|^2 \tag{10.37}$$

である[*11]．$G(\boldsymbol{r})$ は次の微分方程式を満たす[*12]．

$$\left(-\boldsymbol{\nabla}_{\boldsymbol{r}}^2 + t\right)G(\boldsymbol{r}-\boldsymbol{r}') = \delta^d(\boldsymbol{r}-\boldsymbol{r}') \tag{10.38}$$

この式を Fourier 変換するか式 (10.33) と式 (10.37) を比較することで，$\tilde{G}(\boldsymbol{k})$ の具体的な表現

$$\tilde{G}(\boldsymbol{k}) = \frac{1}{\boldsymbol{k}^2 + t} \tag{10.39}$$

を得る．

相関関数と Feynman ダイアグラム

Gauss 基底を用いて摂動計算を行う手順を示そう．そのためには，キュムラントの各項 $\langle\mathcal{H}_{\mathrm{I}}^n\rangle_{0\mathrm{c}}$ を計算する必要がある．一般に，$\mathcal{H}_{\mathrm{I}}$ は $\phi(\boldsymbol{r})$ の多項式を含んでいるので，$\phi(\boldsymbol{r})$ の任意の次数の相関関数がわかればよい．$\mathcal{H}_0$ は ϕ の 2 次形式であり，任意の次数の相関関数は Green 関数を用いて表される．詳しくは付録 C.3 節（341 ページ）で議論しているが，Gauss 積分を用いて次の相関関数の公式が導かれる．

$$\langle\phi(\boldsymbol{r}_1)\phi(\boldsymbol{r}_2)\cdots\phi(\boldsymbol{r}_{2k})\rangle_0 = \sum_{\mathrm{P}} G(\boldsymbol{r}_{i_1}-\boldsymbol{r}_{i_2})G(\boldsymbol{r}_{i_3}-\boldsymbol{r}_{i_4})\cdots G(\boldsymbol{r}_{i_{2k-1}}-\boldsymbol{r}_{i_{2k}}) \tag{10.40}$$

$(i_1, i_2, \cdots, i_{2k})$ は $2k$ 個のラベルを並べかえたものを表す．和は可能な対のとり方すべてについてとる[*13]．例えば，4 点関数については

$$\begin{aligned}\langle\phi(\boldsymbol{r}_1)\phi(\boldsymbol{r}_2)\phi(\boldsymbol{r}_3)\phi(\boldsymbol{r}_4)\rangle_0 = {}& G(\boldsymbol{r}_1-\boldsymbol{r}_2)G(\boldsymbol{r}_3-\boldsymbol{r}_4)+G(\boldsymbol{r}_1-\boldsymbol{r}_3)G(\boldsymbol{r}_2-\boldsymbol{r}_4)\\ &+G(\boldsymbol{r}_1-\boldsymbol{r}_4)G(\boldsymbol{r}_2-\boldsymbol{r}_3)\end{aligned} \tag{10.41}$$

[*11] 座標表示においてハミルトニアンは微分演算子を含んでいるため，式 (10.30) では 2 種類の変数の積分を用いて表現していた．局所的な関数の積分で書けないことは差分に直すとよくわかる．4.3.3 項（89 ページ）の勾配展開や 6.3 節（123 ページ）の球形模型を参照．

[*12] G^{-1} は形式的に $G^{-1}(\boldsymbol{r}-\boldsymbol{r}') = \delta^d(\boldsymbol{r}-\boldsymbol{r}')\left(-\boldsymbol{\nabla}_{\boldsymbol{r}}^2 + t\right)$ と書ける．

[*13] P は permutation（置換）の P．

となる．式 (10.32) から $G(\boldsymbol{r}) = G(-\boldsymbol{r})$ とわかるので，引数の順番は気にしないでよい．奇数次の相関関数はすべて 0 になる．被積分関数が ϕ について奇関数なので，ϕ の汎関数積分を行うと 0 になるからである．このような計算法則は，**Wick の定理**（Wick theorem）または **Bloch–de Dominicis の定理**（Bloch–de Dominicis theorem）とよばれている[14]．一見複雑な計算であるが，本質的には次の Gauss 積分の計算規則にすぎない．

$$\langle x^{2k} \rangle = \frac{\int_{-\infty}^{\infty} \mathrm{d}x\, x^{2k} \exp\left(-\frac{x^2}{2g}\right)}{\int_{-\infty}^{\infty} \mathrm{d}x\, \exp\left(-\frac{x^2}{2g}\right)} = (2k-1)!!g^k \tag{10.42}$$

$2k$ 個の x から 2 個ずつの対をつくる場合の数は $(2k-1)!!$ であり，一つの x^2 に対して $\langle x^2 \rangle = g$ を割り当てている．これを一般化したものが相関関数の公式となる．これですべての展開項が原理的には計算可能となる．

ϕ^4 模型の場合の具体的な計算を行ってみよう．$\mathcal{H}_0$ は Gauss 模型のハミルトニアン (10.37) であり（磁場は 0），摂動項は

$$\mathcal{H}_{\mathrm{I}} = -\frac{u}{4!} \int \mathrm{d}^d \boldsymbol{r}\, \phi^4(\boldsymbol{r}) \tag{10.43}$$

である．摂動の 1 次は次のように計算される．

$$\langle \mathcal{H}_{\mathrm{I}} \rangle_{0\mathrm{c}} = -\frac{u}{4!} \int \mathrm{d}^d \boldsymbol{r}\, \langle \phi^4(\boldsymbol{r}) \rangle_0 = -\frac{u}{4!} V \cdot 3G^2(\boldsymbol{0}) = -V\frac{u}{8} G^2(\boldsymbol{0}) \tag{10.44}$$

四つある $\phi(\boldsymbol{r})$ はすべて同じ点のものなので，Green 関数は $G(\boldsymbol{r}-\boldsymbol{r}) = G(\boldsymbol{0})$ となる．対のとり方が式 (10.41) のように 3 通りあることと，被積分関数が座標によらないので積分は体積 V を与えることを考慮すると，この結果を得る．

どのようなタイプの寄与が生じるかは **Feynman ダイアグラム**（Feynman diagram）を用いて考えるとわかりやすい[15]．例えば，式 (10.41) の 4 点関数の計算は図 10.1 のように表される．図の上側は平均計算 $\langle\ \ \rangle$ を行う前のものであり，4 本の線分はそれぞれ点 $\boldsymbol{r}_i$ を端点にもつことで $\phi(\boldsymbol{r}_i)$ を表している．もう 1 端はまだ宙に浮いている．平均計算を行うと矢印より下側の三つの図になる．点をつないだ曲線は Green 関数を表しており，両端の点は Green 関数 $G(\boldsymbol{r}-\boldsymbol{r}')$ に現れる座標 $\boldsymbol{r}$, $\boldsymbol{r}'$ を表している．点を線でつなぐことが平均計算に対応している．点のつなぎ方は図のように 3 通りある．

[14] G. C. Wick: Phys. Rev. **80**, 268 (1950); C. Bloch and C. de Dominicis: Nucl. Phys. **7**, 459 (1958). 前者は $T=0$ の場の理論，後者は有限温度の場合を扱っている．
[15] R. P. Feynman: Phys. Rev. **76**, 769 (1949).

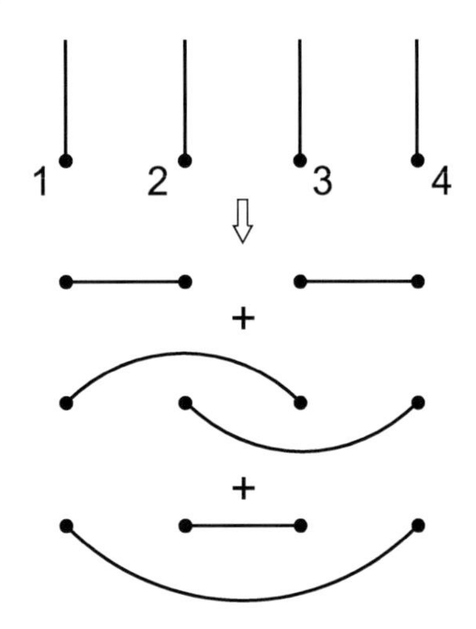

図 10.1　Feynman ダイアグラムの例．$\langle\phi(\boldsymbol{r}_1)\phi(\boldsymbol{r}_2)\phi(\boldsymbol{r}_3)\phi(\boldsymbol{r}_4)\rangle$ の計算を表している．

式 (10.44) の場合を表したのが図 10.2 上である．この場合も 3 通りの組み合わせがあるのだが，どれも幾何学的には同じ図形なので一つのみを表示している．

摂動の 2 次の項 $\langle\mathcal{H}_{\mathrm{I}}^2\rangle_{0\mathrm{c}}$ も同様にして計算することができる．$\boldsymbol{r}$ についての積分などを除いたキュムラント

$$\langle\phi^4(\boldsymbol{r})\phi^4(\boldsymbol{r}')\rangle_{0\mathrm{c}} = \langle\phi^4(\boldsymbol{r})\phi^4(\boldsymbol{r}')\rangle_0 - \langle\phi^4(\boldsymbol{r})\rangle_0\langle\phi^4(\boldsymbol{r}')\rangle_0 \tag{10.45}$$

の部分を Feynman ダイアグラムを用いて考える．右辺第 1 項の 8 点関数の計算は図 10.2 下のように 8 本の線をつなぎ合わせることによって表される．全部で 7! 通りの組み合わせがあるが，そのうち $\boldsymbol{r}$ と $\boldsymbol{r}'$ がつながらない寄与は右辺第 2 項と相殺し合って消える．G の線によって一つにつながっているグラフのみを考えればよい．これはキュムラント展開であることを反映して任意の次数で成り立つ性質である．つながっていないグラフを除くと，図 10.2 右下にある二つのタイプの寄与を得る．式で表すと

$$\langle\phi^4(\boldsymbol{r})\phi^4(\boldsymbol{r}')\rangle_{0\mathrm{c}} = 72G^2(\mathbf{0})G^2(\boldsymbol{r}-\boldsymbol{r}') + 24G^4(\boldsymbol{r}-\boldsymbol{r}') \tag{10.46}$$

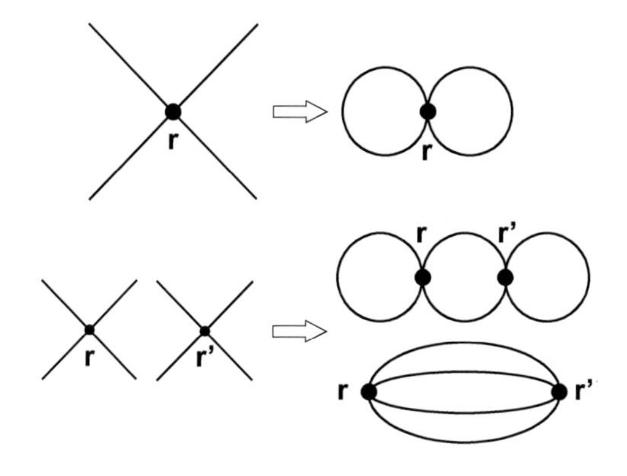

図 **10.2**　ϕ^4 模型における Feynman ダイアグラムの例.（上）摂動の 1 次の寄与.（下）摂動の 2 次.

である．それぞれの項の 72 と 24 は，ϕ の対をとる組み合わせの数を表している[*16]．よって，得られる 2 次の項は

$$\langle \mathcal{H}_{\rm I}^2 \rangle_{0\rm c} = V \frac{u^2}{24} \int {\rm d}^d \boldsymbol{r} \, \left(3G^2(\boldsymbol{0})G^2(\boldsymbol{r}) + G^4(\boldsymbol{r})\right) \tag{10.47}$$

となる．積分は $t \neq 0$ の場合，有限の値を与えるから，結果は体積 V に比例している．式 (10.29) からわかるように，これ（の 1/2）がそのまま自由エネルギーへの寄与を与えるから，自由エネルギーが示量性の変数であるという要請を満たしている[*17]．

このように展開を行うことで，任意の次数の寄与を Green 関数 G を用いて表すことができる．$G(\boldsymbol{0}) = \int \frac{{\rm d}^d \boldsymbol{k}}{(2\pi)^d} \tilde{G}(\boldsymbol{k})$ の計算を実際に行ってみるとわかるが，連続場の系では発散の問題がつきまとう．連続極限をとると積分の範囲が無限大となるからである．スピン系のような格子上の系では波数の上限値が存在するのでカットオフ $\Lambda \sim 1/a$ が自然に導入されるが，連続場の理論ではそのようなものは存在しない．波数が大きいモードの寄与が発散を起こし，重大な問題となる．これを解決（処理）するのが素粒子理論において発展してきたくりこみの方法である．その手法は第 13 章で議論する．くりこみ群変換に適用する次項の計算では，積分は有限の幅に渡って行われるので発散は生じない．

[*16] 第 1 項は，$\boldsymbol{r}$ から出ている 4 本のうち 2 本をつなぐ組み合わせが 6 通り，$\boldsymbol{r}'$ の 2 本をつなぐのに 6 通り，残った 4 本の線を用いて $\boldsymbol{r}$ と $\boldsymbol{r}'$ をつなぐ組み合わせが 2 通りあるので $6 \times 6 \times 2 = 72$ となる．第 2 項は異なる点から出ている線をつなぎ合わせる組み合わせが $4! = 24$ 通りある．
[*17] 体積に比例することは平行移動の自由度によるものと解釈できる．

発散の問題を解決したとしても，摂動展開で得られる結果には注意する必要がある．一般に，物理における摂動展開は収束半径が 0 の**漸近展開**（asymptotic expansion）であることが多い．ϕ^4 模型の u に関する展開の収束半径が 0 であることは，u を負にすると収束しないことからわかる*18．このような展開では，展開を有限の次数で打ち切って展開パラメータを小さくするとよい近似になっているが，摂動の次数を上げれば近似がよくなるという保証はないことに注意しなければならない．

10.3.2　くりこみ群変換の摂動展開

次に，磁場 H が 0 のときの ϕ^4 模型について運動量空間くりこみ群の摂動展開を行う．基本的には前節で考えた一般論を適用すればよいが，場の変数 $\phi(\boldsymbol{r})$ について部分的に積分が行われるために計算はやや長くなる．

変数の分離

場の変数 $\phi(\boldsymbol{r})$ は次のように分解される．

$$\phi(\boldsymbol{r}) = \phi^{<}(\boldsymbol{r}) + \phi^{>}(\boldsymbol{r}) \tag{10.48}$$

$$\phi^{<}(\boldsymbol{r}) = \int_{k<\Lambda/b} \tilde{\phi}(\boldsymbol{k})\mathrm{e}^{i\boldsymbol{k}\cdot\boldsymbol{r}} \tag{10.49}$$

$$\phi^{>}(\boldsymbol{r}) = \int_{\Lambda/b<k<\Lambda} \tilde{\phi}(\boldsymbol{k})\mathrm{e}^{i\boldsymbol{k}\cdot\boldsymbol{r}} \tag{10.50}$$

くりこみ群変換では，速く変動するモード $\phi^{>}$ について積分を行い，残ったゆっくり変動するモード $\phi^{<}$ についてスケール変換 $\boldsymbol{k} \to \boldsymbol{k}' = b\boldsymbol{k}$ を行う．場の変数を分離したとき，$\mathcal{H}_0$ と $\mathcal{H}_\mathrm{I}$ はともに $\phi^{<}$ にのみ依存する項 $\mathcal{H}^{<}$ と $\phi^{>}$ を含む項 $\mathcal{H}^{>}$ に分けられる．

$$\mathcal{H}_0 = \mathcal{H}_0^{<} + \mathcal{H}_0^{>}, \qquad \mathcal{H}_\mathrm{I} = \mathcal{H}_\mathrm{I}^{<} + \mathcal{H}_\mathrm{I}^{>} \tag{10.51}$$

このとき，自由度の部分的な消去後のハミルトニアン $\mathcal{H}'$ は次のように定義される．

$$\mathrm{e}^{\mathcal{H}'} = \mathrm{Tr}_{\,\phi^{>}}\, \mathrm{e}^{\mathcal{H}} = \mathrm{e}^{\mathcal{H}_0^{<}+\mathcal{H}_\mathrm{I}^{<}}\, \mathrm{Tr}_{\,\phi^{>}}\, \mathrm{e}^{\mathcal{H}_0^{>}+\mathcal{H}_\mathrm{I}^{>}} = \mathrm{e}^{\mathcal{H}_0^{<}+\mathcal{H}_\mathrm{I}^{<}} Z_0^{>} \langle \mathrm{e}^{\mathcal{H}_\mathrm{I}^{>}} \rangle_0 \tag{10.52}$$

ここで，Tr で表される状態和は $\phi^{>}$ についての汎関数積分を，$Z_0^{>}$ および $\langle\ \ \rangle_0$ は $\mathcal{H}_0^{>}$ についての分配関数および平均を表している．$\mathcal{H}_\mathrm{I}^{>}$ について摂動展開を行うと，

*18 図 4.1（74 ページ）が $u > 0$ の場合を表している．負であると最小値が $m \to \pm\infty$ となってしまう．

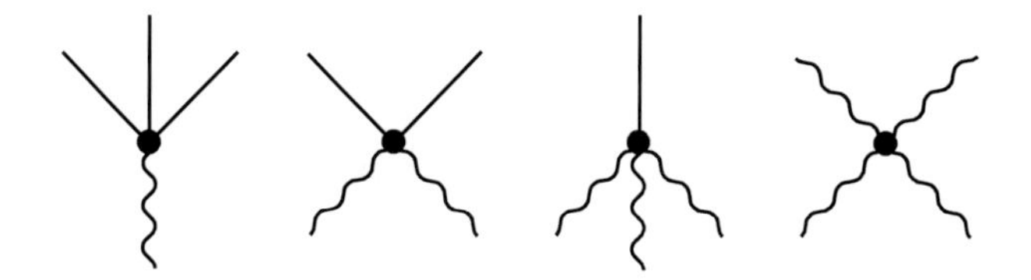

図 10.3　式 (10.54) の $\mathcal{H}_{\mathrm{I}}^{>}$ を表す Feynman ダイアグラム．直線が $\phi^{<}$，波線が $\phi^{>}$ を表す．

$$\mathcal{H}' = \mathcal{H}_0^{<} + \mathcal{H}_{\mathrm{I}}^{<} + \ln Z_0^{>} + \sum_{n=1}^{\infty} \frac{1}{n!} \langle (\mathcal{H}_{\mathrm{I}}^{>})^n \rangle_{0\mathrm{c}} \tag{10.53}$$

と書ける．新しいハミルトニアン $\mathcal{H}'$ は，元の $\mathcal{H}$ において ϕ を $\phi^{<}$ に変えたハミルトニアン $\mathcal{H}_0^{<} + \mathcal{H}_{\mathrm{I}}^{<}$，定数項 $\ln Z_0^{>}$，$\phi^{>}$ の積分によって生じた摂動項の寄与から構成される．最後の展開項の低次の具体形を得ることが本節の目的である．

ϕ^4 模型において，ϕ の 2 次の項 $\mathcal{H}_0$ は式 (10.4) のように $\phi^{<}$ のみを含む項 $\mathcal{H}_0^{<}$ と $\phi^{>}$ のみを含む項 $\mathcal{H}_0^{>}$ に分けられるが，4 次の項 $\mathcal{H}_{\mathrm{I}}$ は両者の変数が混じり合う．そのような分離できない項があると，異なる波数（スケール）のモードが混じり合い，非自明な結果を生み出す．これは Gauss 模型にはなかった性質である．$\mathcal{H}_{\mathrm{I}}^{>}$ を具体的に求めてみると

$$\begin{aligned}\mathcal{H}_{\mathrm{I}}^{>} = -\frac{u}{4!} \int \mathrm{d}^d \boldsymbol{r}\ \big[&4(\phi^{<}(\boldsymbol{r}))^3 \phi^{>}(\boldsymbol{r}) + 6(\phi^{<}(\boldsymbol{r}))^2 (\phi^{>}(\boldsymbol{r}))^2 \\ &+4\phi^{<}(\boldsymbol{r})(\phi^{>}(\boldsymbol{r}))^3 + (\phi^{>}(\boldsymbol{r}))^4\big]\end{aligned} \tag{10.54}$$

である．被積分関数のそれぞれの項をダイアグラムを用いて表したのが図 10.3 である．$\phi^{<}$ のモードが直線で，$\phi^{>}$ のモードが波線で表されている．これらのダイアグラムを組み合わせて平均計算を行う．積分は $\phi^{>}$ に関して行われるので，ダイアグラムで線と線をつなぎ合わせるには波線のみを用い，直線の $\phi^{<}$ は外線としてそのまま残す．外線の本数で $\phi^{<}$ の何乗を表しているかがわかる．

キュムラント展開の 1 次 $\langle \mathcal{H}_{\mathrm{I}} \rangle_{0\mathrm{c}}$

展開の 1 次の寄与は，図 10.3 のダイアグラムをそれぞれそのまま平均することによって得られる．波線が奇数本のものは平均をとると 0 になるから，寄与をもたらすのは二つめと四つめのものである．ダイアグラムで表したものが図 10.4 であり，

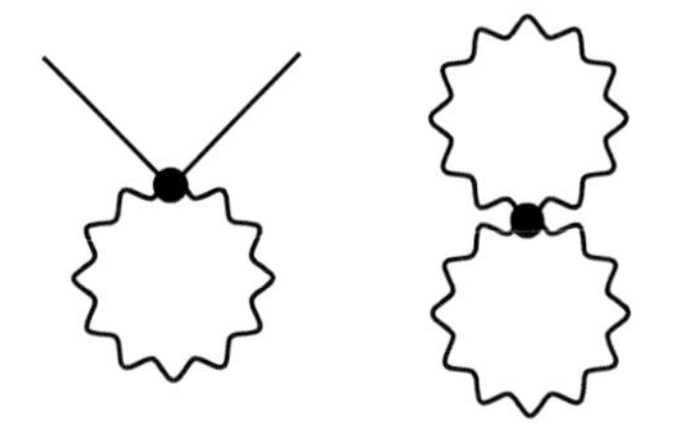

図 10.4　キュムラント展開の 1 次の寄与を表す Feynman ダイアグラム．左が結合定数 t の 1 次補正を与える．

次のように計算される．

$$\begin{aligned}\langle\mathcal{H}_{\mathrm{I}}\rangle_{0\mathrm{c}} &= -\frac{u}{4!}\int \mathrm{d}^d\boldsymbol{r}\ \left[6(\phi^<(\boldsymbol{r}))^2\langle(\phi^>(\boldsymbol{r}))^2\rangle_0 + \langle(\phi^>(\boldsymbol{r}))^4\rangle_0\right] \\ &= -\frac{u}{4!}\int \mathrm{d}^d\boldsymbol{r}\ \left[6(\phi^<(\boldsymbol{r}))^2 G^>(\boldsymbol{0}) + 3(G^>(\boldsymbol{0}))^2\right] \\ &= -\frac{u}{4}G^>(\boldsymbol{0})\int \mathrm{d}^d\boldsymbol{r}\,(\phi^<(\boldsymbol{r}))^2 - V\frac{u}{8}(G^>(\boldsymbol{0}))^2 \\ &= -\frac{u}{4}G^>(\boldsymbol{0})\int_{k<\Lambda/b}|\tilde{\phi}(\boldsymbol{k})|^2 - V\frac{u}{8}(G^>(\boldsymbol{0}))^2 \end{aligned} \tag{10.55}$$

ここで，$\phi^>$ に関する Green 関数 $G^>$ を次のように定義した．

$$G^>(\boldsymbol{r}) = \int_{\Lambda/b<k<\Lambda}\tilde{G}(\boldsymbol{k})\mathrm{e}^{i\boldsymbol{k}\cdot\boldsymbol{r}} \tag{10.56}$$

式 (10.55) の第 1 項は $\phi^<$ について 2 次であり，結合定数 t' への寄与を与える．第 2 項は定数であるから考えない．

$\mathcal{H}'$ はキュムラント展開の 1 次までで $\mathcal{H}' = \mathcal{H}_0^< + \mathcal{H}_{\mathrm{I}}^< + \langle\mathcal{H}_{\mathrm{I}}^>\rangle_{0\mathrm{c}} + \mathrm{const.}$ と表され，その具体的な表現は次のようなものになる．

$$\mathcal{H}' = -\frac{1}{2}\int_{k<\Lambda/b}\left(\tilde{G}^{-1}(\boldsymbol{k}) + \frac{u}{2}G^>(\boldsymbol{0})\right)|\tilde{\phi}(\boldsymbol{k})|^2 - \frac{u}{4!}\int \mathrm{d}^d\boldsymbol{r}\,(\phi^<(\boldsymbol{r}))^4 + \mathrm{const.} \tag{10.57}$$

まだスケール変換は行っていない．この近似では t の u による補正が得られた．u の補正を得るためには次の次数まで考える必要がある[*19]．

[*19] 摂動の次数とキュムラント展開の次数は一致しない．以下の議論を参照．

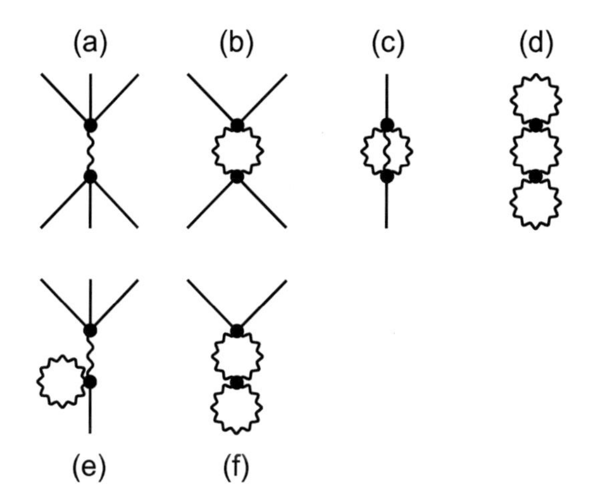

図 10.5 キュムラント展開の 2 次の寄与を表す Feynman ダイアグラム．(b) が u の 1 次補正を与える．

キュムラント展開の 2 次 $\langle \mathcal{H}_{\mathrm{I}}^2 \rangle_{0c}$

2 次の項は ϕ^4 の項を二つ組み合わせてつくる．つながっている寄与のみを考えると，図 10.5 のようなダイアグラムが得られる．これらの項についてそれぞれ考えると次のようになる．

(a) 外線が 6 本あるので ϕ^6 の寄与を与える．元のハミルトニアンにはない寄与をもたらすが，新しい項を扱うのは厄介であるし，6 乗項の結合定数はその次元から非有意変数であると考えられる．よってここではこの寄与は考えない．

(b) ϕ^4 の寄与を与える．

(c) ϕ^2 の寄与を与える．Gauss 模型の結合定数に影響を与えるが，u を二つ伴うから図 10.4 左と比較して高次の次数である．よってこの項は考えない．

(d) 定数項を与える．ここでは興味のない量なので考えない．

(e) ϕ^4 の寄与を与えるように見えるが積分は 0 となる．下の点につながる四つの ϕ について，そのうちの二つで対をつくっているので，三つから二つを選ぶ組

み合わせの数 3 を考慮して

$$\int \mathrm{d}^d\boldsymbol{r}\,(\phi^>(\boldsymbol{r}))^3\phi^<(\boldsymbol{r}) \to 3\int \mathrm{d}^d\boldsymbol{r}\,\langle(\phi^>(\boldsymbol{r}))^2\rangle_0\phi^>(\boldsymbol{r})\phi^<(\boldsymbol{r})$$
$$= 3G^>(\boldsymbol{0})\int \mathrm{d}^d\boldsymbol{r}\,\phi^>(\boldsymbol{r})\phi^<(\boldsymbol{r}) \tag{10.58}$$

となる．最後の積分について Fourier 変換を行うと，$\phi^>$ のもつ波数と $\phi^<$ のもつ波数が大きさが同じで逆符号でなければならないことがわかる．ところが，前者は速いモード，後者は遅いモードを表すからそのような条件は満たされない．よって積分は 0 である．

(f) ϕ^2 の寄与を与えるが，(c) と同様に高次の寄与なので考えない．

(e) のような寄与がないことは Feynman ダイアグラムの各頂点（図の黒丸）において波数ベクトルの保存則が成り立つことからすぐにわかる．実線と波線がそれぞれもつ波数は異なるから，実線 1 本が頂点で波線 1 本に転換することはありえない．

摂動展開の次数はキュムラント展開の次数ではなく内線がつくるループの数によって判断できる．図 10.4 左や図 10.5(c)，(f) では，u の次数とループの数が一致している．(b) の場合，u が二つあるがループが一つである．このダイアグラムは式 (10.57) 右辺第 2 項に寄与する．もともと u が一つ入っている項であるから，u の次数を一つ差し引いて考えるべきである．それはループの数に等しい．このようにしてループ数で展開の次数を判断できる．

以上より，考慮するのは (b) のダイアグラムのみとなる．$\mathcal{H}'$ への寄与は，組み合わせの数を考慮して

$$\frac{1}{2}\langle(\mathcal{H}_\mathrm{I}^>)^2\rangle_{0\mathrm{c}} \sim \frac{1}{2}\left(\frac{u}{4!}\right)^2\cdot 72\int \mathrm{d}^d\boldsymbol{r}_1\mathrm{d}^d\boldsymbol{r}_2\,(\phi^<(\boldsymbol{r}_1))^2(\phi^<(\boldsymbol{r}_2))^2(G^>(\boldsymbol{r}_1-\boldsymbol{r}_2))^2 \tag{10.59}$$

となる．この項は非局所的な相互作用を表しているが，Green 関数 $G^>(\boldsymbol{r})$ が大きい波数のモードのみを含む短距離相関，$\phi^<(\boldsymbol{r})$ が小さい波数のみを含むゆっくりと変動する関数であることを考慮すると，勾配展開を行うことができて第 0 近似で局所的な相互作用が得られる．上の式を，重心座標 $\boldsymbol{R} = (\boldsymbol{r}_1 + \boldsymbol{r}_2)/2$ および相対座標

$\boldsymbol{r}=\boldsymbol{r}_1-\boldsymbol{r}_2$ を用いて次のように書きかえる．

$$\begin{aligned}&\frac{u^2}{16}\int \mathrm{d}^d\boldsymbol{R}\mathrm{d}^d\boldsymbol{r}\,(\phi^<(\boldsymbol{R}+\boldsymbol{r}/2))^2(G^>(\boldsymbol{r}))^2(\phi^<(\boldsymbol{R}-\boldsymbol{r}/2))^2\\&\quad=\frac{u^2}{16}\int \mathrm{d}^d\boldsymbol{R}\mathrm{d}^d\boldsymbol{r}\,(\phi^<(\boldsymbol{R}))^2\exp\left(\overleftarrow{\boldsymbol{\nabla}}_{\boldsymbol{R}}\cdot\frac{\boldsymbol{r}}{2}\right)(G^>(\boldsymbol{r}))^2\\&\qquad\times\exp\left(-\frac{\boldsymbol{r}}{2}\cdot\boldsymbol{\nabla}_{\boldsymbol{R}}\right)(\phi^<(\boldsymbol{R}))^2\end{aligned}\tag{10.60}$$

$f(x+a)=\exp\left(a\frac{\mathrm{d}}{\mathrm{d}x}\right)f(x)$ という関係を用いて勾配展開を行いやすい形に書きかえている．$\phi^<(\boldsymbol{R})$ は $\boldsymbol{R}$ に関してゆっくり変動するからその微分は小さくなる．展開の第 0 近似は微分を無視する，つまり指数関数演算子を 1 にすることであり，次のように $\phi^4(\boldsymbol{r})$ の相互作用を得る．

$$\frac{u^2}{16}\int \mathrm{d}^d\boldsymbol{r}\,(G^>(\boldsymbol{r}))^2\int \mathrm{d}^d\boldsymbol{R}\,(\phi^<(\boldsymbol{R}))^4=\frac{u^2}{16}\int_{\Lambda/b<k<\Lambda}\tilde{G}^2(\boldsymbol{k})\int \mathrm{d}^d\boldsymbol{r}\,(\phi^<(\boldsymbol{r}))^4\tag{10.61}$$

高次補正は微分を含んだ項を与えるが，そのような項の結合定数は有意でない変数になると期待して，ここでは考えない．

1 次摂動の結果

以上より，$\mathcal{H}'$ は

$$\mathcal{H}'\sim-\frac{1}{2}\int_{k<\Lambda/b}\left(c\boldsymbol{k}^2+t+\frac{u}{2}I_1\right)|\tilde{\phi}(\boldsymbol{k})|^2-\frac{u}{4!}\left(1-\frac{3u}{2}I_2\right)\int \mathrm{d}^d\boldsymbol{r}\,(\phi^<(\boldsymbol{r}))^4\tag{10.62}$$

と書ける．I_1，I_2 は次のように定義した．

$$I_1=\int_{\Lambda/b<k<\Lambda}\tilde{G}(\boldsymbol{k})\tag{10.63}$$

$$I_2=\int_{\Lambda/b<k<\Lambda}\tilde{G}^2(\boldsymbol{k})\tag{10.64}$$

ここで考えた近似では，t および u がくりこみ群変換によって補正を受ける．c は変化しない．Gauss 模型のときと同様にして，$\tilde{\phi}(\boldsymbol{k})$ のスケーリング次元を $x_\phi=-(d+2)/2$，$c=1$ とする．このとき，スケール変換 $\boldsymbol{k}\to\boldsymbol{k}'=b\boldsymbol{k}$，$\boldsymbol{r}\to\boldsymbol{r}'=\boldsymbol{r}/b$ を用いて

$$\begin{aligned}\mathcal{H}'\sim&-\frac{1}{2}\int_{k'<\Lambda}\left[\boldsymbol{k}'^2+b^2\left(t+\frac{u}{2}I_1\right)\right]|\tilde{\phi}'(\boldsymbol{k}')|^2\\&-\frac{u}{4!}b^{4-d}\left(1-\frac{3u}{2}I_2\right)\int \mathrm{d}^d\boldsymbol{r}'\,(\phi'(\boldsymbol{r}'))^4\end{aligned}\tag{10.65}$$

となる．$\phi'(\boldsymbol{r}')$ は $\tilde{\phi}'(\boldsymbol{k}')$ の Fourier 変換を表す．この式から結合定数の変換則が現在の近似の範囲で次のように得られる．

$$t' = b^2\left(t + \frac{u}{2}I_1\right) \tag{10.66}$$

$$u' = b^{4-d}u\left(1 - \frac{3u}{2}I_2\right) \tag{10.67}$$

10.4　くりこみ群の流れと固定点

前節で得たくりこみ群変換の結果 (10.66), (10.67) について，固定点を求めてくりこみ群の流れを調べる．ここでは，$d = 4 - \epsilon$ として ϵ に関して展開を行うことで，Gauss 固定点以外の固定点が存在するかどうか調べる．ϵ に関する展開を用いるので，得られる固定点は $\epsilon \to 0$ の極限で Gauss 固定点につながるものである．逆にいえば，ここで行っている近似計算ではそのような解しか見つけることができない．例えば，第 12 章で扱う Kosterlitz–Thouless 転移のようなある特定の次元において存在する特別な臨界現象は ϵ 展開では得られない．4 次元から連続的につながる非自明な解を探し，3 次元の臨界現象の手がかりを探るということが，ここで行う解析の趣旨である．

積分 I_1, I_2 は $b = 1$ で 0 となること，および得られる固定点は $\epsilon = 0$ で $(t, u) = (0, 0)$ となることをふまえると，$b-1$，ϵ，t で展開できる[*20]．どの項が結果に影響を及ぼすかを具体的な計算を行う前に見るため，積分を次のように展開する．

$$I_1 \sim (b-1)(C_{10}(\epsilon) + tC_{11}(\epsilon)) \tag{10.68}$$

$$I_2 \sim (b-1)(C_{20}(\epsilon) + tC_{21}(\epsilon)) \tag{10.69}$$

$C(\epsilon)$ は t について展開したときの展開係数（ϵ の関数）を表す．このとき，

$$t' \sim b^2\left[t + \frac{u}{2}(b-1)(C_{10}(\epsilon) + tC_{11}(\epsilon))\right] \tag{10.70}$$

$$u' \sim b^{\epsilon}u\left[1 - \frac{3u}{2}(b-1)(C_{20}(\epsilon) + tC_{21}(\epsilon))\right] \tag{10.71}$$

[*20] t は固定点で ϵ に比例しているとするので，t は小さい量と見なされる．

である．ベータ関数を計算すると

$$\beta_t = 2t + \frac{u}{2}\left(C_{10}(\epsilon) + tC_{11}(\epsilon)\right) \tag{10.72}$$

$$\beta_u = \epsilon u - \frac{3u^2}{2}\left(C_{20}(\epsilon) + tC_{21}(\epsilon)\right) \tag{10.73}$$

となる．

固定点はベータ関数が 0 となる (t, u) の点で与えられる．Gauss 固定点 $(t^*, u^*) = (0, 0)$ は明らかな解として存在する．もう一つの非自明な固定点は

$$2t^* = -\frac{u^*}{2}\left(C_{10}(\epsilon) + t^*C_{11}(\epsilon)\right) \tag{10.74}$$

$$\frac{3u^*}{2}\left(C_{20}(\epsilon) + t^*C_{21}(\epsilon)\right) = \epsilon \tag{10.75}$$

より求められる．第 2 式より，

$$u^* = \frac{2\epsilon}{3}\frac{1}{C_{20}(\epsilon) + t^*C_{21}(\epsilon)} \sim \frac{2\epsilon}{3C_{20}(0)} \tag{10.76}$$

となる．固定点の値を ϵ について 1 次の範囲で求めるのであれば，C の ϵ 依存性や分母にある t^* は無視してよい．この結果を第 1 式に代入すると

$$t^* \sim -\frac{\epsilon}{6}\frac{C_{10}(0)}{C_{20}(0)} \tag{10.77}$$

となる．

それぞれの固定点の特徴を調べるには固定点まわりでのくりこみ群の流れを調べればよい．ベータ関数を固定点 (t^*, u^*) のまわりで 1 次まで展開し，

$$\begin{pmatrix} \beta_t \\ \beta_u \end{pmatrix} = \hat{X}\begin{pmatrix} t - t^* \\ u - u^* \end{pmatrix} \tag{10.78}$$

と書いたとき，流れは 2×2 の行列 $\hat{X}$ によって決まる（式 (8.64)（170 ページ））．ϵ の 1 次までで $\hat{X}$ は次のように書ける．

$$\hat{X} = \left.\begin{pmatrix} \dfrac{\partial\beta_t}{\partial t} & \dfrac{\partial\beta_t}{\partial u} \\ \dfrac{\partial\beta_u}{\partial t} & \dfrac{\partial\beta_u}{\partial u} \end{pmatrix}\right|_{(t,u)=(t^*,u^*)}$$

$$\sim \begin{pmatrix} 2 + \dfrac{u^*}{2}C_{11}(\epsilon) & \dfrac{1}{2}\left(C_{10}(\epsilon) + t^*C_{11}(\epsilon)\right) \\ 0 & \epsilon - 3u^*C_{20}(\epsilon) \end{pmatrix}$$

$$\sim \begin{pmatrix} 2+\dfrac{u^*}{2}C_{11}(0) & \dfrac{1}{2}\left(C_{10}(0)+\epsilon C'_{10}(0)+t^*C_{11}(0)\right) \\ 0 & \epsilon-3u^*C_{20}(0) \end{pmatrix} \tag{10.79}$$

この行列は対角成分の値を固有値としてもち，固有値が対応する変数のスケーリング次元を与える．

以上より，ϵ の 1 次の範囲で固定点とスケーリング次元を得るためには $C_{10}(0)$, $C_{11}(0)$，$C_{20}(0)$ を計算すればよい．次の積分から求められる．

$$\begin{aligned} I_1 &\sim \int_{\Lambda/b<|\boldsymbol{k}|<\Lambda} \frac{\mathrm{d}^4\boldsymbol{k}}{(2\pi)^4}\left[\frac{1}{\boldsymbol{k}^2}-\frac{t}{(\boldsymbol{k}^2)^2}\right] = \frac{S_4}{(2\pi)^4}\left(\frac{1-b^{-2}}{2}\Lambda^2 - t\ln b\right) \\ &\sim \frac{S_4}{(2\pi)^4}(b-1)\left(\Lambda^2-t\right) \end{aligned} \tag{10.80}$$

$$I_2 \sim \int_{\Lambda/b<|\boldsymbol{k}|<\Lambda} \frac{\mathrm{d}^4\boldsymbol{k}}{(2\pi)^4}\left(\frac{1}{\boldsymbol{k}^2}\right)^2 = \frac{S_4}{(2\pi)^4}\ln b \sim \frac{S_4}{(2\pi)^4}(b-1) \tag{10.81}$$

S_4 は 4 次元単位球の表面積である．一般に，d 次元単位球の表面積は

$$S_d = \frac{2\pi^{d/2}}{\Gamma(d/2)} \tag{10.82}$$

と計算できて $\frac{S_4}{(2\pi)^4} = \frac{1}{8\pi^2}$ を得るが，ここでは $C = \frac{S_4}{(2\pi)^4}$ とおいて計算を進める．得られる固定点や臨界指数の値がこの値にどのように依存するかを見るためである．結果をまとめると，

$$C_{10}(0) = C\Lambda^2, \qquad C_{11}(0) = -C, \qquad C_{20}(0) = C \tag{10.83}$$

となる．

計算結果を式 (10.76)，(10.77) に代入することによって次の固定点が得られる．

$$(t^*, u^*) = \left(-\frac{\epsilon\Lambda^2}{6}, \frac{2\epsilon}{3C}\right) \tag{10.84}$$

この固定点を **Wilson–Fisher 固定点**（Wilson–Fisher fixed point）という．Wilson–Fisher 固定点は $\epsilon>0$ のとき $u>0$ となる．つまり 4 次元以下の系で物理的に意味をもつ固定点である．$\epsilon\to 0$ で Gauss 固定点に一致する．

スケーリング次元は次の行列の対角成分から得られる．

$$\hat{X} \sim \begin{pmatrix} 2-\dfrac{C}{2}u^* & \dfrac{1}{2}\left(C_{10}(0)+\epsilon C'_{10}(0)+t^*C_{11}(0)\right) \\ 0 & \epsilon-3Cu^* \end{pmatrix} \tag{10.85}$$

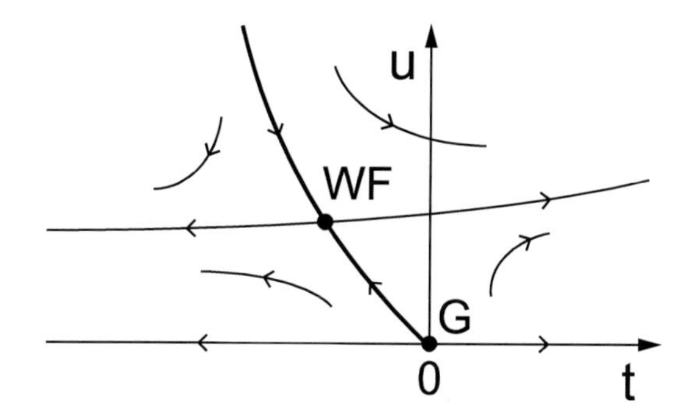

図 10.6　ϕ^4 模型の摂動計算に基づくくりこみ群の流れ．G が Gauss 固定点，WF が Wilson–Fisher 固定点を表す．

二つのスケーリング次元を x_1，x_2 とすると

$$(x_1, x_2) = \begin{cases} (2, \epsilon) & (\text{Gauss 固定点}) \\ \left(2 - \frac{\epsilon}{3}, -\epsilon\right) & (\text{Wilson–Fisher 固定点}) \end{cases} \tag{10.86}$$

を得る．$d < 4$ の場合，Gauss 固定点では二つとも有意な変数となるが，Wilson–Fisher では一つは有意，もう一つは非有意となる．以上より，相図上でのくりこみ群の流れは図 10.6 のようになる．$u > 0$ の系の臨界現象の普遍性は Wilson–Fisher 固定点によって支配されている．

Wilson–Fisher 固定点に関してはスケーリング次元 x_1 をもつ変数が有意であり，温度変数の役割を果たしている．温度と磁場の 2 変数が有意な変数になるとすると，7.5 節（147 ページ）で考えたスケーリング理論の公式をそのまま用いることができる．すべての臨界指数を求めるには磁場のスケーリング次元も求める必要があるが，温度変数のスケーリング変数のみで求まる指数 ν を書いておくと

$$\nu = \frac{1}{2 - \frac{\epsilon}{3}} \sim \frac{1}{2} + \frac{\epsilon}{12} \tag{10.87}$$

である．$\epsilon \to 1$ の 3 次元に外挿すると $\nu \approx 0.6$ である．

このようにして，摂動計算を行うことで非自明な固定点が生じ，平均場を超える結果を得ることができた．計算結果は近似を用いたものであり，定量的には積極的に信頼するべきものではない．ここでの計算は，Gauss 模型を超えて非線形効果をとり入れることによって初めて非自明な結果が生じることを具体的に示したという

点に意義がある．

高次項のふるまいを詳しく調べる研究は多く存在する．**Borel 変換**（Borel transformation）など，高度な手法を用いて精密に臨界指数の値が計算され，3 次元 Ising 模型の結果と精度よく一致することが確かめられている[*21]．

摂動展開の方法は，複数の展開パラメータを用いるため，計算が複雑である．それでも，得られた固定点 (10.84) が定数 C やカットオフ Λ に依存するのに対して臨界指数 (10.86) の値は ϵ のみによるという結果は，注目すべき点である．これらの性質は普遍性という観点から望ましいものである．固定点は模型に依存した値となるが，スケーリング次元は対称性や次元のみから決まる普遍的な値であってほしい．次章で同じ系を異なる方法を用いて解析し，これらの性質について調べる．

[*21] J. C. Le Guillou and J. Zinn-Justin: Phys. Rev. B **21**, 3976 (1980). 近年までの結果は次の総合報告にまとめられている．A. Pelissetto and E. Vicari: Phys. Rep. **368**, 549 (2002).

11 演算子積展開

前章で ϕ^4 模型のくりこみ群解析を摂動展開を用いて行ったが，その計算は複雑で本質がつかみにくい．本章では，演算子積展開の手法を用いて同じ結果を導く．演算子積展開は固定点での系の普遍性を抽出するのに適した方法である．それによって，前章の結果の普遍性が理解される．

11.1 演算子積展開

固定点 K^* は，スケーリング変数 g_μ のもつスケーリング次元 x_μ およびそれに付随して定義されるスケーリング演算子 ϕ_μ によって特徴づけられる．したがって，普遍的な性質はそれらによって記述されるはずである．臨界指数がスケーリング次元を用いて表されることはその一例である．本章では，スケーリング演算子の果たす役割に注目する．鍵となるのは，Wilson によって提案された演算子積展開の公式である．

11.1.1 固定点での相関関数

スケーリング演算子は直接観測できる物理量ではないが，相関関数を通してその性質をとらえることができる．まず，固定点においてスケーリング演算子の相関関数を調べてみよう．相関関数はスケーリング次元にのみ依存したふるまいをもつことが期待される．

固定点付近 $K^* + \delta K$ でのハミルトニアンは

$$\mathcal{H} = \sum_\alpha (K_\alpha^* + \delta K_\alpha) S_\alpha = \mathcal{H}^* + \sum_\mu g_\mu \phi_\mu \tag{11.1}$$

と書ける．第 1 項 $\mathcal{H}^* = \sum_\alpha K_\alpha^* S_\alpha$ は固定点でのハミルトニアンを表す．スケーリング変数 g_μ に付随して定義されるスケーリング演算子 ϕ_μ は，S_α の適当な線形結合を表している．以下では ϕ_μ が局所スケーリング演算子 $\phi_\mu(\boldsymbol{r})$ の空間積分を用いて表される系を考える．

$$\sum_\mu g_\mu \phi_\mu = \sum_\mu \int \mathrm{d}^d \boldsymbol{r}\, g_\mu \phi_\mu(\boldsymbol{r}) \tag{11.2}$$

$\phi_\mu(\boldsymbol{r})$ は積分変数として扱われる基本場を組み合わせてつくられる複合場であることに注意しよう．ϕ^4 模型の例では，$\phi(\boldsymbol{r})$ や $\phi^2(\boldsymbol{r})$，$(\boldsymbol{\nabla}\phi(\boldsymbol{r}))^2$，$\phi^4(\boldsymbol{r})$ などの線形結合である．

スケール変換パラメータ b のくりこみ群変換を行うと，$\boldsymbol{r} \to \boldsymbol{r}' = \boldsymbol{r}/b$，$g_\mu \to g'_\mu = b^{x_\mu} g_\mu$ に加えて $\phi_\mu(\boldsymbol{r}) \to \phi'_\mu(\boldsymbol{r}')$ の変換がなされる．分配関数が不変であるという条件

$$\begin{aligned} Z &= \mathrm{Tr}\,\exp\left(\mathcal{H}^* + \sum_\mu \int \mathrm{d}^d \boldsymbol{r}\, g_\mu \phi_\mu(\boldsymbol{r})\right) \\ &= \mathrm{Tr}\,\exp\left(\mathcal{H}^* + \sum_\mu \int \mathrm{d}^d \boldsymbol{r}'\, g'_\mu \phi'_\mu(\boldsymbol{r}')\right) \end{aligned} \tag{11.3}$$

より，局所スケーリング演算子は

$$\phi'_\mu(\boldsymbol{r}') = b^{d-x_\mu} \phi_\mu(\boldsymbol{r}) \tag{11.4}$$

という変換則をもつ．スケーリング次元 $d - x_\mu$ をもつと見てもよい．

このスケーリング演算子を用いて各成分の相関関数を

$$G_\mu(\boldsymbol{r}_1 - \boldsymbol{r}_2, g) = \langle \phi_\mu(\boldsymbol{r}_1)\phi_\mu(\boldsymbol{r}_2) \rangle \tag{11.5}$$

と定義する．このとき，

$$G_\mu(\boldsymbol{r}, g) = b^{-2(d-x_\mu)} G_\mu\left(\frac{\boldsymbol{r}}{b}, g' = \{b^{x_\nu} g_\nu\}\right) \tag{11.6}$$

であるから，スケーリング理論で用いる方法に従って $b = |\boldsymbol{r}|$ とすると，固定点 $g = 0$ において

$$G_\mu(\boldsymbol{r}, 0) \sim \frac{1}{|\boldsymbol{r}|^{2\Delta_\mu}}, \qquad \Delta_\mu = d - x_\mu \tag{11.7}$$

が成り立つ．固定点での相関関数はべき的なふるまいを示し，その指数は対応するスケーリング変数のスケーリング次元によって決まる．臨界固定点では相関長が発散するので，べき的なふるまいは自然な結果である．スケーリング理論からでは比例係数を求めることはできないが，これまでにも見てきたように普遍性を調べる目的において係数は重要ではない．以下の計算においてもそのことがわかる．

11.1.2 演算子積展開公式

任意の局所場 $O(\boldsymbol{r})$ は局所スケーリング演算子の線形結合を用いて表現できる．

$$O(\boldsymbol{r}) = \sum_{\mu} c_{\mu}\phi_{\mu}(\boldsymbol{r}) \tag{11.8}$$

ハミルトニアンは基本場からつくられる複合場の線形結合として表現されている．その基底をとり直すことによって定義されるのがスケーリング演算子であるから，どのような場でもスケーリング演算子を用いて表されるはずである．

この性質をふまえて，非局所的な場の積 $O_1(\boldsymbol{r}_1)O_2(\boldsymbol{r}_2)$ を考える．局所的な極限 $\boldsymbol{r}_1 = \boldsymbol{r}_2$ に近づけることを考えると，漸近的に

$$O_1(\boldsymbol{r}_1)O_2(\boldsymbol{r}_2) \sim \sum_{\mu} c_{\mu}(\boldsymbol{r}_1, \boldsymbol{r}_2)\phi_{\mu}(\boldsymbol{r}_1) \qquad (\boldsymbol{r}_1 \sim \boldsymbol{r}_2) \tag{11.9}$$

というふるまいをもつことが期待される．非局所的な場といえども距離を小さくすれば局所スケーリング演算子の線形結合を用いて表現できる．局所極限をとってしまうと式 (11.8) に帰着してしまうのでわずかに非局所性を残す必要があるが，それは係数に現れるはずである．左辺に用いる場の量としてスケーリング演算子を用いると

$$\phi_{\mu}(\boldsymbol{r}_1)\phi_{\nu}(\boldsymbol{r}_2) \sim \sum_{\rho} c_{\mu\nu\rho}(\boldsymbol{r}_1, \boldsymbol{r}_2)\phi_{\rho}(\boldsymbol{r}_1) \qquad (\boldsymbol{r}_1 \sim \boldsymbol{r}_2) \tag{11.10}$$

と書ける．関数 $c_{\mu\nu\rho}(\boldsymbol{r}_1, \boldsymbol{r}_2)$ の座標依存性は，スケーリング次元の定義式 (11.4) や相関関数のふるまい (11.7) を考慮すると，固定点において次のようになると考えられる．

$$c_{\mu\nu\rho}(\boldsymbol{r}_1, \boldsymbol{r}_2) = \frac{c_{\mu\nu\rho}}{|\boldsymbol{r}_1 - \boldsymbol{r}_2|^{\Delta_{\mu}+\Delta_{\nu}-\Delta_{\rho}}} \qquad (\boldsymbol{r}_1 \sim \boldsymbol{r}_2) \tag{11.11}$$

$c_{\mu\nu\rho}$ は座標によらない定数を表す．以上の考察により，**演算子積展開**（operator product expansion）の公式が得られる[*1]．

$$\phi_{\mu}(\boldsymbol{r}_1)\phi_{\nu}(\boldsymbol{r}_2) = \sum_{\rho} \frac{c_{\mu\nu\rho}}{|\boldsymbol{r}_1 - \boldsymbol{r}_2|^{\Delta_{\mu}+\Delta_{\nu}-\Delta_{\rho}}}\phi_{\rho}\left(\frac{\boldsymbol{r}_1 + \boldsymbol{r}_2}{2}\right) \qquad (\boldsymbol{r}_1 \sim \boldsymbol{r}_2) \tag{11.12}$$

[*1] K. G. Wilson: Phys. Rev. **179**, 1499 (1969); L. P. Kadanoff: Phys. Rev. Lett. **23**, 1430 (1969).

この式の意味するところを改めてまとめよう．固定点 $g=0$ において，左辺のような任意のスケーリング演算子の非局所積を考える．もし，$\boldsymbol{r}_1 \sim \boldsymbol{r}_2$ であれば中点 $(\boldsymbol{r}_1+\boldsymbol{r}_2)/2$ におけるスケーリング演算子 $\phi_\rho((\boldsymbol{r}_1+\boldsymbol{r}_2)/2)$ の線形結合として展開することができて，その係数はスケーリング次元 $\varDelta_\mu$ に依存した関数となる*2．この等式はスケーリング演算子に対する恒等式の形で書かれているが，次のような相関関数を考えることによって具体的な意味をもつ．

$$\langle \phi_\mu(\boldsymbol{r}_1)\phi_\nu(\boldsymbol{r}_2)\Phi(\boldsymbol{r}_3,\cdots,\boldsymbol{r}_n)\rangle \tag{11.13}$$

Φ はスケーリング演算子を用いて書かれた任意の汎関数である．平均は固定点 $g=0$ のハミルトニアン $\mathcal{H}^*$ について行われる．$|\boldsymbol{r}_1-\boldsymbol{r}_2| \ll |\boldsymbol{r}_1-\boldsymbol{r}_i|$（$i \geq 3$）であれば $\phi_\mu(\boldsymbol{r}_1)\phi_\nu(\boldsymbol{r}_2)$ を式 (11.12) の右辺でおきかえることができる．そのような等式が任意の Φ について成り立つのであれば，平均記号をとり去っても成り立つはずである．それが式 (11.12) である．

演算子積展開を用いると，相関関数 (11.13) の短距離 $\boldsymbol{r}_1 \sim \boldsymbol{r}_2$ での性質を調べることができる．展開は $|\boldsymbol{r}_1-\boldsymbol{r}_2|$ のべきで表されているので，ϕ_ρ について展開を行ったとき，十分短距離では Δ_ρ の小さい項が主要な寄与となる．係数 $c_{\mu\nu\rho}$ をどのように決めるかは考えているハミルトニアンに依存する．以下の例では，この係数が定数倍の不定性を除いて普遍的なものになることを見る．そしてその値が固定点における臨界現象を特徴づけるのである．

演算子積展開は，場の量子論において複合演算子を扱うための手法として用いられている．場の量子論では局所演算子の積は特異性をもっているので，短距離での性質を規定するために演算子積展開を利用する．Wilson は演算子積展開を一般的に成り立つ恒等式として提案した．証明は摂動展開の方法を用いてなされている．

以下では具体例として Gauss 模型を用いた解析を行う．Gauss 模型では具体的に展開公式を求めることができる．そして，それを用いて ϕ^4 模型の摂動解析を再び行う．

11.1.3　Gauss 模型

10.2 節（196 ページ）で扱った Gauss 模型のハミルトニアン

$$\mathcal{H} = -\frac{1}{2}\int \mathrm{d}^d\boldsymbol{r}\ (\boldsymbol{\nabla}\phi(\boldsymbol{r}))^2 \tag{11.14}$$

---

*2　対称性をよくするために中点の局所演算子を用いて展開を行ったが $\boldsymbol{r}_1$ でも $\boldsymbol{r}_2$ でも大きな違いはない．以下で見るように，違いは高次項に現れる．

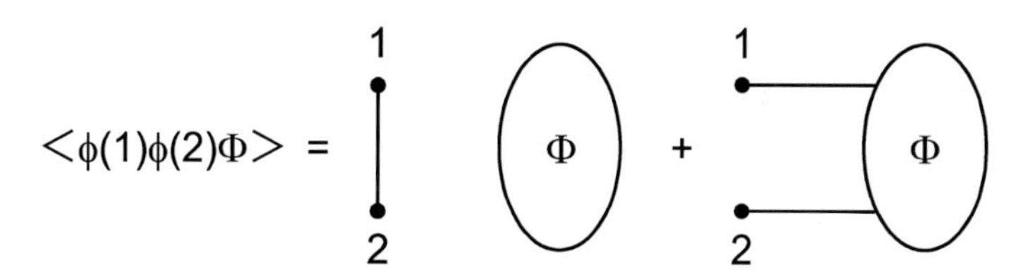

図 11.1 Gauss 模型の相関関数．点 1，2 と Φ に含まれる点から任意の 2 点の対をとる．右辺第 1 項は 1，2 で対をつくり，その他は Φ の中の点で対をつくった寄与を表す．第 2 項は 1 と 2 がそれぞれ Φ の中の点と対をとる．

について，演算子積展開を考えよう．$\phi(\boldsymbol{r})$ の質量次元は，次元解析により $[\phi(\boldsymbol{r})] = (d-2)/2$ と式 (10.11)（199 ページ）で求められている．Gauss 模型では異常次元が生じないので，この値が $\phi(\boldsymbol{r})$ のスケーリング次元 $d - x_\phi$ となる．

相関関数は，式 (11.7) で

$$\langle \phi(\boldsymbol{r}_1)\phi(\boldsymbol{r}_2) \rangle = \frac{1}{|\boldsymbol{r}_1 - \boldsymbol{r}_2|^{d-2}} \tag{11.15}$$

と求められている．ここでは係数を 1 としている[*3]．一般の相関関数を計算するには Wick の定理を用いればよい．例えば 4 点関数は

$$\begin{aligned}\langle \phi(1)\phi(2)\phi(3)\phi(4) \rangle &= \langle \phi(1)\phi(2) \rangle \langle \phi(3)\phi(4) \rangle + \langle \phi(1)\phi(3) \rangle \langle \phi(2)\phi(4) \rangle \\ &\quad + \langle \phi(1)\phi(4) \rangle \langle \phi(2)\phi(3) \rangle \end{aligned} \tag{11.16}$$

と 2 点関数の積に分解することができる．詳しくは前章や付録 C を参照．

まず，演算子積展開の最も簡単な例として

$$\langle \phi(\boldsymbol{r}_1)\phi(\boldsymbol{r}_2)\Phi(\boldsymbol{r}_3, \cdots, \boldsymbol{r}_n) \rangle \tag{11.17}$$

を考える．Φ は例えば $\phi(\boldsymbol{r}_3)\phi(\boldsymbol{r}_4)\cdots\phi(\boldsymbol{r}_n)$ のような非局所的な複合演算子である．$|\boldsymbol{r}_1 - \boldsymbol{r}_2| \ll |\boldsymbol{r}_1 - \boldsymbol{r}_i|$（$i \geq 3$）とする．相関関数は Wick の定理により任意の 2 点の対をつくっていけばよいから，図 11.1 のように表される．1 と 2 がつながったものとそれ以外の寄与に分離されるから，

$$\phi(\boldsymbol{r}_1)\phi(\boldsymbol{r}_2) = \langle \phi(\boldsymbol{r}_1)\phi(\boldsymbol{r}_2) \rangle + :\phi(\boldsymbol{r}_1)\phi(\boldsymbol{r}_2): \tag{11.18}$$

[*3] もちろん係数の値を求めることは可能だが，積分の上限や下限に依存した値であり，ここでは重要ではない．式 (4.54)（85 ページ）を参照．以下の計算ではそのような係数に依存しない部分に注目している．表式の煩雑さを避けるために 1 とおいてしまう．

と書く．右辺第 2 項の演算子は，左辺の演算子から右辺第 1 項を引いたものとして定義される．これは**正規積**（normal-ordered product）とよばれる．定義より正規積の平均は 0 となる．

$$\langle :\phi(\boldsymbol{r}_1)\phi(\boldsymbol{r}_2): \rangle = 0 \tag{11.19}$$

正規積は考えている状態に対して，その期待値が 0 となるように定数項を引き去ったものである[*4]．正規積に現れている点の間では対をとらないと考えればよい．

式 (11.18) の右辺第 1 項は式 (11.15) で与えられている．第 2 項は引数の異なる演算子の正規積であるが，$\boldsymbol{r}_1 \sim \boldsymbol{r}_2$ であるので $\boldsymbol{r} = \boldsymbol{r}_1 - \boldsymbol{r}_2$ で展開すると，

$$\begin{aligned} :\phi(\boldsymbol{r}_1)\phi(\boldsymbol{r}_2): &= :\phi\left(\boldsymbol{R}+\frac{\boldsymbol{r}}{2}\right)\phi\left(\boldsymbol{R}-\frac{\boldsymbol{r}}{2}\right): \\ &= :\phi^2(\boldsymbol{R}): + \frac{1}{4}:\phi(\boldsymbol{R})(\boldsymbol{r}\cdot\boldsymbol{\nabla})^2\phi(\boldsymbol{R}): \\ &\qquad -\frac{1}{4}:(\boldsymbol{r}\cdot\boldsymbol{\nabla}\phi(\boldsymbol{R}))^2: + \cdots \end{aligned} \tag{11.20}$$

と書ける．$\boldsymbol{R} = (\boldsymbol{r}_1 + \boldsymbol{r}_2)/2$ である．展開するにつれて $\boldsymbol{r}$ のべきの指数が増えていくから特異性は弱くなっていく．0 次の項が主要な寄与となるので

$$\phi(\boldsymbol{r}_1)\phi(\boldsymbol{r}_2) = \frac{1}{r^{d-2}} + :\phi^2(\boldsymbol{R}): + \cdots \tag{11.21}$$

を得る．これが最も簡単な場合の演算子積展開である．一般公式 (11.12) にあてはめてみると，右辺第 1 項は単位演算子（定数値 1），第 2 項は $:\phi^2:$ がそれぞれスケーリング演算子 ϕ_ρ を表している．べき指数の値 $\Delta_\mu + \Delta_\nu - \Delta_\rho$ は，それぞれ $d-2$，0 である[*5]．いずれの項も係数 $c_{\mu\nu\rho}$ は 1 である．

他の場合も同様に考えることができる．

$$:\phi^2(\boldsymbol{r}_1)::\phi^2(\boldsymbol{r}_2): = \frac{2}{r^{2(d-2)}} + \frac{4}{r^{d-2}}:\phi^2(\boldsymbol{R}): + :\phi^4(\boldsymbol{R}): + \cdots \tag{11.22}$$

これは図 11.2 のように表現できる．各項の係数 2，4，1 は，四つの点からどの 2 点を結ぶかという場合の数で決まる．ϕ^4 の正規積は，図 11.3 より

$$\begin{aligned} \phi^4(\boldsymbol{r}) &= \langle\phi^4(\boldsymbol{r})\rangle + 6\langle\phi^2(\boldsymbol{r})\rangle :\phi^2(\boldsymbol{r}): + :\phi^4(\boldsymbol{r}): \\ &= 3\langle\phi^2(\boldsymbol{r})\rangle^2 + 6\langle\phi^2(\boldsymbol{r})\rangle :\phi^2(\boldsymbol{r}): + :\phi^4(\boldsymbol{r}): \end{aligned} \tag{11.23}$$

と定義できる．

[*4] 場の量子論では，状態を系の真空としたとき，消滅演算子が右側に来るように（真空にかかって 0 となるように）演算子の並びかえを行うことによって定義される．

[*5] $:\phi^2:$ のスケーリング次元は ϕ^2 と同じであり，$d-2$ となる．

:ϕ²(1): :ϕ²(2): →
1
2
Φ
+
1
2
Φ
+
1
2
Φ

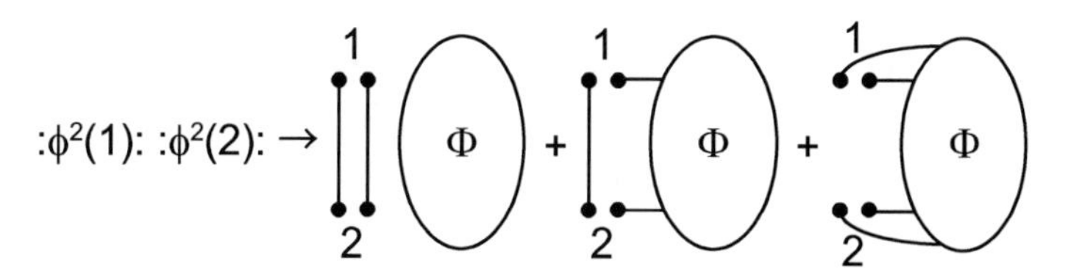

図 **11.2** 演算子積展開の例．右辺第 1 項は 1 と 2 で二つの対をつくるが，組み合わせの数は 2 通りである．第 2 項は 1 の一つと 2 の一つで対をつくり，残りは Φ の点と対をつくる．前者は 4 通りある．第 3 項は 1 と 2 がそれぞれ Φ の点と対をつくる．

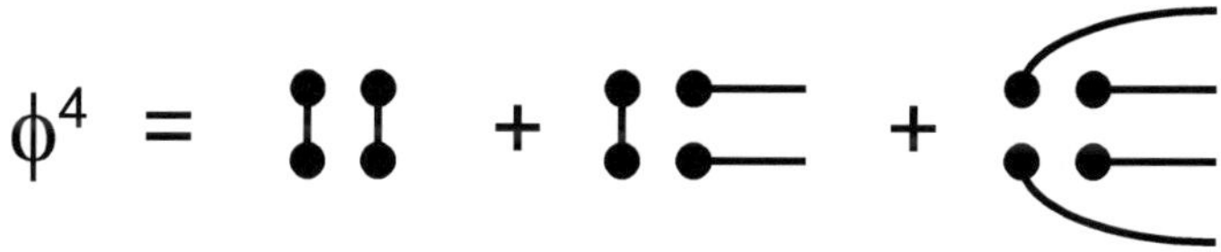

ϕ⁴ =
+
+

図 **11.3** $\phi^4(\boldsymbol{r})$ の表現．宙に浮いた線の一端は他の点と対をつくる．右辺第 1 項は 3 通り，第 2 項は 6 通りある．

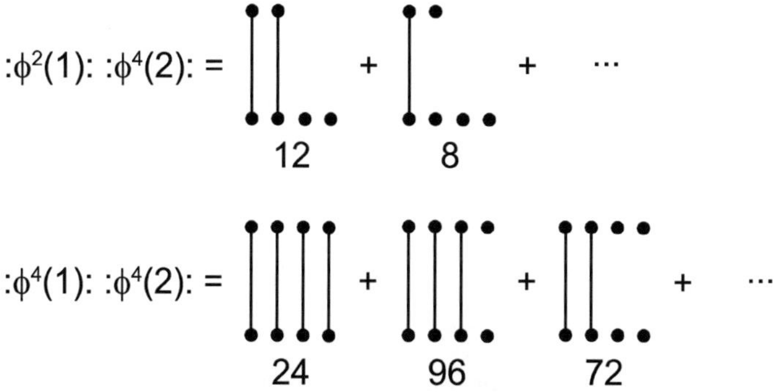

:ϕ²(1): :ϕ⁴(2): =
+
+ ···
12
8
:ϕ⁴(1): :ϕ⁴(2): =
+
+
+ ···
24
96
72

図 **11.4** 演算子積展開の他の例．Φ は省略している．各図の下に組み合わせの数を示す．次節の計算において用いない寄与を省略している．

あと二つの展開式を挙げておく．それぞれ図 11.4 のように表される．

$$:\phi^2(\boldsymbol{r}_1)::\phi^4(\boldsymbol{r}_2): = \frac{12}{r^{2(d-2)}}:\phi^2(\boldsymbol{R}): + \frac{8}{r^{d-2}}:\phi^4(\boldsymbol{R}): + \cdots \tag{11.24}$$

$$:\phi^4(\boldsymbol{r}_1)::\phi^4(\boldsymbol{r}_2): = \frac{24}{r^{4(d-2)}} + \frac{96}{r^{3(d-2)}}:\phi^2(\boldsymbol{R}): + \frac{72}{r^{2(d-2)}}:\phi^4(\boldsymbol{R}): + \cdots \tag{11.25}$$

これらの結果は次節で用いる．

Gauss 模型の例では，係数 $c_{\mu\nu\rho}$ は組み合わせの数によって決まる．これは以下の計算で重要な意味をもつ．

11.2　くりこみ群への応用

本節では演算子積展開の公式を用いてくりこみ群変換を行い，その普遍性を調べる．くりこみ群変換では波数の大きいモードについての積分を行う．波数の大きいモードは短距離の相関を表している．演算子積展開は短距離のふるまいを具体的に与える公式であるから，くりこみ群変換を実行することができる．

11.2.1　摂動展開

くりこみ群の流れはベータ関数によって記述される．ベータ関数はスケーリング変数 g の複雑な関数であり，そのゼロ点が固定点を与える．もともと g は固定点で 0 となるように定義されていたが，一般には複数の固定点が同時に存在する．例えば，前章において ϕ^4 模型の摂動展開を用いた解析を行った．そこでは自明な固定点 $g^* = 0$ からの展開を行うことによって，非自明な固定点 $g^* \neq 0$ が得られた．すなわち，g について 2 次までの展開を行ったとき

$$\beta_\mu = x_\mu g_\mu + \sum_{\nu,\rho} A_{\mu\nu\rho} g_\nu g_\rho \tag{11.26}$$

と書けるが，$d < 4$ のとき Gauss 固定点 $g^* = 0$ に加えて Wilson–Fisher 固定点 $g^* \neq 0$ を見つけることができた．固定点 g^* のまわりの展開を行うと，式 (8.65)（171 ページ）で示したように

$$\beta_\mu = x_\mu (g_\mu - g_\mu^*) \tag{11.27}$$

となり，1 次の項の係数にその固定点についてのスケーリング次元 x_μ が現れる．

演算子積展開の公式を用いると，ベータ関数の摂動計算を行うことができる．ベータ関数の展開係数 $A_{\mu\nu\rho}$ が演算子積展開の展開係数 $c_{\mu\nu\rho}$ を用いて表されるのであ

る．このことを以下で見てみよう．

$g=0$ の固定点付近でのハミルトニアンを考える．

$$\mathcal{H}=\mathcal{H}^*+\sum_\mu g_\mu\phi_\mu=\mathcal{H}^*+\sum_\mu g_\mu\int \mathrm{d}^d\boldsymbol{r}\,\phi_\mu(\boldsymbol{r}) \tag{11.28}$$

固定点からのずれを表す第 2 項を摂動項として扱う．分配関数は摂動の一般論を適用して

$$Z=\mathrm{Tr}\,\mathrm{e}^{\mathcal{H}}=\mathrm{Tr}\,\mathrm{e}^{\mathcal{H}^*}\left\langle 1+\sum_\mu g_\mu\phi_\mu+\frac{1}{2}\left(\sum_\mu g_\mu\phi_\mu\right)^2+\cdots\right\rangle_{\mathcal{H}^*} \tag{11.29}$$

と書くことができる．最後の式は固定点ハミルトニアン $\mathcal{H}^*$ についての平均を用いて表されている．

スケーリング演算子について運動量空間くりこみ群の操作を実行する．1 次の項は波数の大きいモードと小さいモードの寄与に分離されるので，くりこみ群変換によって得られるのは定数項のみである．2 次の項は次のような積分を含んでいる．

$$\begin{aligned}
&\int \mathrm{d}^d\boldsymbol{r}_1\int \mathrm{d}^d\boldsymbol{r}_2\,\phi_\mu(\boldsymbol{r}_1)\phi_\nu(\boldsymbol{r}_2)\\
&\quad=\int_{R>a}\mathrm{d}^d\boldsymbol{R}\int_{r>a}\mathrm{d}^d\boldsymbol{r}\,\phi_\mu(\boldsymbol{r}_1)\phi_\nu(\boldsymbol{r}_2)\\
&\quad=\int_{R>a}\mathrm{d}^d\boldsymbol{R}\left(\int_{r>ba}\mathrm{d}^d\boldsymbol{r}+\int_{ba>r>a}\mathrm{d}^d\boldsymbol{r}\right)\phi_\mu(\boldsymbol{r}_1)\phi_\nu(\boldsymbol{r}_2)
\end{aligned} \tag{11.30}$$

重心座標 $\boldsymbol{R}=(\boldsymbol{r}_1+\boldsymbol{r}_2)/2$ および相対座標 $\boldsymbol{r}=\boldsymbol{r}_1-\boldsymbol{r}_2$ を導入した．まず，後者について短距離成分の積分を行おう．$a\sim 1/\Lambda$ であるから，短距離 $ba>r>a$ についての積分は大きい波数 $\Lambda/b<k<\Lambda$ についての積分と同じ操作を表す．$|\boldsymbol{r}|$ が小さいということは $\boldsymbol{r}_1\sim\boldsymbol{r}_2$ であるから，演算子積展開を用いることができて

$$\begin{aligned}
\int_{ba>r>a}\mathrm{d}^d\boldsymbol{r}\,\phi_\mu(\boldsymbol{r}_1)\phi_\nu(\boldsymbol{r}_2)&=\sum_\rho\int_{ba>r>a}\mathrm{d}^d\boldsymbol{r}\,\frac{c_{\mu\nu\rho}}{r^{\Delta_\mu+\Delta_\nu-\Delta_\rho}}\phi_\rho(\boldsymbol{R})\\
&\sim S_d\sum_\rho(b-1)a^{x_\mu+x_\nu-x_\rho}c_{\mu\nu\rho}\phi_\rho(\boldsymbol{R})
\end{aligned} \tag{11.31}$$

となる．2 行目では，$b-1\ll 1$ として被積分関数を $r=a$ での値で近似した．S_d は d 次元球の表面積 (10.82)（216 ページ）を表す．また，式 (11.7) で得た関係 $\Delta_\mu=d-x_\mu$ を用いている．このように演算子積展開を利用すると，2 次の項の粗

視化から 1 次の項が生じる．残る $\phi_\rho(\boldsymbol{R})$ についても短距離成分を積分する必要があるが，それは定数項を生み出すだけである．以上より，元からある 1 次の項と合わせて

$$\begin{aligned}&\sum_\mu\left[g_\mu+\frac{S_d}{2}(b-1)\sum_{\nu,\rho}c_{\nu\rho\mu}g_\nu g_\rho a^{x_\nu+x_\rho-x_\mu}\right]\int_{r>ba}\mathrm{d}^d\boldsymbol{r}\,\phi_\mu(\boldsymbol{r})\\&\quad=\sum_\mu\left[g_\mu+\frac{S_d}{2}(b-1)\sum_{\nu,\rho}c_{\nu\rho\mu}g_\nu g_\rho a^{x_\nu+x_\rho-x_\mu}\right]b^{x_\mu}\int_{r'>a}\mathrm{d}^d\boldsymbol{r}'\,\phi'_\mu(\boldsymbol{r}')\end{aligned}\tag{11.32}$$

がくりこみ群変換によって得られる項である．右辺はスケール変換を行った結果を表す．したがって，くりこみ群変換後の新しいスケーリング変数は

$$g'_\mu=b^{x_\mu}\left[g_\mu+\frac{S_d}{2}(b-1)\sum_{\nu,\rho}c_{\nu\rho\mu}g_\nu g_\rho a^{x_\nu+x_\rho-x_\mu}\right]\tag{11.33}$$

となる．ベータ関数は次のように計算される．

$$\beta_\mu=x_\mu g_\mu+\frac{S_d}{2}\sum_{\nu,\rho}c_{\nu\rho\mu}g_\nu g_\rho a^{x_\nu+x_\rho-x_\mu}\tag{11.34}$$

g の適当な定数倍を考えると係数 $S_d/2$ や a を消去することができる．つまり，

$$\tilde{g}_\mu=\frac{S_d}{2}a^{x_\mu}g_\mu\tag{11.35}$$

とおくと

$$\tilde{\beta}_\mu=x_\mu\tilde{g}_\mu+\sum_{\nu,\rho}c_{\nu\rho\mu}\tilde{g}_\nu\tilde{g}_\rho\tag{11.36}$$

である．$\tilde{\beta}_\mu$ は $\tilde{g}_\mu$ についてのベータ関数を表す．係数 $c_{\mu\nu\rho}$ がわかればベータ関数を得ることができる．前節で示したように，係数の値は組み合わせの数だけで決まるから，ベータ関数のふるまいは系の詳細によらない普遍的なものであることが理解できる．このことは元の変数 g についても正しい．固定点の値は S_d や a の値によるが，スケーリング次元の値は $\tilde{g}$ のものと同じである．以下では ϕ^4 模型の例において g のままで計算を行い，そのことを確かめる．

11.2.2　ϕ^4 模型

前項で導いた公式を ϕ^4 模型に適用してみよう．ハミルトニアンは，

$$\mathcal{H}=\mathcal{H}^*-\frac{t}{2}\int\mathrm{d}^d\boldsymbol{r}\,\phi^2(\boldsymbol{r})-\frac{u}{4!}\int\mathrm{d}^d\boldsymbol{r}\,\phi^4(\boldsymbol{r})\tag{11.37}$$

である．固定点のハミルトニアン $\mathcal{H}^*$ は Gauss 模型 (11.14) とする．このとき，t の項と u の項を摂動として扱うわけだが，スケーリング変数および演算子を導入するために，まず正規積を用いて書きかえる．式 (11.18) と (11.23) を用いると，摂動項は

$$-\frac{t}{2}\phi^2 - \frac{u}{4!}\phi^4 = -\left(\frac{t}{2} + \frac{u}{4}\langle\phi^2\rangle\right) :\phi^2: - \frac{u}{4!} :\phi^4: - \frac{t}{2}\langle\phi^2\rangle - \frac{u}{4!}\langle\phi^4\rangle \quad (11.38)$$

と書ける．最後の二つの項は定数であるから，くりこみを考えるうえでは無視してよい．つまり，摂動項を $g_1\phi_1 + g_2\phi_2$ としたときのスケーリング変数は

$$g_1 = -\left(\frac{t}{2} + \frac{u}{4}\langle\phi^2\rangle\right), \qquad g_2 = -\frac{u}{4!} \quad (11.39)$$

スケーリング演算子は

$$\phi_1(\boldsymbol{r}) = :\phi^2(\boldsymbol{r}):, \qquad \phi_2(\boldsymbol{r}) = :\phi^4(\boldsymbol{r}): \quad (11.40)$$

である．

式 (11.34) を用いると，Gauss 模型の演算子積展開から

$$\beta_1 = 2g_1 + \frac{S_d}{2}\left[c_{111}g_1^2 a^{x_1} + (c_{121} + c_{211})g_1 g_2 a^{x_2} + c_{221}g_2^2 a^{2x_2 - x_1} + \cdots\right] \quad (11.41)$$

$$\beta_2 = \epsilon g_2 + \frac{S_d}{2}\left[c_{112}g_1^2 a^{2x_1 - x_2} + (c_{122} + c_{212})g_1 g_2 a^{x_1} + c_{222}g_2^2 a^{x_2} + \cdots\right] \quad (11.42)$$

となる．β_1 の最後の項は u について 2 次であるから，高次項として無視する．各係数は図 11.2 と 11.4 から読みとることができる．例えば，式 (11.22) 右辺第 2 項より $c_{111} = 4$，式 (11.24) 右辺第 1 項より $c_{121} = c_{211} = 12$ である．また，$x_1 = 2$，$x_2 = 4 - d = \epsilon$ である．それらの値を代入すると

$$\beta_1 \sim 2g_1 + \frac{S_d}{2}\left(4g_1^2 a^2 + 24 g_1 g_2 a^{\epsilon}\right) \quad (11.43)$$

$$\beta_2 \sim \epsilon g_2 + \frac{S_d}{2}\left(g_1^2 a^{4-\epsilon} + 16 g_1 g_2 a^2 + 72 g_2^2 a^{\epsilon}\right) \quad (11.44)$$

を得る．

あとはベータ関数が 0 となる固定点をみつけてそのまわりで線形化を行えばよい．自明な Gauss 固定点 $(g_1^*, g_2^*) = (0, 0)$ に加えて，次の Wilson–Fisher 固定点を得る．

$$(g_1^*, g_2^*) = \left(0, -\frac{S_d}{2}\frac{\epsilon}{72}a^{-\epsilon}\right) \quad (11.45)$$

固定点のまわりで線形化すると，

$$\begin{pmatrix} \beta_1 \\ \beta_2 \end{pmatrix} = \begin{pmatrix} 2+\dfrac{S_d}{2}\left(8g_1^* a^2 + 24 g_2^* a^\epsilon\right) & \dfrac{S_d}{2} 24 g_1^* a^\epsilon \\ \dfrac{S_d}{2}\left(2g_1^* a^{4-\epsilon} + 16 g_2^* a^2\right) & \epsilon + \dfrac{S_d}{2}\left(16 g_1^* a^2 + 144 g_2^* a^\epsilon\right) \end{pmatrix} \times \begin{pmatrix} g_1 - g_1^* \\ g_2 - g_2^* \end{pmatrix} \tag{11.46}$$

である．Gauss 固定点の場合

$$\begin{pmatrix} \beta_1 \\ \beta_2 \end{pmatrix} = \begin{pmatrix} 2 & 0 \\ 0 & \epsilon \end{pmatrix} \begin{pmatrix} g_1 \\ g_2 \end{pmatrix} \tag{11.47}$$

となり，Wilson–Fisher 固定点の場合

$$\begin{pmatrix} \beta_1 \\ \beta_2 \end{pmatrix} = \begin{pmatrix} 2-\dfrac{\epsilon}{3} & 0 \\ -\dfrac{2}{9}a^{2-\epsilon} & -\epsilon \end{pmatrix} \begin{pmatrix} g_1 \\ g_2 - g_2^* \end{pmatrix} \tag{11.48}$$

となる．現れる行列の固有値がスケーリング次元を与える．それぞれ $(x_1, x_2) = (2, \epsilon)$，$(2-\epsilon/3, -\epsilon)$ であるから，前章で得られた値と一致している．

このような導出を見ると，前章ではわからなかった本質が見えてくる．スケーリング次元は演算子積展開の係数 $c_{\mu\nu\rho}$ および空間次元を用いて表される．展開係数は前節で考えたような組み合わせの数で決まる．模型の性質によるものとはいえ，結合定数の値などに依存するわけではない．一方で，Wilson–Fisher 固定点の値 (11.45) は格子定数などに依存しているし，式 (10.84)（216 ページ）とも一致していない．異なるくりこみ群変換の形式を比較することでスケーリング次元の普遍性や固定点の非普遍性を明らかにすることができた．

臨界点での**共形不変性**（conformal invariance）を課した**共形場理論**（conformal field theory）を用いると，演算子積展開の展開係数の普遍性をより深く理解することができる[*6]．場の理論の専門的な知識が必要となるため，詳しい解説は他書に譲る．

[*6] A. M. Polyakov: JETP Lett. **12**, 381 (1970); A. A. Belavin, A. M. Polyakov, and A. B. Zamolodchikov: Nucl. Phys. B **241**, 333 (1984).

12　連続対称性

これまで主に Ising 模型を用いて議論を進めてきたが，それは相転移・臨界現象の多くの性質が Ising 模型を用いて理解できるからである．もちろん，Ising 模型ですべての性質を記述できるわけではないから，他の系を扱うことにも意義があるだろう．本章では連続対称性のある系を扱う．XY 模型や Heisenberg 模型などを題材にして Ising 模型のような離散系にはないふるまいが得られることを議論する．それによってスピン波の効果が系の性質を大きく左右することが見えてくる．また，Kosterlitz–Thouless 転移とよばれる秩序変数を伴わない相転移について詳しく調べる．

12.1　連続対称性をもつ系

12.1.1　模　型

複数成分をもつベクトルスピン $\boldsymbol{S} = (S^1, S^2, \cdots, S^n)$ の系を考える．成分の数を $n(>1)$ とする．ベクトルの大きさが一定で向きは任意とすると，各成分は連続的な実数値をとる．第 2 章でも書き下したが，最も単純なハミルトニアンは次のようなものである．

$$H = -J\sum_{\langle ij\rangle}\boldsymbol{S}_i\cdot\boldsymbol{S}_j = -J\sum_{\langle ij\rangle}\sum_{a=1}^{n}S_i^aS_j^a \tag{12.1}$$

$n=2$ が XY 模型，$n=3$ が Heisenberg 模型，$n\to\infty$ が球形模型を表す．このような模型は，$n=1$ の系に分類される Ising 模型と一般に大きく異なる性質をもつ．Ising 模型は反転 $S\to -S$ に対する対称性（Z_2 対称性）をもっていたが，式 (12.1) は回転対称性をもつ．前者は離散的，後者は連続的な対称性である[*1]．回転とは各点にあるスピンをいっせいに同じ角度だけ向きを変えることであり，$\hat{U}\hat{U}^{\mathrm{T}}=1$ を満

[*1] スピンが量子力学的な演算子である場合固有値は離散的な値をとるが，連続的なユニタリー変換 $\hat{\boldsymbol{S}}_i\to\hat{U}\hat{\boldsymbol{S}}_i\hat{U}^\dagger$ を行うことができるので，量子系でも連続対称性は存在する．

たす直交行列 $\hat{U}$ を用いて $S_i'^a = \sum_{b=1}^n U_{ab} S_i^b$ と表される．各点のスピンをいっせいに回転させるので，変換行列 $\hat{U}$ は座標に依存しない一様な変換である．この直交変換のもとで不変なハミルトニアンは **O(*n*) 対称性**（O(n) symmetry）をもつといわれる[*2]．

O(n) 対称性をもった連続場の模型を考えることもできる．ϕ^4 模型を拡張した **O(*n*) $\boldsymbol{\phi^4}$ 模型**（O(n) ϕ^4 model）である．

$$\mathcal{H} = -\int \mathrm{d}^d \boldsymbol{r} \left[\frac{1}{2} \sum_{\mu=1}^{d} (\nabla_\mu \boldsymbol{\phi}(\boldsymbol{r}))^2 + \frac{t}{2} \boldsymbol{\phi}^2(\boldsymbol{r}) + \frac{u}{4!} (\boldsymbol{\phi}^2(\boldsymbol{r}))^2 \right] \tag{12.2}$$

$$\boldsymbol{\phi}(\boldsymbol{r}) = \begin{pmatrix} \phi_1(\boldsymbol{r}) \\ \phi_2(\boldsymbol{r}) \\ \vdots \\ \phi_n(\boldsymbol{r}) \end{pmatrix} \tag{12.3}$$

$\boldsymbol{\phi}$ は n 個の実数成分をもつベクトルである．この模型もやはり n 成分ベクトルの空間における回転に対する不変性をもっている．$n = 1$ のときの ϕ^4 模型が Ising 模型の有効理論の役割を果たしていたように，O(n) ϕ^4 模型は n 成分スピン模型の有効理論と考えられる．

12.1.2　磁化率テンソル

上記の系に磁場をかけると，$\sum_i \boldsymbol{h} \cdot \boldsymbol{S}_i$ のような項がハミルトニアンに加わり回転対称性は失われる．$\boldsymbol{h}$ は n 成分の磁場ベクトルを表す[*3]．秩序相が存在するとして，無限小の磁場をかけると磁場方向に自発磁化が生じる．これは Ising 模型のときと同様である．一方で，磁化率のふるまいはやや複雑である．次のように $n \times n$ の成分をもつ**磁化率テンソル**（susceptibility tensor）が定義される．

$$\chi_{ab} = \frac{\partial m_a}{\partial h_b} = -\frac{\partial^2 f}{\partial h_a \partial h_b} \tag{12.4}$$

つまり，a 方向の磁化が b 方向の磁場を変えることによってどれだけ変化するかを表す量である．$\boldsymbol{h} = \boldsymbol{0}$ で回転対称性をもつ系に磁場をかけると，自由エネルギー f

---

[*2] 群 O(n) によって表される直交変換は離散的な鏡映変換も含んでいる．連続的な部分のみを含んだ変換は特殊直交群 SO(n) となる．

[*3] $n > 3$ の磁場ベクトルは直接的な物理的意味をもたないが，仮想的にそのような問題を考えることはできる．

は磁場について大きさ $h=|\boldsymbol{h}|$ にのみ依存するはずである．このことを用いると，

$$m_a = -\frac{\partial f}{\partial h_a} = -\frac{\partial h}{\partial h_a}\frac{\partial f}{\partial h} = -\frac{h_a}{h}\frac{\partial f}{\partial h} \tag{12.5}$$

$$\chi_{ab} = -\frac{h_a h_b}{h^2}\frac{\partial^2 f}{\partial h^2} - \left(\delta_{ab} - \frac{h_a h_b}{h^2}\right)\frac{1}{h}\frac{\partial f}{\partial h} \tag{12.6}$$

と書けて，**平行磁化率**（parallel susceptibility）または**縦磁化率**（longitudinal susceptibility）とよばれる $\chi_\parallel$ と，**垂直磁化率**（perpendicular susceptibility）または**横磁化率**（transverse susceptibility）とよばれる $\chi_\perp$ が次のように定義される．

$$\chi_\parallel = -\frac{\partial^2 f}{\partial h^2} \tag{12.7}$$

$$\chi_\perp = -\frac{1}{h}\frac{\partial f}{\partial h} = \frac{m}{h} \tag{12.8}$$

例えば，磁場の方向を第 1 成分にとると，磁化率 χ_{ab} を行列要素としてもつ行列 $\hat{\chi}$ は対角行列

$$\hat{\chi} = \mathrm{diag}(\chi_\parallel, \chi_\perp, \cdots, \chi_\perp) \tag{12.9}$$

になる．磁場の方向の磁化率が $\chi_\parallel$，磁場と直交する方向の磁化率が $\chi_\perp$ となっている．平行磁化率は Ising 系の磁化率と同じ表現であるが，垂直磁化率は異なる．秩序相では，無限小の磁場 h で自発磁化 m が生じる．したがって，式 (12.8) の垂直磁化率は秩序相で発散する．

秩序相で磁化率が発散することは，すでに球形模型の場合で見ている．そこでは式 (6.44)（123 ページ）のように磁場をすべての成分に一様にかけていた．このとき自由エネルギーの磁場 h についての微分を用いて定義される磁化率は，ここで定義した χ_{ab} のすべての成分を足したもので表される．よって，その磁化率は秩序相で発散する．

12.2　南部–Goldstone モード

垂直磁化率の発散は，そろったスピンが互いの向きを保ちながらいっせいに回転するモードが存在することを意味している．これが南部–Goldstone モードである．

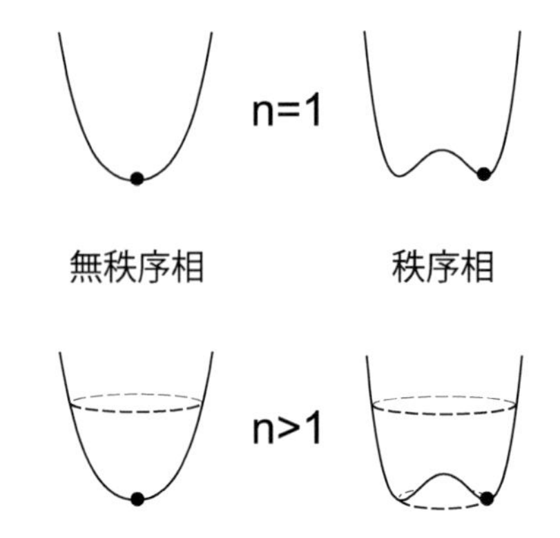

図 12.1　南部–Goldstone モードの概念図．南部–Goldstone モードは右下図の極小値の破線に沿う．

12.2.1　南部–Goldstone モード

Ising 模型においてスピン反転対称性は相転移と大きな関わりをもっていた．すなわち，相転移はスピン反転対称性の自発的破れを伴う．同様に，$n > 1$ の系における相転移は回転対称性の自発的破れを伴うはずである．適当な方向に値をもったスピン配位 $\boldsymbol{S} = (S, 0, \cdots, 0)$ が秩序相における自発磁化を与えるのであれば，これを回転したベクトル配位も解となる．結果として，そろった磁化が n 次元空間を回転する南部–Goldstone モードが生じる[*4]．

南部–Goldstone モードは O(n) ϕ^4 模型を考えてみるとわかりやすい．$\boldsymbol{\phi}(\boldsymbol{r})$ が空間座標によらないとしたときのエネルギー密度は

$$-\frac{\mathcal{H}}{V} = \frac{t}{2}\boldsymbol{\phi}^2 + \frac{u}{4!}(\boldsymbol{\phi}^2)^2 \tag{12.10}$$

であり，図 12.1 のように表される．$t \geq 0$ のとき，関数が最小となる点は $\boldsymbol{\phi} = \boldsymbol{0}$ の 1 点のみであるが，$t < 0$ のときは連続的に存在する．$n > 1$ のときにのみ最小点が連続的につながることが図を見るとよくわかる．対称性の自発的破れは $t < 0$ のときに生じ，南部–Goldstone モードは極小値に沿った連続変形として表される．

[*4] Y. Nambu: Phys. Rev. **117**, 648 (1960); J. Goldstone: Nuovo Cimento **19**, 154 (1961).

12.2.2 Goldstone の定理

以上の南部–Goldstone モードの定性的な説明は比較的わかりやすいだろうが，もう少し定量的に正確な定式化を行いたい．O(n) ϕ^4 模型およびその一般化模型を具体的に用いて考察を行う．式 (12.2) の極値を与える解は，一様性を仮定すると，$t>0$, $u>0$ のとき $\boldsymbol{\phi}=\mathbf{0}$，$t<0$，$u>0$ のとき $\boldsymbol{\phi}^2=6(-t)/u$ である．後者のとき，無限小の磁場を成分 1 の方向にかけると，

$$\boldsymbol{\phi}^{(0)}=(\phi^{(0)},0,\cdots,0),\qquad \phi^{(0)}=\sqrt{\frac{6(-t)}{u}} \tag{12.11}$$

が解となる．これが対称性が自発的に破れた秩序相の解を表す．

この解のまわりでのふるまいを調べるために，次の変数変換を行う．

$$\boldsymbol{\phi}(\boldsymbol{r})=\boldsymbol{\phi}^{(0)}+\tilde{\boldsymbol{\phi}}(\boldsymbol{r}) \tag{12.12}$$

つまり，$\boldsymbol{\phi}^{(0)}$ のまわりでの展開を考える．このとき，$\boldsymbol{\phi}(\boldsymbol{r})=\boldsymbol{\phi}^{(0)}$ としたハミルトニアン $\mathcal{H}_0$ からのずれは

$$\begin{aligned}\mathcal{H}-\mathcal{H}_0=-\int \mathrm{d}^d\boldsymbol{r}\Big[&\frac{1}{2}\sum_{\mu=1}^{d}(\nabla_\mu\tilde{\boldsymbol{\phi}}(\boldsymbol{r}))^2+(-t)\tilde{\phi}_1^2(\boldsymbol{r})\\&+\frac{u}{6}(\boldsymbol{\phi}^{(0)}\cdot\tilde{\boldsymbol{\phi}}(\boldsymbol{r}))\tilde{\boldsymbol{\phi}}^2(\boldsymbol{r})+\frac{u}{4!}(\tilde{\boldsymbol{\phi}}^2(\boldsymbol{r}))^2\Big]\end{aligned} \tag{12.13}$$

と書ける．ゆらぎが小さいとして $\tilde{\boldsymbol{\phi}}$ に関して 3 次以上の項を無視すると，$\tilde{\boldsymbol{\phi}}$ に関する Green 関数は Gauss 積分を用いて計算できて

$$\langle\tilde{\phi}_1(\boldsymbol{r})\tilde{\phi}_1(\boldsymbol{r}')\rangle\sim\int\mathrm{d}^d\boldsymbol{k}\,\frac{\mathrm{e}^{i\boldsymbol{k}\cdot(\boldsymbol{r}-\boldsymbol{r}')}}{\boldsymbol{k}^2+2(-t)} \tag{12.14}$$

$$\langle\tilde{\phi}_a(\boldsymbol{r})\tilde{\phi}_a(\boldsymbol{r}')\rangle\sim\int\mathrm{d}^d\boldsymbol{k}\,\frac{\mathrm{e}^{i\boldsymbol{k}\cdot(\boldsymbol{r}-\boldsymbol{r}')}}{\boldsymbol{k}^2}\qquad(a\geq 2) \tag{12.15}$$

を得る[*5]．つまり，磁場に平行な方向のゆらぎは $(-t)^{-1/2}$ に比例した相関長をもっているが，垂直方向のゆらぎの相関長は発散している．式 (4.47)（84 ページ）およびそれに付随する関係式より，磁化率は Green 関数の $\boldsymbol{k}=\mathbf{0}$ のモードで与えられる．式 (12.14) に対応する平行磁化率は臨界点を除いて有限にとどまるが，式 (12.15) に対応する垂直磁化率は秩序相内で常に発散する．これは前節の考察と一致する結果である．

[*5] Gauss 積分を用いた Green 関数の計算は付録 C.3 節（341 ページ）を参照．

垂直成分 Green 関数の $\boldsymbol{k}=\boldsymbol{0}$ のモードが発散することは，対称性の自発的破れがある系において一般に成り立つ性質である．ハミルトニアンが次のように書ける系を考えてみよう．

$$\mathcal{H}=-\int \mathrm{d}^d\boldsymbol{r}\left[\frac{1}{2}\sum_{\mu=1}^{d}(\nabla_\mu\boldsymbol{\phi}(\boldsymbol{r}))^2+V(|\boldsymbol{\phi}(\boldsymbol{r})|)\right] \tag{12.16}$$

V は $\boldsymbol{\phi}(\boldsymbol{r})$ の汎関数を表す．前述の例では $V(x)=\frac{t}{2}x^2+\frac{u}{4!}x^4$ であった．$u>0$ であり，t の正負によって対称性の破れが起こるかどうかが決まる．これを一般化するために，次の**質量行列**（mass matrix）を定義する[*6]．

$$(\hat{M}^2)_{ab}=\frac{\partial^2V(|\boldsymbol{\phi}|)}{\partial\phi_a\partial\phi_b} \tag{12.17}$$

これは一般に非対角成分をもつ対称行列であるが，基底変換による対角化を行うと，各固有モードの Green 関数は次のように書ける．

$$G_a(\boldsymbol{r})=\int \mathrm{d}^d\boldsymbol{k}\,\frac{\mathrm{e}^{i\boldsymbol{k}\cdot\boldsymbol{r}}}{\boldsymbol{k}^2+M_a^2} \tag{12.18}$$

M_a は行列 $\hat{M}$ の固有値を表す．$M_a=0$ であれば相関長は発散し，対応する磁化率が発散する[*7]．以下で示すが，対称性の破れた秩序相では，$\boldsymbol{\phi}=\boldsymbol{\phi}^{(0)}$ としたとき質量行列が常に固有値 0 をもつ．これを **Goldstone の定理**（Goldstone theorem）という[*8]．

Goldstone の定理の証明を行おう．はじめに微小直交変換を考える．

$$\boldsymbol{\phi}'=\hat{U}\boldsymbol{\phi}, \qquad \hat{U}=1+\sum_{\alpha=1}^{n-1}\epsilon_\alpha\hat{X}^\alpha \tag{12.19}$$

$\hat{X}^\alpha$ は反対称性 $(\hat{X}^\alpha)^{\mathrm{T}}=-\hat{X}^\alpha$ をもつ変換の生成子であり，ϵ_α は微小量を表す[*9]．独立な微小変換の数は $n-1$ である[*10]．この変換のもとでハミルトニアンが不変で

[*6] 名前の由来は，場の量子論では $\hat{M}$（の固有値）が対応する粒子場の質量を表していることによる．

[*7] Gauss 模型でなければ Green 関数は式 (12.18) に高次補正が生じるが，摂動展開を用いて考えるとすべてこの Green 関数を用いて表現されるので結論は変わらないと期待される．

[*8] J. Goldstone: Nuovo Cimento **19**, 154 (1961); J. Goldstone, A. Salam, and S. Weinberg: Phys. Rev. **127**, 965 (1962).

[*9] $\hat{X}^\alpha$ の反対称性は $\hat{U}$ の直交性より導かれる．

[*10] 群 G の対称性が自発的に破れ，G の部分群 H の対称性しかもたないとき，G と H の生成子の数の差が独立な微小変換の数となる．今の場合，群の構造は $\mathrm{G}=\mathrm{SO}(n)$，$\mathrm{H}=\mathrm{SO}(n-1)$ であるから，$\mathrm{SO}(n)/\mathrm{SO}(n-1)\simeq \mathrm{S}^{n-1}$ より独立な微小変換の数は $n-1$ となる．

ある場合を考えているから，$V(|\boldsymbol{\phi}'|) = V(|\boldsymbol{\phi}|)$ が成り立つ．よって，

$$0 = \frac{\partial}{\partial \epsilon_\alpha} V(|\boldsymbol{\phi}'|) = \sum_a \frac{\partial V}{\partial \phi'_a} \frac{\partial \phi'_a}{\partial \epsilon_\alpha} = \sum_{a,b} \frac{\partial V}{\partial \phi'_a} X^\alpha_{ab} \phi_b \tag{12.20}$$

を満たさなければならない．$\epsilon_\alpha \to 0$ として ϕ_c で微分すると，

$$0 = \frac{\partial}{\partial \phi_c} \left(\sum_{a,b} \frac{\partial V}{\partial \phi_a} X^\alpha_{ab} \phi_b \right) = \sum_a \frac{\partial V}{\partial \phi_a} X^\alpha_{ac} + \sum_{a,b} \frac{\partial^2 V}{\partial \phi_c \partial \phi_a} X^\alpha_{ab} \phi_b \tag{12.21}$$

となる．ここまでは $\boldsymbol{\phi}$ は任意の値であった．実際に $\boldsymbol{\phi}$ がとりうる値は，$\boldsymbol{\phi}$ がポテンシャル V の極値をとる条件 $\left.\frac{\partial V}{\partial \phi_a}\right|_{\boldsymbol{\phi}^{(0)}} = 0$ で決められる．このとき，

$$\sum_b (\hat{M}^2)^{(0)}_{ab} \psi^\alpha_b = 0, \qquad \psi^\alpha_b = \sum_c X^\alpha_{bc} \phi^{(0)}_c \tag{12.22}$$

となる．$(\hat{M}^2)^{(0)}$ は $\boldsymbol{\phi} = \boldsymbol{\phi}^{(0)}$ のときの $\hat{M}^2$ を表す．これは $(\hat{M}^2)^{(0)}$ が固有値 0 をもち，固有ベクトルが ψ^α で与えられることを意味している．このようにして Goldstone の定理が証明される*11．

対称性の自発的破れは，系が**剛性**（rigidity，stiffness）をもつことの帰結と見ることができる．スピンがそろった状態のときに一部のスピンを少し回転させると，他のスピンもそちらの方向を向くことになる．一部のスピンの変位の影響が遠方まで及び，系が剛性をもったものと見ることができる．空間的に一様でないスピンのねじれを考えると，$\sum_\mu (\nabla_\mu \boldsymbol{\phi})^2$ に比例したエネルギーをもつ．その微分項の係数がスピンのひねりやすさを表している．

12.3 秩序相の存在可能性

連続対称性をもつ系が Ising 模型のような離散対称性をもつ系と異なることを見るために，Peierls の議論を適用して秩序相の安定性を調べてみよう．同様の結果は，Mermin–Wagner の定理を用いて厳密にも得られる．

12.3.1 Peierls の議論

これまで見てきたように，一般に次元が大きいほど相転移が起こりやすい．Ising 模型では，相転移は 1 次元で起こらず 2 次元以上で起こる．一方，6.3 節（123 ペー

*11 量子系の場合の Goldstone の定理については，例えば付録 H.1 節の文献 [18]（372 ページ）を参照．

図 12.2　Peierls の議論で用いるスピン配位．L の長さにわたってスピンを一定角度ずつずらす．

ジ）で扱った連続変数の球形模型では 2 次元で相転移は起こらず，3 次元で初めて起こる．直観的に考えると，離散的な方が秩序が壊れにくい．離散的な場合スピンの値を変えるには有限のエネルギーを要するが，連続変数の場合には無限小のエネルギーですむからである．Ising 模型の下部臨界次元は 1 である．Heisenberg 模型のような連続対称性のある系では，下部臨界次元は 1 よりも大きい値をとることが予想される．

連続対称性が存在するとき，Ising 模型のような離散対称性のある系と比べて秩序が存在しにくくなることを Peierls の議論を用いて調べてみよう．2.3.2 項（27 ページ）で Ising 模型に対して行った議論を応用する．2 次元の系について，スピンが一方向にすべてそろった状態に対して周長 L のクラスターを考え，適当な配位への変形を考える．Ising スピンの場合と違ってスピン変数の向きを連続的に少しずつ変形することが可能である．Heisenberg 模型のような交換相互作用をもつ系においてとなりあったスピン間の相互作用は $\boldsymbol{S}_i \cdot \boldsymbol{S}_j = -\frac{1}{2}(\boldsymbol{S}_i - \boldsymbol{S}_j)^2 + \text{const.}$ のように表される．スピンの向きを図 12.2 のように一様にずらしクラスターの長さ L で 1 回転するとすると，一つの対につきスピンの向きは $1/L$ 程度ずれる．エネルギーにすると $(1/L)^2$ 程度のずれとなるから，

$$\Delta E \sim J\left(\frac{1}{L}\right)^2 L^2 \tag{12.23}$$

がエネルギーの増分となる．エントロピーについては Ising 系のときに考えたものと同様にして見積もることができる．よって，

$$\Delta F \sim J - TL\ln C \tag{12.24}$$

を得る．$T > 0$ のとき，L が十分大きいと $\Delta F < 0$ であるから，2 次元の系では秩序状態は不安定となる．

12.3.2 Mermin–Wagner の定理

1966 年 Mermin と Wagner は，2 次元以下の Heisenberg 模型が有限温度で自発磁化をもたないことを厳密に示した．これは **Mermin–Wagner の定理**（Mermin–Wagner theorem）として知られている[*12]．以下でその証明を見てみよう．

Heisenberg 模型には古典的な模型と量子的な模型がある．前者の場合スピン変数は 3 次元のベクトル変数であるが，後者の場合スピン変数は次の**交換関係**（commutation relation）を満たす演算子となる．

$$[\hat{S}^\mu, \hat{S}^\nu] = i\sum_\lambda \epsilon_{\mu\nu\lambda}\hat{S}^\lambda \tag{12.25}$$

左辺は交換子 $[\hat{A}, \hat{B}] = \hat{A}\hat{B} - \hat{B}\hat{A}$ であり，添字は x，y，z を表す．これらの演算子が各格子点で定義されている．スピン演算子や上の式に現れる記号の詳しい説明は付録 B を参照されたい．

定理の証明は古典と量子のどちらの系でもできるが，ここでは最初に計算が行われた量子系の場合について示すことにする．ハミルトニアンは

$$\hat{H} = -\frac{1}{2}\sum_{i,j=1}^{N} J_{ij}\hat{\boldsymbol{S}}_i \cdot \hat{\boldsymbol{S}}_j - h\sum_{j=1}^{N}\hat{S}_j^z \mathrm{e}^{-i\boldsymbol{q}\cdot\boldsymbol{r}_j} \tag{12.26}$$

とする．スピンは超立方格子の格子点上に定義されている．相互作用は最近接のスピン間以外にも働く一般的な表式を用いる．以下の証明の途中で J_{ij} が満たすべき条件について言及するが，ここではとりあえず任意としておく．また，z 方向に波数 $\boldsymbol{q}$ に依存した磁場をかける．これは次の一般化された磁化に対応する磁場である[*13]．

$$m_{\boldsymbol{q}} = \frac{1}{N}\sum_{j=1}^{N}\langle\hat{S}_j^z\rangle \mathrm{e}^{-i\boldsymbol{q}\cdot\boldsymbol{r}_j} \tag{12.27}$$

$m_{\boldsymbol{q}=\boldsymbol{0}}$ が通常の磁化を表す．これまで考えてきたような J_{ij} が最近接のときに正の値をとるような場合は強磁性秩序のみが実現しうるので $\boldsymbol{q} = \boldsymbol{0}$ で十分なのだが，例

[*12] N. D. Mermin and H. Wagner: Phys. Rev. Lett. **17**, 1133 (1966). この論文は，本節で扱う量子系の場合の証明を行っているが，古典系の証明も行われている．N. D. Mermin: J. Math. Phys. **8**, 1061 (1967). また，ほぼ同時期に，Bose，Fermi 粒子系における同様の証明が Hohenberg により行われている．P. C. Hohenberg: Phys. Rev. **158**, 383 (1967). 出版は Mermin–Wagner の論文の翌年だが，投稿は 1966 年でありわずか 1 週間の違いしかない．よって，**Mermin–Wagner–Hohenberg の定理**ということもある．

[*13] $m_{\boldsymbol{q}}$ は一般に**交替磁化**（staggered magnetization）とよばれる．スタッガード磁化とよばれることも多い．stagger は互い違いに少しずつずらせて配置するという意味をもつ．

えば J_{ij} が負のとき，反強磁性秩序，つまりスピンが最近接間で逆符号値をとるような秩序が実現しうる．この秩序はモード $q_\mu = \pi/a$ の磁化で記述できる．a は格子定数を表す．つまり，磁場をこのようにかけるとさまざまな秩序を調べることができるので，証明の適用範囲が広くなる．熱力学極限をとった後に磁場を 0 にとり，自発磁化が 0 になる条件を調べる．注意する点は，磁場を 0 にとる前に熱力学極限をとることである．第 2 章で議論したように，有限系を調べても自発磁化は生じない．

証明には次の **Bogoliubov の不等式**（Bogoliubov inequality）を用いる．

$$\frac{\beta}{2}\left\langle\{\hat{A},\hat{A}^\dagger\}\right\rangle\left\langle[\hat{C}^\dagger,[\hat{H},\hat{C}]]\right\rangle \geq \left|\left\langle[\hat{C}^\dagger,\hat{A}^\dagger]\right\rangle\right|^2 \tag{12.28}$$

$\langle\ \ \rangle$ はカノニカル平均を表す．$\hat{A}$, $\hat{C}$ は任意の演算子，$\hat{H}$ はハミルトニアンである．また，$\{\hat{A},\hat{B}\} = \hat{A}\hat{B} + \hat{B}\hat{A}$ とした．この不等式は，次の内積を用いて示すことができる[*14]．

$$(\hat{A},\hat{B}) = \int_0^\beta \mathrm{d}\tau\,\langle\hat{A}^\dagger(\tau)\hat{B}\rangle = \int_0^\beta \mathrm{d}\tau\,\frac{1}{Z}\mathrm{Tr}\left(\mathrm{e}^{-\beta\hat{H}}\hat{A}^\dagger(\tau)\hat{B}\right) \tag{12.29}$$

ここで演算子 $\hat{X}$ に対して，

$$\hat{X}(\tau) = \mathrm{e}^{\tau\hat{H}}\hat{X}\mathrm{e}^{-\tau\hat{H}} \tag{12.30}$$

を定義した[*15]．量子系なので演算子 $\hat{H}$, $\hat{A}$, $\hat{B}$ は一般に互いに交換しないことに注意する．この式が内積の性質，$(\hat{A},\hat{B}) = (\hat{B},\hat{A})^*$，$(\hat{A},a\hat{B}+b\hat{C}) = a(\hat{A},\hat{B}) + b(\hat{A},\hat{C})$（$a$，$b$ は定数），$(\hat{A},\hat{A}) = 0$ のとき $\hat{A} = 0$，を満たしていることは，次のスペクトル分解を行うとわかる[*16]．

$$(\hat{A},\hat{B}) = \frac{1}{\sum_n \mathrm{e}^{-\beta E_n}}\sum_{n,m}\frac{\mathrm{e}^{-\beta E_m} - \mathrm{e}^{-\beta E_n}}{E_n - E_m}\langle n|\hat{A}^\dagger|m\rangle\langle m|\hat{B}|n\rangle \tag{12.31}$$

$|n\rangle$ は $\hat{H}$ の固有状態でその固有値は E_n である．式 (12.29) が内積の要件を満たすので，次の **Cauchy–Schwarz の不等式**（Cauchy–Schwarz inequality）が成り立つ．

$$(\hat{A},\hat{A})(\hat{B},\hat{B}) \geq \left|(\hat{A},\hat{B})\right|^2 \tag{12.32}$$

[*14] 熱平均および変数 τ についての積分を行っている．これは量子統計力学における虚時間形式とよばれるものである．詳しくは，第 14 章を参照．

[*15] $\hat{A}(\tau) = \mathrm{e}^{\tau\hat{H}}\hat{A}\mathrm{e}^{-\tau\hat{H}}$，$\hat{A}^\dagger(\tau) = \mathrm{e}^{\tau\hat{H}}\hat{A}^\dagger\mathrm{e}^{-\tau\hat{H}}$ と定義していることに注意．後者は前者のエルミート共役ではない．

[*16] 式 (12.29) の最右辺に現れる演算子間に完全系 $\sum_n |n\rangle\langle n| = 1$ をはさむことで示される．$n = m$ の寄与は極限 $E_n \to E_m$ によって定義される．

実数 z に対して成立する不等式 $(z-\tanh z)\mathrm{sgn}\, z \geq 0$ で $z=(x-y)/2$ とおくことによって導かれる関係

$$\frac{\mathrm{e}^{-y}-\mathrm{e}^{-x}}{x-y} \leq \frac{1}{2}\left(\mathrm{e}^{-x}+\mathrm{e}^{-y}\right) \tag{12.33}$$

を用いると，

$$\begin{aligned}(\hat{A},\hat{A}) &= \frac{1}{\sum_n \mathrm{e}^{-\beta E_n}}\sum_{n,m}\frac{\mathrm{e}^{-\beta E_m}-\mathrm{e}^{-\beta E_n}}{E_n-E_m}\langle n|\hat{A}^\dagger|m\rangle\langle m|\hat{A}|n\rangle \\ &\leq \frac{\beta}{2}\frac{1}{\sum_n \mathrm{e}^{-\beta E_n}}\sum_{n,m}\left(\mathrm{e}^{-\beta E_m}+\mathrm{e}^{-\beta E_n}\right)\langle n|\hat{A}^\dagger|m\rangle\langle m|\hat{A}|n\rangle \\ &= \frac{\beta}{2}\left\langle\{\hat{A},\hat{A}^\dagger\}\right\rangle\end{aligned} \tag{12.34}$$

が成り立つ．また，$\hat{B}$ を次のようにおく．

$$\hat{B}=[\hat{C}^\dagger,\hat{H}] \tag{12.35}$$

このとき，内積の定義式 (12.29) を用いて

$$(\hat{A},\hat{B}) = \int_0^\beta \mathrm{d}\tau\,\frac{\partial}{\partial\tau}\langle\hat{A}^\dagger(\tau)\hat{C}^\dagger\rangle = \left\langle[\hat{C}^\dagger,\hat{A}^\dagger]\right\rangle \tag{12.36}$$

を得る．$\langle\hat{A}^\dagger(\beta)\hat{C}^\dagger\rangle=\langle\hat{C}^\dagger\hat{A}^\dagger\rangle$ であることを用いた．$\hat{A}=\hat{B}$ とおくと，

$$(\hat{B},\hat{B}) = \left\langle[\hat{C}^\dagger,\hat{B}^\dagger]\right\rangle = \left\langle[\hat{C}^\dagger,[\hat{H},\hat{C}]]\right\rangle \tag{12.37}$$

となる．これらの式 (12.34)，(12.36)，(12.37) を Cauchy–Schwarz の不等式に代入すると，Bogoliubov の不等式 (12.28) が導かれる．

ここまで演算子 $\hat{A}$，$\hat{C}$ は任意であった．Mermin–Wagner の定理を示すために，これらの演算子を次のように選ぶ．

$$\hat{A}=\hat{S}^y_{-\boldsymbol{k}-\boldsymbol{q}} \tag{12.38}$$

$$\hat{C}=\hat{S}^x_{\boldsymbol{k}} \tag{12.39}$$

ここで，ベクトル添字のスピン演算子を次のように定義している．

$$\hat{S}^\mu_{\boldsymbol{k}}=\sum_{j=1}^N \hat{S}^\mu_j \mathrm{e}^{-i\boldsymbol{k}\cdot\boldsymbol{r}_j} \tag{12.40}$$

この演算子は $(\hat{S}^{\mu}_{\boldsymbol{k}})^{\dagger} = \hat{S}^{\mu}_{-\boldsymbol{k}}$ の関係を満たしている．Bogoliubov の不等式の各項を計算すると，

$$\frac{1}{2}\langle\{\hat{A}, \hat{A}^{\dagger}\}\rangle = \langle \hat{S}^{y}_{\boldsymbol{k}+\boldsymbol{q}} \hat{S}^{y}_{-\boldsymbol{k}-\boldsymbol{q}} \rangle \tag{12.41}$$

$$\langle[\hat{C}^{\dagger}, \hat{A}^{\dagger}]\rangle = \sum_{j,\ell} \mathrm{e}^{i\boldsymbol{k}\cdot\boldsymbol{r}_j - i(\boldsymbol{k}+\boldsymbol{q})\cdot\boldsymbol{r}_\ell} \langle[\hat{S}^{x}_{j}, \hat{S}^{y}_{\ell}]\rangle = iNm_{\boldsymbol{q}} \tag{12.42}$$

$$[\hat{H}, \hat{C}] = -i \sum_{j,\ell} J_{j\ell} \hat{S}^{y}_{j} \hat{S}^{z}_{\ell} \left(\mathrm{e}^{-i\boldsymbol{k}\cdot\boldsymbol{r}_j} - \mathrm{e}^{-i\boldsymbol{k}\cdot\boldsymbol{r}_\ell}\right) - ih\hat{S}^{y}_{\boldsymbol{q}+\boldsymbol{k}} \tag{12.43}$$

$$[\hat{C}^{\dagger}, [\hat{H}, \hat{C}]] = \sum_{i,j} J_{ij} \left(1 - \cos \boldsymbol{k}\cdot(\boldsymbol{r}_i - \boldsymbol{r}_j)\right) \left(\hat{S}^{y}_{i}\hat{S}^{y}_{j} + \hat{S}^{z}_{i}\hat{S}^{z}_{j}\right) + h\hat{S}^{z}_{\boldsymbol{q}} \tag{12.44}$$

となる．不等式を

$$\frac{\beta}{2}\left\langle\{\hat{A}, \hat{A}^{\dagger}\}\right\rangle \geq \frac{\left|\left\langle[\hat{C}^{\dagger}, \hat{A}^{\dagger}]\right\rangle\right|^2}{\left\langle[\hat{C}^{\dagger}, [\hat{H}, \hat{C}]]\right\rangle} \tag{12.45}$$

と変形し，各項に上で計算した表式を代入すると，

$$\beta\langle \hat{S}^{y}_{\boldsymbol{k}+\boldsymbol{q}} \hat{S}^{y}_{-\boldsymbol{k}-\boldsymbol{q}} \rangle \geq \frac{N^2|m_{\boldsymbol{q}}|^2}{\sum_{i,j} J_{ij}\left(1-\cos\boldsymbol{k}\cdot(\boldsymbol{r}_i - \boldsymbol{r}_j)\right)\left\langle \hat{S}^{y}_{i}\hat{S}^{y}_{j} + \hat{S}^{z}_{i}\hat{S}^{z}_{j}\right\rangle + Nhm_{\boldsymbol{q}}} \tag{12.46}$$

となる．$\boldsymbol{k}$ について和をとり N^2 で割ると，左辺は

$$\begin{aligned}\frac{1}{N^2}\sum_{\boldsymbol{k}} \beta\langle \hat{S}^{y}_{\boldsymbol{k}+\boldsymbol{q}} \hat{S}^{y}_{-\boldsymbol{k}-\boldsymbol{q}} \rangle &= \frac{\beta}{N}\sum_{i}\langle(\hat{S}^{y}_{i})^2\rangle \leq \frac{\beta}{N}\sum_{i}\langle(\hat{\boldsymbol{S}}_i)^2\rangle \\ &= \beta S(S+1)\end{aligned} \tag{12.47}$$

である．$S(S+1)$ は $\hat{\boldsymbol{S}}^2_i$ の固有値であり，S がスピンの大きさを表す．また，

$$1 - \cos\boldsymbol{k}\cdot(\boldsymbol{r}_i - \boldsymbol{r}_j) \leq \frac{1}{2}\left(\boldsymbol{k}\cdot(\boldsymbol{r}_i - \boldsymbol{r}_j)\right)^2 \leq \frac{1}{2}\boldsymbol{k}^2(\boldsymbol{r}_i - \boldsymbol{r}_j)^2 \tag{12.48}$$

$$\begin{aligned}\left\langle \hat{S}^{y}_{i}\hat{S}^{y}_{j} + \hat{S}^{z}_{i}\hat{S}^{z}_{j}\right\rangle &\leq \frac{1}{2}\left\langle(\hat{S}^{y}_{i})^2 + (\hat{S}^{y}_{j})^2 + (\hat{S}^{z}_{i})^2 + (\hat{S}^{z}_{j})^2\right\rangle \\ &\leq \frac{1}{2}\left\langle(\hat{\boldsymbol{S}}_i)^2 + (\hat{\boldsymbol{S}}_j)^2\right\rangle = S(S+1)\end{aligned} \tag{12.49}$$

を用いて式 (12.46) 右辺の分母を変形する．この量は式 (12.37) から来ているから，非負である．任意の J_{ij} 等について成り立つので，和の各項は非負である．よって，

$$\frac{1}{N}\sum_{i,j} J_{ij}\left(1-\cos\boldsymbol{k}\cdot(\boldsymbol{r}_i-\boldsymbol{r}_j)\right)\left\langle \hat{S}_i^y\hat{S}_j^y+\hat{S}_i^z\hat{S}_j^z\right\rangle \\ \leq \frac{1}{N}\sum_{i,j}|J_{ij}|\frac{\boldsymbol{k}^2}{2}(\boldsymbol{r}_i-\boldsymbol{r}_j)^2S(S+1) \tag{12.50}$$

が成り立つ．ここで次の量を定義する．

$$\bar{J}=\frac{1}{2N}\sum_{i,j}|J_{ij}|(\boldsymbol{r}_i-\boldsymbol{r}_j)^2 \tag{12.51}$$

もしこの量が有限であれば次の不等式が得られる．

$$\beta S(S+1) \geq \frac{1}{N}\sum_{\boldsymbol{k}}\frac{|m_{\boldsymbol{q}}|^2}{\bar{J}S(S+1)\boldsymbol{k}^2+hm_{\boldsymbol{q}}} \\ \to \int\frac{\mathrm{d}^d\boldsymbol{k}}{(2\pi)^d}\,\frac{|m_{\boldsymbol{q}}|^2}{\bar{J}S(S+1)\boldsymbol{k}^2+hm_{\boldsymbol{q}}} \tag{12.52}$$

最右辺は熱力学極限をとっている．

この不等式の意味は次の通りである．$h\to 0$ のとき，右辺の積分が発散するかどうかを考える．2 次元およびそれ以下で $\boldsymbol{k}=\boldsymbol{0}$ 付近の寄与が発散をもたらすことはこれまでにいくつかの例で見てきた．しかしながら，ここで求めた結果は任意の次元で成り立ち，右辺が有限値である左辺より大きくなってはならない．積分が発散しても，$m_{\boldsymbol{q}}=0$ であれば右辺を有限に保つことができる．つまり，このとき自発磁化は存在しない．2 次元以下，有限温度で式 (12.51) が有限値をとるとき，磁化は 0 となる．

この結果は，低次元において波数の小さいモードによって表されるスピンのゆらぎが秩序相を形成するのを妨げていることを表している．熱ゆらぎが低次元で顕著になるという，第 2 章の議論と整合する結果である．注意すべき点は，この証明は有限温度でのみ成り立つことである．温度 0 の極限では不等式の左辺が無限大になるので右辺が発散することを禁止していない．したがって，低次元でも絶対零度では自発磁化をもちうる．また，式 (12.51) が有限値をとるという条件はかなりゆるいため，多くの系について適用できることもこの証明の強みである．強磁性，反強磁性，さらにいえばランダムなスピングラス系についてすらも成り立つことは特筆

すべきであろう[*17].

この証明では3次元で相転移が起こることを示していない．つまり，ここで示されたことは，下部臨界次元の下限が2であるということである．3次元以上で相転移が起こることは，後の研究によって示されている[*18]．その結果を合わせると，Heisenberg 模型の下部臨界次元が2であることがいえる．また，ここでは Heisenberg 模型を扱ったが，XY 模型についても同様の証明を行うことができる．

12.4　O(n) ϕ^4 模型のくりこみ群解析

12.4.1　ϵ 展開

連続対称性のある系でも次元が十分大きければ相転移を起こす．実際，Heisenberg 模型等において平均場近似を行うと相転移の存在を容易に示すことができる．そこで，上部臨界次元付近での性質を O(n) ϕ^4 模型

$$\mathcal{H} = -\int \mathrm{d}^d \boldsymbol{r} \left[\frac{1}{2} \sum_{\mu=1}^{d} (\nabla_\mu \boldsymbol{\phi}(\boldsymbol{r}))^2 + \frac{t}{2} \boldsymbol{\phi}^2(\boldsymbol{r}) + \frac{u}{4!} (\boldsymbol{\phi}^2(\boldsymbol{r}))^2 \right] \tag{12.53}$$

を用いて調べてみよう．第10章の方法に従ってくりこみ群解析を行う．$t=0$, $u=0$ の Gauss 模型からの摂動展開を行うので，$d>4$ で u が非有意な変数となることは変わらない．$d=4-\epsilon$ として ϵ 展開を行う．

Gauss 模型は2次形式のハミルトニアンであり，$\boldsymbol{\phi}$ の各成分は変数分離されているので $\boldsymbol{\phi}$ の Green 関数は

$$\langle \phi_a(\boldsymbol{r}) \phi_b(\boldsymbol{r}') \rangle_0 = \delta_{ab} G(\boldsymbol{r}-\boldsymbol{r}') \tag{12.54}$$

と書ける．$G(\boldsymbol{r})$ は第10章で与えた $n=1$ のときの Green 関数である．そこでの議論と同じようにして最初の非自明な寄与は図 10.4（210ページ）左のダイアグラムで表される．$\boldsymbol{\phi}$ が n 成分もつことを考慮すると，組み合わせの様子は図 12.3 の

[*17] スピングラス系では別種の秩序が存在しうるので，これをもってどんな秩序も存在しないというわけではない．

[*18] J. Fröhlich, B. Simon, and T. Spencer: Comm. Math. Phys. **50**, 79 (1976). 証明は古典系に対してのものである．量子系に対する証明は，反強磁性体の場合 F. Dyson, E. H. Lieb, and B. Simon: J. Stat. Phys. **18**, 335 (1978) および以降の研究でなされた．

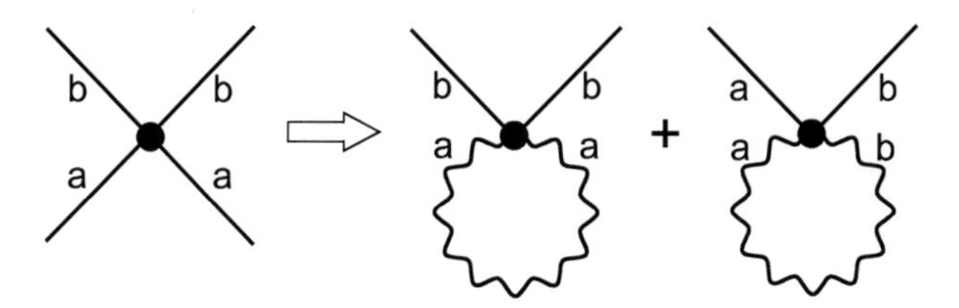

図 12.3　O(n) ϕ^4 模型のくりこみにおける 1 次摂動の寄与．$\boldsymbol{\phi}$ の各成分を表す 4 本の線の二つを結ぶ．同じ添字をもつ線同士を結ぶ組み合わせの数は 2 通りあり，閉じたループは成分について和をとるので，全部で $2n$ 通りある．異なる添字を結ぶのは全部で 4 通りあり，そのときは $a=b$ となる．

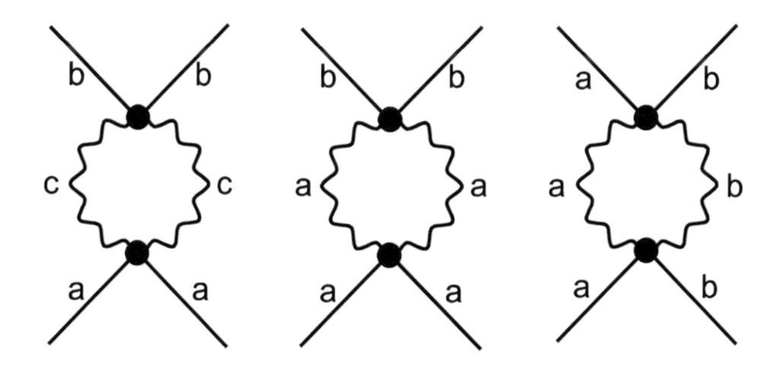

図 12.4　u の 1 次補正の寄与．それぞれの組み合わせの数は $8n$，32，32 となる．

ようになる．式で表すと

$$\begin{aligned}\langle(\boldsymbol{\phi}^2(\boldsymbol{r}))^2\rangle_0 \to \sum_{a,b}\Big(&2\langle\phi_a(\boldsymbol{r})\phi_a(\boldsymbol{r})\rangle_0\phi_b(\boldsymbol{r})\phi_b(\boldsymbol{r})\\&+4\langle\phi_a(\boldsymbol{r})\phi_b(\boldsymbol{r})\rangle_0\phi_a(\boldsymbol{r})\phi_b(\boldsymbol{r})\Big)\\=\ &2(n+2)G(\boldsymbol{0})\boldsymbol{\phi}^2(\boldsymbol{r})\end{aligned} \tag{12.55}$$

である．この寄与が t の 1 次補正を与える．同様にして，u の 1 次補正を表すダイアグラムは図 10.5（211 ページ）(b) であり，図 12.4 のように表される．つまり，

$$\langle(\boldsymbol{\phi}^2(\boldsymbol{r}))^2(\boldsymbol{\phi}^2(\boldsymbol{r}'))^2\rangle_0 \to 8(n+8)G^2(\boldsymbol{r}-\boldsymbol{r}')\boldsymbol{\phi}^2(\boldsymbol{r})\boldsymbol{\phi}^2(\boldsymbol{r}') \tag{12.56}$$

となる．よって，式 (10.66)，(10.67)（214 ページ）の代わりに得られる式は

$$t' = b^2 \left(t + \frac{n+2}{3} \frac{u}{2} I_1 \right) \tag{12.57}$$

$$u' = b^{4-d} u \left(1 - \frac{n+8}{9} \frac{3u}{2} I_2 \right) \tag{12.58}$$

である．$n = 1$ とすれば式 (10.66)，(10.67) になる．以降の計算もまた同様であり，Wilson–Fisher 固定点は

$$(t^*, u^*) = \left(-\frac{n+2}{2(n+8)} \epsilon \Lambda^2, \frac{48\pi^2}{n+8} \epsilon \right) \tag{12.59}$$

スケーリング次元は

$$x_1 = 2 - \frac{n+2}{n+8} \epsilon \tag{12.60}$$

$$x_2 = -\epsilon \tag{12.61}$$

となる．固定点およびスケーリング次元の値が成分の数 n に依存するものとなる．後者が n によるということは臨界現象の普遍性が秩序変数の自由度に依存することを示している．定性的なふるまいは第 10 章で得られたものと同じである[*19]．

12.4.2　異方性

次に，異方性の効果を調べてみる．Heisenberg 模型の交換相互作用は等方的であるとは限らず異方性が存在することもある．ハミルトニアン

$$H = -\sum_{\langle ij \rangle} \left(J_x S_i^x S_j^x + J_y S_i^y S_j^y + J_z S_i^z S_j^z \right) \tag{12.62}$$

で，J_x，J_y，J_z のいずれかの対が等しくない限り連続対称性は存在しない．

O(n) ϕ^4 模型において異方性が存在する場合を考えよう．式 (12.53) のハミルトニアンに

$$-\Delta \int \mathrm{d}^d \boldsymbol{r} \, \phi_1^2(\boldsymbol{r}) \tag{12.63}$$

の項が加わったとき，成分 1 の方向に異方性が生じ対称性が失われる．$\Delta \to \infty$ のとき，$\boldsymbol{\phi}$ は成分 1 の方向に向きやすくなるから通常の ϕ^4 模型に帰着して，Ising 模型

[*19] ただし，第 10 章でも述べたように，結果を無批判に信頼すべきではない．摂動の範囲内では扱うことのできない効果が存在する可能性がある．

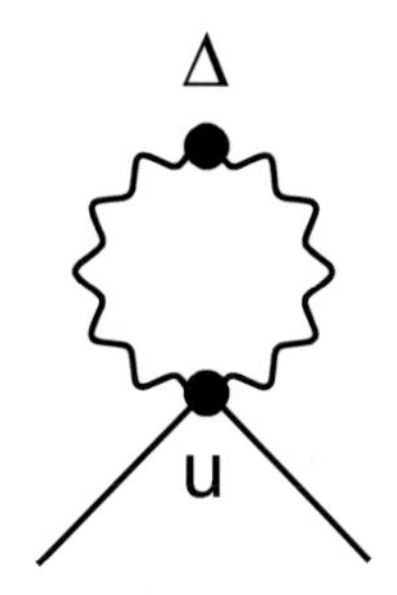

図 12.5　Δ のくりこみに寄与するダイアグラム．

の普遍性を記述する．一方，$\Delta \to -\infty$ とすると他の方向を向きやすくなり，$n=3$ の場合には XY 模型に対応している．このように，Δ を含めたパラメータ空間のくりこみ群の流れを調べることですべての模型を統一的に調べることができる．

ここでの計算は Δ の有意性を調べるのが目的である．Δ に寄与する項を摂動展開を用いて考えると，最初の寄与は図 12.5 のようなダイアグラムから生じる．対応する式は

$$\int \mathrm{d}^d\boldsymbol{r}\mathrm{d}^d\boldsymbol{r}'\,(\boldsymbol{\phi}^2(\boldsymbol{r}))^2\phi_1^2(\boldsymbol{r}') \to \int \mathrm{d}^d\boldsymbol{r}\,\left(4\boldsymbol{\phi}^2(\boldsymbol{r}) + 8\phi_1^2(\boldsymbol{r})\right) I_2 \tag{12.64}$$

である．$(\boldsymbol{\phi}^2)^2$ の 4 本の線から 2 本をとり，それぞれを ϕ_1^2 の線と結ぶ．I_2 は式 (10.64)（213 ページ）で与えられている積分を表し，式 (10.81)（216 ページ）のように計算される．右辺第 2 項が Δ のくりこみに寄与する．つまり，

$$-\Delta \int \mathrm{d}^d\boldsymbol{r}\,\phi_1^2(\boldsymbol{r}) - \frac{u}{4!}(-\Delta)\cdot 8I_2 \int \mathrm{d}^d\boldsymbol{r}\,\phi_1^2(\boldsymbol{r}) \tag{12.65}$$

となるから，Δ の質量次元が 2 であることを考慮すると，スケール変換を行い

$$\Delta' = b^2\left(\Delta - \frac{u\Delta}{3}C\ln b\right) \tag{12.66}$$

を得る．よって，ここで行っている近似の範囲内では新たな固定点が生じることはない．ベータ関数は各固定点で

$$\beta_\Delta \sim \left(2 - \frac{u^*C}{3}\right)\Delta = \begin{cases} 2\Delta & \text{(Gauss)} \\ \left(2 - \dfrac{2\epsilon}{n+8}\right)\Delta & \text{(Wilson–Fisher)} \end{cases} \tag{12.67}$$

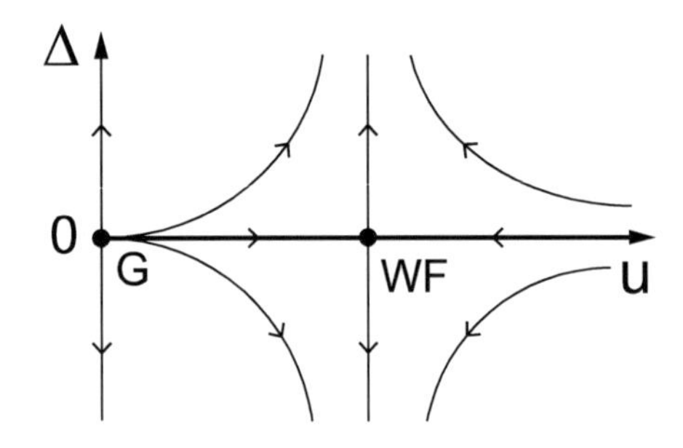

図 **12.6**　くりこみ群の流れ．t 方向は図の平面に射影している．

と計算される．つまり，どちらの場合も Δ は有意な変数となる．くりこみ群の流れは図 12.6 のようになる．Δ が少しでも存在するとくりこみによってその大きさは増幅される．$\Delta = 0$ から離れた点で非自明な不安定固定点が存在しない限り，臨界現象の普遍性は $\Delta = 0$ の面上にある Gauss 固定点か Wilson–Fisher 固定点によって記述される．

12.5　Kosterlitz–Thouless 転移

$d = 2$，$n = 2$ の 2 次元 XY 模型は他の系にはないふるまいを示す．$d = 2$ は XY 模型の下部臨界次元（相転移が起こる次元の下限）であるが，この系では自発磁化の存在しない相転移が起こる．系の性質は**渦**（vortex）によって特徴づけられ，**Kosterlitz–Thouless 転移**（Kosterlitz–Thouless transition）とよばれている[*20]．

以下ではまず XY 模型のスピン波近似に基づいた定性的な議論を行い，渦が果たす役割を理解する．その後，渦の特徴をとらえた模型を導入し，くりこみ群解析を行うことによって相図を得る．

[*20] J. M. Kosterlitz and D. J. Thouless: J. Phys. C: Solid State Phys. **6**, 1181 (1973). これらの研究の前に同様の研究が次の論文においてなされている．V. L. Berezinskii: Sov. Phys. JETP **32**, 493 (1971); Sov. Phys. JETP **34**, 610 (1972). よってこの転移は **Berezinskii–Kosterlitz–Thouless 転移**ともよばれる．

12.5.1 2 次元 XY 模型と渦

2 次元 XY 模型

2 次元古典 XY 模型のハミルトニアンは，スピン変数を $\boldsymbol{S}_i = (\cos\theta_i, \sin\theta_i)$ とおくと

$$
\begin{aligned}
H &= -J\sum_{\langle ij\rangle} \boldsymbol{S}_i \cdot \boldsymbol{S}_j = -J\sum_{\langle ij\rangle} \cos(\theta_i - \theta_j) \\
&= -\frac{J}{2}\sum_{\langle ij\rangle}\left[\mathrm{e}^{i(\theta_i-\theta_j)} + \mathrm{e}^{-i(\theta_i-\theta_j)}\right]
\end{aligned} \tag{12.68}
$$

と書くことができる．θ_i はスピン $\boldsymbol{S}_i$ の向きを表す角度である*21．この模型が自発磁化をもたないことは Mermin–Wagner の定理により示されている*22．

まず，高温と低温で相関関数のふるまいを調べることで，相転移の存在が示唆されることを見よう．考えるのは相関関数

$$
G(\boldsymbol{r}_i - \boldsymbol{r}_j) = \langle \boldsymbol{S}_i \cdot \boldsymbol{S}_j \rangle = \langle \cos(\theta_i - \theta_j) \rangle = \langle \mathrm{e}^{i(\theta_i-\theta_j)} \rangle \tag{12.69}
$$

である．最後の等式は虚数部分の熱平均がスピン反転対称性により 0 になることを用いている．

高温極限

高温極限を考える．このときの相関関数は高温展開の方法を用いて見積もることができる．Ising 模型の高温展開を 6.2 節（118 ページ）で扱ったが，XY 模型の場合も同様である．異なるのは状態和が各格子点の θ_i についての積分になることである．ハミルトニアンは式 (12.68)，相関関数は式 (12.69) のように表されているから，高温展開の各項は指数関数 $\mathrm{e}^{\pm i\theta_i}$ の積の積分となる．各項は次の積分を用いて計算される．

$$
\int_0^{2\pi} \frac{\mathrm{d}\theta_i}{2\pi}\, \mathrm{e}^{in\theta_i} = \delta_{n0} \tag{12.70}
$$

つまり，ほとんどの積分は 0 である．被積分関数が θ_i に依存しない定数項の寄与のみが残る．これは Ising 模型のときのように図を用いた解釈ができる．例えば，図

*21 $|\boldsymbol{S}_i| = 1$ とした．大きさを S とするときは $J \to JS^2$ とおきかえればよい．

*22 12.3 節は $n = 3$ の量子系についての証明であるが，$n = 2$ の古典系の証明も類似の方法でできる．

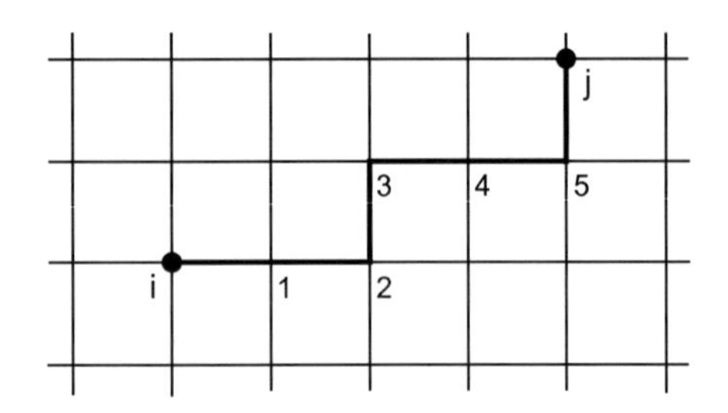

図 12.7　相関関数 $\langle \boldsymbol{S}_i \cdot \boldsymbol{S}_j \rangle$ の高温展開による計算．高温で主な寄与は二つの格子点 i，j をボンドで結ぶ最短の経路で表される．

12.7 のように点 i と j を線で結び，その線上に Boltzmann 因子を展開したものを割り当てると，図の太線の寄与は

$$\prod_a \int_0^{2\pi} \frac{\mathrm{d}\theta_a}{2\pi}\, \mathrm{e}^{i\theta_i} \cdot \frac{\beta J}{2} \mathrm{e}^{-i(\theta_i-\theta_1)} \cdot \frac{\beta J}{2} \mathrm{e}^{-i(\theta_1-\theta_2)} \cdot \cdots \cdot \frac{\beta J}{2} \mathrm{e}^{-i(\theta_5-\theta_j)} \cdot \mathrm{e}^{-i\theta_j}$$
$$= \left(\frac{\beta J}{2}\right)^6 \tag{12.71}$$

となる．一つのボンドは $\beta J(\ll 1)$ を伴うために，最も大きい寄与は βJ のべきが最小のもの，すなわち点 i と j を最短の経路で結ぶ寄与である[*23]．$r \gg 1$ では，最短の道のりの長さは ij 間の距離 r にほぼ等しいので，

$$G(\boldsymbol{r}_i - \boldsymbol{r}_j) = \langle \mathrm{e}^{i(\theta_i-\theta_j)} \rangle \sim \left(\frac{\beta J}{2}\right)^r = \exp\left[-r \ln\left(\frac{2}{\beta J}\right)\right] \tag{12.72}$$

が主要な寄与となる．つまり，相関関数は指数関数的に減衰し，相関長は

$$\xi = \frac{1}{\ln\left(\frac{2}{\beta J}\right)} \tag{12.73}$$

で与えられる．相関関数が高温で指数関数的に減衰するという性質は，任意の次元，任意のスピン成分数でも成り立つ．

低温極限

高温展開による結果が広い系に適用されるのに対して，低温での性質は扱う系に強く依存する．低温ではスピンのゆらぎは小さく，となり合ったスピンの向きはほ

*23 一般に，最短の経路は複数あるが，定数倍の違いをもたらすだけなので定性的な結果は変わらない．

とんど同じであると考えられる．つまり，ハミルトニアンの各項 $\cos(\theta_i - \theta_j)$ はほとんど 1 に等しく，$\theta_i - \theta_j$ についてべき展開することができる．2 次までの項を考えると

$$H \sim \frac{J}{2}\sum_{\langle ij\rangle}(\theta_i - \theta_j)^2 - N_{\mathrm{B}}J \tag{12.74}$$

となる．スピンの向きが格子点によって少しずつ変わっていくようなふるまいを記述することができるため，この近似は**スピン波近似**（spin-wave approximation）とよばれている．

ハミルトニアンは角度に関して 2 次形式となる．θ の積分範囲は 0 から 2π に限られているが，これを $-\infty$ から ∞ に拡大しても大きな差はないだろう．エネルギーは局所的なスピンゆらぎから生じているため，積分の範囲には敏感ではないはずである．このとき，相関関数は Gauss 積分を用いて計算される．有限周期の効果は後で調べることにして，ここではスピン波近似の下でのふるまいを考える．

ハミルトニアンの 2 次形式の部分は，Fourier 変換を用いると次のように書ける．

$$\begin{aligned}\frac{J}{2}\sum_{\langle ij\rangle}(\theta_i - \theta_j)^2 &= \frac{J}{2}\left(4\sum_i \theta_i^2 - 2\sum_{\langle ij\rangle}\theta_i\theta_j\right)\\ &= \frac{J}{N}\sum_{\boldsymbol{k}}(2 - \cos k_x - \cos k_y)\,\tilde{\theta}_{\boldsymbol{k}}\tilde{\theta}_{-\boldsymbol{k}}\end{aligned} \tag{12.75}$$

$\tilde{\theta}_{\boldsymbol{k}}$ は θ_i の座標ベクトル $\boldsymbol{r}_i$ についての Fourier 変換を表し，$\tilde{\theta}_{-\boldsymbol{k}} = \tilde{\theta}^*_{\boldsymbol{k}}$ を満たす．連続極限をとると cos 関数を展開して

$$\frac{J}{2}\int\frac{\mathrm{d}^2\boldsymbol{k}}{(2\pi)^2}\,\boldsymbol{k}^2\tilde{\theta}(\boldsymbol{k})\tilde{\theta}(-\boldsymbol{k}) = \frac{J}{2}\int\mathrm{d}^2\boldsymbol{r}\;(\boldsymbol{\nabla}\theta)^2 \tag{12.76}$$

と書ける[*24]．このとき定義される θ_i の相関関数 g は次のように計算される．連続極限をとる前の表式は

$$\begin{aligned}\frac{1}{\beta J}g(\boldsymbol{r}_i - \boldsymbol{r}_j) = \langle\theta_i\theta_j\rangle &= \frac{1}{N}\sum_{\boldsymbol{k}}\mathrm{e}^{i\boldsymbol{k}\cdot(\boldsymbol{r}_i-\boldsymbol{r}_j)}\langle\tilde{\theta}_{\boldsymbol{k}}\tilde{\theta}_{-\boldsymbol{k}}\rangle\\ &= \frac{1}{2N\beta J}\sum_{\boldsymbol{k}}\frac{\mathrm{e}^{i\boldsymbol{k}\cdot(\boldsymbol{r}_i-\boldsymbol{r}_j)}}{2 - \cos k_x - \cos k_y}\end{aligned} \tag{12.77}$$

[*24] 式 (12.75) では格子定数 a が省略されている．例えば，cos 関数の部分は $\cos(k_x a)$ などと書かれるので，連続極限 $a \to 0$ では cos 関数をべき展開することができる．付録 C 参照．

連続極限をとると

$$g(\boldsymbol{r}) = \int \frac{\mathrm{d}^2\boldsymbol{k}}{(2\pi)^2} \frac{\mathrm{e}^{i\boldsymbol{k}\cdot\boldsymbol{r}}}{\boldsymbol{k}^2} \tag{12.78}$$

となる．

さて，計算したいものは角度変数 θ_i の相関関数 $g(\boldsymbol{r})$ ではなくてスピン変数 $\boldsymbol{S}_i$ の相関関数 $G(\boldsymbol{r})$（式 (12.69)）である．後者はキュムラント展開により前者を用いて

$$G(\boldsymbol{r}) = \exp\left(-\frac{1}{2}\left\langle(\theta_i - \theta_j)^2\right\rangle\right) = \exp\left(\frac{g(\boldsymbol{r}) - g(\boldsymbol{0})}{\beta J}\right) \tag{12.79}$$

と書くことができる．よって，次の関数を調べればよい．

$$g(\boldsymbol{r}) - g(\boldsymbol{0}) = \int \frac{\mathrm{d}^2\boldsymbol{k}}{(2\pi)^2} \frac{\mathrm{e}^{i\boldsymbol{k}\cdot\boldsymbol{r}} - 1}{\boldsymbol{k}^2} = \frac{1}{2\pi}\int_0^\infty \frac{\mathrm{d}k}{k}\left(J_0(kr) - 1\right) \tag{12.80}$$

最後の等式で $\boldsymbol{k}$ の角度積分を行っている．Bessel 関数 $J_0(z)$ は $z \ll 1$ で $J_0(z) \sim 1 - (z/2)^2$，$z \gg 1$ で $J_0(z) \sim \sqrt{\frac{2}{\pi z}}\cos\left(z - \frac{\pi}{4}\right)$ という漸近形をもつから，積分は上限で発散する．連続極限をとる前の上限は π/a であったので，これをカットオフとして入れる[*25]．このとき，積分を分解して

$$\begin{aligned}
&g(\boldsymbol{r}) - g(\boldsymbol{0}) \\
&\quad= \frac{1}{2\pi}\int_0^{\pi r/a} \frac{\mathrm{d}z}{z}\left(J_0(z) - 1\right) \\
&\quad= \frac{1}{2\pi}\int_0^{1} \frac{\mathrm{d}z}{z}\left(J_0(z) - 1\right) + \frac{1}{2\pi}\int_1^{\pi r/a} \frac{\mathrm{d}z}{z} J_0(z) - \frac{1}{2\pi}\int_1^{\pi r/a} \frac{\mathrm{d}z}{z} \\
&\quad= \frac{1}{2\pi}\int_0^{1} \frac{\mathrm{d}z}{z}\left(J_0(z) - 1\right) + \frac{1}{2\pi}\int_1^{\pi r/a} \frac{\mathrm{d}z}{z} J_0(z) - \frac{1}{2\pi}\ln\left(\frac{\pi r}{a}\right) \\
&\quad\sim -\frac{1}{2\pi}\ln\left(\frac{r}{a}\right) - g_0
\end{aligned} \tag{12.81}$$

と書ける．最後の式は $\frac{r}{a} \gg 1$ としたときの近似である．g_0 は正の定数を表す．

以上より，

$$G(\boldsymbol{r}) \sim \left(\frac{1}{r}\right)^{\frac{1}{2\pi\beta J}} \tag{12.82}$$

となり，相関関数がべき的に減衰するという結果を得る．Ising 模型の場合，相関関数がべき的に減衰するのは臨界点においてのみであった．臨界点以外では指数関数

[*25] 付録 C 参照．

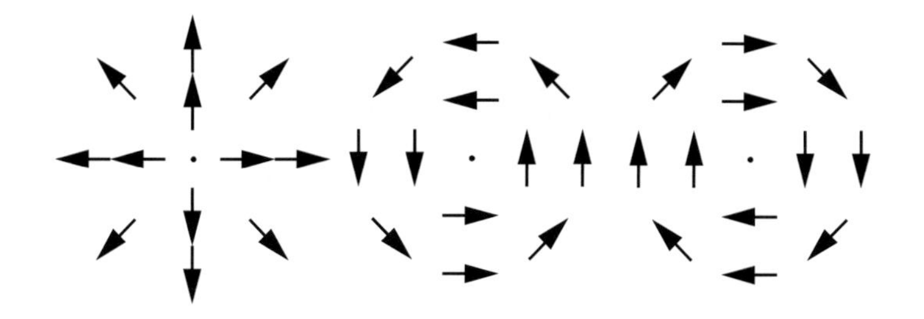

図 **12.8** 渦状のスピン配位の例．それぞれ渦度 1 の渦を表す．

的な減衰をする．2 次元 XY 模型において，相関関数は低温の有限の範囲でべき的な減衰を示している．このような状態は**準長距離秩序**（quasi-long-range order）をもつといわれる．相関が遠距離まで及び，ゆっくり減衰するような状態が低温で出現する．そのべきの指数は温度や相互作用定数 J に依存し，普遍的な値とはならない．

渦自由度

スピン波近似の解析では，cos 関数を展開することによって角度の周期性が無視されていた．ところが，2 次元 XY 模型では図 12.8 のような渦状のスピン配位が存在することが見てわかる．となり合ったスピンを見ると向きが少しずれており，局所的にはスピン波近似を用いて記述できるように見えるが，渦の中心を 1 周したときに生じる周期性の効果は記述できない．渦の中心は向きの決まらない特異的な点になっている．このような**位相幾何学**または**トポロジー**（topology）的な配位が系の状態に重要な寄与をする系は近年多くの注目を浴びているが，2 次元 XY 模型で実現する渦配位はそのような系の先がけとして知られている．

図 12.8 の三つの配位は渦の中心を原点にとると，極座標 (r, φ) を用いてそれぞれ

$$\theta(\boldsymbol{r}) = \begin{cases} \varphi \\ \varphi + \dfrac{\pi}{2} \\ \varphi - \dfrac{\pi}{2} \end{cases} \tag{12.83}$$

と書ける．θ は各座標点でのスピン変数の向きを表す角度である．三つの配位は図では異なるものに見えるが，座標を用いて表すと角度を定数だけずらすという違いにすぎないため，等価である．

Peierls の議論を用いて渦の配位が存在するときの熱力学状態を調べよう．エネル

ギーはスピン波近似のハミルトニアン (12.76) を用いて

$$E \sim \frac{J}{2}\int \mathrm{d}^2\boldsymbol{r}\,(\boldsymbol{\nabla}\theta)^2 = \frac{J}{2}\int_a^L 2\pi r\mathrm{d}r\,\frac{1}{r^2} = \pi J\ln\left(\frac{L}{a}\right) \tag{12.84}$$

となる．二つめの等式は式 (12.83) を用いた．積分の上限を系の長さ L，下限を格子定数 a とした．一方，このような渦は任意の場所につくることができるので，エントロピーは a^2 を単位とする系の面積の対数で表される．

$$S = \ln\left(\frac{L}{a}\right)^2 \tag{12.85}$$

合わせると自由エネルギーが

$$F = E - TS = (\pi J - 2T)\ln\left(\frac{L}{a}\right) \tag{12.86}$$

と得られる．この式から温度によって渦をつくった方が安定かどうかがわかる．$T_{\mathrm{KT}} = \pi J/2$ として，$T > T_{\mathrm{KT}}$ のとき渦が生じやすく，$T < T_{\mathrm{KT}}$ のとき生じにくい．これは相転移（Kosterlitz–Thouless 転移）の存在を示唆している[*26]．

上の議論では渦配位は最も簡単なものを考えたが，もっと複雑なものを考えることもできる．例えば，

$$\theta(\boldsymbol{r}) = 2\varphi \tag{12.87}$$

は原点のまわりを 1 周するとスピンが 2 回転する配位であり，図 12.9 のように表される．このときのエネルギーは式 (12.84) と同様にして

$$E = 2^2\pi J\ln\left(\frac{L}{a}\right) \tag{12.88}$$

と計算される．さらに一般化すると，スピンが q 回転するような配位を考えることができて，q^2 に比例するエネルギーが得られる．これらの渦配位についてエントロピーは変わらない．温度が上がるにつれて大きい q の寄与が効いてくる．

渦とトポロジー

渦を特徴づける整数 q は**渦度**（vorticity）や**巻き数**（winding number），**トポロジカル電荷**（topological charge）などとよばれる．その一般的な定義は次のようなものである．

$$q = \frac{1}{2\pi}\oint_{\mathrm{C}} \mathrm{d}\boldsymbol{r}\cdot\boldsymbol{\nabla}\theta \tag{12.89}$$

[*26] これらの量は $L \to \infty$ で発散してしまう．この問題については以下で議論する．

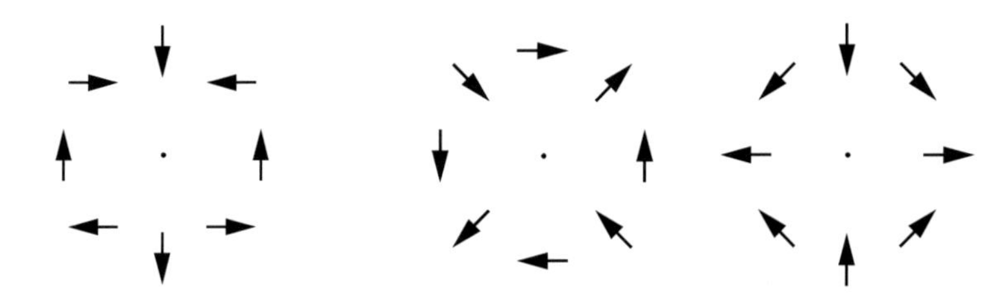

図 **12.9** 渦度 2 の渦配位の例.　図 **12.10** 渦度 -1 の渦配位の例.

積分経路 C は適当な点のまわりを 1 周するようにとられる．例えば，図 12.8 の渦は $q=1$，図 12.9 は $q=2$ である．負の q を考えることもできて，図 12.10 は $q=-1$ の渦を表す．

それぞれの図では規則正しく一様に回転しているが，一般には歪んだスピン配位でもよい．渦の中心を 1 周したときにスピンが何回回転するかによって q が決まる．その値は途中経路の変形によって変化しない．このような量はトポロジーの観点から理解される．すなわち，上記のスピン配位は，図 12.11 のように空間座標の角度 φ からスピン変数の角度 θ への写像として理解される．両者とも円周上の座標を表している．写像は，次の**ホモトピー群**（homotopy group）によって特徴づけられる．

$$\pi_1(S^1) = Z \tag{12.90}$$

π の添字 1 は空間座標が円周 S^1 上を回転すること，引数の S^1 は写像先のスピン座標が円周上を回転することを意味している．それらの間の写像が整数 Z によって特徴づけられる．同じ整数に属する配位は，同じ**ホモトピー類**（homotopy class）に属するといわれる．重要な点は，スピンを適当に連続変形することによって異なるホモトピー類に属する配位に移ることができないことである．渦の中心は特異点になっており，スピン波では記述できない配位である．渦自由度の寄与をあらためて考えなければならない．

ただし，渦はいつでも重要となるわけではない．例えば 2 次元 Heisenberg 模型を考える．このとき，スピンは球面上の座標として表され，対応するホモトピー群は

$$\pi_1(S^2) = 0 \tag{12.91}$$

となる．0 であることは，渦自由度が通常のスピン波配位と区別がつかないことを

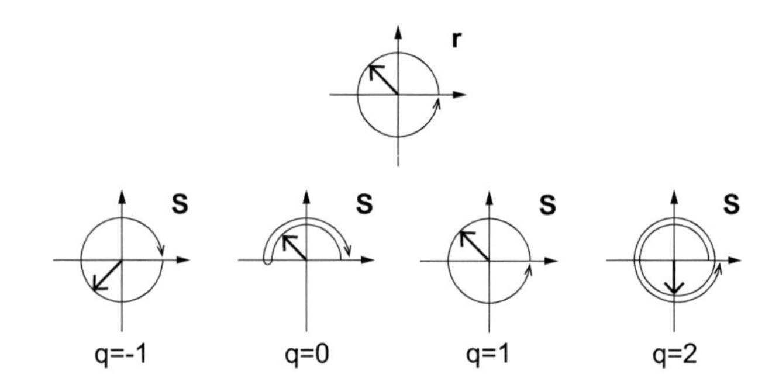

図 **12.11**　座標空間 $\boldsymbol{r}$ からスピン空間 $\boldsymbol{S}$ への写像．座標空間で 1 回転したとき，スピン変数が何回回転するかで渦度 q が決まる．

意味している．つまり，スピン波近似のハミルトニアンは

$$H \sim J \int \mathrm{d}^2\boldsymbol{r} \sum_{\mu=1}^{2} (\nabla_\mu \boldsymbol{S})^2 = J \int \mathrm{d}^2\boldsymbol{r} \left[(\boldsymbol{\nabla}\theta)^2 + (\boldsymbol{\nabla}\varphi)^2 \sin^2\theta \right] \tag{12.92}$$

と書ける．(θ, φ) はスピン変数の角度座標を表す．θ は $0 \leq \theta \leq \pi$ の変数であり，周期性をもたない．φ は周期性をもつが，$\sin\theta$ の因子が含まれているために，θ を 0 にすることでこの項を連続的に 0 とすることができる[*27]．よって，このような系では渦が生じることもあるだろうが，通常の配位と区別して扱う必要はない．

2 次元 XY 模型において，渦自由度という非自明な寄与をもたらすための重要な要素と考えられるのは，空間の次元とスピン（秩序変数）の次元（自由度）が一致していることである．トポロジーの一般論を用いて他の非自明な例を見つけることもできる．例えば 3 次元 Heisenberg 模型を考えると，ホモトピー群は

$$\pi_2(S^2) = Z \tag{12.93}$$

となる．これは，ヘッジホッグ（hedgehog）とよばれる配位の存在を示している[*28]．例えば球面上のスピンが放射上に外を向いているものを考えるとよい．このような配位では原点は特異点になっており，スピン波では記述できない．しかしながら，この模型では秩序相が存在することが示されている．相転移はこれまでに議論してきたような秩序相のスピン波による不安定化で説明できるものであり，少なくとも

[*27] 球面上にひもを巻くことを想像するとよい．赤道上に巻いたひもは連続的に極の 1 点に移動することが可能であり，渦が消滅してしまう．
[*28] hedgehog はハリネズミの意．

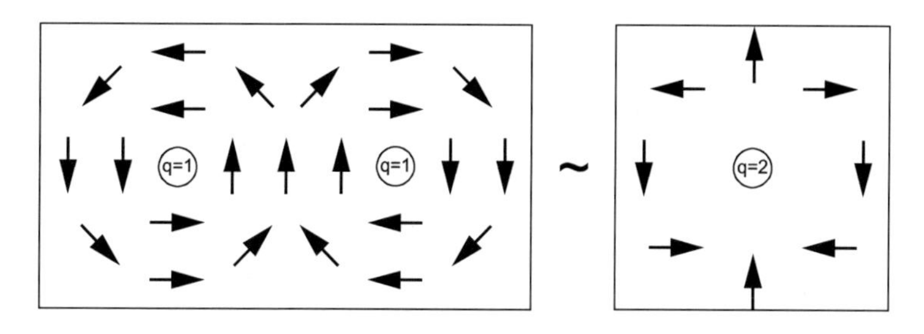

図 **12.12**　$q=1$ の渦二つの配位．

相転移に関してはトポロジーは大きな役割は果たさないことがさまざまな解析からわかっている．2 次元 XY 模型では秩序相が存在せずそういった機構が生じないため，渦の自由度がクローズアップされる．2 次元 XY 模型がいかに特殊な系であるかがわかる．

渦対の自由エネルギー

これまで渦を単独に扱ってきたが，そのような系では式 (12.86) に見られるように $L \to \infty$ でエネルギーが発散してしまうので，現実的な配位ではない．ここでは，複数の渦を考えることで有限のエネルギーが得られることを示す．

はじめに $q=1$ の二つの渦が存在する場合を考える．このとき，スピンの配位は図 12.12 左のようになるが，渦の中心から離れた点では $q=2$ の渦が一つあるときの配位（図右）とほぼ同じである．よってこの場合の渦対のエネルギーは

$$E \sim 2^2 \pi J \ln\left(\frac{L}{a}\right) \tag{12.94}$$

と見積もられる．単独の渦と同様 $L \to \infty$ で発散してしまう．

同様に考えると，渦度がそれぞれ q_1 と q_2 である二つの渦を遠くから見ると q_1+q_2 の渦になるというように，渦の和則が成り立つと考えられる．渦度が負の場合はどうなるかを見るために，$q=1$ と $q=-1$ の渦を考えてみよう．和則を考えると遠くの点では渦がない場合と見なすことができて，エネルギーは発散しない．これは図 12.13 を見るとわかる．渦から遠く離れたところを 1 周すると，図 12.11 の $q=0$ の場合のようにスピンは 1 周せずに元に戻る．エネルギーは主に渦の中心付近から生じることになる．二つの渦の中心間の距離を r とすると，式 (12.84) の積分の上

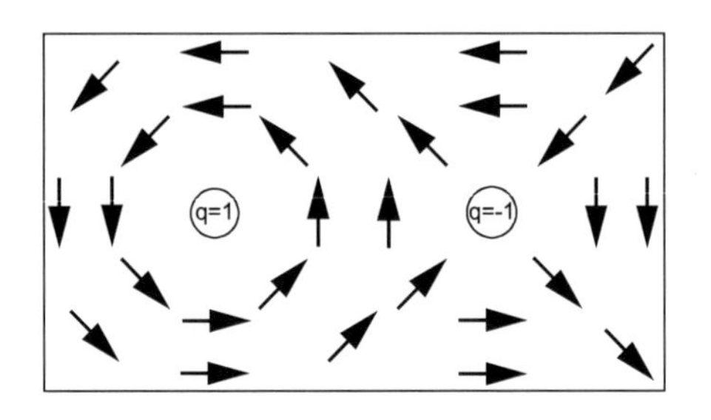

図 12.13　$q=1$ と $q=-1$ の渦の配位.

限を r とおきかえて各渦のエネルギーを見積もることができる．二つの渦のエネルギーを足すと

$$E \sim 2\pi J \ln\left(\frac{r}{a}\right) \tag{12.95}$$

のように有限値が得られる．この議論は任意の渦度 q の場合に容易に拡張できる．互いの渦度が逆符号の渦対は有限のエネルギーをもつため，単独の渦よりはるかに生じやすい．このようなスピン配位が高温で重要な役割を果たすと考えられる．

本項で得られた描像をまとめると，次のようになる．低温ではスピンはそろいやすいが，スピン波ゆらぎにより，一定の方向に秩序化することはできない．スピン相関関数はべきの依存性をもっており，準長距離秩序をもつ状態となる．渦は対で発生することはできるが，大きな寄与はもたらさない．温度を上げるとある温度をしきい値として，渦励起が系のふるまいを決めるようになる．渦が生じるとスピンの向きはばらばらなものとなり，無秩序相に移行し，準長距離秩序は失われるだろう．これが Kosterlitz–Thouless 転移である．渦のない準長距離秩序をもつ低温での相を **Kosterlitz–Thouless 相**（Kosterlitz–Thouless phase）という．以下では，模型を用いた詳しい議論を行い，ここで得られた描像を裏付けする結果を導く．

12.5.2　Villain 模型

XY 模型のスピン波近似は，スピンの小さなゆらぎ，つまりスピン波を記述することはできるが，角度の周期性を扱えないために，渦の自由度を記述することがで

きない．この問題を解決するのが **Villain 模型**（Villain model）である[*29]．周期性を保った分配関数を用いることで，スピン波と渦の自由度を分離して扱うことができる．

XY 模型の Boltzmann 因子を扱うために次の Fourier 変換を用いる．

$$\mathrm{e}^{\beta J\cos\theta} = \sum_{n=-\infty}^{\infty} \mathrm{e}^{in\theta} I_n(\beta J) \tag{12.96}$$

$I_n(z)$ は変形 Bessel 関数を表し，その積分表示は

$$I_n(z) = \int_0^{2\pi} \frac{\mathrm{d}\theta}{2\pi}\, \mathrm{e}^{z\cos\theta - in\theta} \tag{12.97}$$

である．変形 Bessel 関数を初等関数におきかえるために，その漸近形

$$I_n(z) \sim \frac{1}{\sqrt{2\pi z}} \exp\left(z - \frac{n^2}{2z}\right) \tag{12.98}$$

を用いることにする．この近似は $z = \beta J \gg 1$ の低温で正しくなる．このとき，

$$\mathrm{e}^{\beta J\cos\theta} \sim \frac{\mathrm{e}^{\beta J}}{\sqrt{2\pi\beta J}} \sum_{n=-\infty}^{\infty} \exp\left(-\frac{n^2}{2\beta J} + in\theta\right) \tag{12.99}$$

と書ける．この式は次の近似を行っていることに対応する．

$$\mathrm{e}^{\beta J\cos\theta} \sim \sum_{m=-\infty}^{\infty} \exp\left[\beta J - \frac{\beta J}{2}(\theta - 2\pi m)^2\right] \tag{12.100}$$

式 (12.99) と (12.100) の右辺が等しいことは，それらの Fourier 変換が等しいこと

$$\begin{aligned} &\int_0^{2\pi} \frac{\mathrm{d}\theta}{2\pi}\, \mathrm{e}^{-in\theta} \sum_{m=-\infty}^{\infty} \exp\left[-\frac{\beta J}{2}(\theta - 2\pi m)^2\right] \\ &\quad = \int_{-\infty}^{\infty} \frac{\mathrm{d}\theta}{2\pi} \exp\left(-\frac{\beta J}{2}\theta^2 - in\theta\right) = \frac{1}{\sqrt{2\pi\beta J}} \exp\left(-\frac{n^2}{2\beta J}\right) \end{aligned} \tag{12.101}$$

によって示される．式 (12.100) からわかるように，cos 関数を 2 次まで展開したものを修正して周期性を保たせていることがポイントである．

この近似を用いると，分配関数は

$$\begin{aligned} Z &= \prod_i \int_0^{2\pi} \frac{\mathrm{d}\theta_i}{2\pi} \exp\left[\beta J \sum_{\langle ij\rangle} \cos(\theta_i - \theta_j)\right] \\ &\sim \prod_i \int_0^{2\pi} \frac{\mathrm{d}\theta_i}{2\pi} \sum_{\{n_{ij}\}} \exp\left[-\frac{1}{2\beta J} \sum_{\langle ij\rangle} n_{ij}^2 + i \sum_{\langle ij\rangle} n_{ij}(\theta_i - \theta_j)\right] \end{aligned} \tag{12.102}$$

*29 J. Villain: J. Phys. France **36**, 581 (1975).

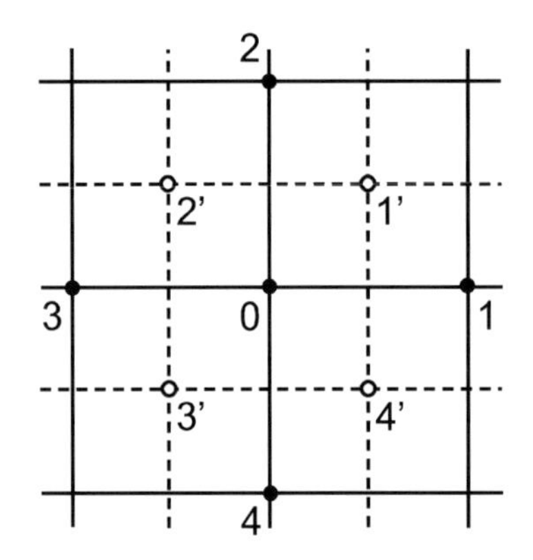

図 12.14　格子の配置．n_{ij} は実線のボンド上で，ℓ_i は ∘ の点上で定義される．

と書ける．最後の式では全体にかかる定数項を無視している．また，$\{n_{ij}\}$ についての和はすべての整数値の組 $\{n_{ij}\}$ についてとる．n_{ij} は格子点 i と j を結ぶボンド上で定義されていることに注意すると，θ_i についての積分は i から出ている 4 本のボンド上の変数についての拘束条件

$$n_{i+\hat{x},i} - n_{i,i-\hat{x}} + n_{i+\hat{y},i} - n_{i,i-\hat{y}} = 0 \tag{12.103}$$

を導く．$i+\hat{x}$ は格子点 i から x 軸正の方向に一つだけ格子を移動した点を表す．他のものも同様に定義される．また，n_{ij} の添字 ij は，$i-j$ が $\hat{x}$ または $\hat{y}$ になるような順番にとる（i が j より右または上になる）という規則を用いる．

拘束条件 (12.103) があるために，n_{ij} は互いに独立な変数ではない．より扱いやすい独立変数を用いて n_{ij} を表すには次のように考えればよい．ボンドの数は $N_{\mathrm{B}} = 2N$ であるが，拘束条件は N 個ある．よって N 個の独立な整数値 ℓ_i で解を表現できる．そして，図 12.14 の格子を考えたとき，n_{ij} を次のように書くと拘束条件が満たされていることが確かめられる．

$$\begin{aligned} n_{10} &= \ell_{1'} - \ell_{4'}, \qquad & n_{20} &= -(\ell_{1'} - \ell_{2'}) \\ n_{03} &= \ell_{2'} - \ell_{3'}, \qquad & n_{04} &= -(\ell_{4'} - \ell_{3'}) \end{aligned} \tag{12.104}$$

これは図のように ℓ_i をプラケット上に配置すると考えるとわかりやすい．

以上のような変換は一般に**双対変換**（duality transformation）とよばれる．変換

によって，格子点上に定義された変数を用いて書かれた系がプラケット上に定義された変数のものにおきかわっている．プラケットの中心に定義された点は図 12.14 の破線の格子の格子点と見なすことができる．このような格子を元の格子に対する**双対格子**（dual lattice）とよぶ．正方格子の場合，双対格子も正方格子であるが，一般に双対変換で格子の種類は異なるものになる．例えば 9.3 節（183 ページ）で扱った三角格子の場合，双対格子は六角格子となる．

この変換は，連続極限を考えた方がわかりやすい．連続極限では，となり合ったスピンの角度の差分は微分でおきかえられる．同時に n_{ij} は各点のベクトルになり，

$$\sum_{\langle ij\rangle} n_{ij}(\theta_i-\theta_j) \to \int \mathrm{d}^2\boldsymbol{r}\,\boldsymbol{n}(\boldsymbol{r})\cdot\boldsymbol{\nabla}\theta(\boldsymbol{r}) = -\int \mathrm{d}^2\boldsymbol{r}\,(\boldsymbol{\nabla}\cdot\boldsymbol{n}(\boldsymbol{r}))\theta(\boldsymbol{r}) \tag{12.105}$$

と書ける．ここで，部分積分を行い，境界の効果は無視した．この関数を指数関数の肩にのせて $\theta(\boldsymbol{r})$ の積分を行うと，デルタ関数の公式より

$$\boldsymbol{\nabla}\cdot\boldsymbol{n}(\boldsymbol{r}) = 0 \tag{12.106}$$

の拘束条件が導かれる．この解は，ベクトル解析より，適当なスカラー関数 $\ell(\boldsymbol{r})$ を用いて

$$\boldsymbol{n}(\boldsymbol{r}) = \begin{pmatrix} \nabla_y \ell(\boldsymbol{r}) \\ -\nabla_x \ell(\boldsymbol{r}) \end{pmatrix} \tag{12.107}$$

と表すことができる．このように，拘束条件 (12.106) は各点での流れの保存則を表しており，そのような流れは場の回転として表現できる．これらのベクトル解析で知られている事実を格子上で表したものが上記の双対変換となっている．

双対変換を用いると，分配関数は

$$Z \sim \sum_{\{\ell_i\}} \exp\left[-\frac{1}{2\beta J}\sum_{\langle ij\rangle}(\ell_i-\ell_j)^2\right] \tag{12.108}$$

と書ける．ℓ_i は整数値をとる．差分で書かれており，スピン波近似の分配関数と同じ形であるが，場の量が整数値をとるということと，係数が βJ から $\frac{1}{\beta J}$ におきかえられているという違いがある．結合定数が逆数に変換されることは双対変換の特徴である．つまり，強結合領域が弱結合領域，弱結合領域が強結合領域に変換される．双対変換を用いると，強結合領域の性質を双対系の弱結合領域の摂動解析によって

調べることが可能になる．

得られた表現は場の量に関して 2 次形式であるが，そのとりうる値は整数値に制限されているので解析は容易ではない．そこで用いるのが **Poisson の和公式**（Poisson summation formula）である．

$$\sum_{\ell=-\infty}^{\infty} g(\ell) = \sum_{m=-\infty}^{\infty} \int_{-\infty}^{\infty} \mathrm{d}\phi\, g(\phi) \mathrm{e}^{2\pi i m\phi} \tag{12.109}$$

この式は，右辺の和をとると ϕ が整数値をとるとき以外は被積分関数が激しく振動して 0 となることを用いて示すことができる．これによって離散変数 ℓ_i を連続変数 ϕ_i におきかえることができる．

分配関数を書きかえると

$$\begin{aligned} Z &\sim \prod_i \int \mathrm{d}\phi_i \sum_{\{m_i\}} \exp\left[-\frac{1}{2\beta J}\sum_{\langle ij\rangle}(\phi_i-\phi_j)^2 + 2\pi i \sum_i m_i\phi_i\right] \\ &= \prod_i \int \mathrm{d}\phi_i \sum_{\{m_i\}} \exp\left[-\frac{1}{2\beta J}\sum_{i,j}\phi_i (g^{-1})_{ij}\phi_j + 2\pi i \sum_i m_i\phi_i\right] \end{aligned} \tag{12.110}$$

となる．g は式 (12.77) で定義されたスピン波の Green 関数である．つまり，ϕ_i はスピン波の自由度を表す変数である．一方，m_i は整数値をとる変数であり，スピン波のハミルトニアンに周期性を導入したことにより出てきたものである．渦の自由度を表していると考えられ，以下の議論からもそれがわかる．

スピン波の変数に関して積分を行うと，

$$Z = Z_{\mathrm{sw}} \sum_{\{m_i\}} \exp\left(-2\pi^2\beta J \sum_{i,j} m_i g(\boldsymbol{r}_i - \boldsymbol{r}_j) m_j\right) \tag{12.111}$$

となる．Z_{sw} はスピン波からの寄与を表す．Green 関数は熱力学極限および連続極限で発散を含むため，書きかえを行う．

$$\begin{aligned} Z = Z_{\mathrm{sw}} \sum_{\{m_i\}} \exp\Bigg[&-2\pi^2\beta J g(\mathbf{0}) \left(\sum_i m_i\right)^2 \\ &-2\pi^2\beta J \sum_{\substack{i,j \\ (i\neq j)}} m_i \left(g(\boldsymbol{r}_i - \boldsymbol{r}_j) - g(\mathbf{0})\right) m_j\Bigg] \end{aligned} \tag{12.112}$$

$g(\mathbf{0})$ は発散するため，係数が有限，つまり $\sum_i m_i \neq 0$ のときの分配関数への寄与は 0 となる．さらに，$g(\boldsymbol{r}) - g(\mathbf{0})$ の具体形 (12.81) を用いると，

$$\begin{aligned}
Z &= Z_{\mathrm{sw}} \sum_{\substack{\{m_i\} \\ (\sum_i m_i = 0)}} \exp\left[2\pi^2 g_0 \beta J \sum_{\substack{i,j \\ (i \neq j)}} m_i m_j - \pi\beta J \sum_{\substack{i,j \\ (i \neq j)}} m_i \ln\left(\frac{a}{|\boldsymbol{r}_i - \boldsymbol{r}_j|}\right) m_j\right] \\
&= Z_{\mathrm{sw}} \sum_{\substack{\{m_i\} \\ (\sum_i m_i = 0)}} \exp\left[-2\pi^2 g_0 \beta J \sum_i m_i^2 - \pi\beta J \sum_{\substack{i,j \\ (i \neq j)}} m_i \ln\left(\frac{a}{|\boldsymbol{r}_i - \boldsymbol{r}_j|}\right) m_j\right]
\end{aligned} \tag{12.113}$$

と書くことができる．g_0 は式 (12.81) で定義された正定数である．この表現は，二つの渦自由度 m_i と m_j の間に対数型の相互作用が働いていると見なせる．両者の符号が同じときは斥力，異なるときは引力である．第 1 項は自己エネルギーを表しており，化学ポテンシャルの項とよばれる．

βJ が大きい低温では，自己エネルギーの項により有限の m_i が与える分配関数への寄与は小さくなる．これは，低温ではスピン波の寄与が主要となることを表している．拘束条件 $\sum_i m_i = 0$ のため，渦が単独で存在することができず，局所的に渦が対生成される．高温になると渦対の寄与が大きくなってくる．渦は単独では存在できないことと対数型相互作用が比較的長距離に及ぶことにより，ふるまいは複雑になる．

なお，この系は Coulomb 相互作用する電荷 m_i の系と見なすことができる．2 次元では Coulomb ポテンシャルは対数型の関数形をもつからである．低温では電荷が単独で存在できない閉じこめ相，高温では長距離相互作用する電荷のプラズマ相を表している．

このように，Villain 模型ではスピン波と渦の自由度をあらわに表すことができる．この模型は XY 模型を近似することによって得られた模型である．XY 模型では渦とスピン波の相互作用はより複雑なものになるだろう．それでも，系のもつ対称性が同じであることにより，定性的なふるまいは変わらないと期待される．普遍的な性質はくりこみ群の解析によって明らかになる．それが次項で行う計算である．

12.5.3　くりこみ群解析

sine–Gordon 模型

Villain 模型の性質をより系統的に理解するために，**sine–Gordon 模型**（sine–Gordon model）のくりこみ群解析を行う[*30]．この模型は Villain 模型を近似することにより得られる．よって，両者は同じ普遍類に属すると考えられる．

式 (12.110) の分配関数を一般化した

$$Z=\prod_i\int \mathrm{d}\phi_i \sum_{\{m_i\}} \exp\left[-\frac{1}{2\beta J}\sum_{\langle ij\rangle}(\phi_i-\phi_j)^2+\ln(y)\sum_i m_i^2+2\pi i\sum_i m_i\phi_i\right] \tag{12.114}$$

を出発点とする．ここでパラメータ y を導入した．式 (12.113) を見るとこの項が化学ポテンシャルの項に対応していることがわかる．$y=1$ が元の系を表しているが，ここでは $y\ll 1$ とする．式 (12.113) との対応では $y=\exp(-2\pi^2 g_0\beta J)$ と見なせるから，$y\ll 1$ は低温であることを意味している．このとき，$\ln y$ は負の大きな値をとり，m の大きな項の分配関数への寄与はほとんどない．つまり，$y\ll 1$ では渦の自由度は重要ではなく，スピン波の自由度で系の記述をすることが可能となる．y が大きくなるにつれて渦が重要となる．$K=\beta J$ と y からなる拡大された結合定数の空間で流れを調べることによって渦の重要度を系統的に調べることができる．これらの変数に関するくりこみ群方程式を導出し，くりこみ群の流れを得ることがここでの目標である．

y が十分小さければ渦の自由度は重要ではないから，m が小さい寄与のみをとり入れれば十分であろう．そこで $m_i=0,\pm 1$ の寄与のみを考えて次のような近似を行う．

$$\begin{aligned}\sum_{m_i}\exp\left[\ln(y)m_i^2+2\pi i m_i\phi_i\right] &\sim 1+\exp\left(\ln y+2\pi i\phi_i\right)+\exp\left(\ln y-2\pi i\phi_i\right)\\ &=1+2y\cos(2\pi\phi_i)\\ &\sim \exp\left[2y\cos(2\pi\phi_i)\right]\end{aligned} \tag{12.115}$$

[*30] ここで扱う方法は主に以下の論文による．J. B. Kogut: Rev. Mod. Phys. **51**, 659 (1979).

このようにすると分配関数は

$$Z = \mathrm{Tr}\ \exp\left[-\frac{1}{2K}\sum_{\langle ij\rangle}(\phi_i - \phi_j)^2 + 2y\sum_i \cos(2\pi\phi_i)\right] \tag{12.116}$$

と書けるが，スピン波変数 ϕ のスケール変換を行い，連続極限をとると，

$$Z = \mathrm{Tr}\ \exp\left[-\frac{1}{2}\int \mathrm{d}^2\boldsymbol{r}\ (\boldsymbol{\nabla}\phi(\boldsymbol{r}))^2 + \mu\int \mathrm{d}^2\boldsymbol{r}\ \cos\left(2\pi\sqrt{K}\phi(\boldsymbol{r})\right)\right] \tag{12.117}$$

と書ける．Tr は $\phi(\boldsymbol{r})$ についての汎関数積分を表す．また，$\mu = 2y/a^2$ とおいた．これが sine–Gordon 模型である[*31]．

摂動展開

ϕ^4 模型の計算と同様に，スピン波変数 ϕ を

$$\phi(\boldsymbol{r}) = \phi^<(\boldsymbol{r}) + \phi^>(\boldsymbol{r}) \tag{12.118}$$

のように，遅いモード $\phi^<$ と速いモード $\phi^>$ に分割し，速いモードに関して積分を行う．また，計算は μ の項を摂動として扱う．つまり，ハミルトニアンを

$$\mathcal{H} = \mathcal{H}_0 + \mathcal{H}_\mathrm{I} \tag{12.119}$$

$$\mathcal{H}_0 = -\frac{1}{2}\int \mathrm{d}^2\boldsymbol{r}\ (\boldsymbol{\nabla}\phi(\boldsymbol{r}))^2 \tag{12.120}$$

$$\mathcal{H}_\mathrm{I} = \mu\int \mathrm{d}^2\boldsymbol{r}\ \cos\left(2\pi\sqrt{K}\phi(\boldsymbol{r})\right) \tag{12.121}$$

として，$\mathcal{H}_\mathrm{I}^>$ について展開を行う．

摂動の 1 次の寄与は次のように計算される[*32]．

$$\begin{aligned}
\langle\mathcal{H}_\mathrm{I}^>\rangle_0 &= \frac{\mu}{2}\int \mathrm{d}^2\boldsymbol{r}\ \left\langle \mathrm{e}^{2\pi i\sqrt{K}(\phi^<(\boldsymbol{r})+\phi^>(\boldsymbol{r}))} + \mathrm{e}^{-2\pi i\sqrt{K}(\phi^<(\boldsymbol{r})+\phi^>(\boldsymbol{r}))}\right\rangle_0 \\
&= \frac{\mu}{2}\int \mathrm{d}^2\boldsymbol{r}\ \left(\mathrm{e}^{2\pi i\sqrt{K}\phi^<(\boldsymbol{r})} + \mathrm{e}^{-2\pi i\sqrt{K}\phi^<(\boldsymbol{r})}\right)\mathrm{e}^{-2\pi^2 K\langle\phi^{>2}(\boldsymbol{r})\rangle_0} \\
&= \mu\mathrm{e}^{-2\pi^2 K g^>(\boldsymbol{0})}\int \mathrm{d}^2\boldsymbol{r}\ \cos\left(2\pi\sqrt{K}\phi^<(\boldsymbol{r})\right)
\end{aligned} \tag{12.122}$$

[*31] 名前の由来は，鞍点解を定める状態方程式が Klein–Gordon 方程式の項の一つを sin 関数におきかえたものになっているからである．冗談でつけた名前であったらしいが定着してしまった．次の文献の第 6 章脚注にその経緯が書いてある．S. Coleman: *Aspects of Symmetry* (Cambridge University Press, 1985).

[*32] 摂動の 1 次と書いたが，0 次の項 $\mathcal{H}_\mathrm{I}^<$ も含んでいることに注意．

2 行目ではキュムラント展開を用いている．変数 $\phi^{>}(\boldsymbol{r})$ に対する Green 関数 $g^{>}(\boldsymbol{r})$ は次のように書ける．

$$g^{>}(\boldsymbol{r}) = \int_{\Lambda/b<k<\Lambda} \tilde{g}(\boldsymbol{k})\mathrm{e}^{i\boldsymbol{k}\cdot\boldsymbol{r}} = \int_{\Lambda/b<k<\Lambda} \frac{\mathrm{e}^{i\boldsymbol{k}\cdot\boldsymbol{r}}}{\boldsymbol{k}^2} \tag{12.123}$$

得られた $\langle\mathcal{H}_{\mathrm{I}}^{>}\rangle_{0\mathrm{c}}$ は $\langle\mathcal{H}_{\mathrm{I}}\rangle$ と同じ形をしているから，μ の値を変化させる．

同様にして 2 次の項は次のように計算される．

$$\begin{aligned}
\frac{1}{2}\langle\mathcal{H}_{\mathrm{I}}^{>\,2}\rangle_{0\mathrm{c}} &= \frac{\mu^2}{8}\int \mathrm{d}^2\boldsymbol{r}\mathrm{d}^2\boldsymbol{r}' \left\{\left[\mathrm{e}^{2\pi i\sqrt{K}(\phi^{<}(\boldsymbol{r})+\phi^{<}(\boldsymbol{r}'))} + \mathrm{e}^{-2\pi i\sqrt{K}(\phi^{<}(\boldsymbol{r})+\phi^{<}(\boldsymbol{r}'))}\right]\right.\\
&\quad \times\mathrm{e}^{-4\pi^2 Kg^{>}(\boldsymbol{0})}\left[\mathrm{e}^{-4\pi^2 Kg^{>}(\boldsymbol{r}-\boldsymbol{r}')} - 1\right]\\
&\quad + \left[\mathrm{e}^{2\pi i\sqrt{K}(\phi^{<}(\boldsymbol{r})-\phi^{<}(\boldsymbol{r}'))} + \mathrm{e}^{-2\pi i\sqrt{K}(\phi^{<}(\boldsymbol{r})-\phi^{<}(\boldsymbol{r}'))}\right]\\
&\quad \left.\times\mathrm{e}^{-4\pi^2 Kg^{>}(\boldsymbol{0})}\left[\mathrm{e}^{4\pi^2 Kg^{>}(\boldsymbol{r}-\boldsymbol{r}')} - 1\right]\right\}\\
&= \frac{\mu^2}{4}\int \mathrm{d}^2\boldsymbol{r}\mathrm{d}^2\boldsymbol{r}' \left\{\mathrm{e}^{-4\pi^2 Kg^{>}(\boldsymbol{0})}\left[\mathrm{e}^{-4\pi^2 Kg^{>}(\boldsymbol{r}-\boldsymbol{r}')} - 1\right]\right.\\
&\quad \times\cos\left[2\pi\sqrt{K}(\phi^{<}(\boldsymbol{r})+\phi^{<}(\boldsymbol{r}'))\right]\\
&\quad + \mathrm{e}^{-4\pi^2 Kg^{>}(\boldsymbol{0})}\left[\mathrm{e}^{4\pi^2 Kg^{>}(\boldsymbol{r}-\boldsymbol{r}')} - 1\right]\\
&\quad \left.\times\cos\left[2\pi\sqrt{K}(\phi^{<}(\boldsymbol{r})-\phi^{<}(\boldsymbol{r}'))\right]\right\}
\end{aligned} \tag{12.124}$$

定義より，$g^{>}(\boldsymbol{r}-\boldsymbol{r}')$ は $\boldsymbol{r}\sim\boldsymbol{r}'$ の寄与が主なものとなるから，次のように近似できる．

$$\begin{aligned}
\frac{1}{2}\langle\mathcal{H}_{\mathrm{I}}^{>\,2}\rangle_{0\mathrm{c}} \sim \frac{\mu^2}{4}\int \mathrm{d}^2\boldsymbol{r}\mathrm{d}^2\boldsymbol{r}' &\left\{\mathrm{e}^{-4\pi^2 Kg^{>}(\boldsymbol{0})}\left[\mathrm{e}^{-4\pi^2 Kg^{>}(\boldsymbol{r}-\boldsymbol{r}')} - 1\right]\right.\\
&\times\cos\left[4\pi\sqrt{K}\phi^{<}(\boldsymbol{r})\right]\\
&+\mathrm{e}^{-4\pi^2 Kg^{>}(\boldsymbol{0})}\left[\mathrm{e}^{4\pi^2 Kg^{>}(\boldsymbol{r}-\boldsymbol{r}')} - 1\right]\\
&\left.\times\left[1-2\pi^2 K(\phi^{<}(\boldsymbol{r})-\phi^{<}(\boldsymbol{r}'))^2\right]\right\}
\end{aligned} \tag{12.125}$$

最後の差分の項が元のハミルトニアンの微分項を変化させる．この項だけとり出すと，

$$\begin{aligned}
\frac{1}{2}\langle \mathcal{H}_{\mathrm{I}}^{>2}\rangle_{0\mathrm{c}} &\to -\frac{\pi^2\mu^2 K}{2}\int \mathrm{d}^2\boldsymbol{R}\mathrm{d}^2\boldsymbol{r}\,\mathrm{e}^{-4\pi^2 K g^{>}(\boldsymbol{0})}\left(\mathrm{e}^{4\pi^2 K g^{>}(\boldsymbol{r})}-1\right) \\
&\qquad \times\left[\phi^{<}(\boldsymbol{R}+\boldsymbol{r}/2)-\phi^{<}(\boldsymbol{R}-\boldsymbol{r}/2)\right]^2 \\
&\sim -\frac{\pi^2\mu^2 K}{2}\int \mathrm{d}^2\boldsymbol{R}\mathrm{d}^2\boldsymbol{r}\,\mathrm{e}^{-4\pi^2 K g^{>}(\boldsymbol{0})}\left(\mathrm{e}^{4\pi^2 K g^{>}(\boldsymbol{r})}-1\right) \\
&\qquad \times(\boldsymbol{r}\cdot\boldsymbol{\nabla}\phi^{<}(\boldsymbol{R}))^2 \\
&= -\frac{\pi^2\mu^2 K}{4}\mathrm{e}^{-4\pi^2 K g^{>}(\boldsymbol{0})}\int \mathrm{d}^2\boldsymbol{r}'\,\boldsymbol{r}'^2\left(\mathrm{e}^{4\pi^2 K g^{>}(\boldsymbol{r}')}-1\right) \\
&\qquad \times\int \mathrm{d}^2\boldsymbol{r}\,(\boldsymbol{\nabla}\phi^{<}(\boldsymbol{r}))^2
\end{aligned} \tag{12.126}$$

と計算される．最後の等式では

$$\int \mathrm{d}^2\boldsymbol{r}\,x_\mu x_\nu\,f(|\boldsymbol{r}|)=\frac{1}{2}\delta_{\mu\nu}\int \mathrm{d}^2\boldsymbol{r}\,\boldsymbol{r}^2\,f(|\boldsymbol{r}|) \tag{12.127}$$

を用いた．x_μ，x_ν は $\boldsymbol{r}$ の任意の成分を表す．

以上をまとめると，分配関数は

$$\begin{aligned}
Z \sim \mathrm{Tr}\,\exp\Biggl\{&-\frac{1}{2}\left[1+\frac{\pi^2\mu^2 K}{2}\mathrm{e}^{-4\pi^2 K g^{>}(\boldsymbol{0})}\int \mathrm{d}^2\boldsymbol{r}'\,\boldsymbol{r}'^2\left(\mathrm{e}^{4\pi^2 K g^{>}(\boldsymbol{r}')}-1\right)\right] \\
&\times\int \mathrm{d}^2\boldsymbol{r}\,\left(\boldsymbol{\nabla}\phi^{<}(\boldsymbol{r})\right)^2 \\
&+\mu\mathrm{e}^{-2\pi^2 K g^{>}(\boldsymbol{0})}\int \mathrm{d}^2\boldsymbol{r}\,\cos\left(2\pi\sqrt{K}\phi^{<}(\boldsymbol{r})\right)\Biggr\}
\end{aligned} \tag{12.128}$$

と書ける．微分項の係数を定数に保つために波動関数のくりこみを行う．

$$\begin{aligned}
\phi^{<}(\boldsymbol{r}) &= \left[1+\frac{\pi^2\mu^2 K}{2}\mathrm{e}^{-4\pi^2 K g^{>}(\boldsymbol{0})}\int \mathrm{d}^2\boldsymbol{r}'\,\boldsymbol{r}'^2\left(\mathrm{e}^{4\pi^2 K g^{>}(\boldsymbol{r}')}-1\right)\right]^{-1/2}\phi(\boldsymbol{r}) \\
&\sim\left[1-\frac{\pi^2\mu^2 K}{4}\mathrm{e}^{-4\pi^2 K g^{>}(\boldsymbol{0})}\int \mathrm{d}^2\boldsymbol{r}'\,\boldsymbol{r}'^2\left(\mathrm{e}^{4\pi^2 K g^{>}(\boldsymbol{r}')}-1\right)\right]\phi(\boldsymbol{r})
\end{aligned} \tag{12.129}$$

また，スケール変換 $\boldsymbol{r}\to\boldsymbol{r}'=\boldsymbol{r}/b$ を行う．これらの変換を行い分配関数が元の形

(12.117) を保つようにすると，結合定数は次のように表される．

$$K' = K\left[1 - \frac{\pi^2 K\mu^2}{2}\mathrm{e}^{-4\pi^2 K g^>(\mathbf{0})}\int \mathrm{d}^2\boldsymbol{r}\,\boldsymbol{r}^2\left(\mathrm{e}^{4\pi^2 K g^>(\boldsymbol{r})} - 1\right)\right] \tag{12.130}$$

$$\mu' = \mu b^2 \mathrm{e}^{-2\pi^2 K g^>(\mathbf{0})} \tag{12.131}$$

くりこみ群方程式

無限小のくりこみを考え，くりこみ群方程式を導出する．$\mathrm{d}b = b - 1$ を微小量とすると，式 (12.123) を用いて Green 関数の積分は

$$g^>(\mathbf{0}) \sim \int_{\Lambda/b}^{\Lambda} \frac{\mathrm{d}^2\boldsymbol{k}}{(2\pi)^2}\frac{1}{\boldsymbol{k}^2} \sim \frac{1}{2\pi}\mathrm{d}b \tag{12.132}$$

$$\int \mathrm{d}^2\boldsymbol{r}\,\boldsymbol{r}^2 g^>(\boldsymbol{r}) = \int \mathrm{d}^2\boldsymbol{r}\,\boldsymbol{r}^2 \int_{\Lambda/b}^{\Lambda} \mathrm{d}k\,\frac{J_0(kr)}{2\pi k} \sim \mathrm{d}b\int_0^{\infty} \mathrm{d}r\,r^3 J_0(\Lambda r) \tag{12.133}$$

と書ける．式 (12.133) の積分はそのままでは発散してしまうが，ともかくそれを C とおき，$g^>$ が小さいことを用いると，式 (12.130) および式 (12.131) は

$$K' = K\left(1 - 2\pi^4 K^2\mu^2 C\mathrm{d}b\right) \tag{12.134}$$

$$\mu' = \mu\left[1 + (2 - \pi K)\mathrm{d}b\right] \tag{12.135}$$

と書ける．つまり，ベータ関数は

$$b\left.\frac{\mathrm{d}K}{\mathrm{d}b}\right|_{b=1} = -2\pi^4 C K^3\mu^2 \tag{12.136}$$

$$b\left.\frac{\mathrm{d}\mu}{\mathrm{d}b}\right|_{b=1} = (2 - \pi K)\mu \tag{12.137}$$

となる．二つめの式より，温度変数

$$x = 2 - \pi K \tag{12.138}$$

を導入するのが便利である．ベータ関数が 0 となる固定点は $x = 0$ である．変数 μ は，連続極限をとるときに，y から $\mu = 2y/a^2$ と定義されていた．また，発散する定数 C の存在も処理しなければならない．そこで適当な定数倍の変数変換をすることで，発散する量をすべて吸収できるとする[*33]．新しい変数 x，y についてのベー

[*33] カットオフの導入の仕方を工夫して発散をうまく扱う必要がある．より詳しい議論は以下の論文等を参照．J. V. José, L. P. Kadanoff, S. Kirkpatrick, and D. R. Nelson: Phys. Rev. B **16**, 1217 (1977).

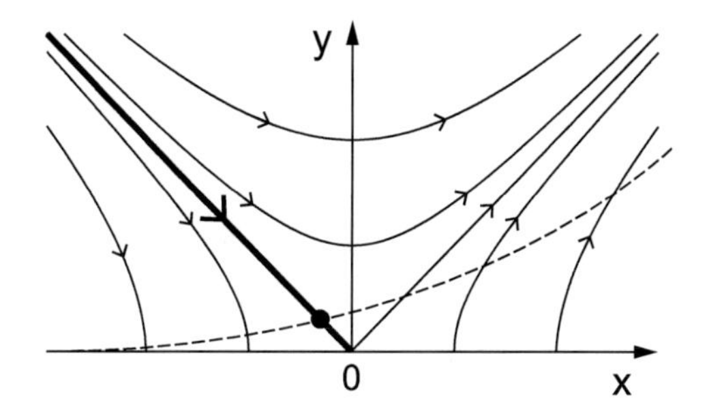

図 **12.15** くりこみ群の流れ.

タ関数は

$$\beta_x = b\frac{\mathrm{d}x}{\mathrm{d}b}\bigg|_{b=1} = y^2 \tag{12.139}$$

$$\beta_y = b\frac{\mathrm{d}y}{\mathrm{d}b}\bigg|_{b=1} = xy \tag{12.140}$$

と書ける.

$x\beta_x - y\beta_y = 0$ より, $x^2 - y^2 = \text{const.}$ が得られる. つまり, くりこみ群の流れはこの曲線に沿っており, 図 12.15 のようになる. $y = -x$ の線を境に, 流れの行き着く先が変わり, これが Kosterlitz–Thouless 転移の相境界を表す. $x < -y < 0$ の低温ではすべての流れは $y = 0$ の固定点に向かう. 注目すべき点は $y = 0$ の線上の点はすべて固定点であるということである. $y = 0$ は化学ポテンシャル μ が無限大となる点を表しており, 渦がない状態を表している. 固定点が連続的につながっていることが, 相関関数が常にべき的なふるまいをするというスピン波展開で得た結果に対応している. 一方, $|x| < y$ の高温では流れは y が増大する方向に向かう. 渦の生成が重要になることを示している.

くりこみ群方程式は $y = 0$ のすべての点が固定点であることを示しているが, 高温側, つまり $x > 0$ の領域の固定点は実際には実現されない点である. 元の Villain 模型では変数 y が温度と次のような関係にあった.

$$y = \mathrm{e}^{-2\pi^2 g_0 \beta J} = \mathrm{e}^{-4\pi g_0 + 2\pi g_0 x} \tag{12.141}$$

この式で与えられる曲線を図 12.15 に破線で示した. よって, $y = 0$, $x > 0$ の領域は出発点にとることができないし, くりこみ群変換で行き着くこともできない. また，この曲線が $y=-x$ の線と交わる点が相転移点を与える．式 (12.138) および式 (12.141) より，

$$\pi\beta_{\rm c}J-2=\mathrm{e}^{-2\pi^2 g_0\beta_{\rm c}J} \tag{12.142}$$

を解いて転移温度 $\beta_{\rm c}J$ が求められるが，その値は Peierls の議論から得た値 $2/\pi$ から右辺の分だけずれる．これは渦の相互作用のような Peierls の議論では考えていなかった効果をとり入れたものによると考えられる．

臨界点近傍の特異性

臨界点近傍 $T\geq T_{\rm c}$ での特異性がどのようなものかくりこみ群方程式を用いて調べる．臨界点よりわずかに大きい温度においてくりこみ群解析を行う．臨界点近傍では相関長は非常に大きい量であるが，くりこみ群変換を行うと相関長は小さくなり臨界点から離れていく．相関長がある有限値をとるところまで変換することにより，スケール変換パラメータ b をくりこみ群方程式より決定する．通常は b を決めて結合定数がどれだけ変化するかを見るのだが，ここでは逆に考える．

臨界点は $x^2-y^2=0$ を満たすから，これからのずれを次のように温度変数 t で表す．

$$x^2-y^2\sim -t,\qquad t=\frac{T-T_{\rm c}}{T_{\rm c}} \tag{12.143}$$

高温側を考えているから $0<t\ll 1$ である．このとき，

$$b\frac{\mathrm{d}x}{\mathrm{d}b}\sim y^2=x^2+t \tag{12.144}$$

と書ける．任意の b について成り立つとして積分すると，初期条件を $x=0$ として，

$$\begin{aligned}\int_1^b\frac{\mathrm{d}b}{b}&=\int_0^x\frac{\mathrm{d}x}{x^2+t}\\ \ln b&=\frac{1}{\sqrt{t}}\arctan\left(\frac{x}{\sqrt{t}}\right)\sim\frac{\pi}{2\sqrt{t}}\end{aligned} \tag{12.145}$$

となる．最後の式では $t\ll 1$ のとき関数 arctan が急速に $\pi/2$ に漸近することを利用した．よって，

$$b\sim\exp\left(\frac{\pi}{2\sqrt{t}}\right) \tag{12.146}$$

を得る．

このとき，相関長は次のようになる．

$$\xi' = \frac{\xi}{b} \tag{12.147}$$

ξ' は有限値であるとすると，元の相関長 ξ は

$$\xi \sim b \sim \exp\left(\frac{\pi}{2}\sqrt{\frac{T_{\rm c}}{T - T_{\rm c}}}\right) \tag{12.148}$$

のようなふるまいを示す．つまり，相関長は $T \to T_{\rm c}$ で発散するが，通常期待されるべき的な発散よりはるかに強い**真性特異点**（essential singularity）となる．Kosterlitz–Thouless 転移の臨界現象が通常のものと大きく異なることを示している．

相関長の強い発散から臨界現象をとらえるのは容易であると期待される．ところが，比熱の特異性は非常に弱い．これは次のようにしてわかる．くりこみ群変換の下で自由エネルギーは

$$f(t, y) \sim b^{-2} f(t', y') \tag{12.149}$$

となる．右辺の自由エネルギーは臨界点から離れたときのものであり，有限値である．よって，臨界点近傍での自由エネルギーのふるまいは

$$f \sim b^{-2} \sim \exp\left(-\pi\sqrt{\frac{T_{\rm c}}{T - T_{\rm c}}}\right) \tag{12.150}$$

である．これを温度で微分することによって比熱等が得られるが，その特異性は非常に弱く，臨界点で自由エネルギーの任意階数の微分は常に 0 となる．

12.6　非線形シグマ模型

XY 模型や Heisenberg 模型などの連続対称性をもつ系は下部臨界次元が 2 に等しく，2 次元以下の有限温度では自発磁化をもたない．つまり，$T = 0$ が転移温度となる．一方，2 次元より大きい次元において，系は常磁性–強磁性相転移をもち低温で秩序化する．その転移温度は 2 次元で 0 になるということを考えると，2 次元に近い次元での転移温度は小さいと期待される．そこで，次元を $d = 2 + \epsilon$ として，ϵ が小さければ温度に関して摂動展開を行うことができるだろう．それによって $T = 0$ 以外の非自明な固定点が生じるかどうかを調べる．下部臨界次元からの展開を行うという考え方は，第 10 章で行った上部臨界次元からの ϵ 展開と類似のものである．

解析に用いる模型は連続極限をとったハミルトニアン

$$\mathcal{H} = -\frac{1}{2t}\int \mathrm{d}^d\boldsymbol{r} \sum_{\mu=1}^{d} (\nabla_\mu \boldsymbol{S})^2 \tag{12.151}$$

である．$\boldsymbol{S}$ は n 成分をもつ大きさ 1 のベクトルであり，$\boldsymbol{S}^2 = \sum_{a=1}^{n} S_a^2 = 1$ を満たす．ハミルトニアンは各点におけるスピンに関して回転対称性，すなわち $\mathrm{O}(n)$ 対称性をもっている．$n=2$ のとき XY 模型，$n=3$ のとき Heisenberg 模型を表している．前節で見たように $n=2$ の系は特別な転移を示すので，ここでは $n>2$ の系を考える．この模型は**非線形シグマ模型**（nonlinear sigma model）とよばれている[*34]．t は温度の役割を果たす．

拘束条件 $\boldsymbol{S}^2 = 1$ を用いて変数を一つ消去する．スピン変数を

$$\boldsymbol{S} = (\sigma, \pi_1, \pi_2, \cdots, \pi_{n-1}) \tag{12.152}$$

と書き，拘束条件より σ を

$$\sigma = \sqrt{1-\boldsymbol{\pi}^2} \tag{12.153}$$

と表す．これによりハミルトニアンは次のように書ける．

$$\mathcal{H} = -\frac{1}{2t}\int \mathrm{d}^d\boldsymbol{r} \sum_{\mu=1}^{d} \left[(\nabla_\mu \boldsymbol{\pi})^2 + \frac{(\boldsymbol{\pi}\cdot\nabla_\mu\boldsymbol{\pi})^2}{1-\boldsymbol{\pi}^2} \right] \tag{12.154}$$

このように，系は $n-1$ 個の変数 $\boldsymbol{\pi}$ で表される．スピン空間で成分 1 の方向，つまり σ 方向に磁化が生じ，そのまわりに $\boldsymbol{\pi}$ のゆらぎが存在しているという見方である．もちろん，2 次元ではそのゆらぎは大きく，σ 方向の秩序化を妨げる．

$\boldsymbol{\pi}$ に関してべき展開をすると，これらの変数が相互作用しているという描像が得られる．$\boldsymbol{\pi} \to t^{1/2}\boldsymbol{\pi}$ とおきかえると，

$$\mathcal{H} = -\frac{1}{2}\int \mathrm{d}^d\boldsymbol{r} \sum_{\mu=1}^{d} \left[(\nabla_\mu \boldsymbol{\pi})^2 + t\frac{(\boldsymbol{\pi}\cdot\nabla_\mu\boldsymbol{\pi})^2}{1-t\boldsymbol{\pi}^2} \right] \tag{12.155}$$

となり，結合定数 t が小さいときは第 2 項を摂動として扱うことができる．

[*34] 名前の由来は素粒子理論においてシグマ中間子を記述する模型として考えられたことによる．M. Gell-Mann and M. Lévy: Nuovo Cimento **16**, 705 (1960)．このとき，以下で議論しているパイ中間子の場 $\boldsymbol{\pi}$ が質量 0 の南部–Goldstone モードを表している．**線形シグマ模型**（linear sigma model）とよばれる模型も存在するが，それは $\mathrm{O}(n)$ ϕ^4 模型と等価である．

くりこみ群解析は ϕ^4 模型や sine–Gordon 模型と同様に摂動展開を用いて行うことができる．式 (12.155) の第 1 項が無摂動部分のハミルトニアン $\mathcal{H}_0$，第 2 項が摂動ハミルトニアン $\mathcal{H}_{\mathrm{I}}$ を表す．変数を $\boldsymbol{\pi} = \boldsymbol{\pi}^< + \boldsymbol{\pi}^>$ と，遅いモード $\boldsymbol{\pi}^<$ と速いモード $\boldsymbol{\pi}^>$ に分解して，速いモードに関して積分を行う．摂動の 1 次は $\langle \mathcal{H}_{\mathrm{I}}^> \rangle_0$ から来るが，この項は t について展開される．最初の $\mathcal{H}^<$ への寄与は次の項から生じる．

$$-\frac{t}{2}\sum_{\mu=1}^{d}\int \mathrm{d}^d\boldsymbol{r}\,\langle \boldsymbol{\pi}^> \cdot \nabla_\mu \boldsymbol{\pi}^< \boldsymbol{\pi}^> \cdot \nabla_\mu \boldsymbol{\pi}^< \rangle_0 = -\frac{t}{2}I\sum_{\mu=1}^{d}\int \mathrm{d}^d\boldsymbol{r}\,\left(\nabla_\mu \boldsymbol{\pi}^<\right)^2 \tag{12.156}$$

$$-\frac{t^2}{2}\sum_{\mu=1}^{d}\int \mathrm{d}^d\boldsymbol{r}\,\langle (\boldsymbol{\pi}^< \cdot \nabla_\mu \boldsymbol{\pi}^<)^2 \boldsymbol{\pi}^{>2} \rangle_0 = -\frac{t^2}{2}nI\int \mathrm{d}^d\boldsymbol{r}\,(\boldsymbol{\pi}^< \cdot \nabla_\mu \boldsymbol{\pi}^<)^2 \tag{12.157}$$

ここで

$$I = \int_{\Lambda/b}^{\Lambda} \frac{\mathrm{d}^d\boldsymbol{k}}{(2\pi)^d}\frac{1}{\boldsymbol{k}^2} = \frac{S_d}{(2\pi)^d}\frac{1-b^{-(d-2)}}{d-2}\Lambda^{d-2} \to \frac{1}{2\pi}\ln b \tag{12.158}$$

とした．最後の式は $d=2$ のときのものである．

スケール変換を行うと，ハミルトニアン

$$\begin{aligned}\mathcal{H}' \sim &-\frac{1}{2}b^{d-2}\,(1+tI)\sum_{\mu=1}^{d}\int \mathrm{d}^d\boldsymbol{r}\,(\nabla_\mu \boldsymbol{\pi}^<)^2 \\ &-\frac{t}{2}b^{d-2}\,(1+ntI)\sum_{\mu=1}^{d}\int \mathrm{d}^d\boldsymbol{r}\,(\boldsymbol{\pi}^< \cdot \nabla_\mu \boldsymbol{\pi}^<)^2\end{aligned} \tag{12.159}$$

を得る．最初の項は波動関数のくりこみ $\boldsymbol{\pi}^< \to b^{-(d-2)/2}(1+tI)^{-1/2}\boldsymbol{\pi}^<$ を行うことによって，元のものと同じ形にできる．このとき，

$$\begin{aligned}\mathcal{H}' \sim &-\frac{1}{2}\sum_{\mu=1}^{d}\int \mathrm{d}^d\boldsymbol{r}\,(\nabla_\mu \boldsymbol{\pi})^2 \\ &-\frac{t}{2}b^{-(d-2)}\,[1+(n-2)tI]\sum_{\mu=1}^{d}\int \mathrm{d}^d\boldsymbol{r}\,(\boldsymbol{\pi} \cdot \nabla_\mu \boldsymbol{\pi})^2\end{aligned} \tag{12.160}$$

となる．よって，くりこまれた温度 t は

$$t' = b^{-\epsilon}t\,[1+(n-2)tI] \sim t\left[1+\left(-\epsilon+\frac{n-2}{2\pi}t\right)\ln b\right] \tag{12.161}$$

となり，ベータ関数は

$$\beta = -\epsilon t + \frac{n-2}{2\pi} t^2 \tag{12.162}$$

となる．ふるまいは図 9.9（193 ページ）と同じである．この結果から，$t = 0$ 以外の固定点

$$t^* = \frac{2\pi\epsilon}{n-2} \tag{12.163}$$

が存在することが示される．$n \to 2$ のとき，非自明な固定点は消失する．これは $n = 2$ が前節で議論した特別な場合であることを考えると自然な結果である．

非自明な固定点のまわりで展開すると，

$$t' - t^* \sim b^{\epsilon}(t - t^*) \tag{12.164}$$

であるから，スケーリング次元は ϵ となり，t は有意な変数である．常磁性–強磁性相転移点を表すものである．そのときの臨界指数の一つを求めると

$$\nu = \frac{1}{\epsilon} \tag{12.165}$$

となる．

13 くりこみとくりこみ群

ここまでさまざまな系のくりこみ群の方法について調べてきた．くりこみ群変換とは粗視化によって結合定数の変化を見ることである．変化分を結合定数に「くりこむ」という考え方を応用すると，くりこみという概念がより広い意味をもってくる．本章ではくりこみの方法を用いる三つの例を扱う．特に，場の量子論における（摂動）くりこみは，物理量を計算するための標準的な手法であり，広く用いられている．

13.1 von Koch 曲線のくりこみ

7.1 節（135 ページ）および 9.5 節（194 ページ）で扱った von Koch 曲線を再び扱う．この系では一つの線分の長さ ℓ が最も短いスケールを表している．格子上のスピン模型では格子定数 a，次節で扱う連続場の模型では紫外カットオフ Λ の逆数に対応する量である．連続極限 $a \to 0$，$\Lambda \to \infty$ は $\ell \to 0$ に対応するが，その極限では系の長さ L が発散してしまい元の長さ M とどのように関係づけられるか見えなくなってしまう．そこで次のように考える．**くりこみ定数**（renormalization constant）Z を導入し，

$$\tilde{L} = ZL \tag{13.1}$$

という量を定義する．この量は，ある長さ λ 以下の細かい構造は見えないものとして測った系の長さを表している．L は発散する量であるが，その発散をくりこみ定数を用いて有限の量 $\tilde{L}$ におさえられるとする．われわれがもっている長さのスケールは M と λ ということになるから，$\tilde{L}$ は

$$\tilde{L} = Mf\left(\frac{\lambda}{M}\right) \tag{13.2}$$

と書ける．f は適当な関数を表す．これは式 (7.14)（139 ページ）に対応する式である．

さて，くりこむ前の系の長さ L は勝手に決めたスケール λ とは何の関係もないから，次の式が成り立つ．

$$\frac{\mathrm{d}}{\mathrm{d}\lambda}L = 0 \tag{13.3}$$

$L = Z^{-1}Mf(\lambda/M)$ を代入すると，$x = \lambda/M$ として

$$\frac{\mathrm{d}}{\mathrm{d}x}\ln f(x) = -\frac{\zeta}{x} \tag{13.4}$$

という微分方程式が得られる．ここで

$$\zeta = -\lambda\frac{\mathrm{d}}{\mathrm{d}\lambda}\ln Z \tag{13.5}$$

を定義した．ζ が定数であるとすると方程式 (13.4) を解くことができて，

$$f(x) = Cx^{-\zeta} \tag{13.6}$$

が得られる．C は λ によらない定数を表す．よって，

$$\tilde{L} = CM\left(\frac{\lambda}{M}\right)^{-\zeta} \tag{13.7}$$

が成り立つ．式 (7.18)（140 ページ）と比較すると，ζ が異常次元を表していることがわかる．Z は $\lambda^{-\zeta}$ に比例しており，$\lambda = \ell$ で 1 になることから

$$Z = C\frac{M}{L}\left(\frac{\lambda}{M}\right)^{-\zeta} = \left(\frac{\ell}{\lambda}\right)^{\zeta} \tag{13.8}$$

と書ける．$\ell \to 0$ で $Z \to 0$ となる．異常次元 ζ は 9.5 節（194 ページ）で次のように求められている．

$$\zeta = \frac{\ln 4}{\ln 3} - 1 \tag{13.9}$$

このように，くりこみ定数に発散をくりこむことによって有限の $\tilde{L}$ が得られ，その関数形からスケーリング次元を得ることができる．式 (13.3) はくりこみ群方程式を表している．方程式から得られる式 (13.6) において 0 にとる ℓ や発散する L は定数 C に含まれているが，その具体的な関数形を知る必要はない．λ 依存性から異常次元を得ることができる．くりこみ定数の導入によって発散をうまく処理する方法は，場の理論におけるくりこみと同じものである．次節で具体的な摂動計算を見る．

13.2 非線形シグマ模型のくりこみ

前章までに用いてきた実・運動量空間くりこみ群は粗視化をわかりやすく定式化するが，系統的な解析計算を行いづらいという欠点をもつ．厳密に解けるわずかな例外を除いて摂動論に基づいた計算が必要となるが，摂動の高次の計算は非常に複雑なものとなってしまう．

場の量子論では，摂動展開を用いたくりこみの処方が臨界現象におけるくりこみ群の理論の確立以前から用いられてきた．Wilson の研究によってくりこみの新しい視点が得られたが，それまでのくりこみ理論の洗練された手法は依然として有用であり，統計力学系への応用も多くなされている[*1]．そのようなくりこみ理論において用いられるくりこみ群は，Wilson 流のくりこみ群と対比して Stueckelberg–Petermann–Gell-Mann–Low 流のくりこみ群とよばれる[*2]．

ここでは 12.6 節（271 ページ）で扱った非線形シグマ模型を具体例として扱い，そこで得られた結果を再現する．くりこみの処方箋はいろいろな流儀があり，ここに限るものではない．より詳細な計算については，付録 H.1 節（370 ページ）の文献 [8, 9, 18]，あるいは一般的な場の量子論の教科書を参照されたい．

くりこみ処方

出発点は式 (12.154)（272 ページ）で与えられている，$d = 2 + \epsilon$ 次元のハミルトニアン

$$\mathcal{H} = \frac{\Lambda^\epsilon}{t_0} \int \mathrm{d}^d \boldsymbol{r} \left\{ -\frac{1}{2} \left[(\nabla \boldsymbol{\pi}_0)^2 + (\nabla \sigma_0)^2 \right] + h_0 \sigma_0 \right\} \tag{13.10a}$$

$$= \frac{\Lambda^\epsilon}{t_0} \int \mathrm{d}^d \boldsymbol{r} \left\{ -\frac{1}{2} \left[(\nabla \boldsymbol{\pi}_0)^2 + \frac{(\boldsymbol{\pi}_0 \cdot \nabla \boldsymbol{\pi}_0)^2}{1 - \boldsymbol{\pi}_0^2} \right] + h_0 (1 - \boldsymbol{\pi}_0^2)^{1/2} \right\} \tag{13.10b}$$

[*1] 場の理論において非摂動的にくりこみを扱う手法は，近年でも研究の対象となっており，**汎関数くりこみ群**（functional renormalization group），**非摂動くりこみ群**（nonperturbative renormalization group）などとよばれている．Wilson 流のくりこみ群から厳密なくりこみ群方程式を導出して解析を行っている．F. J. Wegner and A. Houghton: Phys. Rev. A **8**, 401 (1973); J. Polchinski: Nucl. Phys. B **231**, 269 (1984); C. Wetterich: Phys. Lett. B **301**, 90 (1993). 次の文献も参考になる．P. Kopietz, L. Bartosch, and F. Schütz: *Introduction to the Functional Renormalization Group* (Springer, 2010).

[*2] E. C. G. Stueckelberg and A. Petermann: Helv. Phys. Acta **26**, 499 (1953); M. Gell-Mann and F. E. Low: Phys. Rev. **95**, 1300 (1954). くりこみ群という言葉が初めて使われたのは次の論文のようである．N. N. Bogoljubov and D. V. Shirkov: Nuovo Cimento **3**, 845 (1956). 歴史的な背景については次の論文が詳しい．D. V. Shirkov: arXiv:hep-th/9909024 (1999).

である[*3]．$\boldsymbol{\pi}_0$ は $n-1$ 成分の実ベクトル変数であり，$\boldsymbol{\pi}_0^2+\sigma_0^2=1$ を満たす．t_0 は温度に対応する結合定数を表す．また，磁場 h_0 を導入した．磁場は消去した変数 σ_0 の方向に作用するものである．すべての変数に添字 0 をつけて，これらがくりこまれる前の量であることを示している．これを**裸の量**（bare quantity）とよぶ．Λ は紫外カットオフのスケールを表している[*4]．この変数を入れることで t_0 が任意の d で無次元量に保たれている[*5]．h_0 の質量次元は 2 である．

添字をつけないで表すくりこまれた量は，次のようにくりこみ定数 Z，Z_t を用いて表される．

$$\boldsymbol{\pi}_0=Z^{1/2}\boldsymbol{\pi},\qquad t_0=\left(\frac{\Lambda}{\mu}\right)^{\epsilon}Z_t t \tag{13.11}$$

Z_t が結合定数 t のくりこみ，Z が波動関数のくりこみを表す．これらは以下で発散を打ち消すように決められる．μ はくりこみのスケールを表しており，**くりこみ点**（renormalization point）とよばれる[*6]．同様にして h のくりこみも考えることができるが，新しいくりこみ定数を導入する必要はない．以下でわかるように，この項を入れたことで新たな発散を引き起こすことはないからである[*7]．以下で考える h による相殺項が生じないように

$$h_0=Z^{-1/2}Z_t h \tag{13.12}$$

と選ぶと，

$$\mathcal{H}=\frac{\mu^{\epsilon}}{t}\int \mathrm{d}^d\boldsymbol{r}\left\{-\frac{Z}{2Z_t}\left[(\nabla\boldsymbol{\pi})^2+\frac{(\boldsymbol{\pi}\cdot\nabla\boldsymbol{\pi})^2}{Z^{-1}-\boldsymbol{\pi}^2}\right]+h(Z^{-1}-\boldsymbol{\pi}^2)^{1/2}\right\} \tag{13.13}$$

となる[*8]．裸の量がくりこまれた量におきかえられ，その代わりくりこみ定数が随所に現れている．

計算は摂動展開を用いる．$\mathcal{H}$ を次のように分解する．

$$\mathcal{H}=\mathcal{H}_0+\mathcal{H}_{\mathrm{I}}+\mathcal{H}_{\mathrm{CT}} \tag{13.14}$$

[*3] ベクトル $\boldsymbol{\nabla}$ はもう一つの $\boldsymbol{\nabla}$ と内積をとる．正しくは前章のように書くべきであるが，式が長くなるので本節ではこの式のように表す．

[*4] 波数の上限を表している．格子定数の逆数 $1/a$ と考えればよい．

[*5] 2 次元の離散系から $d=2+\epsilon$ 次元の連続極限をとると $a^2\sum_{\boldsymbol{r}_i}\to a^{-\epsilon}\int \mathrm{d}^d\boldsymbol{r}$ である．

[*6] Wilson 流のくりこみ群におけるパラメータ b に対応するものである（同じものではない）．また，μ/Λ は前節の ℓ/λ に対応している．くりこみ群の方程式は μ に関する微分を用いて表される．

[*7] むしろ磁場の項は赤外発散（波数が小さいところからの寄与）を防ぐように入れられている．

[*8] σ を用いて表すと磁場の項は $\frac{\mu^{\epsilon}}{t}\int \mathrm{d}^d\boldsymbol{r}\,h\sigma$ となり，くりこみ定数を含まない．

$\mathcal{H}_0$ は摂動の基底となる $\boldsymbol{\pi}$ について 2 次の部分，$\mathcal{H}_{\mathrm{I}}$ は摂動として扱う相互作用項を表す．

$$\mathcal{H}_0 = -\frac{\mu^{\epsilon}}{2t}\int \mathrm{d}^d\boldsymbol{r}\ \left[(\nabla\boldsymbol{\pi})^2 + h\boldsymbol{\pi}^2\right] \tag{13.15}$$

$$\mathcal{H}_{\mathrm{I}} = -\frac{\mu^{\epsilon}}{2t}\int \mathrm{d}^d\boldsymbol{r}\ \left\{\frac{(\boldsymbol{\pi}\cdot\nabla\boldsymbol{\pi})^2}{1-\boldsymbol{\pi}^2} - 2h\left[(1-\boldsymbol{\pi}^2)^{1/2} - \left(1-\frac{1}{2}\boldsymbol{\pi}^2\right)\right]\right\} \tag{13.16}$$

後者は $\boldsymbol{\pi}$ について 3 次以上の高次べき項を含む[*9]．$\mathcal{H}$ からこれらの項を除いたものを $\mathcal{H}_{\mathrm{CT}}$ とする．$\mathcal{H}_0$ を基底にとり $\mathcal{H}_{\mathrm{I}}$ の摂動展開を行うと，各補正項に現れるループ積分が発散する．このため，くりこみ定数に依存する項 $\mathcal{H}_{\mathrm{CT}}$ も摂動項に含めて計算し，発散を打ち消す．第 10 章ではカットオフ Λ を導入して有限の結果を導いていたが，ここでは $\Lambda\to\infty$ の極限を考えても有限の解が得られるように（物理量に Λ が現れないように）くりこみ定数を用いる．$\mathcal{H}_{\mathrm{CT}}$ は**相殺項**（counter term）とよばれる．摂動の次数に対応して，くりこみ定数も次のように展開する．

$$Z = 1 + Z^{(1)} + Z^{(2)} + \cdots, \qquad Z_t = 1 + Z_t^{(1)} + Z_t^{(2)} + \cdots \tag{13.17}$$

摂動展開は t に関する展開であるので，$Z^{(n)}$ は t^n に比例する項を表している．例えば，摂動の 1 次に寄与する相殺項は次のように与えられる．

$$\mathcal{H}_{\mathrm{CT}}^{(1)} = -\frac{\mu^{\epsilon}}{2t}\int \mathrm{d}^d\boldsymbol{r}\ \left[(Z^{(1)} - Z_t^{(1)})\,(\nabla\boldsymbol{\pi})^2 + \frac{1}{2}Z^{(1)}h\boldsymbol{\pi}^2\right] \tag{13.18}$$

この系では，Z と Z_t を用いて任意の摂動次数の発散を除けることが示されている．有限の数のくりこみ定数で発散がおさえられるとき，その理論（模型）は**くりこみ可能**（renormalizable）であるという．その逆に，**くりこみ不可能**（nonrenormalizable）な理論では無限の相殺項が必要となる[*10]．

頂点関数の摂動計算

前章まで分配関数を用いてくりこみ群変換を行ってきたが，分配関数を扱う必要は必ずしもない．結合定数の変化を見るという目的を果たすことができるのであれば他の量を扱ってもよい．ここでは Green 関数，より正確には**頂点関数**（vertex function）の計算を通してくりこみ解析を行う．

[*9] $\boldsymbol{\pi} = \boldsymbol{0}$ とおいたときに残る定数項は無視する．

[*10] 素粒子場の模型はくりこみ可能でなければならないと考えられている．それに対して，低エネルギーでの現象を記述する有効模型は必ずしもそうである必要はない．

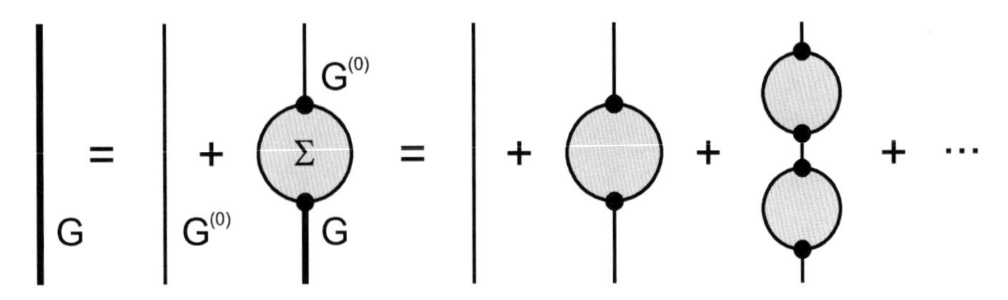

図 13.1　Green 関数 G の満たす Dyson 方程式の表現．太い線は G，細い線は $G^{(0)}$，Σ は自己エネルギーを表す．

運動量（波数）空間の Green 関数 $\tilde{G}$ は

$$\tilde{G}_{ab}(\boldsymbol{k})(2\pi)^d\delta^d(\boldsymbol{k}+\boldsymbol{k}') = \langle\tilde{\pi}_a(\boldsymbol{k})\tilde{\pi}_b(\boldsymbol{k}')\rangle \tag{13.19}$$

と書ける．$\langle\ \ \rangle$ は $\mathrm{e}^{\mathcal{H}}$ の重みについての平均を表す．この関数を摂動展開を用いて計算する．$\mathrm{e}^{\mathcal{H}_0}$ についての平均 $\langle\ \ \rangle_0$ が摂動の基底を表し，

$$\tilde{G}^{(0)}_{ab}(\boldsymbol{k}) = \delta_{ab}\ \frac{t\mu^{-\epsilon}}{\boldsymbol{k}^2+h} \tag{13.20}$$

となる．これを，$\tilde{G}^{(0)}_{ab}(\boldsymbol{k}) = \delta_{ab}\tilde{G}^{(0)}(\boldsymbol{k})$ と書く．この $\boldsymbol{\pi}$ 空間における回転対称性に由来する関係は摂動項をとり入れた場合にも成り立ち，$\tilde{G}_{ab}(\boldsymbol{k}) = \delta_{ab}\tilde{G}(\boldsymbol{k})$ と書くことができる．

摂動展開を用いると，$\tilde{G}$ は $\tilde{G}^{(0)}$ を含んだ項の無限和で表される．それを

$$\tilde{G}(\boldsymbol{k}) = \tilde{G}^{(0)}(\boldsymbol{k}) + \tilde{G}^{(0)}(\boldsymbol{k})\tilde{\Sigma}(\boldsymbol{k})\tilde{G}(\boldsymbol{k}) \tag{13.21}$$

と書くことによって，**自己エネルギー**（self energy）Σ（の波数表示）が定義される．この方程式は **Dyson 方程式**（Dyson equation）とよばれる．

$$\begin{aligned}\tilde{G}(\boldsymbol{k}) &= \frac{1}{1-\tilde{G}^{(0)}(\boldsymbol{k})\tilde{\Sigma}(\boldsymbol{k})}\tilde{G}^{(0)}(\boldsymbol{k}) \\ &= \tilde{G}^{(0)}(\boldsymbol{k}) + \tilde{G}^{(0)}(\boldsymbol{k})\tilde{\Sigma}(\boldsymbol{k})\tilde{G}^{(0)}(\boldsymbol{k}) \\ &\qquad +\tilde{G}^{(0)}(\boldsymbol{k})\tilde{\Sigma}(\boldsymbol{k})\tilde{G}^{(0)}(\boldsymbol{k})\tilde{\Sigma}(\boldsymbol{k})\tilde{G}^{(0)}(\boldsymbol{k}) + \cdots\end{aligned} \tag{13.22}$$

と変形してみるとわかるように，くり返し現れる自己エネルギーの寄与を無限次まで足し上げている．Feynman ダイアグラムを用いて表したのが図 13.1 である．Green

関数 $\tilde{G}(\boldsymbol{k})$ は，**伝搬関数**（propagator）ともよばれるように，波数 $\boldsymbol{k}$ をもってある点から別の点に仮想粒子が運動する寄与を表している[*11]．自己エネルギーを用いる利点は，くり返しにならないダイアグラムのみが自己エネルギーに寄与することである．自己エネルギーに寄与するダイアグラムが一つでも，その Green 関数への寄与は無限次までとり入れられている．これによって Green 関数の非自明な性質を導くことができる[*12]．

2 点頂点関数 Γ_2 を次のように定義する[*13]．

$$\Gamma_2(\boldsymbol{k},t,h,\mu)=\tilde{G}^{-1}(\boldsymbol{k})=\tilde{G}^{(0)-1}(\boldsymbol{k})-\tilde{\Sigma}(\boldsymbol{k})=\frac{\mu^{\epsilon}}{t}\left(\boldsymbol{k}^2+h\right)-\tilde{\Sigma}(\boldsymbol{k}) \tag{13.23}$$

以下では，Green 関数の計算から自己エネルギー $\Sigma=\Sigma^{(1)}+\Sigma^{(2)}+\cdots$ を摂動的に求め，頂点関数に対してくりこみ操作を行う．

自己エネルギーを摂動展開を用いて計算する．$\mathcal{H}_{\mathrm{I}}$ は

$$\mathcal{H}_{\mathrm{I}}=-\frac{\mu^{\epsilon}}{2t}\int \mathrm{d}^d\boldsymbol{r}\,(\boldsymbol{\pi}\cdot\nabla\boldsymbol{\pi})^2-\frac{\mu^{\epsilon}h}{8t}\int \mathrm{d}^d\boldsymbol{r}\,(\boldsymbol{\pi}^2)^2+\cdots \tag{13.24}$$

と展開されるが，$\mathcal{H}_{\mathrm{I}}$ から生じる摂動の 1 次の寄与は省略せずに書いた部分から生じる．Feynman ダイアグラムを用いると，$\tilde{G}$ の 1 次補正は図 13.2 左上のように表される．図の下は対応する自己エネルギーを表している．図左上で表される項は二つあるが，それぞれ次のように計算される．

$$\begin{aligned}
&\left\langle \tilde{\pi}_a(\boldsymbol{k})\tilde{\pi}_b(\boldsymbol{k}')\left[-\frac{\mu^{\epsilon}}{2t}\int \mathrm{d}^d\boldsymbol{r}\,(\boldsymbol{\pi}\cdot\nabla\boldsymbol{\pi})^2\right]\right\rangle_0\\
&\quad=\frac{\mu^{\epsilon}}{2t}\sum_{c,d}\int_{q_1,q_2,q_3,q_4}(2\pi)^d\delta^d\left(\sum_{i=1}^{4}\boldsymbol{q}_i\right)\\
&\qquad\times\boldsymbol{q}_2\cdot\boldsymbol{q}_4\left\langle\tilde{\pi}_a(\boldsymbol{k})\tilde{\pi}_b(\boldsymbol{k}')\tilde{\pi}_c(\boldsymbol{q}_1)\tilde{\pi}_c(\boldsymbol{q}_2)\,\tilde{\pi}_d(\boldsymbol{q}_3)\tilde{\pi}_d(\boldsymbol{q}_4)\right\rangle_0\\
&\quad=\delta_{ab}\tilde{G}^{(0)}(\boldsymbol{k})\left[-\frac{\mu^{\epsilon}}{t}\left(\boldsymbol{k}^2\int_q\tilde{G}^{(0)}(\boldsymbol{q})+\int_q\boldsymbol{q}^2\tilde{G}^{(0)}(\boldsymbol{q})\right)\right]\\
&\qquad\times\tilde{G}^{(0)}(\boldsymbol{k})(2\pi)^d\delta^d(\boldsymbol{k}+\boldsymbol{k}')
\end{aligned} \tag{13.25}$$

[*11] 座標表示 $G(\boldsymbol{r}-\boldsymbol{r}')$ では線分の始点が $\boldsymbol{r}'$，終点が $\boldsymbol{r}$ を表す．一般には伝搬の向きがあり，線分は矢印をつけて表される．いま考えている系の場合，G は始点と終点を入れかえても不変なので矢印はつけない．

[*12] 118 ページの脚注 7 参照．

[*13] 頂点関数の一般的な定義は付録 H.1 節の文献 [18]（372 ページ）を参照．

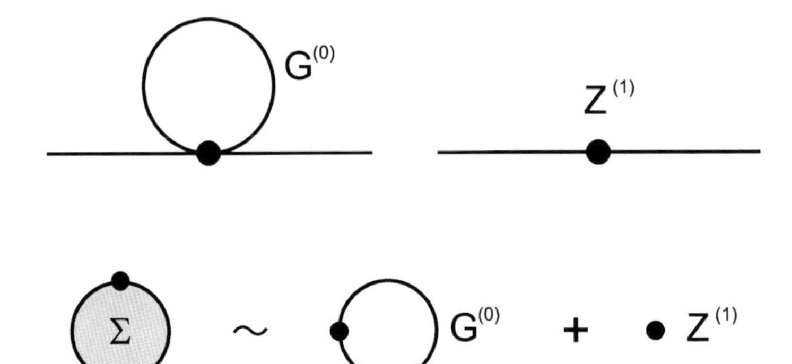

図 13.2　摂動展開の 1 次に寄与するダイアグラム．（左上）$\mathcal{H}_{\mathrm{I}}$ から生じる寄与．（右上）$\mathcal{H}_{\mathrm{CT}}$ から生じる寄与．（下）対応する自己エネルギーの近似表現．相殺項は $Z^{(1)}$ に加えて $Z_t^{(1)}$ の寄与も含む．

$$\left\langle \tilde{\pi}_a(\boldsymbol{k})\tilde{\pi}_b(\boldsymbol{k}') \left[-\frac{\mu^\epsilon h}{8t}\int \mathrm{d}^d\boldsymbol{r}\,(\boldsymbol{\pi}^2)^2\right]\right\rangle_0$$
$$= \delta_{ab}\tilde{G}^{(0)}(\boldsymbol{k})\left[-\frac{\mu^\epsilon h}{2t}(n+1)\int_q \tilde{G}^{(0)}(\boldsymbol{q})\right]\tilde{G}^{(0)}(\boldsymbol{k})(2\pi)^d\delta^d(\boldsymbol{k}+\boldsymbol{k}') \quad (13.26)$$

Wick の定理を用いて計算を行っている．$\int_q = \int \frac{\mathrm{d}^d\boldsymbol{q}}{(2\pi)^d}$ とした．それぞれの式の右辺における $[\cdots]$ の部分が $\tilde{\Sigma}^{(1)}(\boldsymbol{k})$ に寄与する．

さらに相殺項 $\mathcal{H}_{\mathrm{CT}}$ を考える必要がある．摂動の 1 次に寄与する項は式 (13.18) で表されており，図 13.2 右上のように表す．計算を行うと，

$$\left\langle \tilde{\pi}_a(\boldsymbol{k})\tilde{\pi}_b(\boldsymbol{k}') \left[-\frac{\mu^\epsilon}{2t}(Z^{(1)}-Z_t^{(1)})\int \mathrm{d}^d\boldsymbol{r}\,(\nabla\boldsymbol{\pi})^2\right]\right\rangle_0$$
$$= \delta_{ab}\tilde{G}^{(0)}(\boldsymbol{k})\left[-\frac{\mu^\epsilon}{t}(Z^{(1)}-Z_t^{(1)})\boldsymbol{k}^2\right]\tilde{G}^{(0)}(\boldsymbol{k})(2\pi)^d\delta^d(\boldsymbol{k}+\boldsymbol{k}') \quad (13.27)$$

$$\left\langle \tilde{\pi}_a(\boldsymbol{k})\tilde{\pi}_b(\boldsymbol{k}') \left[-\frac{\mu^\epsilon}{4t}Z^{(1)}h\int \mathrm{d}^d\boldsymbol{r}\,\boldsymbol{\pi}^2\right]\right\rangle_0$$
$$= \delta_{ab}\tilde{G}^{(0)}(\boldsymbol{k})\left[-\frac{\mu^\epsilon}{2t}Z^{(1)}h\right]\tilde{G}^{(0)}(\boldsymbol{k})(2\pi)^d\delta^d(\boldsymbol{k}+\boldsymbol{k}') \quad (13.28)$$

となる．

以上四つの式における $[\cdots]$ の部分をまとめると $\tilde{\Sigma}^{(1)}(\boldsymbol{k})$ が得られ，2 点頂点関数

の 1 次補正 $-\tilde{\Sigma}^{(1)}(\boldsymbol{k})$ までを含めた表式は

$$\Gamma_2(\boldsymbol{k},t,h,\mu) = \frac{\mu^\epsilon}{t}\Bigg[\boldsymbol{k}^2 + h + \boldsymbol{k}^2\int_q \tilde{G}^{(0)}(\boldsymbol{q}) + \int_q \boldsymbol{q}^2\tilde{G}^{(0)}(\boldsymbol{q}) + \frac{n+1}{2}h\int_q \tilde{G}^{(0)}(\boldsymbol{q}) + (Z^{(1)} - Z_t^{(1)})\boldsymbol{k}^2 + \frac{1}{2}Z^{(1)}h\Bigg] \tag{13.29}$$

となる．

発散の正則化

式 (13.29) に現れる Green 関数の運動量積分はこのままでは発散する．発散が現れないようにくりこみ定数を選ぶのだから，発散の程度を定量化するために適当な**正則化**（regularization）を行う必要がある．最も簡単な例は，積分にカットオフを導入することであるが，系統的な計算には向かない．摂動の高次項で多重積分を行う必要があり，積分範囲が複雑になってしまう．

ここでは，**次元正則化**（dimensional regularization）を用いる．式 (13.29) の積分は 2 次元で発散するが，2 次元より小さいとき収束する．そこで次元を $d = 2 + \epsilon$ とずらして積分を行う．このとき，$d = 2$ で発散する様子を $1/\epsilon$ のような項で表現することができる[*14][*15]．

Green 関数の積分を補助変数の積分を用いて表す．

$$\begin{aligned}
\int_q \tilde{G}^{(0)}(\boldsymbol{q}) &= \int \frac{\mathrm{d}^d\boldsymbol{q}}{(2\pi)^d}\,\frac{t\mu^{-\epsilon}}{\boldsymbol{q}^2+h} \\
&= t\mu^{-\epsilon}\int \frac{\mathrm{d}^d\boldsymbol{q}}{(2\pi)^d}\int_0^\infty \mathrm{d}z\,\mathrm{e}^{-(\boldsymbol{q}^2+h)z} \\
&= \frac{t\mu^{-\epsilon}}{(2\pi)^d}\int_0^\infty \mathrm{d}z\,\left(\frac{\pi}{z}\right)^{d/2}\mathrm{e}^{-hz} \\
&= \frac{t}{(4\pi)^{d/2}}\left(\frac{h}{\mu^2}\right)^{\epsilon/2}\int_0^\infty \mathrm{d}z\,\left(\frac{1}{z}\right)^{d/2}\mathrm{e}^{-z} \\
&= \frac{t}{4\pi}\left(\frac{h}{4\pi\mu^2}\right)^{\epsilon/2}\Gamma\left(-\frac{\epsilon}{2}\right)
\end{aligned} \tag{13.30}$$

---

*14 $\epsilon > 0$ では依然として発散が生じているが，$\epsilon < 0$ で成り立つ結果を正の領域まで成り立つとして計算を行う．

*15 ここで行う次元正則化は，前章までで行ってきた ϵ 展開とは少し意義が異なる．ここでの次元正則化は発散を定量化するためのものである．一方で，ϵ 展開は，扱いやすい $\epsilon = 0$ の系から非自明な $\epsilon = 1$ の系への外挿が主な目的であった．

最後の等式はガンマ関数の積分表現

$$\Gamma(x) = \int_0^\infty \mathrm{d}z\, z^{x-1}\mathrm{e}^{-z} \tag{13.31}$$

を用いている．本来は $\mathrm{Re}\, x > 0$ でなければならないが，負の領域にまで積分を解析接続してガンマ関数の公式を利用する．$\epsilon \ll 1$ のとき，

$$\Gamma(\epsilon) = \frac{1}{\epsilon} - \gamma + \frac{1}{2}\left(\gamma^2 + \frac{\pi^2}{6}\right)\epsilon + O(\epsilon^2) \tag{13.32}$$

と書ける．$\gamma \approx 0.5772$ は Euler 定数である．これを利用すると，

$$\begin{aligned}\int_q \tilde{G}^{(0)}(\boldsymbol{q}) &= \frac{t}{4\pi}\left(-\frac{2}{\epsilon} - \gamma + \cdots\right)\left[1 + \frac{\epsilon}{2}\ln\left(\frac{h}{4\pi\mu^2}\right) + \cdots\right] \\ &= \frac{t}{4\pi}\left[-\frac{2}{\epsilon} - \gamma - \ln\left(\frac{h}{4\pi\mu^2}\right) + O(\epsilon)\right]\end{aligned} \tag{13.33}$$

である．同様にして，

$$\begin{aligned}\int_q \boldsymbol{q}^2\tilde{G}^{(0)}(\boldsymbol{q}) &= -\frac{th}{4\pi}\left(\frac{h}{4\pi\mu^2}\right)^{\epsilon/2}\Gamma\left(-\frac{\epsilon}{2}\right) \\ &= -\frac{th}{4\pi}\left[-\frac{2}{\epsilon} - \gamma - \ln\left(\frac{h}{4\pi\mu^2}\right) + O(\epsilon)\right]\end{aligned} \tag{13.34}$$

も導かれる．$\epsilon \to 0$ で発散する寄与 $1/\epsilon$ を表現することができた．同様にして，高次摂動の項に現れる多重積分も，補助変数の導入によるガンマ関数表示を用いて計算される[*16]．

次に，有限な結果が得られるようにくりこみ定数を定める．頂点関数についてく**りこみ条件**（renormalization condition）を課すことでくりこみ定数が決定される．これにもいくつかの流儀があるが，ここでは最小引算法，**MS scheme**（minimal subtraction scheme）とよばれる方法でくりこみ条件を定める[*17]．これは発散する $1/\epsilon$ の項のみが打ち消されるようにくりこみ定数を選ぶことを意味する[*18]．頂点関数から発散する項と Z，Z_t を含む項をとり出すと

$$\frac{\mu^\epsilon}{t}\left[-\frac{t}{2\pi\epsilon}\boldsymbol{k}^2 - (n-1)\frac{th}{4\pi\epsilon} + (Z^{(1)} - Z_t^{(1)})\boldsymbol{k}^2 + \frac{1}{2}Z^{(1)}h\right] \tag{13.35}$$

---

*16 付録 H.1 節の文献 [18]（372 ページ）等を参照．

*17 $\boldsymbol{k} = \boldsymbol{0}$ で頂点関数が指定された値になるなど，より物理的な条件を考えることもできる．

*18 ガンマ関数の展開は $1/\epsilon$ の項に加えて必ず ϵ^0 の定数項も伴うので，これもまとめて引き去る $\overline{\mathrm{MS}}$ scheme もよく用いられる．

であるので，これが0になるように

$$Z^{(1)} = \frac{n-1}{2\pi\epsilon}t, \qquad Z_t^{(1)} = \frac{n-2}{2\pi\epsilon}t \tag{13.36}$$

とする．このとき，頂点関数は

$$\Gamma_2(\boldsymbol{k}, t, h, \mu) = \frac{\mu^\epsilon}{t}\left\{\boldsymbol{k}^2 + h - \frac{t}{4\pi}\left(\boldsymbol{k}^2 + \frac{n-1}{2}h\right)\left[\gamma + \ln\left(\frac{h}{4\pi\mu^2}\right)\right]\right\} \tag{13.37}$$

となる．

くりこみ群方程式

頂点関数についてくりこみ群方程式を考えよう．定義より，くりこまれた頂点関数 Γ_2 は裸の頂点関数 Γ_2^{bare} と次の関係をもっている．

$$\Gamma_2(\boldsymbol{k}, t, h, \mu) = Z\Gamma_2^{\text{bare}}(\boldsymbol{k}, t_0, h_0, \Lambda) \tag{13.38}$$

裸の頂点関数を μ で微分して 0 とおくと，くりこみ群方程式を得る．

$$\begin{gathered}\mu\frac{\mathrm{d}}{\mathrm{d}\mu}\ Z^{-1}\Gamma_2(\boldsymbol{k}, t, h, \mu) = 0 \\ \left(\mu\frac{\partial}{\partial\mu} - \beta\frac{\partial}{\partial t} + \zeta - \rho h\frac{\partial}{\partial h}\right)\Gamma_2(\boldsymbol{k}, t, h, \mu) = 0\end{gathered} \tag{13.39}$$

ここで，

$$\beta = -\mu\frac{\partial}{\partial\mu}t, \qquad \zeta = -\mu\frac{\partial}{\partial\mu}\ln Z, \qquad \rho = -\mu\frac{\partial}{\partial\mu}\ln h \tag{13.40}$$

とした．β は t に関するベータ関数である．これらの関数はくりこみの定義式 (13.11), (13.12)，および (13.36) を用いると計算できる．例えば，ベータ関数は

$$\beta = -\mu\frac{\partial}{\partial\mu}\left[\left(\frac{\mu}{\Lambda}\right)^\epsilon Z_t^{-1}t_0\right] = -\epsilon t - \beta t\frac{\partial}{\partial t}\ln Z_t \sim -\epsilon t - \frac{n-2}{2\pi\epsilon}t\beta \tag{13.41}$$

から計算される．他のものも同様にして，

$$\begin{gathered}\beta = -\epsilon t + \frac{n-2}{2\pi}t^2 + O(t^3), \qquad \zeta = -\frac{n-1}{2\pi}t + O(t^2) \\ \rho = \frac{n-3}{4\pi}t + O(t^2)\end{gathered} \tag{13.42}$$

となる．ベータ関数は式 (12.162)（274 ページ）の結果と一致している．このようにして，前章までとは異なるくりこみの方法を用いて普遍性を特徴づける量を計算することができる．くりこみ群方程式を解くと，Green 関数を用いて表される物理量のスケール依存性を得ることもできる．

13.3　微分方程式の漸近解析

三つめの例は微分方程式の漸近解析である．臨界現象とはまったく関係のない系であるが，くりこみ群の考え方を用いることで近似解を精度よく求められる[*19]．

一般論や系統的な理論を展開することは他に譲り，ここでは次の簡単な微分方程式を扱うことによって手法を概観する．

$$\frac{\mathrm{d}^2 x}{\mathrm{d}t^2} + \epsilon \frac{\mathrm{d}x}{\mathrm{d}t} + x = 0 \tag{13.43}$$

x を t の関数として求める．ϵ はパラメータであり，小さい量であるとする．

ϵ が小さければ解を摂動展開によって求めようとするのは自然な発想である．ところが，得られる解の適用範囲は以下に述べる理由でとても狭い．そこで，**特異摂動**（singular perturbation）とよばれる方法が発展してきた．くりこみ群の方法はそのような特異摂動法の一種である．

13.3.1　摂動計算と永年項

まず，ϵ について摂動展開を行い，解を求める．x を $x = x^{(0)} + x^{(1)} + \cdots$ と展開して各項を順番に求めていく．$x^{(n)}$ は ϵ^n を含む項を表している．ϵ の次数毎に微分方程式を書き下すと，

$$\frac{\mathrm{d}^2 x^{(0)}}{\mathrm{d}t^2} + x^{(0)} = 0 \tag{13.44}$$

$$\frac{\mathrm{d}^2 x^{(n)}}{\mathrm{d}t^2} + x^{(n)} = -\epsilon \frac{\mathrm{d}x^{(n-1)}}{\mathrm{d}t} \tag{13.45}$$

となる．n は任意の自然数を表す．

0 次の方程式は

$$x^{(0)} = A_0 \sin(t + \theta_0) \tag{13.46}$$

と解くことができる．A_0 および θ_0 は定数を表す．その解を用いると，1 次の寄与は線形非斉次微分方程式の解法に従って

$$x^{(1)} = -\frac{\epsilon}{2} A_0 (t - t_0) \sin(t + \theta_0) + \epsilon A_1 \sin(t + \theta_0) \tag{13.47}$$

[*19] L. Y. Chen, N. Goldenfeld, and Y. Oono: Phys. Rev. Lett. **73**, 1311 (1994).

と求められる．最後の A_1 を含む項は $x^{(0)}$ と同じ関数形であるから $x_0^{(0)}$ において $A_0 \to A_0 + \epsilon A_1$ とすることで $x^{(0)}$ に含めることができる．$x^{(2)}$ は $x^{(0)}$ と同じ関数形の項を除いて

$$x^{(2)} = \frac{\epsilon^2}{8} A_0^2 (t - t_0)^2 \sin(t + \theta_0) - \frac{\epsilon^2}{8} A_0 (t - t_0) \cos(t + \theta_0) \tag{13.48}$$

となる．以上より，ϵ^2 の次数までで x は次のようになる．

$$\begin{aligned} x = A_0 &\left[1 - \frac{\epsilon}{2}(t - t_0) + \frac{\epsilon^2}{8}(t - t_0)^2\right] \sin(t + \theta_0) \\ &- \frac{\epsilon^2}{8} A_0 (t - t_0) \cos(t + \theta_0) \end{aligned} \tag{13.49}$$

さて，得られた解について解の様子を考察しよう．ϵ の項は小さくなるべきだが，それらの項は t を含んでおり十分大きい t で小さいはずの項が大きくなってしまう．t が小さいときにのみ摂動計算が信頼できる．したがって，このような系で摂動計算を行っても大域的な解のふるまいを得ることができず，摂動を用いる利点が非常に少ない．$\epsilon(t - t_0)$ のような項は**永年項**（secular term）とよばれる．

以上の解析では摂動計算を行ったが，微分方程式 (13.43) は厳密に解くことができる．$x = \mathrm{e}^{\omega t}$ とおいて得られる ω についての特性方程式

$$\omega^2 + \epsilon\omega + 1 = 0 \tag{13.50}$$

を解くことで，

$$\begin{aligned} x &= C \exp\left(-\frac{\epsilon}{2}t + i\sqrt{1 - \frac{\epsilon^2}{4}}t\right) + C^* \exp\left(-\frac{\epsilon}{2}t - i\sqrt{1 - \frac{\epsilon^2}{4}}t\right) \\ &= A \exp\left(-\frac{\epsilon}{2}t\right) \sin\left(\sqrt{1 - \frac{\epsilon^2}{4}}t + \theta\right) \end{aligned} \tag{13.51}$$

が得られる．C は複素定数，A および θ は実定数を表す．解の様子を図 13.3 に示す．sin 関数に従って振動しながら指数関数的に減衰していく[*20]．

摂動計算を用いると振動するふるまいは得られるが，指数減衰していく大域的な様子を得ることは難しいことがよくわかる．以下ではこの点をくりこみ群の手法を用いて改良する．

[*20] 微分方程式 (13.43) は，ばねにつながれた粒子の古典的な運動を表すと解釈できる．ϵ の項が速さに比例する抵抗力を表す．

13.3.2　くりこみ解析

くりこみ処方

$t-t_0$ がすぐに大きくなってしまうことが摂動解析を行うことを妨げていた．そこで次のようにパラメータ τ を導入する．

$$t-t_0=t-\tau+\tau-t_0 \tag{13.52}$$

τ はくりこみ点の役割を果たす．$\tau-t_0$ の項を定数 A_0 や θ_0 にくりこむことによって，それらの定数は $A(\tau)$, $\theta(\tau)$ のように τ に依存する．τ の調節によって $t-\tau$ を小さくすることが解析のポイントである．摂動解は次のように書きかえられる．

$$x=A(\tau)\left[1-\frac{\epsilon}{2}(t-\tau)+\frac{\epsilon^2}{8}(t-\tau)^2\right]\sin(t+\theta(\tau))$$
$$-\frac{\epsilon^2}{8}A(\tau)(t-\tau)\cos(t+\theta(\tau)) \tag{13.53}$$

$t-t_0$ を $t-\tau$ におきかえ，その代わりに A や θ が τ に依存する．

くりこみ群方程式

得られる解が τ に依存しないという条件

$$\frac{\partial x}{\partial \tau}=0 \tag{13.54}$$

を用いると，非摂動的な解を得ることができる．これがくりこみ群方程式を表している．上で述べたように，τ はくりこみ点を表し，$t-\tau$ が大きくならないように調節するものであった．そこで，くりこみ群方程式が $\tau=t$ で満たされるように A と θ を求めてみよう．式 (13.53) を τ で微分して $\tau=t$ とおくと，

$$\frac{\mathrm{d}A(t)}{\mathrm{d}t}+\frac{\epsilon}{2}A(t)=0 \tag{13.55}$$

$$\frac{\mathrm{d}\theta(t)}{\mathrm{d}t}+\frac{\epsilon^2}{8}=0 \tag{13.56}$$

が得られる．これらの微分方程式は容易に解くことができて

$$A(t)=A_0\exp\left(-\frac{\epsilon}{2}t\right) \tag{13.57}$$

$$\theta(t)=\theta_0-\frac{\epsilon^2}{8}t \tag{13.58}$$

となる．A_0 および θ_0 は定数を表す．近似解は次のようになる．

$$x=A_0\exp\left(-\frac{\epsilon}{2}t\right)\sin\left(t+\theta_0-\frac{\epsilon^2}{8}t\right) \tag{13.59}$$

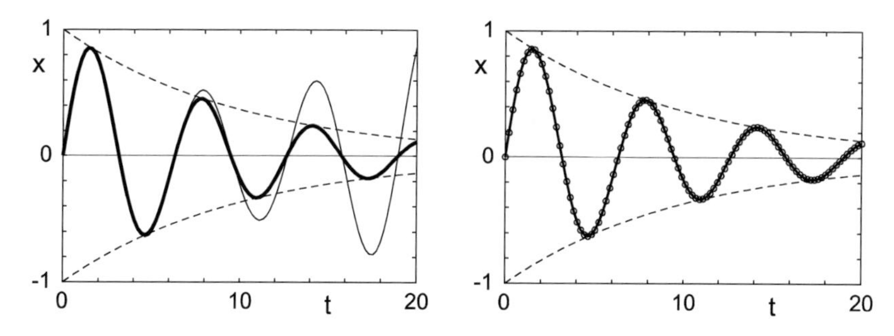

図 13.3 (左): 太い実線が微分方程式 (13.43) の厳密解 (13.51), 破線はその包絡線 $\pm\exp\left(-\frac{\epsilon}{2}t\right)$ を表す. 細い実線が摂動による近似解 (13.49) を表す. (右): 実線が厳密解, ○は近似解 (13.59) を表す. $\epsilon = 0.2$, $A = A_0 = 1$, $\theta = \theta_0 = 0$, $t_0 = 0$ とした.

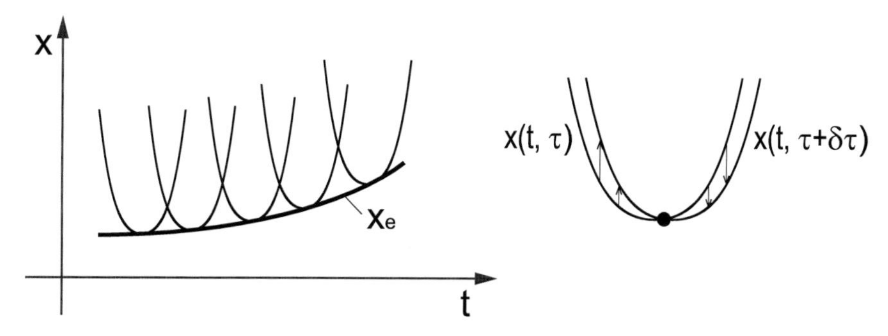

図 13.4 包絡線の概念図. パラメータ τ をもつ t の関数 $x(t,\tau)$ に対して包絡線の方程式は $x_{\mathrm{e}}(t) = x(t,\tau(t))$ で与えられる. $\tau(t)$ は $\partial x/\partial\tau = 0$ から求められる. τ を変化させて動かない点 ● をつなぎ合わせていくと包絡線になる.

摂動解を改良したことで指数関数的に減衰するふるまいが得られる. 振動は多少のずれがあるが, 図 13.3 右において用いたパラメータの値ではほとんど厳密解と一致している.

包絡線方程式

A と θ を既知と考えると, くりこみ群方程式は τ を t の関数として与える. 解を元の式に代入すると,

$$x_{\mathrm{e}}(t) = x(t,\tau(t)) \tag{13.60}$$

という t の関数が得られる．これは元の関数 $x(t,\tau)$ の包絡線を表している[21]．一般に，パラメータ τ を含む t の関数 $x=f(t,\tau)$ において，$\partial f/\partial\tau=0$ の解 $\tau=\tau(t)$ を代入した方程式 $x=f(t,\tau(t))$ は，元の関数の包絡線を表している．包絡線となることは図 13.4 を見るとわかる．

このように見ると，くりこみ群方程式のもつ意味が見えてくる．A や θ は τ に依存するが，それらの関数形を x が $t=\tau$ で包絡線になるように決めるのである．図 13.3 左では $t_0=0$ の近似解をプロットしているが，その解は t が大きくなるとだんだんずれてくる．t_0 を調節して局所的によい解をつなぎ合わせると，同図右のように改良された解を得ることができる．

[21] T. Kunihiro: Prog. Theor. Phys. **94**, 503 (1995).

14 量子系の相転移・臨界現象

本章では**量子力学**（quantum mechanics）に従う多体系を扱う．統計力学において量子系が古典系と異なる点は，状態の数え方が異なることと同種粒子の識別不可能性を考慮する必要があることである．これらの量子効果は低温で顕著になり，古典系にはない現象を見ることができる．量子効果によって引き起こされる相転移は一般に**量子相転移**（quantum phase transition）とよばれている．

本章ではこれまでの章と同様にスピン系を主に扱うが，量子臨界現象はここで議論する以上に豊富な内容をもっている．具体的な物理現象を扱うよりは，どのような問題があるか，どのような枠組で理解できるかといった比較的一般的な内容を議論する．

14.1 量子効果

量子力学において，系のハミルトニアンは演算子を用いて表され，演算子の非可換性が量子効果をもたらす．系のエネルギー準位が離散的になることがあるのは非可換性によるものである．調和振動子の統計力学を思い出すとわかるように，エネルギー準位の離散性は低温で重要となる．低温ではエネルギーの離散性が系の状態に直接反映されるからである．高温では温度ゆらぎによって離散性はかき消されてしまう．よってここで注目すべきは低温領域である．しかしながら，これまでに議論されてきた熱的な相転移は，エネルギーとエントロピーの拮抗によって起こる．低温領域ではエントロピーは大きな役割を果たさず，Peierls の議論を適用することができない．

ここで議論したいものは，演算子の非可換性を制御するパラメータの変化によって起きる量子相転移の現象である．そのような系で，どのように特異性が生じるか，熱的な相転移との違いは何かを理解することが本章の目的である．

14.1.1　量子スピン系

これまで主な議論の対象としてきたスピン系では，系の構成要素であるスピンは空間の座標点に固定されている．このような系では同種粒子の識別問題は生じない．具体的な量子スピンの系を用いて，演算子の非可換性によって引き起こされる量子効果について考察する．

Heisenberg 模型

量子系が古典系と異なることを示す代表的な例が Heisenberg 模型である．

$$\hat{H} = -J\sum_{\langle ij\rangle}\hat{\boldsymbol{S}}_i\cdot\hat{\boldsymbol{S}}_j = -J\sum_{\langle ij\rangle}\left[\hat{S}_i^z\hat{S}_j^z + \frac{1}{2}\left(\hat{S}_i^+\hat{S}_j^- + \hat{S}_i^-\hat{S}_j^+\right)\right] \tag{14.1}$$

$\hat{\boldsymbol{S}}_i = (\hat{S}_i^x, \hat{S}_i^y, \hat{S}_i^z)$ は格子点 i のスピン演算子であり，次の交換関係を満たす．

$$[\hat{S}_i^\mu, \hat{S}_j^\nu] = i\delta_{ij}\sum_\lambda \epsilon_{\mu\nu\lambda}\hat{S}_i^\lambda \tag{14.2}$$

μ，ν，λ の添字は x，y，z のいずれかを表し，$\epsilon_{\mu\nu\lambda}$ は Levi-Civita 記号を表す．また，$\hat{S}_i^\pm = \hat{S}_i^x \pm i\hat{S}_i^y$ は**昇降演算子**（raising/lowering operator）である．各スピンの固有状態 $|S, M\rangle_i$ は

$$\hat{\boldsymbol{S}}_i^2|S, M\rangle_i = S(S+1)|S, M\rangle_i \tag{14.3}$$

$$\hat{S}_i^z|S, M\rangle_i = M|S, M\rangle_i \tag{14.4}$$

のように定義される．スピンは半整数の値 S によって特徴づけられ，M は $-S, -(S-1), \cdots, S-1, S$ の $2S+1$ 通りの値をとる．スピン演算子の詳しい性質は付録 B にまとめてある．

ここでは最近接のスピン間に相互作用が働き，その強さが一定値 J をとる場合を考えている．基底状態がどのようなものになるかは J の符号に依存する．$J > 0$ のとき，スピンが同じ向きにそろった方がエネルギーが低い強磁性状態が得られる．量子系の基底状態は適当な方向，例えば z 方向にスピンがそろった状態

$$|\mathrm{GS}\rangle = \prod_i |S, S\rangle_i \tag{14.5}$$

が基底状態となる．量子化軸の向きは任意であるから実際には基底状態は連続無限に縮退しており，対称性の自発的に破れた状態では南部–Goldstone モードが生じる．この状態は古典系の場合，つまり $\boldsymbol{S}_i$ が大きさ一定のベクトルの場合にも正し

い．したがってこのときの基底状態について古典・量子系の間に大きな違いはない．両者の違いは励起状態の性質に現れ，それは低温での比熱などのふるまいを通して見ることができる．次節でその計算を行う．

問題は $J<0$ の反強磁性の場合である．古典系の場合，超立方格子のような系では第 2 章で議論した副格子対称性により，強磁性と反強磁性の系は本質的に同じものとなる．古典反強磁性の場合，となり合ったスピンが逆方向を向いている方がエネルギーを得し，互い違いにスピンがそろった **Néel 状態**（Néel state）が系の基底状態となる．量子系の場合，副格子対称性は存在しない．この対称性はスピン反転操作によって得られるものであるが，その操作 $\boldsymbol{S} \to -\boldsymbol{S}$ を行うことはできない．なぜなら，スピン演算子の満たすべき交換関係 (14.2) が成り立たなくなってしまうからである．その代わり，$(\hat{S}^x, \hat{S}^y, \hat{S}^z) \to (\hat{S}^x, -\hat{S}^y, -\hat{S}^z)$ のように，2 成分の符号を変える変換操作を行うことは可能である．Heisenberg 模型のハミルトニアンは，すべてのスピンについてのこの変換に対して不変である．しかしながら，式 (2.33)（23 ページ）のような片方の副格子についての変換に対してハミルトニアンは不変ではない．

$$\hat{H} = -J\sum_{\langle ij\rangle}\left(\hat{S}_i^x\hat{S}_j^x + \hat{S}_i^y\hat{S}_j^y + \hat{S}_i^z\hat{S}_j^z\right) \to -J\sum_{\langle ij\rangle}\left(\hat{S}_i^x\hat{S}_j^x - \hat{S}_i^y\hat{S}_j^y - \hat{S}_i^z\hat{S}_j^z\right) \tag{14.6}$$

このことを反映して，Néel 状態はハミルトニアンの固有状態にはならない．ハミルトニアンに含まれる昇降演算子 $\hat{S}_i^\pm$ を Néel 状態に作用させると異なる状態になってしまう．基底状態が古典的な扱いでは理解できない例である[*1]．反強磁性体の基底状態については低次元磁性体の分野において重要なテーマの一つとなっている．詳しくは，付録 H.1 節の文献 [17]（372 ページ）等を参照されたい．

強磁性と反強磁性の違いはハミルトニアンと秩序変数の交換関係を見ることでもわかる．強磁性の場合には磁化が秩序変数となるが，これはハミルトニアンと交換する．

$$[\hat{H}, \sum_i \hat{S}_i^z] = 0 \tag{14.7}$$

[*1] このことは $S = 1/2$, $N = 2$ の系で容易に見ることができる．$J>0$ のとき，基底状態は $\left|\frac{1}{2},\frac{1}{2}\right\rangle_1\left|\frac{1}{2},\frac{1}{2}\right\rangle_2$（あるいはそのスピン反転状態）であるが，$J<0$ のときは重ね合わせの状態 $\frac{1}{\sqrt{2}}\left(\left|\frac{1}{2},\frac{1}{2}\right\rangle_1\left|\frac{1}{2},-\frac{1}{2}\right\rangle_2 - \left|\frac{1}{2},-\frac{1}{2}\right\rangle_1\left|\frac{1}{2},\frac{1}{2}\right\rangle_2\right)$ となる．後者は対応する古典的状態が存在しない．

一方，反強磁性の秩序変数となる交替磁化はハミルトニアンと交換しない．

$$[\hat{H}, \sum_i (-1)^i \hat{S}_i^z] \neq 0 \tag{14.8}$$

ここで $(-1)^i$ は一方の副格子では $+1$，もう一方では -1 の値をとるとする．演算子が交換しないということは，秩序変数演算子の固有状態である Néel 状態はハミルトニアンの固有状態ではないことを意味する．

横磁場 Ising 模型

そもそもスピンとは量子力学的な概念であるから，量子スピンという言い方は奇妙に聞こえるかもしれない．Ising 模型は「古典」スピン系の代表的な模型として扱われてきたが，スピンの値が離散的なものになる．これは角運動量を量子力学的に扱うことによって得られるので，Ising 模型は量子力学に基づくものである．しかしながら，ハミルトニアンはスピン演算子の 1 成分のみを用いて書かれており，分配関数の計算を行うときに演算子の非可換性は問題とならない．つまり，ここで議論したい量子効果とはエネルギー準位の離散性ではなく非可換性によるものである．もちろん前者は後者によるものであるが，より直接的に非可換性が問題となる状況を考える必要がある．

Ising 模型に量子効果をとり入れるには，スピン演算子の z 成分と非可換な演算子をハミルトニアンに付加すればよい．例えば x 方向に磁場 Γ をかけるとハミルトニアンは

$$\hat{H} = -\sum_{\langle ij \rangle} J_{ij} \hat{\sigma}_i^z \hat{\sigma}_j^z - \Gamma \sum_i \hat{\sigma}_i^x \tag{14.9}$$

と書ける．$\hat{\sigma}_i^z$，$\hat{\sigma}_i^x$ は格子点 i のスピンを表す Pauli 演算子（行列）である．この模型は**横磁場 Ising 模型**（transverse-field Ising model）とよばれている．

横磁場が小さい領域では通常の Ising 模型と性質は変わらないと考えられるから，低温で系は強磁性相となり，ほとんどすべてのスピンは正または負の z 方向にそろう．横磁場を大きくしていくと，スピンは磁場方向を向くようになる．このときもスピンはそろっているが，x 方向の対称性は陽に破れているので対称性の自発的な破れではない．x 方向にスピンが向いた状態では z 方向の対称性は破れていない．よって絶対零度でも横磁場を大きくしていくと z 方向の対称性が回復する相転移が生じると考えられる．横磁場が十分小さい場合も大きい場合も一方の項を無視できるので，量子性は小さい．つまり，二つの項が同程度の寄与をする中間領域で量子

性が大きくなる．それら二つの演算子を同時対角化することはできず，基底状態が両立しないため，拮抗が生じる．これが熱的相転移におけるエネルギーとエントロピーの拮抗に代わる相転移の原動力となるものである．これまで考えてきた熱ゆらぎに対比して**量子ゆらぎ**（quantum fluctuation）とよばれる．量子ゆらぎによって支配される相転移が量子相転移というわけである．量子ゆらぎをどのように定量化するかが問題となるが，それは以下の節で議論する[*2]．

14.1.2 量子統計

多体系における量子効果の顕著な例が粒子の識別不可能性である．同種粒子は原理的に区別できないという要請によって，粒子は Bose 粒子と Fermi 粒子の 2 通りに分類される．

識別不可能性がもたらす量子効果とはどのようなものか考察する．簡単のため 2 粒子の系を考えると，系の波動関数 $\Psi(\boldsymbol{r}_1, \boldsymbol{r}_2)$ は次のように書ける．

$$\Psi(\boldsymbol{r}_1, \boldsymbol{r}_2) = \frac{1}{\sqrt{2}}\left(\psi(\boldsymbol{r}_1, \boldsymbol{r}_2) \pm \psi(\boldsymbol{r}_2, \boldsymbol{r}_1)\right) \tag{14.10}$$

量子統計を考慮しなかったときの波動関数 $\psi(\boldsymbol{r}_1, \boldsymbol{r}_2)$ の座標を入れかえたものを対称/反対称化することによって量子統計に従う波動関数が得られる[*3]．重要な点は，状態が和で表されることである．粒子の識別不可能性が，量子力学の最大の特徴である**重ね合わせの原理**（superposition principle）をもたらしている．

状態が重ね合わせで表されることによって，波動関数の絶対値の 2 乗で与えられる確率分布は大きく変化する．

$$\begin{aligned}|\Psi(\boldsymbol{r}_1, \boldsymbol{r}_2)|^2 = \frac{1}{2}\Big(&|\psi(\boldsymbol{r}_1, \boldsymbol{r}_2)|^2 + |\psi(\boldsymbol{r}_2, \boldsymbol{r}_1)|^2 \pm \psi^*(\boldsymbol{r}_1, \boldsymbol{r}_2)\psi(\boldsymbol{r}_2, \boldsymbol{r}_1) \\ &\pm\psi(\boldsymbol{r}_1, \boldsymbol{r}_2)\psi^*(\boldsymbol{r}_2, \boldsymbol{r}_1)\Big)\end{aligned} \tag{14.11}$$

第 3，4 項が干渉によって生じる寄与を表す．多体系ではきわめて多数の波動関数の重ね合わせによって状態が表されるので，干渉効果の及ぼす影響は計り知れない

[*2] 以下での扱い方とは別に，量子もつれを表す**エンタングルメントエントロピー**（entanglement entropy）を，量子性の指標として用いるという考え方が近年議論されている．1 次元横磁場 Ising 模型では，エンタングルメントエントロピーは量子相転移点で発散することが知られている．ただし，エンタングルメントエントロピーは観測可能な物理量ではないのでこれを用いることにどれだけの意味があるのかは明らかではない．解析的な扱いが難しく具体的な計算は限られた系の場合にとどまっているが，系のトポロジー的な情報を含んでいるという議論もあり，さかんに研究されている．

[*3] 元の波動関数 $\psi(\boldsymbol{r}_1, \boldsymbol{r}_2)$ が対称化/反対称化されていないとしている．

ものとなる．N 粒子系の場合，1 粒子状態の縮退を考慮しないと波動関数の項数は $N!$，2 乗すると $(N!)^2$ となる．

Bose 粒子系における代表的な量子相転移の例が，**Bose–Einstein 凝縮**（Bose–Einstein condensation）である．特筆すべき点は，この相転移が粒子間の相互作用がない自由粒子の系においても起こることである．低温で粒子がエネルギーの低い状態を巨視的な数占有することで実現される．量子統計による多体相関効果が系の変化に特異性をもたらす．この場合の相転移は温度を変えることによって引き起こされる．

Fermi 粒子の系においては各粒子は同一の微視的準位を占有することができない．つまり，**Pauli の排他律**（Pauli exclusion principle）が働く．結果として絶対零度の自由 Fermi 粒子は準位を小さい順に占めることになり，どこまで粒子が占有されているかという **Fermi エネルギー**（Fermi energy）の概念が生じる．自由 Fermi 粒子の場合，自由 Bose 粒子とは違って相転移は生じない．

Bose，Fermi いずれの系も相互作用のある系ではさまざまな相転移が起こることが知られている．**超伝導**（superconductivity）・**超流動**（superfluidity）はその代表的な例である．量子多体系の問題は非常に多くの非自明な現象を生み出す．それぞれの現象を記述するだけでも 1 冊の教科書が書けるくらいであるので，詳しくは他書に譲る．

14.2　スピン波の量子化

量子効果は低温で顕著となる．Heisenberg 模型において秩序が生じているときに，スピン波近似を用いて系の低励起モードを調べよう．スピン波を古典的に扱ったのが 12.5 節（248 ページ）での解析であるが，ここではそのようなモードを量子力学的に扱う．

結晶の格子振動を量子化すると，**フォノン**（phonon）とよばれる**準粒子**（quasi-particle）のモードが生じることが知られている．それによって結晶の低温での比熱のふるまい（T^3 に比例すること）を説明できる．同様に考えると，スピン波のモードを量子化することによって**マグノン**（magnon）の準粒子励起が生じる．ここではそのマグノンの性質を詳しく調べる[*4]．この解析によって南部–Goldstone モードの

[*4] F. Bloch: Z. Physik **61**, 206 (1930); G. Heller and H. A. Kramers: Proc. Roy. Acad. Sci. Amsterdam **37**, 378 (1934); P. W. Anderson: Phys. Rev. **86**, 694 (1952); R. Kubo: Phys. Rev. **87**, 568 (1952). Bloch による強磁性体のスピン波の理論は，Heller–Kramers によって半古典的な手法で解析された．反強磁性体への応用は Anderson，Kubo による．

非自明な性質も得られる．

14.2.1 Holstein–Primakoff 変換

スピン波を系統的に導出する方法として，**Holstein–Primakoff 変換**（Holstein–Primakoff transformation）が知られている[*5]．スピンの演算子を Bose 統計に従う演算子を用いて表す巧妙な方法である．フォノンの例でわかるように，励起を表す準粒子は Bose 統計に従う．変換は準粒子を導入する自然な方法となっている．

Holstein–Primakoff 変換ではスピン S のスピン演算子を次のように表現する．

$$\hat{S}^{+} = \sqrt{2S - \hat{n}}\,\hat{b} \tag{14.12}$$

$$\hat{S}^{-} = \hat{b}^{\dagger}\sqrt{2S - \hat{n}} \tag{14.13}$$

$$\hat{S}^{z} = S - \hat{n} \tag{14.14}$$

$\hat{n} = \hat{b}^{\dagger}\hat{b}$ である．スピン演算子が式 (14.2) の交換関係を満たすとすると，演算子 $\hat{b}^{\dagger}$, $\hat{b}$ について次の交換関係が導かれる．

$$[\hat{b}, \hat{b}^{\dagger}] = 1 \tag{14.15}$$

これは Bose 粒子の満たす交換関係であり，$\hat{b}^{\dagger}$, $\hat{b}$ は**生成消滅演算子**（creation/annihilation operators）を表している．$\hat{b}^{\dagger}$（$\hat{b}$）が Bose 粒子をつくる（消す）演算子である．

スピン演算子を Bose 統計に従う演算子を用いて表す方法は Holstein–Primakoff 変換に限らない．他には付録 B.3 節（332 ページ）で述べる Schwinger ボソンを用いた方法もある．どちらが適しているかはどのような状態を記述するかに依存する．本節での目的は秩序状態からの低励起状態を調べることである．このとき，Holstein–Primakoff 変換の方が便利となる．式 (14.14) より，$\hat{S}^{z}$ の固有状態は Bose 粒子の個数演算子 $\hat{n}$ の固有状態と 1 対 1 に対応している．強磁性の秩序状態ではスピンは z 方向にそろっている．つまり，$\hat{S}^{z}$ の固有値は S に等しく，$\hat{n}$ の固有値は 0 となる．つまり，Bose 粒子が一つも存在しない状態である．そのような基底状態からの励起は，Bose 粒子が何個励起したかで表現することができる．このため，秩序状態からの励起を記述するときには，Holstein–Primakoff 変換が適切な方法となる．$\hat{n}$ の固有値が小さい値をとるとすれば，$\hat{S}^{\pm}$ の表現にある $\sqrt{2S - \hat{n}}$ を $\frac{\hat{n}}{2S}$ で

[*5] T. Holstein and H. Primakoff: Phys. Rev. **58**, 1098 (1940).

展開することができる．S が大きいほどこの近似はよくなることが期待される．S が大きいとき，スピンの離散性は重要でなくなり，古典的なふるまいに近づいていく[*6]．よって，この方法は半古典近似に対応していると解釈できる．

Bose 粒子系の状態は，Bose 粒子の数演算子 $\hat{n}$ の固有状態

$$|n\rangle = \frac{1}{\sqrt{n!}}(\hat{b}^\dagger)^n|0\rangle \tag{14.16}$$

を用いて表現することができる．$\hat{n}|n\rangle = n|n\rangle$ である．n は非負の整数であり，各状態は

$$\hat{b}^\dagger|n\rangle = \sqrt{n+1}|n+1\rangle \tag{14.17}$$

$$\hat{b}|n\rangle = \sqrt{n}|n-1\rangle \tag{14.18}$$

によって互いに移り変わる．$n=0$ の状態は Bose 粒子が存在しない真空状態を表し，$\hat{b}|0\rangle = 0$ を満たす．これらの状態を用いてスピン演算子の固有状態を表すことができる．$\hat{S}^z$ は $\hat{n}$ を用いて表されているから，$|n\rangle$ は $\hat{S}^z$ の固有状態である．固有値は $S-n$ となる．つまり，$\hat{S}^2|S,M\rangle = S(S+1)|S,M\rangle$，$\hat{S}_z|S,M\rangle = M|S,M\rangle$ を満たすスピンの固有状態 $|S,M\rangle$ は，Bose 粒子の固有状態

$$|S-M\rangle = \frac{1}{\sqrt{(S-M)!}}(\hat{b}^\dagger)^{S-M}|0\rangle \tag{14.19}$$

に等しい．

なお，スピン演算子の固有状態は全部で $2S+1$ 個しかないが，Bose 粒子の状態は非負の整数 n で指定されるように無限個ある．状態 $|2S\rangle$ は $\hat{S}^z$ の固有値 $-S$ をもつが，これに $\hat{S}^-$ を作用させると，n の値が一つ上がり，状態 $|2S+1\rangle$ になると考えられる．この状態は $\hat{S}^z$ の固有値 $-S-1$ をもち，非物理的な状態である．しかしながら，$\hat{S}^-$ の定義には $\sqrt{2S-\hat{n}}$ が含まれている．$n=2S$ ではこの演算子が固有値 0 を与えるので，非物理的状態への遷移は実現されない．同様にして，非物理的な状態 $|2S+1\rangle$ に $\hat{S}^+$ を作用させて物理的な状態を得ることはできない．Holstein–Primakoff ボソンの状態の一部が物理的なスピン状態を表し，他の状態は完全に分離されている．ただし，$\sqrt{2S-\hat{n}}$ を展開する近似を用いると状態の混じり合いが生じてしまうので，注意する必要がある．

[*6] スピン演算子の交換関係 (14.2) において，左辺の量は S^2，右辺は S に比例しているから，S が大きいと非可換性の効果は小さいと見なせる．

14.2.2 スピン波の分散関係

強磁性

$J>0$ の強磁性 Heisenberg 模型 (14.1) において Holstein–Primakoff 変換を行うと，ハミルトニアンは Bose 粒子の系として表される．展開を行うと

$$
\begin{aligned}
\hat{H} &= -J\sum_{\langle ij\rangle}\left[(2S-\hat{n}_i)(2S-\hat{n}_j)+\frac{1}{2}\sqrt{2S-\hat{n}_i}\,\hat{b}_i\hat{b}_j^\dagger\sqrt{2S-\hat{n}_j}\right.\\
&\qquad\left.+\frac{1}{2}\hat{b}_i^\dagger\sqrt{2S-\hat{n}_i}\sqrt{2S-\hat{n}_j}\,\hat{b}_j\right]\\
&\sim -J\sum_{\langle ij\rangle}\left[S^2-S\left(\hat{n}_i+\hat{n}_j\right)+S\left(\hat{b}_i\hat{b}_j^\dagger+\hat{b}_i^\dagger\hat{b}_j\right)\right]\\
&= -N_{\mathrm{B}}JS^2+2JS\sum_{\langle ij\rangle}\left(\hat{b}_i^\dagger\hat{b}_i-\hat{b}_i^\dagger\hat{b}_j\right)
\end{aligned}
\tag{14.20}
$$

と計算される．$1/S$ の展開を行い，S^2 と S に比例する項のみを残した．$\hat{b}_i^\dagger$, $\hat{b}_i$ は各サイトの Bose 演算子である．第 1 項は強磁性の基底状態のエネルギーであり，第 2 項がマグノンの励起エネルギーを表す．この近似ではマグノンには相互作用が働かない．$\hat{b}$ の 4 次以上の高次項が相互作用を表すが，ここではそれらの寄与は小さいとして無視する．

励起エネルギーを求めるために，式 (14.20) 最後の行の第 2 項の対角化を行う．そのためには Fourier 変換を用いればよい．

$$
\hat{b}_i = \frac{1}{\sqrt{N}}\sum_{\boldsymbol{k}}\hat{\tilde{b}}_{\boldsymbol{k}}\mathrm{e}^{i\boldsymbol{k}\cdot\boldsymbol{r}_i} \tag{14.21}
$$

$$
\hat{\tilde{b}}_{\boldsymbol{k}} = \frac{1}{\sqrt{N}}\sum_{i}\hat{b}_i\mathrm{e}^{-i\boldsymbol{k}\cdot\boldsymbol{r}_i} \tag{14.22}
$$

このとき，新たに定義される演算子 $\hat{\tilde{b}}_{\boldsymbol{k}}$ は交換関係

$$
[\hat{\tilde{b}}_{\boldsymbol{k}},\hat{\tilde{b}}_{\boldsymbol{k}'}^\dagger] = \delta_{\boldsymbol{k}\boldsymbol{k}'} \tag{14.23}
$$

を満たし，これもまた Bose 粒子の演算子となる．この演算子を用いるとハミルトニアンは

$$
\hat{H} = -\frac{NJz}{2}S^2+\sum_{\boldsymbol{k}}\omega_{\boldsymbol{k}}\hat{\tilde{b}}_{\boldsymbol{k}}^\dagger\hat{\tilde{b}}_{\boldsymbol{k}} \tag{14.24}
$$

と書ける．1 粒子の励起エネルギー $\omega_{\boldsymbol{k}}$ は

$$\omega_{\boldsymbol{k}} = JzS(1-\gamma_{\boldsymbol{k}}), \qquad \gamma_{\boldsymbol{k}} = \frac{1}{z}\sum_{\boldsymbol{e}} \mathrm{e}^{i\boldsymbol{k}\cdot\boldsymbol{e}} \tag{14.25}$$

と書ける．$\boldsymbol{e}$ は最近接対 $\langle ij\rangle$ のなすベクトルであり，配位数 z 通りの方向がある．

超立方格子の場合，$z=2d$ であり $\gamma_{\boldsymbol{k}}$ は

$$\gamma_{\boldsymbol{k}} = \frac{1}{d}\sum_{\mu=1}^{d}\cos k_\mu \tag{14.26}$$

と書ける．この式を式 (14.25) に用いると $\boldsymbol{k}\to\boldsymbol{0}$ で $\omega_{\boldsymbol{k}}\to 0$ であることがわかるから，低励起状態は $\boldsymbol{k}$ が小さいモードで表される．$\boldsymbol{k}$ について展開を行うと，マグノンの低励起エネルギーは

$$\omega_{\boldsymbol{k}} \sim JS\boldsymbol{k}^2 \tag{14.27}$$

と表される．波数と周波数（エネルギー）の関係を**分散関係**（dispersion relation）という．周波数が波数の 2 乗に比例しているという結果が重要である．以下で見るように，このことが低温でのふるまいに決定的な役割を果たす．

反強磁性

反強磁性は強磁性の場合よりも複雑である．スピン波理論では基底状態からの展開を行うが，反強磁性体の場合，そもそも基底状態がわかっていない．そこで，半古典近似に基づいて Néel 状態からの展開を行ってみよう．ハミルトニアンは

$$\hat{H} = J\sum_{\substack{\langle ij\rangle \\ (i\in\mathrm{A},j\in\mathrm{B})}}\left[\hat{S}_i^z\hat{S}_j^z + \frac{1}{2}\left(\hat{S}_i^+\hat{S}_j^- + \hat{S}_i^-\hat{S}_j^+\right)\right] \tag{14.28}$$

である．$J>0$ が反強磁性であることを表す．二つの副格子 A，B があるとして，サイト i は副格子 A，サイト j は副格子 B に属するものとしている．

スピンが A でほぼ上向き，B で下向きにそろっていることを想定して Holstein–Primakoff 変換を行う．副格子 A では強磁性の場合と同様にして

$$\hat{S}_i^+ = \sqrt{2S-\hat{a}_i^\dagger\hat{a}_i}\,\hat{a}_i \tag{14.29}$$

$$\hat{S}_i^- = \hat{a}_i^\dagger\sqrt{2S-\hat{a}_i^\dagger\hat{a}_i} \tag{14.30}$$

$$\hat{S}_i^z = S-\hat{a}_i^\dagger\hat{a}_i \tag{14.31}$$

とする．一方，B では

$$\hat{S}_j^+ = \hat{b}_j^\dagger \sqrt{2S - \hat{b}_j^\dagger \hat{b}_j} \tag{14.32}$$

$$\hat{S}_j^- = \sqrt{2S - \hat{b}_j^\dagger \hat{b}_j}\, \hat{b}_j \tag{14.33}$$

$$\hat{S}_j^z = \hat{b}_j^\dagger \hat{b}_j - S \tag{14.34}$$

とする．A と B を比較すると，$\hat{S}^y$ と $\hat{S}^z$ の符号が反転していることに注意されたい．

強磁性の場合と同じ近似を用いると，ハミルトニアンは

$$\begin{aligned}\hat{H} \sim -N_{\mathrm{B}} J S^2 + JzS \sum_{i\in\mathrm{A}} \hat{a}_i^\dagger \hat{a}_i + JzS \sum_{j\in\mathrm{B}} \hat{b}_j^\dagger \hat{b}_j \\ +JS \sum_{\substack{\langle ij\rangle \\ (i\in\mathrm{A},j\in\mathrm{B})}} \left(\hat{a}_i \hat{b}_j + \hat{a}_i^\dagger \hat{b}_j^\dagger\right)\end{aligned} \tag{14.35}$$

となる．Fourier 変換は次のように行う．副格子 A で定義されている Bose 統計の演算子 $\hat{a}$ について，

$$\hat{a}_i = \sqrt{\frac{2}{N}} \sum_{\boldsymbol{k}} \hat{\tilde{a}}_{\boldsymbol{k}} \mathrm{e}^{i\boldsymbol{k}\cdot\boldsymbol{r}_i} \tag{14.36}$$

$$\hat{\tilde{a}}_{\boldsymbol{k}} = \sqrt{\frac{2}{N}} \sum_{i} \hat{a}_i \mathrm{e}^{-i\boldsymbol{k}\cdot\boldsymbol{r}_i} \tag{14.37}$$

B の演算子 $\hat{b}$ について，

$$\hat{b}_i = \sqrt{\frac{2}{N}} \sum_{\boldsymbol{k}} \hat{\tilde{b}}_{\boldsymbol{k}} \mathrm{e}^{-i\boldsymbol{k}\cdot\boldsymbol{r}_i} \tag{14.38}$$

$$\hat{\tilde{b}}_{\boldsymbol{k}} = \sqrt{\frac{2}{N}} \sum_{i} \hat{b}_i \mathrm{e}^{i\boldsymbol{k}\cdot\boldsymbol{r}_i} \tag{14.39}$$

とする．格子点の数がそれぞれの副格子で $N/2$ であることを反映して，通常の定義と係数が異なっている．また，$\boldsymbol{k}$ のとりうる値の数も通常の半分である．さらに，計算の都合のため，$\hat{\tilde{b}}_{\boldsymbol{k}}$ の $\boldsymbol{k}$ の符号を逆にして定義している．このとき，ハミルトニアンは

$$\hat{H} = -\frac{NJz}{2} S^2 + JzS \sum_{\boldsymbol{k}} \left[\hat{\tilde{a}}_{\boldsymbol{k}}^\dagger \hat{\tilde{a}}_{\boldsymbol{k}} + \hat{\tilde{b}}_{\boldsymbol{k}}^\dagger \hat{\tilde{b}}_{\boldsymbol{k}} + \gamma_{\boldsymbol{k}} \left(\hat{\tilde{a}}_{\boldsymbol{k}} \hat{\tilde{b}}_{\boldsymbol{k}} + \hat{\tilde{a}}_{\boldsymbol{k}}^\dagger \hat{\tilde{b}}_{\boldsymbol{k}}^\dagger\right)\right] \tag{14.40}$$

と書ける．やはり $\hat{a}$，$\hat{b}$ に関して 2 次形式が得られるが，$\hat{a}^\dagger\hat{a}$ や $\hat{b}^\dagger\hat{b}$ のみではなく $\hat{a}\hat{b}$ のような項も含んでいるために，この式からただちに励起エネルギーを読みとるこ

とができない．これは，強磁性の場合 Holstein–Primakoff 変換によって導入された Bose 統計の演算子がマグノンの生成消滅演算子を表していたが，反強磁性の場合はそうでないことを意味している．

準粒子を表す演算子を決めるために，**Bogoliubov 変換**（Bogoliubov transformation）を行う．

$$\hat{a}_{\boldsymbol{k}} = \hat{\alpha}_{\boldsymbol{k}} \cosh\theta_{\boldsymbol{k}} + \hat{\beta}^{\dagger}_{\boldsymbol{k}} \sinh\theta_{\boldsymbol{k}} \tag{14.41}$$

$$\hat{a}^{\dagger}_{\boldsymbol{k}} = \hat{\alpha}^{\dagger}_{\boldsymbol{k}} \cosh\theta_{\boldsymbol{k}} + \hat{\beta}_{\boldsymbol{k}} \sinh\theta_{\boldsymbol{k}} \tag{14.42}$$

$$\hat{b}_{\boldsymbol{k}} = \hat{\beta}_{\boldsymbol{k}} \cosh\theta_{\boldsymbol{k}} + \hat{\alpha}^{\dagger}_{\boldsymbol{k}} \sinh\theta_{\boldsymbol{k}} \tag{14.43}$$

$$\hat{b}^{\dagger}_{\boldsymbol{k}} = \hat{\beta}^{\dagger}_{\boldsymbol{k}} \cosh\theta_{\boldsymbol{k}} + \hat{\alpha}_{\boldsymbol{k}} \sinh\theta_{\boldsymbol{k}} \tag{14.44}$$

ここで $\theta_{\boldsymbol{k}}$ は適当な定数であり，以下で決められる．新しく導入された演算子 $\hat{\alpha}$，$\hat{\beta}$ は，任意の $\theta_{\boldsymbol{k}}$ に対して Bose 統計の交換関係を満たす．

$$[\hat{\alpha}_{\boldsymbol{k}}, \hat{\alpha}^{\dagger}_{\boldsymbol{k}'}] = \delta_{\boldsymbol{k}\boldsymbol{k}'}, \qquad [\hat{\beta}_{\boldsymbol{k}}, \hat{\beta}^{\dagger}_{\boldsymbol{k}'}] = \delta_{\boldsymbol{k}\boldsymbol{k}'} \tag{14.45}$$

演算子 $\hat{a}$，$\hat{b}$ から新しい演算子 $\hat{\alpha}$，$\hat{\beta}$ を定義するこの変換は，超伝導の理論において用いられているものと同じである．その場合の粒子は Fermi 統計に従うが，ここでは Bose 統計に従う．そのことを反映して粒子–反粒子空間における「回転」が，sin，cos ではなく sinh，cosh を用いて表されている．θ を決める原理は，ハミルトニアンが $\hat{\alpha}\hat{\beta}$ や $\hat{\alpha}^{\dagger}\hat{\beta}^{\dagger}$ の項を含まないことである．次の式で表される．

$$\tanh 2\theta_{\boldsymbol{k}} = -\gamma_{\boldsymbol{k}} \tag{14.46}$$

このとき，ハミルトニアンは

$$\hat{H} = -\frac{NJz}{2}S^2 - JzS\sum_{\boldsymbol{k}}\left(1 - \sqrt{1-\gamma_{\boldsymbol{k}}^2}\right) + \sum_{\boldsymbol{k}} \omega_{\boldsymbol{k}} \left(\hat{\alpha}^{\dagger}_{\boldsymbol{k}}\hat{\alpha}_{\boldsymbol{k}} + \hat{\beta}^{\dagger}_{\boldsymbol{k}}\hat{\beta}_{\boldsymbol{k}}\right) \tag{14.47}$$

と書けて，1 粒子の励起エネルギーは次のようになる．

$$\omega_{\boldsymbol{k}} = JzS\sqrt{1-\gamma_{\boldsymbol{k}}^2} \tag{14.48}$$

強磁性と異なる点は三つある．まず，低励起状態において，分散関係は線形となる．式 (14.48) が 0 となるのは $\gamma_{\boldsymbol{k}}^2 = 1$，つまり，$\boldsymbol{k} = \boldsymbol{0}$ となるときである[*7]．この

[*7] $\boldsymbol{k} = (\pi, \pi, \cdots)$ は考える必要がない．いまの場合，波数のとりうる領域は第一 Brillouin ゾーンの半分になっているからである．

とき，その点のまわりで

$$\omega_{\boldsymbol{k}} \sim 2\sqrt{d}JS|\boldsymbol{k}| \tag{14.49}$$

と展開される．そして，この励起エネルギーによって記述されるモードは α と β の 2 種類ある．これが二つめの違いである．

三つめの違いは式 (14.47) 右辺第 2 項の存在である．この項は基底状態のエネルギーに寄与する．第 1 項が Néel 状態のエネルギーであるので，第 2 項はその値への量子効果による補正を表す．第 2 項は負の量であるから，基底状態のエネルギーは Néel 状態のものよりも小さな値をとる．古典的にはスピンが（互い違いに）そろいきっているものより低いエネルギーを実現させることは考えられず，量子効果がいかに非自明であるかを示しているといえる．

14.2.3 比熱のふるまい

前節で得た強磁性と反強磁性の分散関係の違いは，熱力学的な量にも影響を及ぼす．ハミルトニアンは高次項を無視する近似において自由 Bose 粒子の系を表しているから，励起状態は Bose 分布

$$n(\omega_{\boldsymbol{k}}) = \frac{1}{e^{\beta\omega_{\boldsymbol{k}}} - 1} \tag{14.50}$$

に従う[*8]．よって，系のエネルギーは

$$E = E_0 + \sum_{\boldsymbol{k}} n(\omega_{\boldsymbol{k}})\omega_{\boldsymbol{k}} \tag{14.51}$$

と書ける．E_0 は基底状態のエネルギーである．

第 2 項の温度依存性を調べる．和を積分におきかえ，c を定数として $\omega_{\boldsymbol{k}} \sim c|\boldsymbol{k}|^p$ であるとすると

$$\sum_{\boldsymbol{k}} \frac{\omega_{\boldsymbol{k}}}{e^{\beta\omega_{\boldsymbol{k}}} - 1} \sim \int k^{d-1}\mathrm{d}k \, \frac{ck^p}{e^{\beta ck^p} - 1} \tag{14.52}$$

と書ける．無次元量 $x = \beta ck^p$ で積分を書き直すと

$$\int \mathrm{d}k \, \frac{k^{p+d-1}}{e^{\beta ck^p} - 1} = \frac{1}{p}\left(\frac{1}{\beta c}\right)^{(p+d)/p} \int \mathrm{d}x \, \frac{x^{d/p}}{e^x - 1} \propto \left(\frac{1}{\beta}\right)^{(p+d)/p} \tag{14.53}$$

---

*8 化学ポテンシャルはゼロである．

である．エネルギーを温度 T で微分したものが比熱であるから，比熱は低温で $T^{d/p}$ に比例する．3 次元の系においては，強磁性は $d=3$，$p=2$ より $T^{3/2}$，反強磁性は $d=3$，$p=1$ ゆえ T^3 である．反強磁性の場合の比熱のふるまいはフォノンの場合と同じである．フォノンの場合も分散関係は線形であるので，まったく同じ計算になる．

14.2.4 南部–Goldstone モードとしてのスピン波

マグノンの $\boldsymbol{k} \to \boldsymbol{0}$ のモードは南部–Goldstone モードを表している．南部–Goldstone モードは励起エネルギーが 0 のモードであるが，スピン波は無限小のエネルギーによって励起させることができるからである．

強磁性体の場合，スピン波のモードは 1 種類しかない．これは考えてみれば不思議なことである．というのは O(3)（SO(3)）の対称性が自発的に破れた後，残る自由度は二つとなる．古典的に考えると，z 軸方向にスピンが向いた状態でスピンは x 軸と y 軸方向に運動することができる．反強磁性の場合は式 (14.49) にあるように 2 種類なのでそのような描像と矛盾しない．

一般に，群 G の対称性が自発的に破れ，状態が G の部分群 H の対称性しかもたないとき，G と H の生成子の数の差 n_{BG} が残る自由度となる．磁性体の場合は $n_{\mathrm{BG}}=3-1=2$ である[*9]．これが必ずしも南部–Goldstone モードの数に等しくないことは，次の定理から読みとれる．奇数次の分散をもった南部–Goldstone モードの数を n_{I}，偶数次の分散モードの数を n_{II} とすると，次の関係が成り立つ[*10]．

$$n_{\mathrm{I}}+2n_{\mathrm{II}} \geq n_{\mathrm{BG}} \tag{14.54}$$

強磁性の場合，2 乗分散のモードが一つなので $0+2\cdot 1=2$，反強磁性の場合，線形分散のモードが二つで $2+2\cdot 0=2$ となる．いずれの場合も等号が成り立っている．Lorentz 不変性が存在する系ではエネルギーと波数（運動量）は同等であるから分散関係は線形でなければならず，n_{II} は常に 0 であり，$n_{\mathrm{I}}=n_{\mathrm{BG}}$ となる．つまり，強磁性体の場合のスピン波のふるまいは Lorentz 不変性の存在しない系に特有

---

*9 群の構造は，$\mathrm{SO}(3)/\mathrm{SO}(2) \simeq \mathrm{S}^2$ となる．
*10 H. B. Nielsen and S. Chadha: Nucl. Phys. B **105**, 445 (1976).

のものである[11][12].

14.3　物理量の特異性

相転移は物理量の特異性によって特徴づけられる．ここでは，絶対零度量子系において特異性がどのように出現するかを形式的な議論から見てみよう．

量子スピン系のハミルトニアン $\hat{H}$ を考える．磁場をかけたとき，分配関数は次のように表される．

$$Z = \mathrm{Tr}\ \exp\left(-\beta\hat{H} + \beta h\sum_{i=1}^{N}\hat{S}_i^z\right) \tag{14.55}$$

古典系との違いは $\hat{H}$ と磁場の項が一般には交換しないことである．この事実を式で表すことにより，量子効果を表現することができる．

磁場に共役な変数である磁化は，分配関数を磁場で微分することにより得られる．

$$m = \frac{1}{N\beta}\frac{\partial}{\partial h}\ln Z = \frac{1}{Z}\mathrm{Tr}\left[\left(\frac{1}{N}\sum_{i=1}^{N}\hat{S}_i^z\right)\exp\left(-\beta\hat{H} + \beta h\sum_{i=1}^{N}\hat{S}_i^z\right)\right] \tag{14.56}$$

この表式は古典系のものと同じである．次の公式を用いている．

$$\frac{\partial}{\partial h}\mathrm{Tr}\,\mathrm{e}^{\hat{X}+h\hat{Y}} = \mathrm{Tr}\,\hat{Y}\mathrm{e}^{\hat{X}+h\hat{Y}} \tag{14.57}$$

$\hat{X}$，$\hat{Y}$ は任意の演算子で一般に交換しないが，Tr の性質を用いると古典系の場合と同じ表現を得る．古典系との違いはもう 1 回微分することで現れる[13].

$$\frac{\partial^2}{\partial h^2}\mathrm{Tr}\,\mathrm{e}^{\hat{X}+h\hat{Y}} = \int_0^1 \mathrm{d}\tau\ \mathrm{Tr}\,\mathrm{e}^{(\hat{X}+h\hat{Y})\tau}\hat{Y}\mathrm{e}^{(\hat{X}+h\hat{Y})(1-\tau)}\hat{Y} \tag{14.58}$$

Boltzmann 因子に対応する演算子 $\exp(\hat{X}+h\hat{Y})$ を二つに分解し，それらの間に演算子 $\hat{Y}$ を挿入し，その分解を特徴づけるパラメータ τ について積分している．この

---

[11] 近年，南部–Goldstone モードの数についてある等号が成り立つことが示された．その場合，南部–Goldstone モードは分散の偶奇ではなく異なる方法で 2 種類に分類される．H. Watanabe and H. Murayama: Phys. Rev. Lett. **108**, 251602 (2012); Y. Hidaka: Phys. Rev. Lett. **110**, 091601 (2013).

[12] ハミルトニアンと秩序変数の可換性と分散の次数の関係も議論されている．H. Wagner: Zeit. f. Physik **195**, 273 (1966).

[13] この式は，両辺を h で展開して各項を比較することで示される．

式を用いると，磁化率は $h \to 0$ で

$$\chi = -\left.\frac{\partial^2 f}{\partial h^2}\right|_{h=0} = \frac{\beta}{N}\sum_{i,j=1}^{N}\left(\frac{1}{\beta}\int_0^\beta \mathrm{d}\tau\,\langle \hat{S}_i^z(\tau)\hat{S}_j^z\rangle - \langle \hat{S}_i^z\rangle\langle \hat{S}_j^z\rangle\right) \tag{14.59}$$

と書くことができて，式 (2.29)（22 ページ）の古典系の場合との違いが見えてくる．ここで演算子 $\hat{X}$ に対して $\hat{X}(\tau) = \mathrm{e}^{\tau\hat{H}}\hat{X}\mathrm{e}^{-\tau\hat{H}}$ であり，熱平均を $\langle\ \ \rangle$ で表現した．$\hat{X}(\tau)$ の定義では $\mathrm{e}^{\tau\hat{H}}$ のような虚数時間の「時間発展」演算子を用いているため，**虚時間形式**（imaginary-time formalism）とよばれている[*14]．スペクトル分解を行うと，

$$\sum_{i,j}\int_0^\beta \mathrm{d}\tau\langle \hat{S}_i^z(\tau)\hat{S}_j^z\rangle = \frac{1}{Z}\sum_{n,m}\frac{\mathrm{e}^{-\beta E_m} - \mathrm{e}^{-\beta E_n}}{E_n - E_m}\langle n|\sum_i \hat{S}_i^z|m\rangle\langle m|\sum_j \hat{S}_j^z|n\rangle \tag{14.60}$$

である．$|n\rangle$ はエネルギー固有値 E_n をもつ $\hat{H}$ の固有状態を表す．

ここで絶対零度を考えてみよう．簡単のため，基底状態に縮退はないものとする．対称性が自発的に破れた秩序状態ではなく，横磁場が十分大きい横磁場 Ising 模型などを考えていると思えばよい．このとき，磁化率は

$$\chi \to \frac{1}{N}\sum_{n\neq 0}\frac{2}{E_n - E_0}\langle 0|\sum_{i=1}^{N}\hat{S}_i^z|n\rangle\langle n|\sum_{j=1}^{N}\hat{S}_j^z|0\rangle \tag{14.61}$$

と書ける．基底状態を 0 で表している．

熱的な相転移が起こると，磁化率が発散する．式 (14.61) において，その発散は格子点 i，j についての和から生じる．$1/N$ の因子があるが，和の数は N^2 個あるので，すべての項が無視できないとき，つまり相関長が大きくなるときに発散が生じる．量子相転移の場合，それとは異なる機構で発散が生じる．基底状態と励起状態の間のエネルギーギャップ $E_n - E_0$ が 0 になるときである．特異性の起源が古典系のものと異なることから，量子系に特有の現象であるといえる．ギャップが 0 になるとき，基底状態の急激な変化が生じる．横磁場 Ising 模型でいえば，対称性の破れた強磁性状態と，x 方向にスピンのそろった常磁性相の間の変化である．このように，絶対零度の量子相転移点ではエネルギーギャップが 0 になる．

[*14] 虚時間形式で温度 Green 関数を導入した松原の名をとって，**松原形式**（Matsubara formalism）ともよばれる．T. Matsubara: Prog. Theor. Phys. **14**, 351 (1955).

式 (14.61) は基底状態が縮退していないという仮定を用いており，ギャップが 0 になったあとどうなるかについては記述することができない．また，熱力学極限を考えておらず，温度ゼロの極限を先にとっているが，本来は逆に考えるのが自然である．熱力学極限のとり方は非常に注意を要する問題である．ギャップがゼロになるとしても，その近づき方で磁化率のふるまいは大きく異なるからである．

スペクトル表示 (14.61) においてもう一つ重要な点は，絶対零度を考えているにもかかわらず，中間状態として励起状態 $|n\rangle$ が現れることである．これは古典系にはない事情である．量子系では仮想的な励起の効果を考えることができて，それが基底状態での物理量のふるまいに大きな影響を及ぼす．古典系に比べて量子系がいかに難しいかを示しているともいえる．

14.4 Ising 模型の量子古典対応

前節で見たように，量子系の相転移は古典系とまったく異なる機構で生じることが示唆される．ところが，量子系である横磁場 Ising 模型は横磁場のない古典 Ising 模型と密接な関係をもっている．ここではその**量子古典対応**（quantum–classical correspondence）を具体的に見てみよう．

14.4.1 1 次元 Ising 模型

まず，1 次元 Ising 模型を考える．6.1 節（113 ページ）で扱ったように，系の分配関数は

$$Z = \mathrm{Tr}\left(K\sum_{i=1}^{N} S_i S_{i+1} + H\sum_{i=1}^{N} S_i\right) = \mathrm{Tr}\,\hat{T}^N \tag{14.62}$$

と転送行列 $\hat{T}$ を用いて表される．$K = \beta J$，$H = \beta h$ とおいた．転送行列は

$$\hat{T} = \begin{pmatrix} \mathrm{e}^{K+H} & \mathrm{e}^{-K} \\ \mathrm{e}^{-K} & \mathrm{e}^{K-H} \end{pmatrix} \tag{14.63}$$

であるが，これを次のように書きかえる．

$$\begin{aligned}\hat{T} &= \begin{pmatrix} \mathrm{e}^{H/2} & 0 \\ 0 & \mathrm{e}^{-H/2} \end{pmatrix}\begin{pmatrix} \mathrm{e}^{K} & \mathrm{e}^{-K} \\ \mathrm{e}^{-K} & \mathrm{e}^{K} \end{pmatrix}\begin{pmatrix} \mathrm{e}^{H/2} & 0 \\ 0 & \mathrm{e}^{-H/2} \end{pmatrix} \\ &= g(K)\mathrm{e}^{H\hat{\sigma}^z/2}\mathrm{e}^{K^*\hat{\sigma}^x}\mathrm{e}^{H\hat{\sigma}^z/2}\end{aligned} \tag{14.64}$$

g および K^* は K の関数であり，

$$\tanh K^* = \mathrm{e}^{-2K} \tag{14.65}$$

$$g^2(K) = 2\sinh(2K) \tag{14.66}$$

で与えられる．K^* は K について単調減少関数である．分配関数は

$$Z = g^N(K)\mathrm{Tr}\left(\mathrm{e}^{K^*\hat{\sigma}^x}\mathrm{e}^{H\hat{\sigma}^z}\right)^N \tag{14.67}$$

と書くことができる．

Pauli 行列 $\hat{\sigma}^{z,x}$ を用いた表現から量子系との対応が示唆される．一つの指数関数にまとめるために次の公式を用いる．

$$\mathrm{e}^{\hat{A}+\hat{B}} = \lim_{N\to\infty}\left(\mathrm{e}^{\hat{A}/N}\mathrm{e}^{\hat{B}/N}\right)^N \tag{14.68}$$

これは**鈴木–Trotter 分解**（Suzuki–Trotter decomposition）とよばれている[*15]．したがって

$$K^* = \frac{\beta_0 J_0}{N} \tag{14.69}$$

$$H = \frac{\beta_0 h_0}{N} \tag{14.70}$$

とおくと，元の分配関数 $Z(\beta)$ は量子系の分配関数 $Z_0(\beta_0)$ を用いて

$$Z(\beta) = g^N(K)Z_0(\beta_0), \qquad Z_0(\beta_0) = \mathrm{Tr}\,\mathrm{e}^{-\beta_0\hat{H}_0}, \qquad \hat{H}_0 = -J_0\hat{\sigma}_x - h_0\hat{\sigma}_z \tag{14.71}$$

と表すことができる．ただし，K^*，H および J_0，h_0 を有限に保ったまま N を無限大にとるので，この対応を実現するには $\beta_0\to\infty$ の絶対零度を考える必要がある．β_0/N を一定値に保ったまま熱力学極限をとった 1 スピンの量子模型と有限温度の 1 次元 Ising 模型が等価であるという結果になる．

もちろん，1 スピンの統計力学系というのは意味がないのでこの対応は形式的なものである．また，極限のとり方が特別であることに注意しなければならない．前節でも述べたが，絶対零度極限は熱力学極限のあとにとるべきものである．

[*15] H. F. Trotter: Proc. Amer. Math. Soc. **10**, 545 (1959); M. Suzuki: Prog. Theor. Phys. **56**, 1454 (1976). 指数関数を 1 次まで展開することで示される．

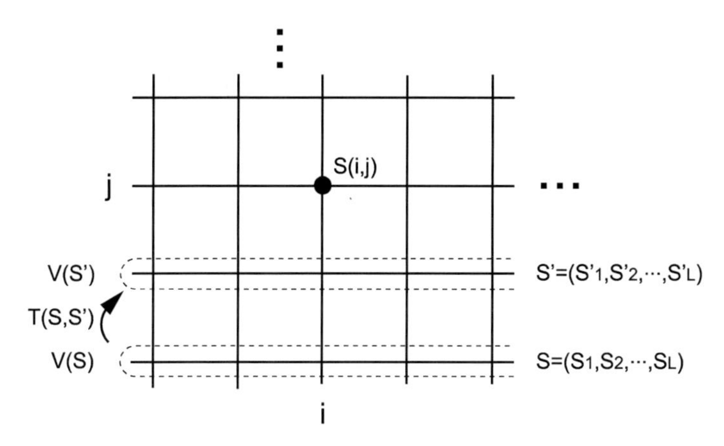

図 14.1　2 次元 Ising 模型の転送行列．スピンは格子点上に定義されている．

14.4.2　2 次元 Ising 模型

次に，2 次元の場合を考える．2 次元正方格子の Ising 模型の分配関数を次のように表す．

$$Z = \mathrm{Tr}\ \exp\left(K\sum_{i,j} S(i,j)S(i,j+1) + K\sum_{i,j} S(i,j)S(i+1,j)\right) \tag{14.72}$$

ここでは 2 次元格子の格子点を $(x,y)=(i,j)$ のように表す．$S(i,j)$ は格子点 (i,j) のスピンである．第 1 項は y 方向の相互作用，第 2 項は x 方向の相互作用を表している．簡単のため，磁場は考えない．1 次元の系の場合転送行列の方法が有用であったが，2 次元の場合も同様である．次のように分配関数を表す．

$$Z = \mathrm{Tr}\ [V(S)T(S,S')V(S')T(S',S'')V(S'')\cdots] \tag{14.73}$$

ここで

$$V(S) = \exp\left(K\sum_{i=1}^{L} S_i S_{i+1}\right) \tag{14.74}$$

$$T(S,S') = \exp\left(K\sum_{i=1}^{L} S_i S'_i\right) \tag{14.75}$$

とした．S や S' はある y の行のスピンをまとめて表したものである．S_i の添字 i は格子点の x 座標を表している．分配関数の表現の仕方は図 14.1 を見ると理解できる．x 方向の相互作用を V で表し，それが y 方向の転送行列 T で結ばれている．L は x 方向のスピン数である．以下で用いるが，y 方向のスピン数を M とする．よって，全スピン数は $N = LM$ となる．

V および T は $2^L \times 2^L$ の行列と見なされる．T は 1 次元の転送行列と同じものであり，

$$\hat{T} = g^L(K) \exp\left(K^* \sum_{i=1}^{L} \hat{\sigma}_i^x\right) \tag{14.76}$$

と書ける．K^* および g の定義も 1 次元のときのものと同じである．V は対角行列として表現できる．

$$\hat{V} = \exp\left(K \sum_{i=1}^{L} \hat{\sigma}_i^z \hat{\sigma}_{i+1}^z\right) \tag{14.77}$$

合わせると，分配関数は次のようになる．

$$Z = \mathrm{Tr}\,(\hat{V}\hat{T})^M = g^N(K)\mathrm{Tr}\left[\exp\left(K \sum_{i=1}^{L} \hat{\sigma}_i^z \hat{\sigma}_{i+1}^z\right) \exp\left(K^* \sum_{i=1}^{L} \hat{\sigma}_i^x\right)\right]^M \tag{14.78}$$

前節と同様に指数関数が二つに分かれているため，鈴木–Trotter 分解を行い，次の対応を用いると 1 次元横磁場 Ising 模型が得られる．

$$\begin{pmatrix} K \\ K^* \end{pmatrix} = \begin{pmatrix} \beta J/M \\ \beta\Gamma/M \end{pmatrix} \tag{14.79}$$

この場合もやはり $\beta \to \infty$ の極限が必要となる．つまり，有限温度の 2 次元 Ising 模型は絶対零度の 1 次元横磁場 Ising 模型と等価である[*16]．

2 次元 Ising 模型は有限温度で相転移をもつので，絶対零度の 1 次元横磁場 Ising 模型にもその特異性は現れるはずである．6.2 節（118 ページ）で見たように，転移温度は $K = (1/2)\ln(\sqrt{2}+1)$ で与えられる．このとき $K^* = K$ であるから，式 (14.79) より $\Gamma = J$ が 1 次元横磁場 Ising 模型の絶対零度での量子相転移点であることを示唆している．これは 14.6.2 項で確かめられる．

14.4.3　一般化

量子古典対応を 1，2 次元 Ising 模型について調べたが，いずれも 1 次元低い横磁場 Ising 模型の絶対零度極限におきかえられた[*17]．これをより一般的に見てみよう．

---

*16 前節の 1 次元のときと同様に，左辺の K から K/J と定義される逆温度は右辺の β とは異なる．
*17 1 スピンの系を 0 次元と見なす．

ここではこれまでとは逆に量子系のハミルトニアンから始めることにする．ハミルトニアンが $\hat{H} = \hat{H}_0 + \hat{H}_1$ のように二つに分かれて書かれているスピン 1/2 の系を考える．$\hat{H}_0$ と $\hat{H}_1$ は交換しない．$\hat{H}_0$ として古典 Ising 模型のハミルトニアン，$\hat{H}_1$ は横磁場項にとることを想定しているが，前者は $\hat{S}^z$ で書かれているハミルトニアンならなんでもよい．このとき，系の分配関数を次のように書く．

$$Z = \mathrm{Tr}\,\mathrm{e}^{-\beta\hat{H}} = \mathrm{Tr}\left(\mathrm{e}^{-\beta\hat{H}/M}\right)^M \tag{14.80}$$

Boltzmann 因子を二つに分けて書くために，式 (14.68) の鈴木–Trotter 分解を用いると，

$$Z = \lim_{M\to\infty} \mathrm{Tr}\left(\mathrm{e}^{-\beta\hat{H}_0/M}\mathrm{e}^{-\beta\hat{H}_1/M}\right)^M \tag{14.81}$$

となる．M 分割した Boltzmann 因子の間に完全系 $1 = \sum_n |n\rangle\langle n|$ をはさむと

$$\begin{aligned} Z = \sum_{n_1}\cdots\sum_{n_M} &\langle n_1|\mathrm{e}^{-\beta\hat{H}_0/M}\mathrm{e}^{-\beta\hat{H}_1/M}|n_2\rangle\langle n_2|\mathrm{e}^{-\beta\hat{H}_0/M}\mathrm{e}^{-\beta\hat{H}_1/M}|n_3\rangle \\ &\cdots\langle n_M|\mathrm{e}^{-\beta\hat{H}_0/M}\mathrm{e}^{-\beta\hat{H}_1/M}|n_1\rangle \end{aligned} \tag{14.82}$$

となる．各行列要素について，完全系として z 軸方向の固有状態 $|S\rangle = \prod_{i=1}^N |S_i\rangle$ （$S_i = \pm 1$）をとると，$|n_\mu\rangle = |S\rangle$，$|n_{\mu+1}\rangle = |S'\rangle$ として

$$\langle n_\mu|\mathrm{e}^{-\beta\hat{H}_0/M}\mathrm{e}^{-\beta\hat{H}_1/M}|n_{\mu+1}\rangle = \mathrm{e}^{-\beta H_0(S)/M}\langle S|\mathrm{e}^{-\beta\hat{H}_1/M}|S'\rangle \tag{14.83}$$

である．

具体的な表現を得るために，$\hat{H}_1$ として横磁場項

$$\hat{H}_1 = -\Gamma\sum_{i=1}^N \hat{\sigma}_i^x \tag{14.84}$$

を考える．このとき，行列要素は次のように計算される．

$$\langle S|\mathrm{e}^{-\beta\hat{H}_1/M}|S'\rangle = \prod_{i=1}^N \langle S_i|\mathrm{e}^{\beta\Gamma\hat{\sigma}_i^x/M}|S_i'\rangle \tag{14.85}$$

$$\langle S_i|\mathrm{e}^{\beta\Gamma\hat{\sigma}_i^x/M}|S_i'\rangle = \begin{pmatrix} \cosh\left(\dfrac{\beta\Gamma}{M}\right) & \sinh\left(\dfrac{\beta\Gamma}{M}\right) \\ \sinh\left(\dfrac{\beta\Gamma}{M}\right) & \cosh\left(\dfrac{\beta\Gamma}{M}\right) \end{pmatrix} = A\mathrm{e}^{\gamma S_i S_i'} \tag{14.86}$$

ここで，

$$\gamma = -\frac{1}{2}\ln\tanh\left(\frac{\beta\Gamma}{M}\right) \tag{14.87}$$

$$A^2 = \sinh\left(\frac{\beta\Gamma}{M}\right)\cosh\left(\frac{\beta\Gamma}{M}\right) \tag{14.88}$$

とおいた．$M \to \infty$ とするので，有限の γ，A を得るには $\beta \to \infty$ としなければならない．以上をまとめると，分配関数は

$$Z = \lim_{M\to\infty}\sum_{\{S_i(\mu)\}} A^{NM}\exp\left(\frac{\beta}{M}\sum_{\mu=1}^{M} H_0(\{S_i(\mu)\}) + \gamma\sum_{\mu=1}^{M}\sum_{i=1}^{N} S_i(\mu)S_i(\mu+1)\right) \tag{14.89}$$

と書くことができる．M 分割された Boltzmann 因子の位置を示す指標が μ である．これがちょうど次元を一つ増やす役割を担っている．横磁場項がこの新しい座標方向の Ising 型相互作用項を生み出している．$\beta \to \infty$ の d 次元横磁場 Ising 模型は $d+1$ 次元の古典 Ising 模型に対応しているということが，鈴木–Trotter 分解を用いることで具体的に確かめられた．

ただし，この対応は $\hat{H}_1$ として横磁場項を考えた場合の話である．横磁場でも y 軸方向に磁場をとると，式 (14.86) のような古典スピンを用いた書きかえが複雑になってしまう．また，極限 $M \to \infty$ をとることができるかどうかも不明である*18．ここで示した対応関係はどれほどの一般性があるものなのだろうか．次節では経路積分の方法を用いて類似の関係が得られることを見る．

14.5　経路積分

磁化率が虚時間積分を用いて表され，仮想的な励起状態が現れるという点は，量子系の特徴を示している．また，横磁場 Ising 模型が次元を一つ増やした古典 Ising 模型と等価であるという点は，量子ゆらぎの効果を古典系の熱ゆらぎとして記述でき

*18 指数関数の肩の第 2 項は差分の 2 乗 $(S_i(\mu+1) - S_i(\mu))^2$ を用いて書き直すことができるが，スピンは離散変数なので $M \to \infty$ のとき微分でおきかえることができない．これは離散状態の完全系を間にはさんでいることが原因である．次節では連続変数で表される状態を用いるのでそのような問題は生じない．

ることを示唆している．これらの見方を一般的に定量化したものが**経路積分**（path integral）の方法である．

はじめに1粒子系の量子力学について経路積分を定式化し，それを応用して多体系への拡張を行う．

14.5.1 1粒子系の経路積分表示

1粒子の量子力学系を考える．スピンのような内部自由度はもたないとする．考えるものは初期状態 $|x_{\rm I}\rangle$ から終状態 $|x_{\rm F}\rangle$ への時間発展の確率振幅

$$G(t) = \langle x_{\rm F}|\hat{U}(t)|x_{\rm I}\rangle \tag{14.90}$$

である．$|x\rangle$ は座標演算子 $\hat{x}$ の固有状態を表す．$\hat{U}(t)$ は時間発展演算子

$$\hat{U}(t) = \mathrm{T}\exp\left(-i\int_0^t \mathrm{d}t'\,\hat{H}(t')\right) \tag{14.91}$$

である．ハミルトニアン $\hat{H}(t) = H(\hat{x},\hat{p},t)$ は，粒子の座標・運動量演算子と時間に依存する．ハミルトニアンが時間に陽に依存する場合，異なる時間のハミルトニアンは一般に交換しないので，時間発展演算子は**時間順序積**（time-ordered product）T を用いて定義する必要がある．時間順序積は，時間の小さい順に演算子を右から並べる．つまり，時間を $t=(M+1)\Delta t$ と $M+1$ 個に分割して，極限

$$\hat{U}(t) = \lim_{M\to\infty} \mathrm{e}^{-i\Delta t\hat{H}(M\Delta t)}\mathrm{e}^{-i\Delta t\hat{H}((M-1)\Delta t)}\cdots\mathrm{e}^{-i\Delta t\hat{H}(\Delta t)}\mathrm{e}^{-i\Delta t\hat{H}(0)} \tag{14.92}$$

として定義される．各因子の間に座標の完全系をはさむと

$$\begin{aligned}G(t) = \lim_{M\to\infty}\int \mathrm{d}x_1\mathrm{d}x_2\cdots\mathrm{d}x_M\,&\langle x_{\rm F}|\mathrm{e}^{-i\Delta t\hat{H}(M\Delta t)}|x_M\rangle \\ &\times\langle x_M|\mathrm{e}^{-i\Delta t\hat{H}((M-1)\Delta t)}|x_{M-1}\rangle\cdots\langle x_2|\mathrm{e}^{-i\Delta t\hat{H}(\Delta t)}|x_1\rangle \\ &\times\langle x_1|\mathrm{e}^{-i\Delta t\hat{H}(0)}|x_{\rm I}\rangle\end{aligned} \tag{14.93}$$

と書ける．式を右から見ると，座標が $x_{\rm I}\to x_1\to\cdots\to x_M\to x_{\rm F}$ のように移り変わり，最初と最後の状態を固定して途中の状態はあらゆる組み合わせについて和をとっていることがわかる．和に寄与する各項の重みはハミルトニアンによって決まっている．

行列要素はすべて同じ形なので一つをとり出して計算する．運動量の固有状態 $|p\rangle$

を完全系として間にはさむと

$$
\begin{aligned}
&\langle x_{\mu+1}|\mathrm{e}^{-i\Delta t\hat{H}(t_\mu)}|x_\mu\rangle \\
&\quad= \int \mathrm{d}p_\mu \langle x_{\mu+1}|p_\mu\rangle\langle p_\mu|\exp\left[-i\Delta t\hat{H}(t_\mu)\right]|x_\mu\rangle \\
&\quad\sim \int \mathrm{d}p_\mu \langle x_{\mu+1}|p_\mu\rangle\Big[\langle p_\mu|x_\mu\rangle - i\Delta t\langle p_\mu|\hat{H}(t_\mu)|x_\mu\rangle\Big] \\
&\quad\sim \int \mathrm{d}p_\mu \langle x_{\mu+1}|p_\mu\rangle\langle p_\mu|x_\mu\rangle\exp\Big[-i\Delta t H(x_\mu,p_\mu,t_\mu)\Big] \\
&\quad= \int \frac{\mathrm{d}p_\mu}{2\pi}\exp\Big[ip_\mu(x_{\mu+1}-x_\mu) - i\Delta t H(x_\mu,p_\mu,t_\mu)\Big]
\end{aligned}
\tag{14.94}
$$

と書ける．$\langle x|p\rangle = \mathrm{e}^{ipx}/\sqrt{2\pi}$ であることを用いている．右辺の量はすべて古典的な変数であり，演算子はもはやどこにもない[*19]．元の式に代入して $x_0 = x_\mathrm{I}$, $x_{M+1} = x_\mathrm{F}$ とすると，

$$
\begin{aligned}
G(t) = \lim_{M\to\infty}\prod_{\mu=1}^{M}\int\frac{\mathrm{d}x_\mu\mathrm{d}p_\mu}{2\pi}\int\frac{\mathrm{d}p_0}{2\pi} \\
\times\exp\left\{i\Delta t\sum_{\mu=0}^{M}\left[p_\mu\frac{x_{\mu+1}-x_\mu}{\Delta t} - H(x_\mu,p_\mu,t_\mu)\right]\right\}
\end{aligned}
\tag{14.95}
$$

と書ける．連続極限をとると，

$$
G(t) = \int \mathcal{D}x(t')\mathcal{D}p(t')\,\exp\left\{i\int_0^t \mathrm{d}t'\Big[p(t')\dot{x}(t') - H\left(x(t'),p(t'),t'\right)\Big]\right\}
\tag{14.96}
$$

という表現が得られる．積分は $x(0) = x_\mathrm{I}$，$x(t) = x_\mathrm{F}$ を満たすすべての関数の組 $(x(t'),p(t'))$ にわたる汎関数積分を表している．これが確率振幅 $G(t)$ の経路積分表示である．

得られた式にはラグランジアン $L = p\dot{x} - H$ が現れている．ラグランジアンを時間積分したものは作用 S であるから，被積分関数は $\exp(iS)$ という形をもっている．また，古典系との対応もわかりやすい．古典極限は $\hbar\to 0$ によって与えられる．上の表現では $\hbar$ を省略しているが，戻すとすると $\hbar$ は作用の次元をもっているから $\exp(iS/\hbar)$ とすればよい．よって古典極限で汎関数積分に最も寄与する $(x(t'),p(t'))$

[*19] 量子ハミルトニアンが演算子 $\hat{x}$ と $\hat{p}$ の両方を含む項をもっているときは，演算子の並び方によって古典ハミルトニアンが変化してしまう．Weyl の規則に従えば，両者は同じ関数形をもつことが知られている．詳しくは，例えば，付録 H.1 節の文献 [18]（372 ページ）を参照．

は S が停留値をもつものである．その停留条件を与える方程式は古典的な運動方程式（Euler–Lagrange または Hamilton 方程式）にほかならない．

経路積分の方法によると，量子力学はさまざまな仮想的な経路を通る寄与をすべてとり入れた理論と見なされる．これは量子力学の重ね合わせの原理や確率解釈からすると非常に自然で魅力的な見方である．このような多重積分が定義できるかという数学的な問題はあるが，多くの現象がこの表式から説明されている．

14.5.2 スピン系の経路積分表示

多体統計力学系の経路積分表示は基本的には 1 粒子系と同様にして導出できるが，Fermi，Bose 粒子系の場合は量子統計の性質をとり入れないといけない．本書では量子統計はほとんど扱っていないので，これらの系の定式化は行わない．その代わり，スピン系の経路積分表示を導く*20.

考える対象は系の分配関数である．これを M 分割して間に完全系をはさむところまでは前節の計算と同じである．

$$
\begin{aligned}
Z &= \mathrm{Tr}\,\mathrm{e}^{-\beta\hat{H}} \\
&= \sum_{n_1}\cdots\sum_{n_M}\langle n_1|\mathrm{e}^{-\beta\hat{H}/M}|n_2\rangle\langle n_2|\mathrm{e}^{-\beta\hat{H}/M}|n_3\rangle\cdots\langle n_M|\mathrm{e}^{-\beta\hat{H}/M}|n_1\rangle
\end{aligned}
\tag{14.97}
$$

完全系は任意のものにとることができる．例えばハミルトニアンの固有状態を考えてもよいが，それでは鈴木–Trotter 分解を用いる利点はあまりない．演算子の非可換性による効果をとり入れられて，さらに量子性を無視できるときに古典系にただちに帰着するようなものを考えるのがよいだろう．スピンは量子力学的な概念であるが，古典的対応物を考えることは可能である．すなわち次のような表現である．

$$
Z = \prod_{i=1}^{N}\int\frac{\sin\theta_i\mathrm{d}\theta_i\mathrm{d}\varphi_i}{4\pi}\,\exp\left(-\beta H(\{\boldsymbol{S}_i\})\right), \qquad \boldsymbol{S}_i = S\begin{pmatrix}\sin\theta_i\cos\varphi_i \\ \sin\theta_i\sin\varphi_i \\ \cos\theta_i\end{pmatrix}
\tag{14.98}
$$

つまりスピンを大きさ S の 3 次元ベクトルであるとする．これは S が大きい極限を考えれば理解できる．14.2 節で議論したように，S が大きいほど量子効果は小さい．

*20 スピン系の場合を扱っている類書は比較的少ない．

量子力学において，古典極限でそのような状態に帰着するものを考えることができて，**スピンコヒーレント状態**（spin coherent state）$|\boldsymbol{S}\rangle$ とよばれている．詳しくは付録 B にまとめたが，スピン演算子の期待値が

$$\langle \boldsymbol{S}|\hat{\boldsymbol{S}}|\boldsymbol{S}\rangle = \boldsymbol{S} = S\begin{pmatrix} \sin\theta\cos\varphi \\ \sin\theta\sin\varphi \\ \cos\theta \end{pmatrix} \tag{14.99}$$

となるものである．固有状態ではないが，古典極限ではゆらぎが無視できて確定した値をとるようになる．量子力学的な演算子が古典的な球面上の連続的なベクトルとして表される．多体系への拡張は容易であり，各スピンのコヒーレント状態の直積 $|\boldsymbol{S}\rangle = \prod_{i=1}^{N}|\boldsymbol{S}_i\rangle$ を用いればよい．

$M \to \infty$ とすることで各行列要素を次のように見積もることができる．$\Delta\tau = \beta/M$ として，

$$\begin{aligned}
&\langle \boldsymbol{S}(\tau)|\mathrm{e}^{-\Delta\tau\hat{H}}|\boldsymbol{S}(\tau+\Delta\tau)\rangle \\
&\quad\sim \langle \boldsymbol{S}(\tau)|\left(1-\Delta\tau\hat{H}\right)|\boldsymbol{S}(\tau+\Delta\tau)\rangle \\
&\quad\sim 1+\Delta\tau\left(\langle \boldsymbol{S}(\tau)|\frac{\mathrm{d}}{\mathrm{d}\tau}|\boldsymbol{S}(\tau)\rangle - \langle \boldsymbol{S}(\tau)|\hat{H}|\boldsymbol{S}(\tau)\rangle\right) \\
&\quad\sim \exp\left[\Delta\tau\left(\langle \boldsymbol{S}(\tau)|\frac{\mathrm{d}}{\mathrm{d}\tau}|\boldsymbol{S}(\tau)\rangle - \langle \boldsymbol{S}(\tau)|\hat{H}|\boldsymbol{S}(\tau)\rangle\right)\right]
\end{aligned} \tag{14.100}$$

となる．τ は β を分割したときのラベルを表している．$\Delta\tau \to 0$ とすることで指数関数を展開して行列要素を評価する．これを元の式 (14.97) に代入し，連続極限をとることによって分配関数の経路積分表示が得られる．

$$Z = \int \mathcal{D}\boldsymbol{S}(\tau)\,\exp\left\{\int_0^\beta \mathrm{d}\tau\left[\langle \boldsymbol{S}(\tau)|\frac{\mathrm{d}}{\mathrm{d}\tau}|\boldsymbol{S}(\tau)\rangle - \langle \boldsymbol{S}(\tau)|\hat{H}|\boldsymbol{S}(\tau)\rangle\right]\right\} \tag{14.101}$$

積分は関数 $\boldsymbol{S}(\tau) = \{\boldsymbol{S}_i(\tau)\}_{i=1,\cdots,N}$ についての汎関数積分を表す．ただし，境界条件 $\boldsymbol{S}(0) = \boldsymbol{S}(\beta)$ が課されている．これが分配関数の経路積分表示である．通常の経路積分の方法では時間発展演算子を多重積分表示するが，それと比較すると，分配関数の場合には時間を虚数として扱っている（$t \to -i\beta$）．つまり，虚時間形式である．また，微分項の行列要素 $\langle \boldsymbol{S}(\tau)|\frac{\mathrm{d}}{\mathrm{d}\tau}|\boldsymbol{S}(\tau)\rangle$ は純虚数である*21．時間発展を決め

---

*21 規格化条件 $\langle \boldsymbol{S}(\tau)|\boldsymbol{S}(\tau)\rangle = 1$ を τ で微分することにより示せる．この微分項が虚数であることは，実時間・虚時間形式のどちらで考えても変わらない．

る役割を果たすとともに，**Berry 位相**（Berry phase）のような幾何学的位相の起源ともなる．

空間座標に加えて虚時間という座標が導入されていることが量子系の特徴である．古典系では各 Boltzmann 因子は可換なので鈴木–Trotter 分解を行う必要はなく，虚時間依存性も生じない．経路積分表示で虚時間依存性を無視すれば古典系の分配関数 (14.98) に帰着する．したがって，このような表現をもって d 次元の量子系は $d+1$ 次元の古典系と等価であるといわれる．仮想的な量子ゆらぎの効果が拡大された空間座標中の古典的な運動として表されている．

ただし，一般には時間は空間座標とは異なるものであるし，時間微分の項が Berry 位相のような量子効果をもたらす場合もある*22．複素数をまったく用いていない分配関数の表式に位相項が現れるということは，量子力学の複雑さを示している．量子系は古典系より豊富な内容をもっており，量子古典対応が常に成り立つとは限らない．

14.6　横磁場 Ising 模型

本節では，量子相転移の具体的な描像を得るために，横磁場 Ising 模型

$$\hat{H} = -J\sum_{\langle ij\rangle}\hat{\sigma}_i^z\hat{\sigma}_j^z - \Gamma\sum_{i=1}^{N}\hat{\sigma}_i^x \tag{14.102}$$

を解析する．平均場近似と 1 次元系の解析を行い，それぞれの相図を導く．

14.6.1　平均場近似

平均場近似は古典系のときと同様に次のおきかえによって得られる．

$$\hat{H} \to \hat{H}_{\mathrm{MF}} = -Jzm\sum_{i=1}^{N}\hat{\sigma}_i^z - \Gamma\sum_{i=1}^{N}\hat{\sigma}_i^x \tag{14.103}$$

z 方向の磁化 m は自己無撞着方程式を解くことにより求められる．$\hat{H}_{\mathrm{MF}}$ は互いに交換しない演算子を含んでいるが，相互作用のない 1 体問題であるので解を求めるのは容易であり，

$$m = \frac{\mathrm{Tr}\,\hat{\sigma}_i^z\mathrm{e}^{-\beta\hat{H}_{\mathrm{MF}}}}{\mathrm{Tr}\,\mathrm{e}^{-\beta\hat{H}_{\mathrm{MF}}}} = \frac{Jzm}{\sqrt{(Jzm)^2+\Gamma^2}}\tanh\beta\sqrt{(Jzm)^2+\Gamma^2} \tag{14.104}$$

---

*22 例えば，**Haldane ギャップ**（Haldane gap）はそのような位相項から生じる量子効果として説明される．

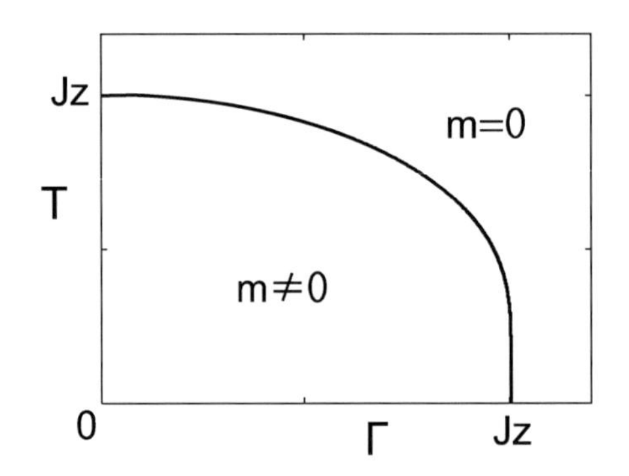

図 **14.2**　横磁場 Ising 模型の平均場近似による相図.

となる[*23]. これが横磁場 Ising 模型の自己無撞着方程式である. $\Gamma = 0$ のとき, 古典系の結果 (3.15) (48 ページ) と一致する. 各 (T, Γ) の値で m を求めると m が有限の解をもつ領域が強磁性相となる. その領域を表した相図が図 14.2 である.

量子性は低温で顕著になるので, $\beta = \infty$ の絶対零度極限を詳しく見てみよう. このとき

$$m = \frac{Jzm}{\sqrt{(Jzm)^2 + \Gamma^2}} \tag{14.105}$$

となり, 解は $m = 0$ または

$$m = \pm\sqrt{1 - \left(\frac{\Gamma}{Jz}\right)^2} \tag{14.106}$$

となる. つまり, $\Gamma < Jz$ のとき $m \neq 0$ の強磁性解が選ばれ, $\Gamma > Jz$ のとき $m = 0$ の常磁性となる. $\Gamma_{\mathrm{c}} = Jz$ が臨界点を与える. 臨界点付近での磁化のふるまいは

$$m \sim (\Gamma_{\mathrm{c}} - \Gamma)^{1/2} \tag{14.107}$$

のようになる. 上の計算では考えていないが, z 方向の磁場 h を加えるのも容易であり, 磁化率を計算することができる. 式 (14.104) において $Jzm \to Jzm + h$ と

[*23] スピン空間で y 軸まわりに角度 $\theta = \arctan(-\frac{\Gamma}{Jzm})$ の回転を行いハミルトニアンを対角化する.

して両辺を h で微分すればよい．$\Gamma < \Gamma_{\mathrm{c}}$ の臨界点付近では，$\beta \to \infty$，$h = 0$ で

$$\chi = \frac{\left(\frac{\Gamma}{\Gamma_{\mathrm{c}}}\right)^2}{\Gamma_{\mathrm{c}}\left[1 - \left(\frac{\Gamma}{\Gamma_{\mathrm{c}}}\right)^2\right]} \sim \frac{1}{\Gamma_{\mathrm{c}} - \Gamma} \tag{14.108}$$

となる．$\Gamma > \Gamma_{\mathrm{c}}$ では磁化率は常に発散している．これは x 方向にそろったスピンが z 方向の磁場の印加に対して非常に敏感であることを意味している．

このように，平均場近似では絶対零度でも相転移が得られる．興味深いことに，式 (14.107)，(14.108) のようなふるまいは古典系の相転移における臨界点でのものによく似ている．横磁場を温度とおきかえると，磁化や磁化率は古典 Ising 模型の平均場近似におけるものと同じふるまいをする．しかも臨界指数の値（$\beta = 1/2$，$\gamma = 1$）まで一致している．

14.6.2　1 次元横磁場 Ising 模型

今度は 1 次元横磁場 Ising 模型の解を示す．1 次元の系は量子効果が現れやすく，さまざまな興味深い現象が存在する．解析的にも取り扱いやすく，多くの解法が見つけられている．そのような技法は多くの場合 1 次元系にのみ用いることができる特殊なものであるが，具体的に解を求めることができること，得られる結果が非自明なものであるという点で魅力的である．

1 次元横磁場 Ising 模型は **Jordan–Wigner 変換**（Jordan–Wigner transformation）を用いた解法がよく知られている[*24]．Fermi 統計に従う演算子を用いてハミルトニアンを表す方法である．計算はかなり技術的であるので，詳細は付録 G で示す．ここでは計算結果のみを述べる．

自由エネルギー密度は熱力学極限で

$$\frac{F}{N} = -\frac{1}{\beta}\int_{-\pi}^{\pi}\frac{\mathrm{d}k}{2\pi}\,\ln\left(2\cosh\beta\sqrt{\Gamma^2 + J^2 + 2\Gamma J\cos k}\right) \tag{14.109}$$

となる．k は Fourier 変換を行ったときの波数を表している．積分は有限範囲にわたって行われ，被積分関数もパラメータが有限である限り発散等は示さない．したがって，有限温度において 1 次元横磁場 Ising 模型は相転移を示さない．

特異性は，$\beta \to \infty$ の絶対零度極限において生じる．このとき，自由エネルギー密

[*24] P. Jordan and E. Wigner: Zeits. f. Physik A **47**, 631 (1928); E. Lieb, T. Schultz, and D. Mattis: Ann. Phys. (N.Y.) **16**, 407 (1961).

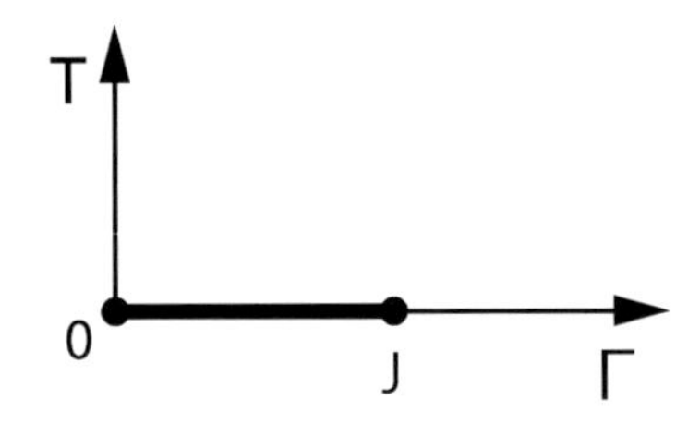

図 14.3　1 次元横磁場 Ising 模型の相図．太線の領域が自発磁化のある強磁性相を表す．他は常磁性相である．

度は基底状態のエネルギー密度

$$\epsilon_0 = -\int_{-\pi}^{\pi} \frac{\mathrm{d}k}{2\pi} \sqrt{\Gamma^2 + J^2 + 2\Gamma J \cos k} \tag{14.110}$$

に等しい．積分は依然として有限であるが，その微分において特異性が生じる．横磁場について微分すると，

$$\frac{\partial \epsilon_0}{\partial \Gamma} = -\int_{-\pi}^{\pi} \frac{\mathrm{d}k}{2\pi} \frac{\Gamma + J\cos k}{\sqrt{\Gamma^2 + J^2 + 2\Gamma J \cos k}} \tag{14.111}$$

$$\frac{\partial^2 \epsilon_0}{\partial \Gamma^2} = -\int_{-\pi}^{\pi} \frac{\mathrm{d}k}{2\pi} \frac{\Gamma^2 \sin^2 k}{(\Gamma^2 + J^2 + 2\Gamma J \cos k)^{3/2}} \tag{14.112}$$

であるから，2 階微分が $\Gamma = J$ のとき発散する．結論として得られる相図は図 14.3 になる．強磁性相は $T = 0$，$\Gamma < J$ の領域にあると考えてよいだろう．$T = 0$，$\Gamma = J$ が量子臨界点になる[*25]．

上記の表現では見えないが，基底状態は $\Gamma < J$ では 2 重縮退しており，その上のエネルギー準位は有限のギャップをへだてて連続的に分布している．この 2 重縮退は強磁性状態が 2 通りあることを反映したものである．ギャップは Γ を大きくしていくと小さくなり，$\Gamma = J$ で 0 になる．$\Gamma > J$ では基底状態は一つのみとなり，その上の準位との間には再びギャップが生じる．詳しい解析は付録 G を参照されたい．

臨界指数の値も求めることができるが，14.4 節で示した量子古典対応を考えると，2 次元 Ising 模型から得られることがわかる．例えば，（自由）エネルギーの Γ に関する 2 階微分は x 方向の磁化率を表している．この発散は 2 次元 Ising 模型における比熱の発散に対応している．その比熱は温度について対数発散していたので，x 方向の磁化率は量子臨界点で対数発散する．

[*25] $T = 0$，$\Gamma \leq J$ の領域ではどの点においても磁化率や相関長が発散している．

14.7　スケーリング理論

経路積分を用いた議論により，一般に量子系の分配関数は次のような汎関数積分を用いて表される．

$$Z = \mathrm{e}^{-\beta F} = \int \mathcal{D}\phi(\boldsymbol{r},\tau) \exp\left(-\int_0^\beta \mathrm{d}\tau \int \mathrm{d}^d\boldsymbol{r}\, \tilde{g}(\phi(\boldsymbol{r},\tau))\right) \tag{14.113}$$

$\phi(\boldsymbol{r},\tau)$ はスピン変数に対応する自由度である．$\tilde{g}$ は適当な汎関数を表す．このような系の絶対零度極限 $\beta \to \infty$ でスケーリング理論を考えてみる．$b > 1$ のパラメータを用いてスケール変換

$$\boldsymbol{r} \to \boldsymbol{r}' = \frac{\boldsymbol{r}}{b} \tag{14.114}$$

を行う．この粗視化を行ったとき，温度 β も変化する．それは虚時間の長さを表す量であるから虚時間も次のような変化を受ける．

$$\tau' = \frac{\tau}{b^z} \tag{14.115}$$

ここで定義されるのが動的臨界指数 z である．第 5 章で議論された動的現象のときに定義されたものと類似のものである[*26]．

古典系の場合，自由エネルギー密度を用いてスケーリング理論を考える．第 7，8 章で考えたように自由エネルギー密度 F/V に $-\beta$ を含めて f を定義して，

$$f(t,h) = \frac{1}{V}(-\beta F) = b^{-d}\frac{1}{V'}(-\beta F) \tag{14.116}$$

であることから，スケール変換のもとで

$$f(t,h) = b^{-d} f(b^{x_t}t, b^{x_h}h) \tag{14.117}$$

となる．いまの場合，絶対零度を考えると発散してしまうので同じ量を扱うのは適当ではない．β を含めない本来の自由エネルギーを考察対象とすべきであろう．次のように f を定義し直す．

$$f(g,h) = \frac{1}{\beta V}(-\beta F) = b^{-(d+z)}\frac{1}{\beta' V'}(-\beta F) \tag{14.118}$$

この関数は，スケール変換のもとで

$$f(g,h) = b^{-(d+z)} f(b^{x_g}g, b^{x_h}h) \tag{14.119}$$

*26 ここでは実時間でなく虚時間のダイナミクスを扱っているので必ずしも同じものではない．

となる．これが量子系の場合のスケーリング則である．g は温度変数 $t = (T - T_{\mathrm{c}})/T_{\mathrm{c}}$ に代わり臨界性を制御する横磁場などのパラメータである．臨界点で 0 となるように定義されているとする．

自由エネルギーの形が定まれば，臨界指数をスケーリング次元を用いて次のように表すことができる．

$$\begin{aligned} \alpha &= 2 - \frac{d+z}{x_g}, \qquad \beta = \frac{d+z-x_h}{x_g} \\ \gamma &= \frac{2x_h - (d+z)}{x_g}, \qquad \delta = \frac{x_h}{d+z-x_h} \end{aligned} \tag{14.120}$$

ただし，α は比熱からではなく，$\partial^2 f/\partial g^2 \sim g^{-\alpha}$ によって定義される．

同様にして相関関数に関する指数も導入することができる．相関関数は $G(\boldsymbol{r}, \tau) = \langle \phi(\boldsymbol{r}, \tau)\phi(0, 0)\rangle$ のように書ける．よって，

$$G(\boldsymbol{r}, \tau, g) = b^{-2x_m} G\left(\frac{\boldsymbol{r}}{b}, \frac{\tau}{b^z}, b^{x_g} g\right) \tag{14.121}$$

となる．x_m はスピン変数 $\phi(\boldsymbol{r}, \tau)$ のスケーリング次元であり，

$$x_m = d + z - x_h \tag{14.122}$$

で与えられる．$|\boldsymbol{r}|$ を十分大きくしたときの減衰率から相関長の臨界指数が次のように決まる．

$$G(\boldsymbol{r}, \tau, g) \sim \exp(-r/\xi), \qquad \xi \sim g^{-\nu}, \qquad \nu = \frac{1}{x_g} \tag{14.123}$$

同様に考えれば τ を大きくしたとき，緩和時間 ξ_τ は次のようになるだろう．

$$G(\boldsymbol{r}, \tau, g) \sim \exp(-\tau/\xi_\tau), \qquad \xi_\tau \sim g^{-\nu_\tau}, \qquad \nu_\tau = \frac{z}{x_g} = \nu z \tag{14.124}$$

また，臨界点直上で相関関数はべき的なふるまいをする．

$$G(\boldsymbol{r}, \tau, g = 0) \sim r^{-(d+z)+2-\eta} \tag{14.125}$$

によって指数 η を定義すると，次の関係が得られる．

$$\eta = d + z + 2 - 2x_h \tag{14.126}$$

このように臨界指数の定義を少し変更すると，古典系の場合と同じように臨界指数がスケーリング次元 x_g，x_h を用いて表される．動的臨界指数 z が $d + z$ のよう

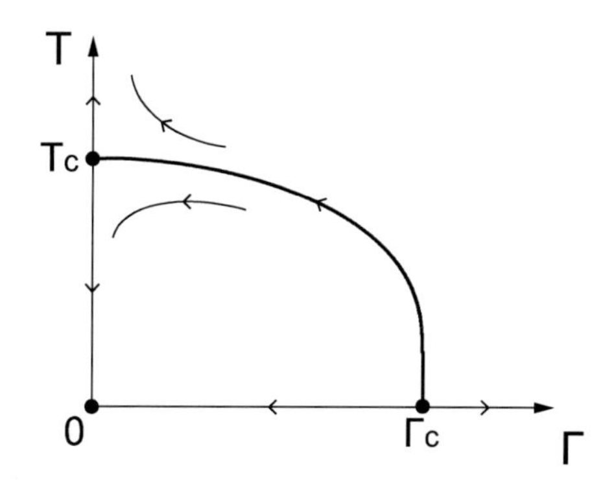

図 **14.4** 量子系のくりこみ群の流れの例.

なかたちで現れていることに注意したい．量子効果によって空間次元が z だけずれたと見なすことができる．経路積分の議論をそのまま受けとると $z=1$ であることが予想される．実際に横磁場 Ising 模型の場合は $z=1$ が成り立つ．しかしながら，一般には 1 からずれる例も存在する[*27]．臨界点では，量子系は 1 次元増えた古典系に必ずしも対応するわけではない[*28]．

動的臨界指数が量子系を特徴づけることは次の議論からもわかる．式 (2.29)（22 ページ）にあるように，磁化率は局所的な相関関数を積分したもので与えられる．式 (2.29) では β を掛けているが，いまの場合は虚時間に関する積分になる．磁化率の発散は積分から生じるが，もし系の特異性が量子性によって支配されるのであれば，空間座標でなく虚時間にわたる積分から特異性が生じるはずである．その積分は緩和時間の定義から

$$\chi \sim \int_0^\beta \mathrm{d}\tau \, \mathrm{e}^{-\tau/\xi_\tau} \sim \xi_\tau \tag{14.127}$$

と見積もることができる．緩和時間の発散が磁化率の発散につながる．一方，14.3 節で見たように，磁化率の発散は基底状態と励起状態のエネルギーギャップの逆数 $1/\Delta$ と同じふるまいをすると考えられる．これらの式を結ぶと

$$\Delta \sim g^{z\nu} \tag{14.128}$$

[*27] 第 5 章で扱った実時間の動的臨界指数は，Ising 模型の場合 $z=2$ であった．

[*28] ここで述べているのはあくまでも量子臨界点付近でのふるまいである．量子臨界点で $+1$ 次元の関係が成り立たなくても，他の領域で成り立つこともあるだろう．

となる．このようにギャップが臨界点でどのように 0 になるかを調べることで動的臨界指数を決定することができる．

あとは各々の系でくりこみ群の処方箋を実行して具体的な値を計算すればよい．z が正の値をとるとすると，$T' = b^z T$ であるから温度 T は有意な変数である．典型的な量子系の相図とくりこみ群の流れを図 14.4 に示す．$T \neq 0$ であれば流れは古典系の固定点 $(T, \Gamma) = (T_c, 0)$ に向かい，量子性は失われる．量子相転移の臨界点にあたる $(T, \Gamma) = (0, \Gamma_c)$ の固定点は絶対零度の領域でのみの普遍性を支配している．したがって，実際の系で量子臨界点の普遍性を見つけることは非常に難しい問題である．

付録A　数学的手法

本書で扱う数学的手法をまとめる．鞍点法，キュムラント展開および Hölder の不等式である．最初の二つは本書のさまざまなところで用いる．Hölder の不等式は第 2 章において自由エネルギーの凸性を示すために用いられる．

A.1　鞍点法

2.1 節（11 ページ）で議論したように，統計力学では分配関数を熱力学極限で見積もるときに**鞍点法**（saddle-point method）が用いられる．また，平均場近似の自己無撞着方程式は鞍点方程式と解釈できる．本節では鞍点法の基本的な考え方と公式をまとめる．

次の積分を N が大きいときに見積もる．

$$I_N = \int \mathrm{d}x\, \mathrm{e}^{Nf(x)} \tag{A.1}$$

N が大きいので，$f(x_1) > f(x_2)$ のとき $\mathrm{e}^{Nf(x_1)} \gg \mathrm{e}^{Nf(x_2)}$ である．したがって，$f(x)$ が 1 点 $x = x^*$ で最大値をもつ関数であるとすると，積分への寄与はその点からのものがほとんどとなる．関数 $f(x)$ が x^* 付近で 2 回微分可能な関数であれば x^* は極値条件

$$f'(x^*) = 0 \tag{A.2}$$

より求められる．f' は f の微分を表す．その点のまわりで 2 次まで展開を行い，Gauss 積分を用いると

$$I_N \sim \int \mathrm{d}x\, \exp\left[Nf(x^*) + N\frac{f''(x^*)}{2}(x - x^*)^2\right] = \sqrt{\frac{2\pi}{-Nf''(x^*)}}\,\mathrm{e}^{Nf(x^*)} \tag{A.3}$$

を得る．x^* は極大値であるので $f''(x^*) < 0$ を満たす．

統計力学では I_N の対数をとったものを扱うことが多い．このとき，

$$\lim_{N\to\infty}\frac{1}{N}\ln I_N = f(x^*) \tag{A.4}$$

であるので，展開の 2 次の寄与から生じる指数関数の前の係数は無視できる．つまり，このような量を問題にする場合には

$$I_N \sim \mathrm{e}^{Nf(x^*)} \tag{A.5}$$

という近似が成り立つ．ただし，x が次元をもつ量であるとき，この近似では I_N の次元が変わってしまうので注意する必要がある．あくまでも対数をとることを念頭においた近似である．

なお，指数関数の肩が純虚数の場合の積分

$$I_N = \int \mathrm{d}x\,\mathrm{e}^{iNf(x)} \tag{A.6}$$

も同様の近似式を得ることができる．N が大きいと $f(x)$ がわずかに変化しただけで被積分関数の値は大きく変化する．そのような積分の寄与はほとんど 0 となる．もっとも大きな寄与があるのは関数 $f(x)$ があまり変化しない停留点であるが，それは極値をとる点にほかならない．したがって，実の場合とほぼ同様の計算を行うことができて，

$$\begin{aligned} I_N &\sim \int \mathrm{d}x\,\exp\left[iNf(x^*) + iN\frac{f''(x^*)}{2}(x-x^*)^2\right] \\ &= \sqrt{\frac{2\pi}{-iNf''(x^*)}}\,\mathrm{e}^{iNf(x^*)} \end{aligned} \tag{A.7}$$

を得る．x^* は関数が極値をとる点を表している．極大・極小のどちらでもよいことが実の場合との違いである．複素の場合，$f''(x^*)$ の正負によらず Gauss 積分を実行することができる．

A.2　キュムラント展開

キュムラント展開（cumulant expansion）は指数型の関数の平均量を計算するときに用いられる方法である．統計力学や場の量子論では生成関数の対数が重要な役割を果たすが，そのような計算において頻繁に用いられる．本書では，5.3 節（106

ページ)，7.4 節（144 ページ)，9.3 節（183 ページ)，10.3 節（202 ページ)，12.5 節（248 ページ）などで用いる．

確率変数 x を考える．それぞれの値 x をとる確率分布関数は $P(x)$ で与えられる．このとき，確率変数の関数 $f(x)$ の平均は次のように表される．

$$\langle f(x)\rangle = \int \mathrm{d}x\, P(x)f(x) \tag{A.8}$$

指数型関数の平均について，次のように書く．

$$\langle \mathrm{e}^{f(x)}\rangle = \exp\left(\sum_{n=1}^{\infty}\frac{1}{n!}c_f(n)\right) \tag{A.9}$$

指数関数の肩の部分で展開を行うことをキュムラント展開という．$c_f(n)$ は関数 f について n 次の多項式を含む．

$c_f(n)$ の具体的な表式は，両辺を f のべきで展開し各次数を比較することで得られる．展開のはじめのいくつかの項は次のように与えられる．

$$c_f(1) = \langle f(x)\rangle \tag{A.10}$$

$$c_f(2) = \left\langle (f(x)-\langle f(x)\rangle)^2\right\rangle = \left\langle f^2(x)\right\rangle - \langle f(x)\rangle^2 \tag{A.11}$$

$$c_f(3) = \left\langle (f(x)-\langle f(x)\rangle)^3\right\rangle \tag{A.12}$$

$$c_f(4) = \left\langle (f(x)-\langle f(x)\rangle)^4\right\rangle - 3\left\langle (f(x)-\langle f(x)\rangle)^2\right\rangle^2 \tag{A.13}$$

2，3 次の項は平均値からのずれ $f(x)-\langle f(x)\rangle$ のモーメント（n 乗の平均）に等しいが，4 次以上はもう少し複雑な表現となる．具体的な表現から見てわかるように，高次項を無視する近似は平均からのずれを表す分散が小さい場合によい近似となる．2 次までの展開で近似することが多く，その場合の表現は次の通りである．

$$\langle \mathrm{e}^{f(x)}\rangle \sim \exp\left[\langle f(x)\rangle + \frac{1}{2}\left(\left\langle f^2(x)\right\rangle - \langle f(x)\rangle^2\right)\right] \tag{A.14}$$

確率分布として Gauss 分布を考えてみよう．

$$P(x) = \frac{1}{\sqrt{2\pi\sigma^2}}\exp\left[-\frac{(x-x_0)^2}{2\sigma^2}\right] \tag{A.15}$$

さらに，$f(x)=cx$ であるとする．このときはキュムラント展開を用いずとも e^{cx} の平均計算を行うことができて，

$$\langle \mathrm{e}^{cx}\rangle = \exp\left(cx_0 + \frac{c^2}{2}\sigma^2\right) \tag{A.16}$$

を得る．つまり，$c_f(1)=x_0$，$c_f(2)=\sigma^2$，それ以外の $c_f(n)$ は 0 である．2 次までの展開 (A.14) が厳密な結果を与える．これは，Gauss 分布の場合にのみ成り立つ著しい特徴である．

A.3　Hölder の不等式

2.3 節（24 ページ）で用いる Hölder の不等式

$$\sum_i a_i^t b_i^{1-t} \le \left(\sum_i a_i\right)^t \left(\sum_i b_i\right)^{1-t} \tag{A.17}$$

の証明を行う．t は $0 \le t \le 1$ の実数，a_i，b_i は正の量である．

まず，**Young の不等式**（Young inequality）

$$a^t b^{1-t} \le ta + (1-t)b \tag{A.18}$$

を示す．a，b は正の数を表す．

$$f(a) = ta + (1-t)b - a^t b^{1-t} \tag{A.19}$$

としたとき，

$$f'(a) = t\left[1 - \left(\frac{b}{a}\right)^{1-t}\right] \tag{A.20}$$

$$f''(a) = \frac{t(1-t)}{a}\left(\frac{b}{a}\right)^{1-t} \tag{A.21}$$

であるから，$f(a)$ は $a=b$ のとき，$f(b)=0$ の最小値をとる．つまり，$f(a) \ge 0$ であり，Young の不等式が示された．

Young の不等式を用いると，

$$\left(\frac{a_i}{\sum_j a_j}\right)^t \left(\frac{b_i}{\sum_k b_k}\right)^{1-t} \le t\frac{a_i}{\sum_j a_j} + (1-t)\frac{b_i}{\sum_k b_k} \tag{A.22}$$

が成り立つことがわかる．両辺を i について和をとると，

$$\frac{\sum_i a_i^t b_i^{1-t}}{\left(\sum_j a_j\right)^t \left(\sum_k b_k\right)^{1-t}} \le t + (1-t) = 1 \tag{A.23}$$

となる．よって Hölder の不等式が証明された．

付録 B　スピン演算子

本書では，相転移・臨界現象の性質を調べるために主にスピン系を題材にして議論を行っている．その代表的な模型である Ising 模型を扱う際はほとんど気にする必要はないのだが，本来スピンは量子力学的な概念である．スピン系の量子力学的な性質は第 14 章で扱われる．スピン演算子についての基本的な性質および有用な公式を記しておく．

B.1　スピン演算子と固有状態

$\hat{\boldsymbol{S}} = (\hat{S}^x, \hat{S}^y, \hat{S}^z)$ あるいは $\hat{\boldsymbol{S}} = (\hat{S}^1, \hat{S}^2, \hat{S}^3)$ と表されるスピン演算子は，次の交換関係を満たすエルミート演算子である[*1]．

$$[\hat{S}^\mu, \hat{S}^\nu] = i \sum_\lambda \epsilon_{\mu\nu\lambda} \hat{S}^\lambda \tag{B.1}$$

$\epsilon_{\mu\nu\lambda}$ は **Levi-Civita 記号**（Levi-Civita symbol）とよばれる完全反対称テンソルである[*2]．$\epsilon_{123} = 1$ として，その他の成分は添字の入れかえに対して符号を変えるという規則で決められる．つまり，$\epsilon_{123} = \epsilon_{231} = \epsilon_{312} = -\epsilon_{132} = -\epsilon_{213} = -\epsilon_{321} = 1$ で，残りは 0 である．

$\hat{\boldsymbol{S}}^2$ と $\hat{\boldsymbol{S}}$ の各成分は交換するが $\hat{\boldsymbol{S}}$ の各成分は互いに交換しないので，$\hat{S}^z$ を対角化する表示を選んで同時固有状態を次のようにとる．

$$\hat{\boldsymbol{S}}^2 |S, M\rangle = S(S+1)|S, M\rangle \tag{B.2}$$

$$\hat{S}^z |S, M\rangle = M|S, M\rangle \tag{B.3}$$

S は半整数の値 $0, 1/2, 1, 3/2, \cdots$ をとり，それぞれの S に対して M は $-S, -(S-$

[*1] 本書では $\hbar$ を省略する（$\hbar = 1$ とする）自然単位系を用いている．本来は右辺に $\hbar$ をつける．

[*2] **Eddington** のイプシロン（Eddington epsilon）とよばれることもある．ただし，日本以外でこうよぶことはあまりないようである．

1), ⋯ , $S-1, S$ の $2S+1$ 通りの値をとる．固有状態は正規直交条件

$$\langle S, M | S', M' \rangle = \delta_{SS'} \delta_{MM'} \tag{B.4}$$

および，スピン S の状態空間における完全性関係

$$\sum_{M=-S}^{S} |S, M\rangle\langle S, M| = 1 \tag{B.5}$$

を満たす．また，昇降演算子

$$\hat{S}^{\pm} = \hat{S}^x \pm i\hat{S}^y \tag{B.6}$$

を用いると，状態 $|S, M\rangle$ に作用させて M の値を変えることができる．

$$\hat{S}^{+}|S, M\rangle = \sqrt{(S-M)(S+M+1)}|S, M+1\rangle \tag{B.7}$$

$$\hat{S}^{-}|S, M\rangle = \sqrt{(S+M)(S-M+1)}|S, M-1\rangle \tag{B.8}$$

これらの性質はすべて式 (B.1) の交換関係と演算子のエルミート性から導かれる．

もっとも簡単で非自明な $S = 1/2$ のとき，

$$\hat{\boldsymbol{S}} = \frac{1}{2}\hat{\boldsymbol{\sigma}} \tag{B.9}$$

と書いて演算子 $\hat{\boldsymbol{\sigma}}$ が定義される．その行列表示である **Pauli 行列**（Pauli matrix）は次の表示をもつ．

$$\hat{\sigma}^x = \begin{pmatrix} 0 & 1 \\ 1 & 0 \end{pmatrix}, \qquad \hat{\sigma}^y = \begin{pmatrix} 0 & -i \\ i & 0 \end{pmatrix}, \qquad \hat{\sigma}^z = \begin{pmatrix} 1 & 0 \\ 0 & -1 \end{pmatrix} \tag{B.10}$$

ただし，基底を $\left|\frac{1}{2}, \frac{1}{2}\right\rangle$，$\left|\frac{1}{2}, -\frac{1}{2}\right\rangle$ とした．Ising 模型のスピン $S = \pm 1$ は，対角行列である $\hat{\sigma}^z$ の固有値に対応したものである．

B.2　スピンコヒーレント状態

スピン演算子の固有状態は $\hat{S}^z$ を対角化するようにとるのが慣例であるが，任意の方向にその量子化軸をとることもできる．その方向を $\boldsymbol{n} = (\sin\theta\cos\varphi, \sin\theta\sin\varphi, \cos\theta)$ とすると，

$$|\boldsymbol{S}\rangle = \hat{U}(\theta, \varphi)|S, S\rangle, \qquad \hat{U}(\theta, \varphi) = \exp\left(-i\theta\hat{\boldsymbol{S}}\cdot\boldsymbol{e}_{\varphi}\right) \tag{B.11}$$

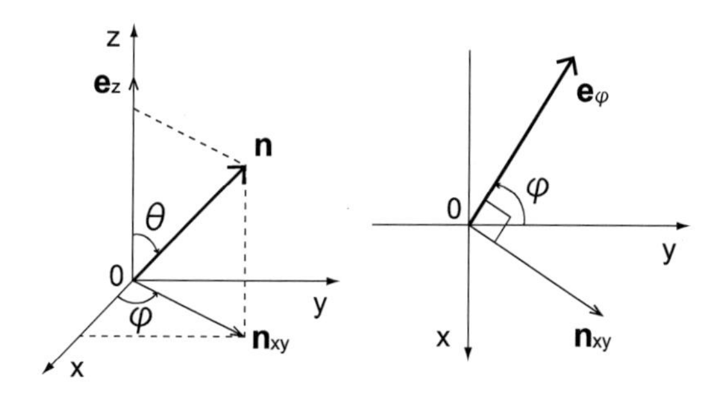

図 B.1　スピン空間における回転．$\boldsymbol{e}_z$ が回転によって $\boldsymbol{n}$ になる．$\boldsymbol{n}_{xy}$ は $\boldsymbol{n}$ の xy 平面への射影ベクトル，$\boldsymbol{e}_\varphi$ は回転軸を表す．

の状態が

$$\hat{\boldsymbol{S}} \cdot \boldsymbol{n}|\boldsymbol{S}\rangle = S|\boldsymbol{S}\rangle \tag{B.12}$$

を満たす．$\hat{U}$ はユニタリー演算子であり，軸 $\boldsymbol{e}_\varphi = (-\sin\varphi, \cos\varphi, 0)$ のまわりの角度 θ の回転を表す．これによってベクトル $\boldsymbol{e}_z = (0,0,1)$ が $\boldsymbol{n}$ になることが図 B.1 を見るとわかる．この状態 $|\boldsymbol{S}\rangle$ がスピンコヒーレント状態である．これは，スピン演算子の期待値

$$\langle \boldsymbol{S}|\hat{\boldsymbol{S}}|\boldsymbol{S}\rangle = \boldsymbol{S} = S\boldsymbol{n} \tag{B.13}$$

が球面上のベクトルとして表現できることによる．例えば，$S = 1/2$ のときの具体的な表現は次のようになる．

$$\begin{aligned} |\boldsymbol{S}\rangle &= \exp\left(-\frac{i}{2}\theta\hat{\boldsymbol{\sigma}} \cdot \boldsymbol{e}_\varphi\right)\begin{pmatrix} 1 \\ 0 \end{pmatrix} = \left[\cos\left(\frac{\theta}{2}\right) - i\hat{\boldsymbol{\sigma}} \cdot \boldsymbol{e}_\varphi \sin\left(\frac{\theta}{2}\right)\right]\begin{pmatrix} 1 \\ 0 \end{pmatrix} \\ &= \begin{pmatrix} \cos\left(\dfrac{\theta}{2}\right) \\ \mathrm{e}^{i\varphi}\sin\left(\dfrac{\theta}{2}\right) \end{pmatrix} \end{aligned} \tag{B.14}$$

詳しい導出は B.4 節で行うとして，いくつかの性質を列挙する．固有状態 $|S, M\rangle$ は完全系をなすので，コヒーレント状態はこれらの線形結合で書くことができる．

$$|\boldsymbol{S}\rangle = \sum_{M=-S}^{S} \sqrt{\frac{(2S)!}{(S+M)!(S-M)!}}\left[\cos\left(\frac{\theta}{2}\right)\right]^{S+M}\left[\mathrm{e}^{i\varphi}\sin\left(\frac{\theta}{2}\right)\right]^{S-M}|S, M\rangle \tag{B.15}$$

$|S, M\rangle$ とは異なり，コヒーレント状態は互いに直交しない．内積について次のように書ける．

$$\langle \boldsymbol{S}|\boldsymbol{S}'\rangle = \left[\cos\left(\frac{\theta}{2}\right)\cos\left(\frac{\theta'}{2}\right) + \mathrm{e}^{-i(\varphi-\varphi')}\sin\left(\frac{\theta}{2}\right)\sin\left(\frac{\theta'}{2}\right)\right]^{2S} \tag{B.16}$$

ただし，$\boldsymbol{S} = S\boldsymbol{n}$，$\boldsymbol{S}' = S\boldsymbol{n}'$ とした．絶対値は

$$|\langle \boldsymbol{S}|\boldsymbol{S}'\rangle| = \left(\frac{1+\boldsymbol{n}\cdot\boldsymbol{n}'}{2}\right)^{S} \tag{B.17}$$

となる．また，完全性関係は積分を用いて書ける．

$$\frac{2S+1}{4\pi}\int \mathrm{d}\Omega\, |\boldsymbol{S}\rangle\langle \boldsymbol{S}| = \frac{2S+1}{4\pi}\int_{-1}^{1}\mathrm{d}\cos\theta \int_{0}^{2\pi}\mathrm{d}\varphi\, |\boldsymbol{S}\rangle\langle \boldsymbol{S}| = 1 \tag{B.18}$$

Ω は θ，φ の角度によって決まる球面の立体角を表す．

直交しないが完全性をもっているスピンコヒーレント状態は過剰完全系である．これらの性質は調和振動子の系において定義されるコヒーレント状態のものとよく似ている．スピンコヒーレント状態は，14.5 節（312 ページ）においてスピン系の経路積分表示に用いられている．

B.3　Schwinger ボソン

スピン演算子は次のように表すこともできる．

$$\hat{S}^{+} = \hat{a}^{\dagger}\hat{b} \tag{B.19}$$

$$\hat{S}^{-} = \hat{b}^{\dagger}\hat{a} \tag{B.20}$$

$$\hat{S}^{z} = \frac{1}{2}(\hat{a}^{\dagger}\hat{a} - \hat{b}^{\dagger}\hat{b}) \tag{B.21}$$

ここで，$\hat{a}$ および $\hat{b}$ は次の交換関係を満たす．

$$[\hat{a}, \hat{a}^{\dagger}] = 1, \qquad [\hat{b}, \hat{b}^{\dagger}] = 1 \tag{B.22}$$

他の演算子の組み合わせはすべて交換する．これは Bose 粒子の交換関係そのものである．このとき，上のように定義されたスピン演算子は式 (B.1) の交換関係を満たす．つまり，スピン演算子は 2 種類の Bose 粒子の生成消滅演算子を用いて表すことができる．これらの Bose 粒子を **Schwinger ボソン**（Schwinger boson）という[*3]．

[*3] J. Schwinger: *On angular momentum* (Harvard University, 1952). 次の論文集に収録されている．L. C. Biedenharn and H. Van Dam (ed.): *Quantum theory of angular momentum* (Academic Press, 1965).

2 種の Bose 粒子系の状態はそれらの粒子数によって決まる．規格化も考慮すると，

$$|n_a, n_b\rangle = \frac{(\hat{a}^\dagger)^{n_a}}{\sqrt{n_a!}} \frac{(\hat{b}^\dagger)^{n_b}}{\sqrt{n_b!}} |0\rangle \tag{B.23}$$

である．$|0\rangle$ は粒子がまったくない真空状態を表しており，

$$\hat{a}|0\rangle = 0 \tag{B.24}$$

$$\hat{b}|0\rangle = 0 \tag{B.25}$$

を満たすものとして定義される．このとき，状態 $|n_a, n_b\rangle$ は粒子数演算子 $\hat{n}_a = \hat{a}^\dagger \hat{a}$, $\hat{n}_b = \hat{b}^\dagger \hat{b}$ に対して

$$\hat{n}_a |n_a, n_b\rangle = n_a |n_a, n_b\rangle \tag{B.26}$$

$$\hat{n}_b |n_a, n_b\rangle = n_b |n_a, n_b\rangle \tag{B.27}$$

を満たす．つまり，粒子 a が n_a 個，粒子 b が n_b 個ある．

式 (B.21) および次の式からわかるように，$|n_a, n_b\rangle$ はスピン演算子の固有状態でもある．

$$\hat{\boldsymbol{S}}^2 = \hat{n}(\hat{n}+1), \qquad \hat{n} = \frac{1}{2}(\hat{n}_a + \hat{n}_b) \tag{B.28}$$

つまり，$\hat{\boldsymbol{S}}^2$ と $\hat{S}^z$ が粒子数演算子を用いて書かれているので，$|n_a, n_b\rangle$ がそのままスピン演算子の固有状態になっている．量子数の間には次の対応がある．

$$S = \frac{n_a + n_b}{2}, \qquad M = \frac{n_a - n_b}{2} \tag{B.29}$$

Bose 粒子の総数一定の状態空間はスピン一定の空間を表している．

Schwinger ボソンを用いるとスピンを Bose 粒子として扱うことができる．スピンは $\hat{\boldsymbol{S}}^2 = S(S+1)$ という拘束条件をもつ非線形な演算子であり，摂動展開のような計算が行いにくい．そのため，Bose 粒子におきかえた計算がしばしば行われる．ただし，S 一定の空間，つまり粒子数一定の空間に制限するという条件が必要となるため，問題が簡単になったわけではない．ここでは次節でコヒーレント状態の性質を導く際に Schwinger ボソンの表示を用いる．

B.4　スピンコヒーレント状態の性質

B.2 節に記載したスピンコヒーレント状態についての各種関係式を導出しておこう．ユニタリー演算子 $\hat{U}$ を扱うため，次の公式が有用である[*4]．

$$\mathrm{e}^{\hat{X}}\hat{A}\mathrm{e}^{-\hat{X}} = \hat{A} + [\hat{X},\hat{A}] + \frac{1}{2!}[\hat{X},[\hat{X},\hat{A}]] + \cdots \tag{B.30}$$

はじめに，スピン演算子の期待値を計算する．

$$\langle \boldsymbol{S}|\hat{\boldsymbol{S}}|\boldsymbol{S}\rangle = \langle S,S|\hat{U}^\dagger\hat{\boldsymbol{S}}\hat{U}|S,S\rangle \tag{B.31}$$

であるから，$\hat{U}^\dagger\hat{\boldsymbol{S}}\hat{U}$ を公式 (B.30) に従って計算する．$\hat{U}$ は式 (B.11) の回転演算子である．例えば z 成分を考えると各項の交換関係は

$$[\hat{\boldsymbol{S}}\cdot\boldsymbol{e}_\varphi, \hat{S}^z] = \frac{i}{2}\left(\hat{S}^+\mathrm{e}^{-i\varphi} + \hat{S}^-\mathrm{e}^{i\varphi}\right) \tag{B.32}$$

$$[\hat{\boldsymbol{S}}\cdot\boldsymbol{e}_\varphi, [\hat{\boldsymbol{S}}\cdot\boldsymbol{e}_\varphi, \hat{S}^z]] = \hat{S}^z \tag{B.33}$$

のように計算される．2 回交換関係を計算すると元の演算子に戻るから，偶数項と奇数項を分けて考えて

$$\hat{U}^\dagger\hat{S}^z\hat{U} = \hat{S}^z\cos\theta - \hat{S}^x\sin\theta\cos\varphi - \hat{S}^y\sin\theta\sin\varphi \tag{B.34}$$

を得る．他の成分も同様にして計算できて，次の式を得る．

$$\hat{U}^\dagger\hat{\boldsymbol{S}}\hat{U} = \begin{pmatrix} 1-(1-\cos\theta)\cos^2\varphi & -(1-\cos\theta)\sin\varphi\cos\varphi & \sin\theta\cos\varphi \\ -(1-\cos\theta)\sin\varphi\cos\varphi & 1-(1-\cos\theta)\sin^2\varphi & \sin\theta\sin\varphi \\ -\sin\theta\cos\varphi & -\sin\theta\sin\varphi & \cos\theta \end{pmatrix}\begin{pmatrix}\hat{S}^x\\ \hat{S}^y\\ \hat{S}^z\end{pmatrix} \tag{B.35}$$

よって，期待値をとると

$$\langle \boldsymbol{S}|\hat{\boldsymbol{S}}|\boldsymbol{S}\rangle = S\begin{pmatrix}\sin\theta\cos\varphi\\ \sin\theta\sin\varphi\\ \cos\theta\end{pmatrix} \tag{B.36}$$

[*4] 証明は指数関数を展開して各項を比べることでなされる．類似の公式として **Baker – Campbell – Hausdorff** 公式（Baker – Campbell – Hausdorff formula）$\mathrm{e}^{\hat{X}}\mathrm{e}^{\hat{Y}} = \exp\left(\hat{X}+\hat{Y}+\frac{1}{2}[\hat{X},\hat{Y}]+\frac{1}{12}([\hat{X},[\hat{X},\hat{Y}]]+[\hat{Y},[\hat{Y},\hat{X}]])+\cdots\right)$ がある．

となる．

次に，$|\boldsymbol{S}\rangle$ を固有状態 $|S,M\rangle$ で分解することを考える．Schwinger ボソンを用いるのが便利である．式 (B.23)，(B.29) によると

$$|\boldsymbol{S}\rangle = \hat{U}|S,S\rangle = \hat{U}\frac{(\hat{a}^\dagger)^{2S}}{\sqrt{(2S)!}}|0\rangle = \frac{1}{\sqrt{(2S)!}}(\hat{U}\hat{a}^\dagger\hat{U}^\dagger)^{2S}|0\rangle \tag{B.37}$$

と書けるので，再び式 (B.30) の展開を用いて計算を行う．

$$\hat{\boldsymbol{S}}\cdot\boldsymbol{e}_\varphi = -\frac{i}{2}\left(\hat{a}^\dagger\hat{b}\mathrm{e}^{-i\varphi} - \hat{b}^\dagger\hat{a}\mathrm{e}^{i\varphi}\right) \tag{B.38}$$

であるから，展開の最初の 2 項を計算すると

$$[\hat{\boldsymbol{S}}\cdot\boldsymbol{e}_\varphi, \hat{a}^\dagger] = \frac{i}{2}\hat{b}^\dagger\mathrm{e}^{i\varphi} \tag{B.39}$$

$$[\hat{\boldsymbol{S}}\cdot\boldsymbol{e}_\varphi, [\hat{\boldsymbol{S}}\cdot\boldsymbol{e}_\varphi, \hat{a}^\dagger]] = \frac{1}{4}\hat{a}^\dagger \tag{B.40}$$

となる．この場合も 2 回交換関係を計算すると元の演算子に戻るから，

$$\hat{U}\hat{a}^\dagger\hat{U}^\dagger = \hat{a}^\dagger\cos\left(\frac{\theta}{2}\right) + \hat{b}^\dagger\mathrm{e}^{i\varphi}\sin\left(\frac{\theta}{2}\right) \tag{B.41}$$

が得られる．よって，

$$\begin{aligned}
|\boldsymbol{S}\rangle &= \frac{1}{\sqrt{(2S)!}}\left[\hat{a}^\dagger\cos\left(\frac{\theta}{2}\right) + \hat{b}^\dagger\mathrm{e}^{i\varphi}\sin\left(\frac{\theta}{2}\right)\right]^{2S}|0\rangle \\
&= \frac{1}{\sqrt{(2S)!}}\sum_{M=-S}^{S}\frac{(2S)!}{(S+M)!(S-M)!}\left[\hat{a}^\dagger\cos\left(\frac{\theta}{2}\right)\right]^{S+M} \\
&\qquad\times\left[\hat{b}^\dagger\mathrm{e}^{i\varphi}\sin\left(\frac{\theta}{2}\right)\right]^{S-M}|0\rangle \\
&= \sum_{M=-S}^{S}\sqrt{\frac{(2S)!}{(S+M)!(S-M)!}}\left[\cos\left(\frac{\theta}{2}\right)\right]^{S+M} \\
&\qquad\times\left[\mathrm{e}^{i\varphi}\sin\left(\frac{\theta}{2}\right)\right]^{S-M}|S,M\rangle
\end{aligned} \tag{B.42}$$

となる．この式より内積が次のように計算される．

$$\begin{aligned}
\langle\boldsymbol{S}|\boldsymbol{S}'\rangle &= \sum_{M=-S}^{S}\frac{(2S)!}{(S+M)!(S-M)!}\left[\cos\left(\frac{\theta}{2}\right)\cos\left(\frac{\theta'}{2}\right)\right]^{S+M} \\
&\qquad\times\left[\mathrm{e}^{-i(\varphi-\varphi')}\sin\left(\frac{\theta}{2}\right)\sin\left(\frac{\theta'}{2}\right)\right]^{S-M} \\
&= \left[\cos\left(\frac{\theta}{2}\right)\cos\left(\frac{\theta'}{2}\right) + \mathrm{e}^{-i(\varphi-\varphi')}\sin\left(\frac{\theta}{2}\right)\sin\left(\frac{\theta'}{2}\right)\right]^{2S}
\end{aligned} \tag{B.43}$$

最後に，完全系の関係を導出する．まず $|\boldsymbol{S}\rangle\langle\boldsymbol{S}|$ を φ で積分することを考える．被積分関数は $\mathrm{e}^{i\varphi}$ の整数べき乗の関数であること，それらを積分すると 0 乗以外のものはすべて 0 になることから

$$\int_0^{2\pi} \mathrm{d}\varphi\, |\boldsymbol{S}\rangle\langle\boldsymbol{S}| = 2\pi \sum_{M=-S}^{S} \frac{(2S)!}{(S+M)!(S-M)!} \left[\cos^2\left(\frac{\theta}{2}\right)\right]^{S+M} \times \left[\sin^2\left(\frac{\theta}{2}\right)\right]^{S-M} |S,M\rangle\langle S,M| \tag{B.44}$$

となる．$z=\cos\theta$ についての積分は

$$\frac{1}{2}\int_{-1}^{1} \mathrm{d}z \left(\frac{1+z}{2}\right)^{S+M} \left(\frac{1-z}{2}\right)^{S-M} = \frac{(S+M)!(S-M)!}{(2S+1)!} \tag{B.45}$$

と計算できる．よって，完全性関係

$$\int \mathrm{d}\Omega\, |\boldsymbol{S}\rangle\langle\boldsymbol{S}| = \frac{4\pi}{2S+1} \sum_{M=-S}^{S} |S,M\rangle\langle S,M| = \frac{4\pi}{2S+1} \tag{B.46}$$

を得る．

付録 C　場の変数と Green 関数

格子上で定義された実スカラー場の変数 ϕ_i とその Green 関数について，離散 Fourier 変換や熱力学極限・連続極限のとり方，Gauss 積分を用いた相関関数の計算などをまとめる．これらは第 10 章などの解析に不可欠なものである．

C.1　Fourier 変換

超立方格子の系を考える．一辺の長さを L，格子定数を a とすると，格子点の数は $N=(L/a)^d$ で与えられる．各格子点で実変数 ϕ_i を定義したとき，その離散 Fourier 変換

$$\phi_i = \frac{1}{\sqrt{N}}\sum_{\boldsymbol{k}} \tilde{\phi}_{\boldsymbol{k}} \mathrm{e}^{i\boldsymbol{k}\cdot\boldsymbol{r}_i}, \qquad \tilde{\phi}_{\boldsymbol{k}} = \frac{1}{\sqrt{N}}\sum_{i=1}^{N} \phi_i \mathrm{e}^{-i\boldsymbol{k}\cdot\boldsymbol{r}_i} \tag{C.1}$$

を考える．$\boldsymbol{r}_i$ は格子点 i の位置ベクトルを表す．ϕ_i は実数であるが，$\tilde{\phi}_{\boldsymbol{k}}$ は複素数となる．ただし，ϕ_i が実数であることより次の条件が必要となる．

$$\tilde{\phi}_{-\boldsymbol{k}} = \tilde{\phi}^*_{\boldsymbol{k}} \tag{C.2}$$

とりうる $\boldsymbol{k}$ の値は境界条件を指定することによって決まる．ここでは，多くの解析において用いられる周期的境界条件を考えよう．$\boldsymbol{r}_i$ と $\boldsymbol{r}_i + M\boldsymbol{e}_\mu$ の点を同一視する条件である．$M=L/a$ は一辺の格子点の数，$\boldsymbol{e}_\mu$（$\mu=1,2,\cdots,d$）は格子の基本単位ベクトル（大きさは a）を表す．このとき，$\boldsymbol{k}$ の μ 成分 k_μ は

$$\mathrm{e}^{ik_\mu L} = 1 \tag{C.3}$$

を満たす．よって，

$$k_\mu = \frac{2\pi}{L} n_\mu \tag{C.4}$$

となる．n_μ は整数値を表す．とりうる値はモードの数が N 個あるので，

$$n_\mu = \begin{cases} -\dfrac{M-2}{2}, \cdots, -1, 0, 1, \cdots, \dfrac{M-2}{2}, \dfrac{M}{2} & (M \text{ 偶数}) \\ -\dfrac{M-1}{2}, \cdots, -1, 0, 1, \cdots, \dfrac{M-3}{2}, \dfrac{M-1}{2} & (M \text{ 奇数}) \end{cases} \tag{C.5}$$

となる．

熱力学極限 $N \to \infty$ をとると，

$$\frac{1}{N}\sum_{\boldsymbol{k}} \to a^d \int_{-\pi/a}^{\pi/a} \frac{\mathrm{d}^d\boldsymbol{k}}{(2\pi)^d} \tag{C.6}$$

というおきかえが可能になる．積分範囲は**第一 Brillouin ゾーン**（first Brillouin zone）にとる．同時に

$$\tilde{\phi}(\boldsymbol{k}) = \sqrt{N}a^d\tilde{\phi}_{\boldsymbol{k}} = (La)^{d/2}\tilde{\phi}_{\boldsymbol{k}} \tag{C.7}$$

と定義すると，式 (C.1) は

$$\phi_i = \int_{-\pi/a}^{\pi/a} \frac{\mathrm{d}^d\boldsymbol{k}}{(2\pi)^d}\,\tilde{\phi}(\boldsymbol{k})\mathrm{e}^{i\boldsymbol{k}\cdot\boldsymbol{r}_i} \tag{C.8}$$

と書くことができる．

連続極限は $a \to 0$ をとることによって実現される．このとき，

$$a^d\sum_{i=1}^{N} \to \int \mathrm{d}^d\boldsymbol{r}, \qquad \phi_i \to \phi(\boldsymbol{r}) \tag{C.9}$$

として式 (C.1) は

$$\phi(\boldsymbol{r}) = \int \frac{\mathrm{d}^d\boldsymbol{k}}{(2\pi)^d}\,\tilde{\phi}(\boldsymbol{k})\mathrm{e}^{i\boldsymbol{k}\cdot\boldsymbol{r}}, \qquad \tilde{\phi}(\boldsymbol{k}) = \int \mathrm{d}^d\boldsymbol{r}\,\phi(\boldsymbol{r})\mathrm{e}^{-i\boldsymbol{k}\cdot\boldsymbol{r}} \tag{C.10}$$

となる．積分はそれぞれの空間の全領域について行われる．

C.2　Green 関数

ハミルトニアン $\mathcal{H} = -\beta H$ が次のように与えられる系の相関関数を考察しよう．

$$\mathcal{H} = -\frac{1}{2}\sum_{i,j=1}^{N} \phi_i(\hat{G}^{-1})_{ij}\phi_j \tag{C.11}$$

このとき定義される $\hat{G}^{-1}$ は Green 関数行列 $\hat{G}$ の逆行列であり，次の式を満たす．

$$\sum_{j=1}^{N} G_{ij}(\hat{G}^{-1})_{j\ell} = \delta_{i\ell} \tag{C.12}$$

G_{ij} は行列 $\hat{G}$ の ij 成分を表しており，ϕ_i の相関関数に等しい．

$$G_{ij} = \langle \phi_i \phi_j \rangle = \frac{\mathrm{Tr}\, \phi_i \phi_j \mathrm{e}^{\mathcal{H}}}{\mathrm{Tr}\, \mathrm{e}^{\mathcal{H}}} \tag{C.13}$$

ここで，Tr はすべての ϕ_i についての積分を表す．詳しくは次節で計算を行う．

G_{ij} が並進不変，つまり $\boldsymbol{r} = \boldsymbol{r}_i - \boldsymbol{r}_j$ にしかよらないとき，$G_{ij} = G_{\boldsymbol{r}}$ と書いて Fourier 変換を行う．

$$G_{\boldsymbol{r}} = \frac{1}{\sqrt{N}} \sum_{\boldsymbol{k}} \tilde{G}_{\boldsymbol{k}} \mathrm{e}^{i\boldsymbol{k}\cdot\boldsymbol{r}}, \qquad \tilde{G}_{\boldsymbol{k}} = \frac{1}{\sqrt{N}} \sum_{\boldsymbol{r}} G_{\boldsymbol{r}} \mathrm{e}^{-i\boldsymbol{k}\cdot\boldsymbol{r}} \tag{C.14}$$

$(\hat{G}^{-1})_{\boldsymbol{r}}$ の Fourier 変換を $(\tilde{G}^{-1})_{\boldsymbol{k}}$ とすると，式 (C.12) より

$$\sum_{\boldsymbol{k}}^{N} \tilde{G}_{\boldsymbol{k}} (\tilde{G}^{-1})_{\boldsymbol{k}} \mathrm{e}^{i\boldsymbol{k}\cdot(\boldsymbol{r}_i - \boldsymbol{r}_\ell)} = \delta_{i\ell} \tag{C.15}$$

が成り立つ．つまり，

$$(\tilde{G}^{-1})_{\boldsymbol{k}} = \frac{1}{N\tilde{G}_{\boldsymbol{k}}} \tag{C.16}$$

である．

このとき，ハミルトニアンは

$$\mathcal{H} = -\frac{1}{2\sqrt{N}} \sum_{\boldsymbol{k}} \frac{1}{\tilde{G}_{\boldsymbol{k}}} |\tilde{\phi}_{\boldsymbol{k}}|^2 \tag{C.17}$$

である．また，相関関数は

$$\langle \tilde{\phi}_{\boldsymbol{k}} \tilde{\phi}_{\boldsymbol{k}'} \rangle = \sqrt{N} \tilde{G}_{\boldsymbol{k}} \delta_{\boldsymbol{k}+\boldsymbol{k}',\boldsymbol{0}} \tag{C.18}$$

と計算される．この式は次節の最後において示す．

次に，熱力学極限および連続極限をとる．このとき，

$$G(\boldsymbol{r}_i - \boldsymbol{r}_j) = G_{ij} \tag{C.19}$$

$$G^{-1}(\boldsymbol{r}_i - \boldsymbol{r}_j) = a^{-2d} (\hat{G}^{-1})_{ij} \tag{C.20}$$

$$\tilde{G}(\boldsymbol{k}) = \sqrt{N} a^d \tilde{G}_{\boldsymbol{k}} \tag{C.21}$$

として，Green 関数の Fourier 変換は次のように書ける．

$$G(\boldsymbol{r}) = \int \frac{\mathrm{d}^d\boldsymbol{k}}{(2\pi)^d}\,\tilde{G}(\boldsymbol{k})\mathrm{e}^{i\boldsymbol{k}\cdot\boldsymbol{r}}, \qquad \tilde{G}(\boldsymbol{k}) = \int \mathrm{d}^d\boldsymbol{r}\,G(\boldsymbol{r})\mathrm{e}^{-i\boldsymbol{k}\cdot\boldsymbol{r}} \tag{C.22}$$

$G^{-1}(\boldsymbol{r})$ は次の式を満たす．

$$\int \mathrm{d}^d\boldsymbol{r}'\,G(\boldsymbol{r}-\boldsymbol{r}')G^{-1}(\boldsymbol{r}'-\boldsymbol{r}'') = \delta^d(\boldsymbol{r}-\boldsymbol{r}'') \tag{C.23}$$

式 (C.12) に対応する関係である．$G^{-1}(\boldsymbol{r})$ の Fourier 変換は，$G(\boldsymbol{r})$ の Fourier 変換 $\tilde{G}(\boldsymbol{k})$ の逆数に等しい．$\tilde{G}_{\boldsymbol{k}}$，$(\tilde{G}^{-1})_{\boldsymbol{k}}$ とは次の対応がある．

$$\tilde{G}^{-1}(\boldsymbol{k}) = \sqrt{N}a^{-d}(\tilde{G}^{-1})_{\boldsymbol{k}} = \frac{1}{\sqrt{N}a^d\tilde{G}_{\boldsymbol{k}}} \tag{C.24}$$

ハミルトニアンは

$$\begin{aligned}\mathcal{H} &= -\frac{1}{2}\int \mathrm{d}^d\boldsymbol{r}\mathrm{d}^d\boldsymbol{r}'\,\phi(\boldsymbol{r})G^{-1}(\boldsymbol{r}-\boldsymbol{r}')\phi(\boldsymbol{r}') \\ &= -\frac{1}{2}\int \frac{\mathrm{d}^d\boldsymbol{k}}{(2\pi)^d}\,\frac{1}{\tilde{G}(\boldsymbol{k})}|\tilde{\phi}(\boldsymbol{k})|^2 \end{aligned} \tag{C.25}$$

相関関数は

$$\langle\phi(\boldsymbol{r})\phi(\boldsymbol{r}')\rangle = G(\boldsymbol{r}-\boldsymbol{r}') \tag{C.26}$$

$$\langle\tilde{\phi}(\boldsymbol{k})\tilde{\phi}(\boldsymbol{k}')\rangle = \tilde{G}(\boldsymbol{k})(2\pi)^d\delta^d(\boldsymbol{k}+\boldsymbol{k}') \tag{C.27}$$

となる．上式において現れる座標空間と波数空間でのデルタ関数は，離散表示のときの Kronecker のデルタからそれぞれ次のように定義されるものである．

$$\delta^d(\boldsymbol{r}_i-\boldsymbol{r}_j) = \frac{1}{a^d}\delta_{ij}, \qquad \delta^d(\boldsymbol{k}-\boldsymbol{k}') = \left(\frac{L}{2\pi}\right)^d\delta_{\boldsymbol{k}\boldsymbol{k}'} \tag{C.28}$$

本書では，離散 Fourier 変換として式 (C.1) という対称的な定義を用いる．式 (C.1) に $1/\sqrt{N}$ をつけない代わりに式 (C.1) に $1/N$ をつけるという流儀の方もよく用いられているが，その場合，ϕ を演算子と見なしたときに得られる交換関係に不都合が生じる[*1]．本書の定義では式 (C.16) の表現に N が入ってしまうという煩わしさはある．いずれにしても，熱力学極限および連続極限における表現は変わらない．

[*1] 式 (14.21)，(14.22)（299 ページ）や式 (G.11)（365 ページ）を参照．

C.3 Gauss 積分

前節でも扱ったが，摂動計算では多変数の Gauss 積分を行うことがよくある．ここで必要な計算をまとめよう．

相関関数

式 (C.11) の形のハミルトニアンに対して式 (C.13) のような相関関数の公式を考える．計算は次の生成関数を用いるのが便利である．

$$Z(J) = \prod_{i=1}^{N} \int \mathrm{d}\phi_i \, \exp\left[-\frac{1}{2}\sum_{i,j=1}^{N} \phi_i (\hat{G}^{-1})_{ij} \phi_j + \sum_{i=1}^{N} J_i \phi_i\right] \tag{C.29}$$

$\hat{G}$ は前節で扱った Green 関数行列である．生成関数は $\{J_i\}_{i=1,\cdots,N}$ の関数として与えられる．$Z(0)$ は分配関数を表す量である．補助変数 J を導入することで相関関数が計算しやすくなる．

変形をわかりやすくするため，生成関数を行列とベクトルを用いた表記にする．

$$Z(J) = \prod_{i=1}^{N} \int \mathrm{d}\phi_i \, \exp\left[-\frac{1}{2}\phi^{\mathrm{T}} \hat{G}^{-1} \phi + \frac{1}{2}(J^{\mathrm{T}}\phi + \phi^{\mathrm{T}} J)\right] \tag{C.30}$$

ϕ は ϕ_i を成分にもつ縦ベクトルである．J も同様に定義される．このとき，次のように書くことで相関関数の計算を大幅に簡単化できる．

$$Z(J) = \prod_{i=1}^{N} \int \mathrm{d}\phi_i \, \exp\left[-\frac{1}{2}\left(\phi^{\mathrm{T}} - J^{\mathrm{T}}\hat{G}\right) \hat{G}^{-1} \left(\phi - \hat{G}J\right) + \frac{1}{2} J^{\mathrm{T}} \hat{G} J\right] \tag{C.31}$$

積分変数 ϕ について $\phi' = \phi - \hat{G}J$ という変数変換を行うと，ϕ' に依存する部分と J に依存する部分が完全に分離される．したがって，

$$\frac{Z(J)}{Z(0)} = \exp\left(\frac{1}{2} J^{\mathrm{T}} \hat{G} J\right) \tag{C.32}$$

という関係を得る．

相関関数を計算する目的では $Z(0)$ の値を知る必要がない．相関関数は次のように表されるからである．

$$\langle \phi_i \phi_j \rangle = \left.\frac{\partial^2}{\partial J_i \partial J_j} \frac{Z(J)}{Z(0)}\right|_{J=0} \tag{C.33}$$

$\langle\ \rangle$ はハミルトニアン (C.11) についての平均を表す．式 (C.32) より，

$$\langle \phi_i \phi_j \rangle = \frac{1}{2}\left(G_{ij} + G_{ji}\right) = G_{ij} \tag{C.34}$$

となって式 (C.13) を得ることができた*2.

高次相関関数

上で述べた相関関数の計算は一般化できて高次相関関数の公式を得ることができる．キュムラント展開を用いる．A.2 節（326 ページ）の定義より，生成関数は

$$\frac{Z(J)}{Z(0)} = \left\langle \exp\left(\sum_{i=1}^{N} J_i \phi_i\right) \right\rangle = \exp\left[\sum_{n=1}^{\infty} \frac{1}{n!} \left\langle \left(\sum_{i=1}^{N} J_i \phi_i\right)^n \right\rangle_{\mathrm{c}}\right] \tag{C.35}$$

と書かれる．右辺の平均はキュムラントである．対数をとることで

$$\ln\left(\frac{Z(J)}{Z(0)}\right) = \sum_{n=1}^{\infty} \frac{1}{n!} \sum_{i_1,\cdots,i_n=1}^{N} J_{i_1} \cdots J_{i_n} \left\langle \phi_{i_1} \cdots \phi_{i_n} \right\rangle_{\mathrm{c}} \tag{C.36}$$

と書けるから，両辺を J について微分することで任意の次数のキュムラントが生成関数から計算される．

$$\langle \phi_1 \cdots \phi_n \rangle_{\mathrm{c}} = \frac{\partial^n}{\partial J_1 \cdots \partial J_n} \ln\left(\frac{Z(J)}{Z(0)}\right)\Bigg|_{J=0} \tag{C.37}$$

この公式は任意のハミルトニアンに対して成り立つ．式 (C.11) の場合，式 (C.32) より

$$\langle \phi_1 \cdots \phi_n \rangle_{\mathrm{c}} = \frac{\partial^n}{\partial J_1 \cdots \partial J_n} \frac{1}{2} J^{\mathrm{T}} \hat{G} J \Bigg|_{J=0} \tag{C.38}$$

であるが，$n = 2$ の場合以外は明らかに 0 である．A.2 節（326 ページ）でも示したが，Gauss 分布の場合，キュムラントの 3 次以降の項は 0 になる．

Gauss 分布の場合に高次相関関数を計算するには，生成関数の対数をとらないで微分を行えばよい．

$$\begin{aligned} \langle \phi_{i_1} \cdots \phi_{i_n} \rangle &= \frac{1}{Z(0)}\ \frac{\partial^n}{\partial J_{i_1} \cdots \partial J_{i_n}} Z(J)\Bigg|_{J=0} \\ &= \frac{\partial^n}{\partial J_{i_1} \cdots \partial J_{i_n}} \exp\left(\frac{1}{2} J^{\mathrm{T}} \hat{G} J\right)\Bigg|_{J=0} \end{aligned} \tag{C.39}$$

---

*2　$\phi^{\mathrm{T}} \hat{G}^{-1} \phi$ という表現からわかるように $\hat{G}$ は対称行列である．反対称成分が含まれていたとしても和をとることにより相殺される．

J について微分すると GJ が指数関数の肩から降りてくるが，そこで $J=0$ とおくと 0 になってしまう．有限の寄与を得るためには降りてきた J を微分して消す必要がある．このように J_i と J_j の対で微分すると G_{ij} が得られる．そのようなとりうる対の寄与をすべて考えることで高次相関関数が得られる．例えば $n=4$ のときを考えてみると次のようになる．

$$\langle \phi_1 \phi_2 \phi_3 \phi_4 \rangle = G_{12}G_{34} + G_{13}G_{24} + G_{14}G_{23} \tag{C.40}$$

奇数次の相関関数は対をつくることができないので 0 となる．

分配関数

次に，分配関数 $Z(0)$ を計算する．相関関数を計算するときには必要ないが，自由エネルギーなどの計算を行うときには必要である．

$$Z(0) = \prod_{i=1}^{N} \int \mathrm{d}\phi_i \, \exp\left(-\frac{1}{2}\phi^{\mathrm{T}} \hat{G}^{-1} \phi\right) \tag{C.41}$$

計算は行列 $\hat{G}$ を対角化することによってなされる．$\hat{G}$ は実対称行列を表すので，直交行列 $\hat{U}$ を用いて対角化される．

$$\hat{G} = \hat{U}^{\mathrm{T}} \hat{G}^{(0)} \hat{U} \tag{C.42}$$

この直交行列は新しい積分変数

$$\tilde{\phi} = \hat{U}\phi \tag{C.43}$$

を導入することによって消去される．変数変換によるヤコビアンは，$\sum_i \mathrm{d}\phi_i \mathrm{d}\phi_i = \sum_{ij} g_{ij} \mathrm{d}\tilde{\phi}_i \mathrm{d}\tilde{\phi}_j$ と書いたとき $\sqrt{\det g}$ と求められる．直交変換の場合 $g_{ij} = \delta_{ij}$ であるからヤコビアンは 1 である．よって

$$\begin{aligned} Z(0) &= \prod_{i=1}^{N} \int \mathrm{d}\tilde{\phi}_i \, \exp\left[-\frac{1}{2}\tilde{\phi}^{\mathrm{T}} (\hat{G}^{(0)})^{-1} \tilde{\phi}\right] \\ &= \prod_{i=1}^{N} \left[\int \mathrm{d}\tilde{\phi}_i \, \exp\left(-\frac{1}{2}\tilde{\phi}_i (G_i^{(0)})^{-1} \tilde{\phi}_i\right)\right] \end{aligned} \tag{C.44}$$

と書ける．$G_i^{(0)}$ は対角行列 $\hat{G}^{(0)}$ の i 番目の対角成分を表す．積分変数が分離されたので積分を容易に行うことができて

$$Z(0) = \prod_{i=1}^{N} (2\pi G_i^{(0)})^{1/2} = (2\pi)^{N/2} \sqrt{\det \hat{G}} = (2\pi)^{N/2} \exp\left(\frac{1}{2} \mathrm{Tr} \, \ln \hat{G}\right) \tag{C.45}$$

を得る．最後の等式では $\mathrm{Tr}\,\ln\hat{G} = \ln\det\hat{G}$ という恒等式を用いている．

連続場の積分

以上の計算は離散個の実変数 $\{\phi_i\}$ を用いていたが，これを連続場 $\phi(\boldsymbol{r})$ にした場合も同様に考えることができる．生成汎関数

$$Z[J(\boldsymbol{r})] = \int \mathcal{D}\phi(\boldsymbol{r})\,\exp\left(-\frac{1}{2}\int \mathrm{d}^d\boldsymbol{r}\mathrm{d}^d\boldsymbol{r}'\,\phi(\boldsymbol{r})G^{-1}(\boldsymbol{r}-\boldsymbol{r}')\phi(\boldsymbol{r}') + \int \mathrm{d}^d\boldsymbol{r}\,J(\boldsymbol{r})\phi(\boldsymbol{r})\right) \tag{C.46}$$

に対して積分を行うと，

$$\frac{Z[J(\boldsymbol{r})]}{Z[0]} = \exp\left(\frac{1}{2}\int \mathrm{d}^d\boldsymbol{r}\mathrm{d}^d\boldsymbol{r}'\,J(\boldsymbol{r})G(\boldsymbol{r}-\boldsymbol{r}')J(\boldsymbol{r}')\right) \tag{C.47}$$

を得る．相関関数は汎関数微分

$$\langle\phi(\boldsymbol{r}_1)\phi(\boldsymbol{r}_2)\rangle = \frac{1}{Z[0]}\,\frac{\delta^2}{\delta J(\boldsymbol{r}_1)\delta J(\boldsymbol{r}_2)}Z[J(\boldsymbol{r})]\bigg|_{J=0} = G(\boldsymbol{r}_1-\boldsymbol{r}_2) \tag{C.48}$$

を用いて計算できる．高次相関関数についても同様である．

波数空間の相関関数

座標空間における場の量を用いた Gauss 積分は Green 関数に微分演算子が含まれていることが多いので，直接積分を行うのではなくて母関数を用いた．並進不変な系では，波数空間への Fourier 変換を行えば積分を具体的に計算することができる．以下ではその計算を行い，式 (C.18) を示す．相関関数は次のように積分を用いて表されている．

$$\langle\tilde{\phi}_{\boldsymbol{k}}\tilde{\phi}_{\boldsymbol{k}'}\rangle = \frac{\mathrm{Tr}\,\tilde{\phi}_{\boldsymbol{k}}\tilde{\phi}_{\boldsymbol{k}'}\exp\left(-\frac{1}{2\sqrt{N}}\sum_{\boldsymbol{k}}\frac{1}{\tilde{G}_{\boldsymbol{k}}}|\tilde{\phi}_{\boldsymbol{k}}|^2\right)}{\mathrm{Tr}\,\exp\left(-\frac{1}{2\sqrt{N}}\sum_{\boldsymbol{k}}\frac{1}{\tilde{G}_{\boldsymbol{k}}}|\tilde{\phi}_{\boldsymbol{k}}|^2\right)} \tag{C.49}$$

$\tilde{\phi}_{\boldsymbol{k}}$ は $\tilde{\phi}_{-\boldsymbol{k}} = \tilde{\phi}^*_{\boldsymbol{k}}$ を満たす複素数である．ただし，$\boldsymbol{k}=\boldsymbol{0}$ のとき $\tilde{\phi}_{\boldsymbol{0}}$ は実数となる．$\tilde{G}_{\boldsymbol{k}}$ は $\tilde{G}_{\boldsymbol{k}} = \tilde{G}_{-\boldsymbol{k}}$ を満たし微分演算子を含まない通常の関数であるとする．また，Tr はすべての $\tilde{\phi}_{\boldsymbol{k}}$ についての積分を表す．

積分をいくつかの場合に分けて考える．

- $\boldsymbol{k}=\boldsymbol{k}'\neq\boldsymbol{0}$ のとき．$\tilde{\phi}_{\boldsymbol{k}}$ を実部と虚部に分けて $\tilde{\phi}_{\boldsymbol{k}} = \tilde{\phi}_{\boldsymbol{k}1} + i\tilde{\phi}_{\boldsymbol{k}2}$ と書くと

$$\begin{aligned}\langle\tilde{\phi}^2_{\boldsymbol{k}}\rangle &= \frac{\mathrm{Tr}\,\left(\tilde{\phi}_{\boldsymbol{k}1}+i\tilde{\phi}_{\boldsymbol{k}2}\right)^2\exp\left[-\frac{1}{\sqrt{N}\tilde{G}_{\boldsymbol{k}}}\left(\tilde{\phi}^2_{\boldsymbol{k}1}+\tilde{\phi}^2_{\boldsymbol{k}2}\right)\right]}{\mathrm{Tr}\,\exp\left[-\frac{1}{\sqrt{N}\tilde{G}_{\boldsymbol{k}}}\left(\tilde{\phi}^2_{\boldsymbol{k}1}+\tilde{\phi}^2_{\boldsymbol{k}2}\right)\right]}\\ &= \langle\tilde{\phi}^2_{\boldsymbol{k}1} + 2i\tilde{\phi}_{\boldsymbol{k}1}\tilde{\phi}_{\boldsymbol{k}2} - \tilde{\phi}^2_{\boldsymbol{k}2}\rangle\end{aligned} \tag{C.50}$$

である．指数関数の部分について，$\tilde{\phi}_{\boldsymbol{k}}$ と $\tilde{\phi}_{-\boldsymbol{k}} = \tilde{\phi}^*_{\boldsymbol{k}}$ 以外の寄与は分母と分子で相殺し合うことから和を落としている．実部・虚部それぞれの変数についての Gauss 積分になるが，$\langle \tilde{\phi}^2_{\boldsymbol{k}1} \rangle = \langle \tilde{\phi}^2_{\boldsymbol{k}2} \rangle$ である．また，被積分関数は $\tilde{\phi}_{\boldsymbol{k}1}$, $\tilde{\phi}_{\boldsymbol{k}2}$ それぞれについて奇関数であるので $\langle \tilde{\phi}_{\boldsymbol{k}1} \tilde{\phi}_{\boldsymbol{k}2} \rangle = 0$ となる．よって合わせると積分は 0 になる．

- $\boldsymbol{k} = -\boldsymbol{k}' \neq \boldsymbol{0}$ のとき．$\tilde{\phi}_{\boldsymbol{k}} \tilde{\phi}_{\boldsymbol{k}'} = |\tilde{\phi}_{\boldsymbol{k}}|^2 = \tilde{\phi}^2_{\boldsymbol{k}1} + \tilde{\phi}^2_{\boldsymbol{k}2}$ より次のように 0 でない値を得る．

$$\langle \tilde{\phi}_{\boldsymbol{k}} \tilde{\phi}_{-\boldsymbol{k}} \rangle = \frac{\mathrm{Tr}\left(\tilde{\phi}^2_{\boldsymbol{k}1} + \tilde{\phi}^2_{\boldsymbol{k}2}\right) \exp\left[-\frac{1}{\sqrt{N}\tilde{G}_{\boldsymbol{k}}}\left(\tilde{\phi}^2_{\boldsymbol{k}1} + \tilde{\phi}^2_{\boldsymbol{k}2}\right)\right]}{\mathrm{Tr}\,\exp\left[-\frac{1}{\sqrt{N}\tilde{G}_{\boldsymbol{k}}}\left(\tilde{\phi}^2_{\boldsymbol{k}1} + \tilde{\phi}^2_{\boldsymbol{k}2}\right)\right]} = \sqrt{N}\tilde{G}_{\boldsymbol{k}} \tag{C.51}$$

- $\boldsymbol{k} = \boldsymbol{k}' = \boldsymbol{0}$ のとき．$\tilde{\phi}_{\boldsymbol{0}}$ は実数であるから上の計算で $\boldsymbol{k} = \boldsymbol{0}$ とおくわけにはいかない．計算を行うと

$$\langle \tilde{\phi}^2_{\boldsymbol{0}} \rangle = \frac{\mathrm{Tr}\,\tilde{\phi}^2_{\boldsymbol{0}} \exp\left(-\frac{1}{2\sqrt{N}\tilde{G}_{\boldsymbol{0}}}\tilde{\phi}^2_{\boldsymbol{0}}\right)}{\mathrm{Tr}\,\exp\left(-\frac{1}{2\sqrt{N}\tilde{G}_{\boldsymbol{0}}}\tilde{\phi}^2_{\boldsymbol{0}}\right)} = \sqrt{N}\tilde{G}_{\boldsymbol{0}} \tag{C.52}$$

  である．計算の過程は異なるが，結果は式 (C.51) に含めて表すことができる．

- 他の場合，つまり $\boldsymbol{k} \neq \boldsymbol{k}'$, $\boldsymbol{k} \neq -\boldsymbol{k}'$ の場合は奇関数の積分なので 0 となる．

以上をまとめると，式 (C.18) の結果を得る．

付録 D　Monte Carlo 法のアルゴリズム

第 5 章において Markov 過程に基づいたマスター方程式を考えたが，そのような時間発展規則に従うものとして Monte Carlo 法における状態更新がある．本文でも触れたがこの方法は実用上も非常に重要なものである．ここではその典型的なアルゴリズムを説明することで，実際に Markov 過程のダイナミクスを扱っていることを示す．

D.1　Metropolis アルゴリズム

平衡状態としてカノニカル分布 $P_{\mathrm{eq}}(S) = \exp(-\beta H(S))/Z$ が実現されるようなアルゴリズムを考える．詳細つりあいの条件 (5.8)（101 ページ）を満たすように遷移確率が決められる．**Metropolis アルゴリズム**（Metropolis algorithm）は次のように遷移確率を定める[*1]．

$$
\begin{aligned}
W(S \to S') &\propto \min\left(1,\ \frac{P_{\mathrm{eq}}(S')}{P_{\mathrm{eq}}(S)}\right) \\
&= \theta\left(\frac{P_{\mathrm{eq}}(S')}{P_{\mathrm{eq}}(S)} - 1\right) + \frac{P_{\mathrm{eq}}(S')}{P_{\mathrm{eq}}(S)}\theta\left(1 - \frac{P_{\mathrm{eq}}(S')}{P_{\mathrm{eq}}(S)}\right) \qquad \text{(D.1)}
\end{aligned}
$$

詳細つりあい条件が満たされていることは容易に確かめられる．スピン配位 S と S' を決めれば，平衡分布比 $P_{\mathrm{eq}}(S')/P_{\mathrm{eq}}(S)$ が計算できるので遷移確率を得ることができる．スピンの更新は本文でも述べたがどれか一つのスピンの符号を変えるものが最も簡単である．よって具体的なアルゴリズムは以下のようになる．

---

*1 N. Metropolis, A. W. Rosenbluth, M. N. Rosenbluth, A. H. Teller, and E. Teller: J. Chem. Phys. **21**, 1087 (1953). 著者は複数いるにもかかわらず，方法名には第一著者の名前のみが冠されている．歴史的な経緯については以下を参照．J. E. Gubernatis: Phys. Plasmas **12**, 057303 (2005). Metropolis らの方法を一般化した次の研究と合わせて **Metropolis–Hastings アルゴリズム**（Metropolis–Hastings algorithm）とよばれることもある．W. K. Hastings: Biometrika **57**, 97 (1970).

[1] 適当な初期状態 S を与える．

[2] ランダムにスピン S_i を一つとり符号を変え，これを暫定配位 S' とする．

[3] 元の配位 S と暫定配位 S' の間で Boltzmann 因子の比

$$r = \frac{P_{\mathrm{eq}}(S')}{P_{\mathrm{eq}}(S)} \tag{D.2}$$

を計算する．

[4] $r \geq 1$ であれば S' を採用し新しい状態とする．$r < 1$ であれば $[0, 1]$ の一様乱数 r_0 を発生させ，$r \geq r_0$ であれば S' を採用する．$r < r_0$ であれば元の S を新しい状態とする．

[5] 2 に戻りくり返し．

式 (D.2) において，$P_{\mathrm{eq}}(S')/P_{\mathrm{eq}}(S) = \exp\left[-\beta(H(S') - H(S))\right]$ であるが，S' は S と S_i の符号しか違わないので，$H(S') - H(S)$ において大部分の項は打ち消し合って 0 になる．このため，r の計算は非常に容易になる．

D.2 デーモンアルゴリズム

デーモンアルゴリズム（demon algorithm）はミクロカノニカル分布を実現させるアルゴリズムである[*2]．系に対して十分小さい系（デーモン）を考え，そのエネルギーを E_{D} とする．両者を合わせた系は孤立系であり，全エネルギー

$$E = H + E_{\mathrm{D}} \tag{D.3}$$

が保存する．与えられたエネルギー E に対してデーモンエネルギー $E_{\mathrm{D}} = E - H$ が非負の量になるように状態更新を行う．遷移確率は

$$W(S \to S') \propto \theta(E - H(S')) \tag{D.4}$$

で与えられ，詳細つりあいの条件を満たしている．

また，ミクロカノニカル分布からカノニカル分布を導出する方法によると，E_{D} は Boltzmann 分布

$$P_{\mathrm{eq}}(E_{\mathrm{D}}) \propto \mathrm{e}^{-\beta E_{\mathrm{D}}} \tag{D.5}$$

[*2] M. Creutz: Phys. Rev. Lett. **50**, 1411 (1983).

に従って分布する．得られる減衰率 $1/\beta$ が系の温度を与える．E_{D} の平均を計算することで温度が求められる．

$$\frac{1}{\beta} = \langle E_{\mathrm{D}} \rangle \tag{D.6}$$

アルゴリズムは以下のようになる．

[1] 適当な初期状態 S を与える．
[2] ランダムにスピン S_i を一つとり符号を変え，これを暫定配位 S' とする．
[3] 新しい配位 S' に対して

$$E_{\mathrm{D}} = E - H(S') \tag{D.7}$$

を計算する．
[4] $E_{\mathrm{D}} \geq 0$ であれば S' を採用し新しい状態とする．$E_{\mathrm{D}} < 0$ であれば元の S を新しい状態とする．
[5] 2 に戻りくり返し．

D.3　注意点

実際の計算では注意するべき点がいくつかある．やや余談となるが，通常の説明では飛ばされがちなそのような点を述べておく．より詳しい説明は付録 H.1 節の文献 [20]（372 ページ）等を参照されたい．

- 上記 [2]〜[4] の操作が具体的な Monte Carlo 計算における時間の最小単位となる．注意する点は [4] で暫定配位が棄却されても元の配位のままで時間発展を行うということである．よって実際には $S \to S \to S \to S' \to \cdots$ のようになかなか配位が変わらない時間発展もありうる．暫定配位が採用されたときのみ時計の針を進めるわけではない．

- スピンの数が大きければ大きいほど上記のサイクルをくり返す必要がある．数個のスピンをひっくり返したくらいの状態では元の状態と非常に似通っており，相関が非常に大きい．理想的にはそのような相関はなくす必要がある．スピンの数 N だけ前節のサイクルをくり返し，これを 1 Monte Carlo（MC）ステップとして計算の単位とする．

- 初期状態は平衡状態ではないので，十分なステップ数 M_0 だけアルゴリズムをくり返して平衡状態に到達させてから，平衡状態の物理量の計測を始める．

- 1MC ステップの更新では強い相関が残るため，緩和時間を計算する．緩和時間は，次の相関関数より得られる．

$$c(t) = \frac{\langle E(T)E(T+t)\rangle - \langle E(T)\rangle^2}{\langle E^2(T)\rangle - \langle E(T)\rangle^2} \tag{D.8}$$

  $E(t)$ は MC ステップ時間 t で得られる適当な物理量，例えばエネルギーを表す．$\langle\,\rangle$ は T に関する平均とする．この関数は t に関して減衰関数であり，本文で平均場理論を用いて示したように，

$$c(t) \sim \exp(-t/\tau) \tag{D.9}$$

  となることが多い．この τ を緩和時間とする．

- $t \geq \tau$ 程度の MC ステップ時間の間隔をとってサンプルを採用し物理量の平均値を計算する．サンプリング数を M とすると，実際に行うサイクルの数は $N \times (M_0 + \tau \times M)$ 程度となる．

- 緩和時間はできる限り小さくなることが望ましい．大きくなってしまう原因の一つは，1 回のサイクルで 1 スピンを変えることにある．そこでこれを改良するために，いくつかのスピンを一度にまとめて変えるようなアルゴリズムが考えられている．

- 例えば 3 次元 Ising 模型の計算では格子点の数 $L = N^{1/3}$ が $L \sim 10^1 - 10^2$ 程度のものを考え，$M_0 \sim 10^4 - 10^5$，$M \sim 10^5 - 10^6$ 程度の計算を行う．このとき，緩和時間は $\tau \sim 10^0 - 10^1$ 程度となる．ただし，臨界点付近や低温など，これ以上の計算が必要となる場合がある．

- 以上の目安は，どんな系でもこれですべてうまくいくということを保証しているわけではない．初期条件を変える等，あらゆる手段で結果の正当性を確認する努力が必要となる．

付録 *E*　2次元Ising模型の解

2次元正方格子上で定義されたIsing模型

$$H = -J \sum_{\langle ij \rangle} S_i S_j \tag{E.1}$$

の分配関数を，高温展開を用いて計算する[*1]．6.2.1項（119ページ）で分配関数が次のように書かれることを示した．

$$Z = 2^N (\cosh \beta J)^{Nz/2} \sum_{\ell=0}^{\infty} g(\ell) v^{\ell} \tag{E.2}$$

$v = \tanh \beta J$ である．$g(\ell)$ は ℓ 本のボンドでつくることができるループの数を表す．

E.1　ループ数の計算

$g(\ell)$ には複数のつながっていないループも寄与する．そこでつながった一つのループのみを用いて計算できるように，次の連結ループ数 $g_{\mathrm{c}}(\ell)$ を定義する．

$$\sum_{\ell=0}^{\infty} g(\ell) v^{\ell} = \exp\left(\sum_{\ell=1}^{\infty} g_{\mathrm{c}}(\ell) v^{\ell} \right) \tag{E.3}$$

$g_{\mathrm{c}}(\ell)$ につながったループのみが寄与することは以下の例でわかる[*2]．右辺を展開することで，次のように書くことができる．

$$g(\ell) = \sum_{n=1}^{\ell} \frac{1}{n!} \sum_{\substack{\{\ell_i\} \\ (\ell_1 + \cdots + \ell_n = \ell)}} g_{\mathrm{c}}(\ell_1) \cdots g_{\mathrm{c}}(\ell_n) \tag{E.4}$$

[*1] 付録H.1節（370ページ）の文献 [5] や，以下の文献を参照．R. P. Feynman, Statistical Mechanics (Westview Press, 1972, 1998); ランダウ，リフシッツ：「統計物理学（第3版）」（岩波書店，1980年）．

[*2] 指数関数の肩に乗せるとつながっている寄与のみを考えればよいことは第10章のFeynmanダイアグラムを用いた計算と似ている．キュムラント展開と類似の性質である．

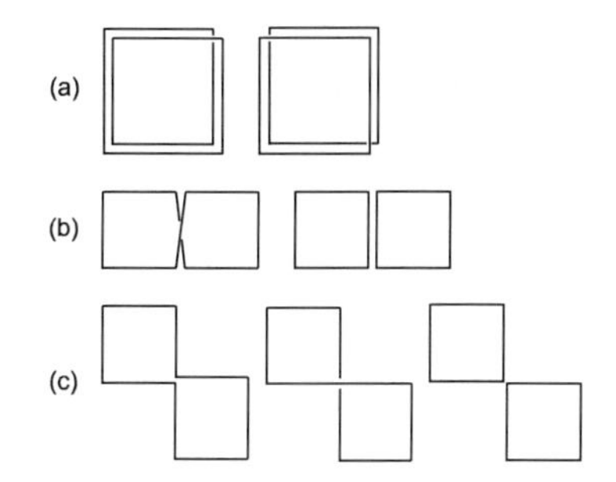

図 **E.1**　間違ってとりこんでしまう寄与の例．(a), (b) はボンドを 2 回用いるのでとりこんではいけない．(c) は一つだけとる必要がある．

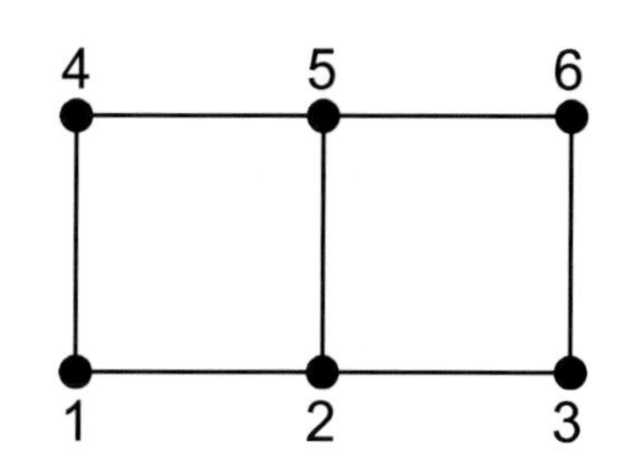

図 **E.2**　$(\hat{m}^3)_{16}$ の寄与は, $(\hat{m}^3)_{16} = m_{12}m_{23}m_{36} + m_{12}m_{25}m_{56} + m_{14}m_{45}m_{56}$ と書ける．

右辺の二つめの和は，$\ell_1 + \cdots + \ell_n = \ell$ を満たすすべての $(\ell_1, \cdots, \ell_n)$ の組について和をとる．例えば，$g(\ell)$ が有限となる ℓ の最も小さい値は $\ell = 4$ であり，

$$g(4) = g_{\mathrm{c}}(4) \tag{E.5}$$

$$g(6) = g_{\mathrm{c}}(6) \tag{E.6}$$

$$g(8) = g_{\mathrm{c}}(8) + \frac{1}{2}g_{\mathrm{c}}^2(4) \tag{E.7}$$

$$g(10) = g_{\mathrm{c}}(10) + g_{\mathrm{c}}(6)g_{\mathrm{c}}(4) \tag{E.8}$$

などと書ける．式 (E.7) 第 2 項の 1/2 の因子は指数関数の展開により生じたものだが，数えすぎを修正するためのものと解釈できる．この項は 4 本のボンドで二つのループをつくる寄与を表しているが，二つのループのパターンが 2 回数えられてしまうため，2 で割る．ただし，その場合二つのループが完全に重なったり同じボンドを共有したりしている寄与も数えてしまう．図 E.1(a) や (b) の右側のようなものである．この問題は後で修正する．

$g_{\mathrm{c}}(\ell)$ を系統的に計算するために，次の行列要素をもつ $N \times N$ 行列 $\hat{m}$ を定義する．

$$m_{ij} = \begin{cases} 1 & ((ij)\text{ が最近接対}) \\ 0 & (\text{それ以外}) \end{cases} \tag{E.9}$$

このとき，i から j まで ℓ 本のボンドを伝って行くことのできる経路の数は $(\hat{m}^\ell)_{ij}$ と書ける．図 E.2 の例を参照．一つのループが与えられたとき，出発点をループ上

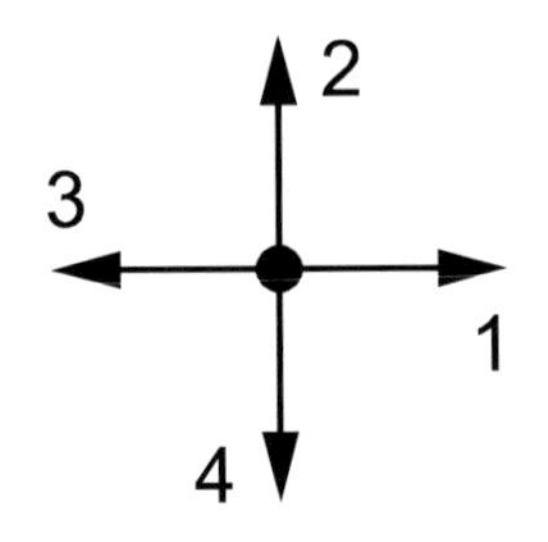

図 **E.3**　行列 $\hat{M}_{ij}$ の各要素に対応させる方向の定義.

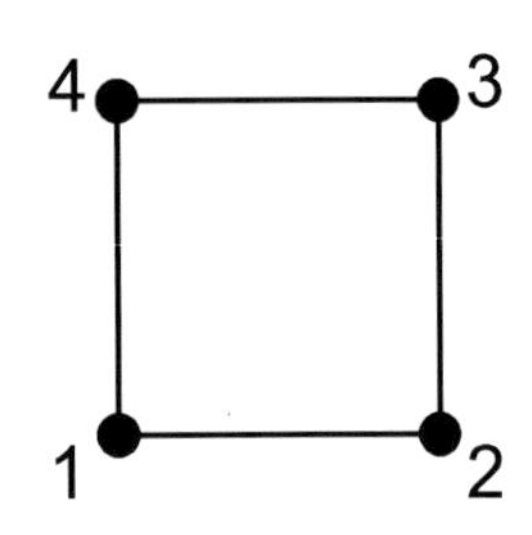

図 **E.4**　格子点の定義.

の任意の点にとれること，逆回りも数えていることを考慮すると，

$$g_c(\ell) = \frac{1}{2\ell}\mathrm{Tr}\,\hat{m}^{\ell} \tag{E.10}$$

とすればよい．ただし，この規則では余分な寄与を多くとりすぎてしまう．ある格子点から一つのボンドを使ってとなりの点に行き，また同じボンドを使って元の点に戻る場合，ボンドを 2 回使う場合（図 E.1(b) 左），ループをなす線が交差する場合（図 E.1(c) 左二つ）などである．

問題を修正するには，ループがどのようにつくられるかで区別をするとよい．i という格子点に上下左右のどちらの方向から入るかを考慮してループをつくる．$\hat{m}$ の代わりに，$M_{i\alpha,j\beta}$ を成分としてもつ $4N \times 4N$ の行列 $\hat{M}$ を考える．i と α で行列要素の一つの行，j と β で一つの列を指定する．i は格子点を表し，α は 4 通りの値をとる．このとき，$\hat{M}_{ij}$ は 4×4 の行列を表す．つまり，$\hat{M}_{ij}$ の $\alpha\beta$ 成分が $M_{i\alpha,j\beta}$ を表す．$M_{i\alpha,j\beta}$ は，格子点 i に α の方向で入ってきて格子点 j に β の方向で入る寄与を表す．添字 α，β には，図 E.3 で定義される四つの方向を割り当てる．ある $(i\alpha, j\beta)$ に対してそのような経路をとることが可能であれば α と β のなす角 θ を用いて $M_{i\alpha,j\beta} = \mathrm{e}^{i\theta/2}$，禁止されていれば $M_{i\alpha,j\beta} = 0$ とする．具体例はすぐ次の段落で扱う．

並進不変性により，$\hat{M}_{ij}$ は $\boldsymbol{r}_i - \boldsymbol{r}_j$ にのみ依存する．ほとんどの $\hat{M}_{ij}$ は 0 となる．有限なのは i と j がとなり合った格子点のときのみで，4 通りある．図 E.4 のよう

に格子点 1，2，3，4 を指定すると，

$$\hat{M}_{12} = \hat{M}_{43} = \begin{pmatrix} 1 & 0 & 0 & 0 \\ \mathrm{e}^{i\pi/4} & 0 & 0 & 0 \\ 0 & 0 & 0 & 0 \\ \mathrm{e}^{-i\pi/4} & 0 & 0 & 0 \end{pmatrix} \tag{E.11}$$

$$\hat{M}_{21} = \hat{M}_{34} = \begin{pmatrix} 0 & 0 & 0 & 0 \\ 0 & 0 & \mathrm{e}^{-i\pi/4} & 0 \\ 0 & 0 & 1 & 0 \\ 0 & 0 & \mathrm{e}^{i\pi/4} & 0 \end{pmatrix} \tag{E.12}$$

$$\hat{M}_{14} = \hat{M}_{23} = \begin{pmatrix} 0 & \mathrm{e}^{-i\pi/4} & 0 & 0 \\ 0 & 1 & 0 & 0 \\ 0 & \mathrm{e}^{i\pi/4} & 0 & 0 \\ 0 & 0 & 0 & 0 \end{pmatrix} \tag{E.13}$$

$$\hat{M}_{41} = \hat{M}_{32} = \begin{pmatrix} 0 & 0 & 0 & \mathrm{e}^{i\pi/4} \\ 0 & 0 & 0 & 0 \\ 0 & 0 & 0 & \mathrm{e}^{-i\pi/4} \\ 0 & 0 & 0 & 1 \end{pmatrix} \tag{E.14}$$

となる．各 $\hat{M}_{ij}$ は，i から j に向かう方向の番号が列番号と一致したときに有限の寄与をもつ．例えば，$\hat{M}_{12}$ の第 1 列は図 E.5 のように解釈される．

図 E.4 の格子点 1 から 3 へ行く寄与は，これらの行列の積を用いて次のように書ける．

$$(\hat{M}^2)_{13} = \hat{M}_{12}\hat{M}_{23} + \hat{M}_{14}\hat{M}_{43} = \begin{pmatrix} 1 & \mathrm{e}^{-i\pi/4} & 0 & 0 \\ \mathrm{e}^{i\pi/4} & 1 & 0 & 0 \\ \mathrm{e}^{i\pi/2} & 0 & 0 & 0 \\ 0 & \mathrm{e}^{-i\pi/2} & 0 & 0 \end{pmatrix} \tag{E.15}$$

プラケットを 1 周して元の点に戻る寄与は行列の 4 乗で与えられる．一つの格子点

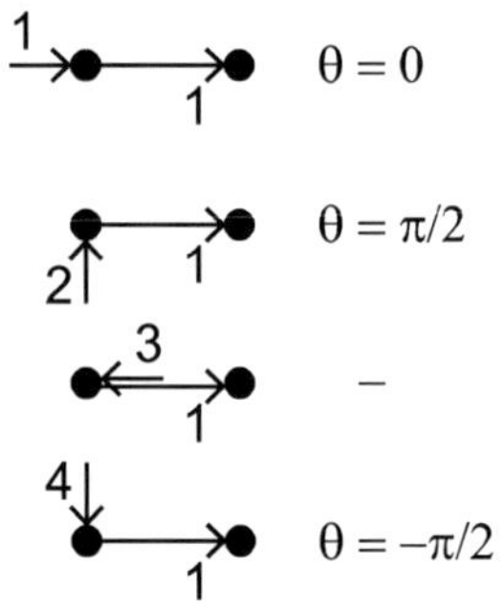

図 E.5　$\hat{M}_{12}$ の第 1 列．左の点が 1，右の点が 2 を表す．矢印の番号は図 E.3 で定義された向きを表す．角度 θ は矢印 1 ともう一つの矢印のなす角度を表す．それぞれの行列要素は $\mathrm{e}^{i\theta/2}$ となる．31 成分を表す三つめの寄与は禁止されている（ボンドを 2 回用いている）ので行列要素は 0 とする．

と接しているプラケットは四つあるから，四つの寄与を足して

$$(\hat{M}^4)_{11} = \begin{pmatrix} -2 & \mathrm{e}^{3i\pi/4} & \mathrm{e}^{i\pi/2}+\mathrm{e}^{-i\pi/2} & \mathrm{e}^{-3i\pi/4} \\ \mathrm{e}^{-3i\pi/4} & -2 & \mathrm{e}^{3i\pi/4} & \mathrm{e}^{i\pi/2}+\mathrm{e}^{-i\pi/2} \\ \mathrm{e}^{i\pi/2}+\mathrm{e}^{-i\pi/2} & \mathrm{e}^{-3i\pi/4} & -2 & \mathrm{e}^{3i\pi/4} \\ \mathrm{e}^{3i\pi/4} & \mathrm{e}^{i\pi/2}+\mathrm{e}^{-i\pi/2} & \mathrm{e}^{-3i\pi/4} & -2 \end{pmatrix} \tag{E.16}$$

と計算される．対角成分は，出ていった方向と戻ってくる方向が同じときの寄与を表している．1 周回ったときの角度 θ の総和は $\pm 2\pi$ であるから，$\mathrm{e}^{\pm i\pi} = -1$ の位相因子を得る．対角成分を足してマイナスの符号をつけると 8 となる．四つのプラケットを回る寄与の和を表している．逆回りも区別して数えているので 2 倍されて 8 となっている．

これを一般化すれば，$(\hat{M}^\ell)_{ii}$ の対角成分の和を -2 で割ったものは，i を起点として ℓ 本の線を用いてループをなす寄与を与えるから，$g_\mathrm{c}(\ell)$ は次のように書ける．

$$g_\mathrm{c}(\ell) = -\frac{1}{2\ell}\sum_{i=1}^{N}\sum_{\alpha=1}^{4}(\hat{M}^\ell)_{ii}^{\alpha\alpha} \tag{E.17}$$

この表現を用いて式 (E.4) より $g(\ell)$ を計算すると，不要な寄与を打ち消し合って正しい $g(\ell)$ を与える．

図 E.1 の例でこのことを見てみよう．図 E.1(a) の場合，左の図は $g_{\mathrm{c}}(8)$，右の図は $g_{\mathrm{c}}^2(4)$ にそれぞれ寄与する．両者の回転角はそれぞれ $\pm 4\pi$ であるから位相因子は $\mathrm{e}^{2\pi i}=1$ となる．また，$g_{\mathrm{c}}(\ell)$ の定義 (E.17) で -1 を掛けるので，左の図の寄与には負の符号がつく．出発点および回転の向きを考えると，格子点が四つあるので両者はそれぞれ 8，8^2 の因子が掛かるが，式 (E.17) の定義から，両者にはそれぞれ 1/16，$(1/8)^2$ の因子がつく．さらに，式 (E.7) の定義を見ると第 2 項に 1/2 の因子がつく．これらを合わせると図 E.1(a) の二つの寄与は打ち消し合って 0 になる．図 E.1(b) は左の寄与に -1 がつくため，両者で打ち消し合う．図 E.1(c) の三つの場合，それぞれの回転角は $\pm 2\pi$，0，$\pm 4\pi$ であり，符号は -1，$+1$，$+1$ となる．よって，左の二つは打ち消し合い，三つを一つに数えることができている．

以上より，分配関数は次のように書ける．

$$\sum_{\ell=0}^{\infty} g(\ell) v^{\ell}=\exp\left(-\sum_{\ell=1}^{\infty}\frac{1}{2\ell}\operatorname{Tr}\hat{M}^{\ell}v^{\ell}\right) \tag{E.18}$$

$\hat{M}$ は $4N\times 4N$ の行列であり，この固有値 λ_μ を用いて式を表すことができる．

$$\begin{aligned}\sum_{\ell=0}^{\infty} g(\ell) v^{\ell}&=\exp\left(-\sum_{\ell=1}^{\infty}\frac{1}{2\ell}\sum_{\mu=1}^{4N}\lambda_{\mu}^{\ell}v^{\ell}\right)\\&=\exp\left(\frac{1}{2}\sum_{\mu=1}^{4N}\ln(1-\lambda_\mu v)\right)\\&=\prod_{\mu=1}^{4N}(1-\lambda_\mu v)^{1/2}\end{aligned} \tag{E.19}$$

残る問題は，$4N\times 4N$ の行列 $\hat{M}$ を対角化することである．このうち，N 個の格子点に関する部分は，Fourier 変換を用いることで対角化できる．

$$\hat{M}_{ij}=\frac{1}{N}\sum_{\boldsymbol{k}}\tilde{M}(\boldsymbol{k})\mathrm{e}^{i\boldsymbol{k}\cdot(\boldsymbol{r}_i-\boldsymbol{r}_j)} \tag{E.20}$$

$$\tilde{M}(\boldsymbol{k})=\sum_{i=1}^{N}\hat{M}_{ij}\mathrm{e}^{-i\boldsymbol{k}\cdot(\boldsymbol{r}_i-\boldsymbol{r}_j)} \tag{E.21}$$

これらは 4×4 の行列である．$\tilde{M}(\boldsymbol{k})$ は式 (E.11)～(E.14) で計算した四つの行列の

線形結合で書け，次のようになる．

$$\tilde{M}(\boldsymbol{k}) = \begin{pmatrix} \mathrm{e}^{ik_1} & \mathrm{e}^{ik_2}\mathrm{e}^{-i\pi/4} & 0 & \mathrm{e}^{-ik_2}\mathrm{e}^{i\pi/4} \\ \mathrm{e}^{ik_1}\mathrm{e}^{i\pi/4} & \mathrm{e}^{ik_2} & \mathrm{e}^{-ik_1}\mathrm{e}^{-i\pi/4} & 0 \\ 0 & \mathrm{e}^{ik_2}\mathrm{e}^{i\pi/4} & \mathrm{e}^{-ik_1} & \mathrm{e}^{-ik_2}\mathrm{e}^{-i\pi/4} \\ \mathrm{e}^{ik_1}\mathrm{e}^{-i\pi/4} & 0 & \mathrm{e}^{-ik_1}\mathrm{e}^{i\pi/4} & \mathrm{e}^{-ik_2} \end{pmatrix} \tag{E.22}$$

ここで，$\boldsymbol{k} = (k_1, k_2)$ であり，周期的境界条件を用いると，整数 n_1，n_2 を用いて $k_{1,2} = 2\pi n_{1,2}/L$ と書ける．$N = L^2$ とした．この行列を対角化することで，各 $\boldsymbol{k}$ について四つの固有値が求められる．式 (E.19) はこの行列についての行列式から

$$\begin{aligned} \sum_{\ell=0}^{\infty} g(\ell) v^{\ell} &= \left[\det{}_{4N}(1 - \hat{M}v)\right]^{1/2} \\ &= \left[\prod_{\boldsymbol{k}} \det{}_4 \left(1 - \tilde{M}(\boldsymbol{k})v\right)\right]^{1/2} \\ &= \prod_{\boldsymbol{k}} \left[(1+v^2)^2 - 2v(1-v^2)(\cos k_1 + \cos k_2)\right]^{1/2} \end{aligned} \tag{E.23}$$

と求められる．分配関数は

$$\begin{aligned} Z &= 2^N (\cosh \beta J)^{2N} \prod_{\boldsymbol{k}} \left[(1+v^2)^2 - 2v(1-v^2)\left(\cos k_1 + \cos k_2\right)\right]^{1/2} \\ &= 2^N \prod_{\boldsymbol{k}} \left[\cosh^2(2\beta J) - \sinh(2\beta J)\left(\cos k_1 + \cos k_2\right)\right]^{1/2} \end{aligned} \tag{E.24}$$

となる．よって自由エネルギー密度は

$$-\beta f = \ln 2 + \frac{1}{2N} \sum_{\boldsymbol{k}} \ln \left[\cosh^2(2\beta J) - \sinh(2\beta J)\left(\cos k_1 + \cos k_2\right)\right] \tag{E.25}$$

である．熱力学極限をとると，和は積分におきかえられ，

$$-\beta f = \ln 2 + \frac{1}{2} \int_0^{2\pi} \frac{\mathrm{d}^2 \boldsymbol{k}}{(2\pi)^2} \ln \left[\cosh^2(2\beta J) - \sinh(2\beta J)\left(\cos k_1 + \cos k_2\right)\right] \tag{E.26}$$

を得る．エネルギー，比熱の計算は 6.2.2 項（120 ページ）で行っている．

E.2 分配関数のゼロ点

2.3.3 項（31 ページ）で記述した分配関数のゼロ点（Fisher ゼロ）分布を調べてみよう．式 (E.24) より，各 $\boldsymbol{k}$ について

$$\cosh^2(2\beta J) - \sinh(2\beta J)\,(\cos k_1 + \cos k_2) = 0 \tag{E.27}$$

を満たす点がゼロ点を与える．これを $z = \sinh(2\beta J)$ について解くと

$$z = \frac{\cos k_1 + \cos k_2}{2} \pm i\sqrt{1 - \left(\frac{\cos k_1 + \cos k_2}{2}\right)^2} \tag{E.28}$$

である．つまり，ゼロ点は複素 z 平面の原点を中心とした単位円上に分布している．

$\cos k_1 = \cos k_2 = 1$ のときのゼロ点は $z = 1$ となり，実軸上にある．この点が転移温度を表しているが，N が有限のときは孤立した点となる．N を大きくするとゼロ点が密になっていき，実温度の関数としての熱力学関数の特異性をもたらす[*3]．

[*3] 有限の N で実軸上にゼロ点が存在するのは一般的な議論と矛盾するように思えるが，そもそも式 (E.24) は有限の N で正しい表式ではない．熱力学極限をとることで 2 次元 Ising 模型の分配関数と一致する．有限の大きさで厳密に一致しないことは，端がつながって周期的になっている効果を考慮していないことからわかる．

付録F　クロスオーバー

複数の有意変数があるときのスケーリング理論は注意を要する点がある．ここではそのクロスオーバーの問題および数値計算への応用を扱う．

F.1　クロスオーバー

クロスオーバー（crossover）とは，図 3.2(a)（50 ページ）のように磁場がわずかでも入ると磁化がなめらかな関数となって特異性が失われてしまう現象を指す．これをスケーリング理論の観点から見てみよう．

二つの有意な変数 t，h で記述される系を考える．つまり，$x_t > 0$，$x_h > 0$ である．臨界点は $t = 0$，$h = 0$ で与えられる．このとき，関数 f はそれぞれの正のスケーリング次元 x_t，x_h を用いて

$$f(t,h) = b^{-x_f} f(b^{x_t} t, b^{x_h} h) \tag{F.1}$$

と書くことができる．x_f は f のスケーリング次元である．ここで $b^{x_t} t = 1$ となるように b を選ぶと

$$f(t,h) = t^{x_f/x_t} f\left(1, \frac{h}{t^{x_h/x_t}}\right) \tag{F.2}$$

であるから，f は 1 変数関数 F_f を用いて

$$f(t,h) = t^{x_f/x_t} F_f\left(\frac{h}{t^{x_h/x_t}}\right) \tag{F.3}$$

と書くことができる．$h = 0$ のとき，$F_f(0)$ が定数値であるとすると，$f \sim t^{x_f/x_t}$ である．これは，第 7 章で展開した議論である．

実際にはパラメータの調節を行って $h = 0$ ととることは難しく，有限の h が残ることがある．このとき，F_f は $h/t^{x_h/x_t}$ に依存するから，h が十分小さくても t がさらに小さくなると $h/t^{x_h/x_t}$ が大きくなってしまうという問題が生じる．われわれが

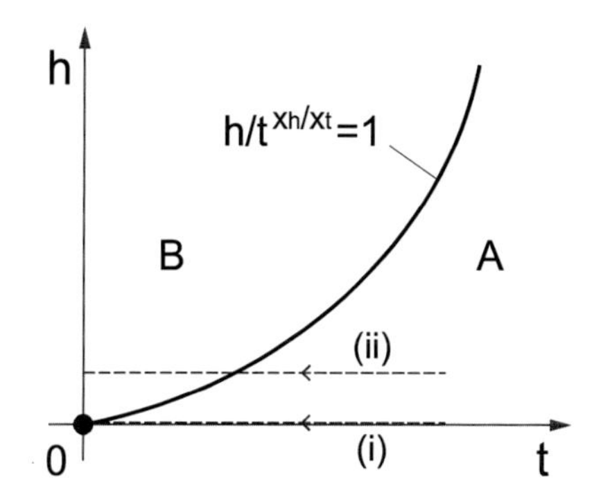

図 **F.1**　クロスオーバーの概念図．原点が臨界点を表す．関数 F_f の引数 $h/t^{x_h/x_t}$ が小さい領域を A, 大きい領域を B とする．A の領域の普遍性を調べるために (i) に沿って $t \to 0$ の極限をとりたいのだが，(ii) に沿って行うと，領域 B に入ってしまう．

知りたいのは臨界点付近でのふるまいだが，臨界点に近づけば近づくほど $h/t^{x_h/x_t}$ が必ず大きくなる（図 F.1）．このときのふるまいは本来期待されていたものからずれてしまう．

F.2　有限サイズスケーリング

第 6 章でいくつかの模型を扱ったが，実際に閉じた形で解が求められる模型は限られている．そのため，計算機を利用した数値計算の方法が発展してきた．計算機の性能が上がっている現代では多くの系の解析が数値的に行えるという利点がある一方で，数値計算特有の問題点も存在する．重大な問題の一つは，熱力学極限をどのようにしてとるかということである．計算機で扱うことができるのは有限の系である．第 2 章で見たように相転移は理論的には無限の大きさの系でしか存在しない．よって相転移のない有限系の解析から無限系で相転移があるかどうかを判断しないといけない．そのときに用いられる手法が**有限サイズスケーリング**（finite-size scaling）である．

有限の系を特徴づける量は系の長さである．その長さの逆数 L^{-1} は熱力学極限で 0 になる変数である．結合定数 K の一つと見ると，スケーリング次元 1 をもった量である．つまり L^{-1} は有意な変数である．これはくりこみ群変換を行うと系の大きさが小さくなることに対応している．

関数 f が温度変数 t で書けるとする．これは有意な変数である．いまの場合，これに加えて L^{-1} も有意な変数として存在するから，

$$f(t, L^{-1}) = b^{-x_f} f(b^{x_t} t, bL^{-1}) \tag{F.4}$$

と書ける．$b^{x_t} t = 1$ となるように b を選ぶと

$$f(t, L^{-1}) = t^{x_f/x_t} f\left(1, \frac{L^{-1}}{t^{1/x_t}}\right) \tag{F.5}$$

である．数値計算では L^{-1} は 0 にとることができないので，クロスオーバーの現象が見られる．スケーリング次元 x_t は，臨界指数 ν を用いて $\nu = 1/x_t$ と書くことができて，相関長は $\xi \sim t^{-\nu}$ であるから，

$$f(t, L^{-1}) = \xi^{-x_f} F_f(\xi/L) \tag{F.6}$$

と書ける．実際の臨界現象は $L^{-1} \to 0$ のとき，$F_f(x)$ の x が小さいところの性質によって決定される．$F_f(0)$ は定数になることが期待される．このとき，相関長は系の大きさより小さいことが想定されている（$\xi \ll L$）．しかしながら，臨界点で付近では相関長は大きくなっていき，有限系の長さを超えると $F_f(x)$ の x が大きくなってしまう（$\xi \gg L$）．

臨界点を有限サイズスケーリングを用いて決定する方法を議論しよう．関数 f は次のように書くことができる．

$$f(t, L^{-1}) = L^{-x_f} \tilde{F}_f(L^{1/\nu} t) \tag{F.7}$$

スケーリング理論の重要なポイントは，左辺の 2 変数関数が右辺の 1 変数関数を用いて表されることである．この性質は，関数をプロットするときに役に立つ．すなわち 2 変数関数であれば 3 次元の空間を必要とするグラフが，有効変数の数が減らされることにより，2 次元のプロットですむ．L を適当な値に定めて t を変えて f の曲線をプロットする．次に L を異なる値にして同じように t を変えてプロットする．式 (F.7) の右辺には 1 変数の関数が一つ出てくるだけだから，二つのプロットは一つの曲線上に乗るはずである．逆にこのことを利用して熱力学極限での性質を推定することができる．いくつかの系の大きさ L で解析を行い，それらがすべて同じ曲線にのるように臨界点の位置やスケーリング次元を定めるのである．

L が有限で t が小さいとき，式 (F.7) によると $\tilde{F}_f$ の引数が小さいところの寄与が支配的となる．$F_f(0)$ は有限の定数であると考えられる．このとき，Taylor 展開に

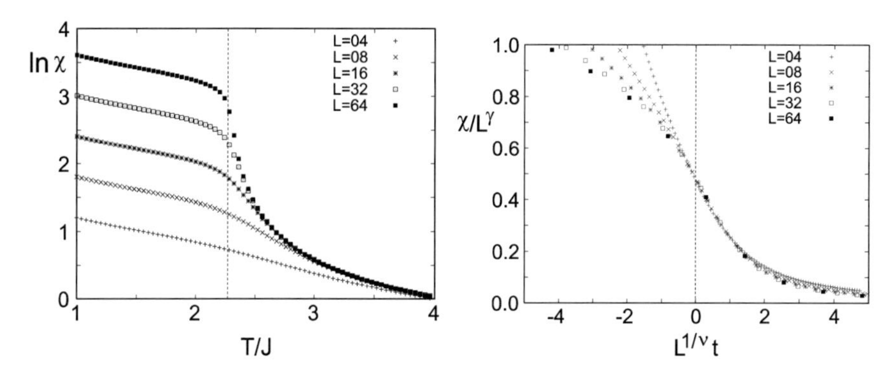

図 F.2 2次元 Ising 模型における有限サイズスケーリングの例.（左）磁化率のサイズ依存性. 破線は熱力学極限での転移温度の位置を表す.（右）有限サイズスケーリングを用いたプロット.

より

$$\frac{f(t, L^{-1})}{L^{-x_f}} = A + BL^{1/\nu}t + \cdots \tag{F.8}$$

と書けるだろう. これを t の関数として見たとき, L を変えていくつかの曲線をプロットしてみる. L が異なれば関数形も変わるのでそれらの曲線は異なるものとなる. しかしながら, $t = 0$ のときは関数は L に依存しない. よってすべての曲線はある1点で交わり, 転移温度を見つけることができる. この場合, あらかじめ知っておく必要があるのは考えている変数 f のスケーリング次元である. 例えば相関長を用いれば

$$\frac{\xi(t, L^{-1})}{L} = \tilde{F}_\xi(L^{1/\nu}t) \tag{F.9}$$

と書けて, 計算が行いやすい.

具体例として, 2次元 Ising 模型について Monte Carlo 法を用いて磁化率

$$\chi = \frac{\beta}{N}\sum_{i,j=1}^{N}\langle S_i S_j\rangle \tag{F.10}$$

を計算したものを図 F.2 に示す[*1]. 磁化率を温度の関数としてそのままプロットすると系の大きさに強く依存したものとなり, 転移点の位置も同定しにくいが（図 F.2

[*1] 長さ $L = 4, 8, 16, 32, 64$ の周期境界条件をとった正方格子を扱っている. Metropolis アルゴリズムを用い, $M_0 = 10^4$, $M = 10^5$ とした（付録 D を参照）.

左)，有限サイズスケーリングを用いると転移点付近ではすべてほぼ1本の線上にのることがわかる（図F.2右）[*2]．

[*2] ここでは転移点や臨界指数の値として解析的な結果を用いている．

付録 G　Jordan–Wigner 変換

第 14 章で定義した 1 次元の横磁場 Ising 模型や量子 XY 模型を解くために，Jordan–Wigner 変換の方法を導入する．スピン演算子を Fermi 演算子で表すという，1 次元量子系ならではの特殊な方法である．

G.1　Jordan–Wigner 変換

N 種類の 3 次元ベクトル（スピン）演算子 $\{\hat{\boldsymbol{S}}_j\}_{j=1,2,\cdots,N}$ を次のように定義する．

$$\hat{S}_j^+ = \exp\left(i\pi\sum_{\ell=1}^{j-1}\hat{a}_\ell^\dagger\hat{a}_\ell\right)\hat{a}_j^\dagger \tag{G.1}$$

$$\hat{S}_j^- = \hat{a}_j\exp\left(-i\pi\sum_{\ell=1}^{j-1}\hat{a}_\ell^\dagger\hat{a}_\ell\right) \tag{G.2}$$

$$\hat{S}_j^z = \hat{a}_j^\dagger\hat{a}_j - \frac{1}{2} \tag{G.3}$$

$\hat{S}_j^\pm = \hat{S}_j^x \pm i\hat{S}_j^y$ とした．また，$j=1$ のときは式 (G.1)，(G.2) の指数関数の部分は 1 とする．演算子 $\hat{a}^\dagger$，$\hat{a}$ は次の反交換関係を満たす．

$$\{\hat{a}_j, \hat{a}_\ell^\dagger\} = \delta_{j\ell}, \qquad \{\hat{a}_j, \hat{a}_\ell\} = 0 \tag{G.4}$$

$\{\hat{A}, \hat{B}\} = \hat{A}\hat{B} + \hat{B}\hat{A}$ とした．この反交換関係は Fermi 統計に従う粒子のもつ性質を表したものであり，$\hat{a}^\dagger$（$\hat{a}$）が Fermi 粒子を一つつくる（消す）生成演算子（消滅演算子）である．$(\hat{a}_j^\dagger)^2 = 0$ であるから Fermi 粒子を同じ点に 2 個置くことはできず，Pauli の排他律が導かれる．このことにより，粒子数演算子 $\hat{n}_j = \hat{a}_j^\dagger\hat{a}_j$ は 0 か 1 の値のみをとり，$\hat{S}_j^+$ を次のように書くこともできる．

$$\hat{S}_j^+ = (1-2\hat{n}_1)(1-2\hat{n}_2)\cdots(1-2\hat{n}_{j-1})\hat{a}_j^\dagger = (-1)^{\hat{n}_1+\hat{n}_2+\cdots+\hat{n}_{j-1}}\hat{a}_j^\dagger \tag{G.5}$$

$\hat{a}_j^\dagger$，$\hat{a}_j$ が Fermi 粒子の生成消滅演算子であるとき，演算子 $\hat{\boldsymbol{S}}_j$ はスピンとしての要件，つまり式 (B.1)（329 ページ）を満たしている．式 (G.3) より $\hat{S}_j^z$ は $\pm 1/2$ の固

有値をとることがわかるので，$S = 1/2$ である．このスピンと Fermi 演算子の変換則が Jordan–Wigner 変換である．

この変換の大きな特徴は，スピン $\hat{\boldsymbol{S}}_j$ が 1 から j の Fermi 演算子を用いた非局所的な表現となっていることである．一つのスピンのみを考えるのであれば式 (G.1), (G.2) の指数関数部分は必要ないのだが，複数スピンの系では異なる種類のスピンを交換させるために必要となる．多体スピン系に特有の表現である．

ここまでの話は次元や格子の構造には依存しない．一般に，Jordan–Wigner 変換によって Fermi 演算子を用いてスピンのハミルトニアンを書きかえるととても複雑になる．簡単になるいくつかの系が知られており，2 次元 Ising 模型，1 次元横磁場 Ising 模型，XY 模型が代表的な例である[*1]．

G.2　1 次元 XY 模型

1 次元非等方 XY 模型

$$\hat{H} = -J\sum_{j=1}^{N}\frac{1+\gamma}{2}\hat{\sigma}_j^x\hat{\sigma}_{j+1}^x - J\sum_{j=1}^{N}\frac{1-\gamma}{2}\hat{\sigma}_j^y\hat{\sigma}_{j+1}^y - \Gamma\sum_{j=1}^{N}\hat{\sigma}_j^z \tag{G.6}$$

に Jordan–Wigner 変換を適用する．$\gamma = 1$ のとき 1 次元横磁場 Ising 模型，$\gamma = 0$ のとき（等方）XY 模型となるから両者を同時に扱うことができる．$\hat{\boldsymbol{S}} = \hat{\boldsymbol{\sigma}}/2$ であることを用いて Jordan–Wigner 変換を適用すると，

$$\hat{H} = -J\sum_{j=1}^{N}\left[\hat{a}_j^\dagger\hat{a}_{j+1} + \hat{a}_{j+1}^\dagger\hat{a}_j + \gamma(\hat{a}_j^\dagger\hat{a}_{j+1}^\dagger + \hat{a}_{j+1}\hat{a}_j)\right] - 2\Gamma\sum_{j=1}^{N}\left(\hat{a}_j^\dagger\hat{a}_j - \frac{1}{2}\right) \tag{G.7}$$

となる．このように 1 次元 XY スピンの模型を Fermi 粒子で表現すると $\hat{a}^\dagger$, $\hat{a}$ に関して 2 次形式のハミルトニアンが得られる．これが Jordan–Wigner 変換を行う利点である．他の項，例えば z 方向以外の磁場項は 2 次形式とはならないので，この方法を用いて扱うことは困難である．

ハミルトニアンは Fermi 演算子を Fourier 変換することによって対角化することができる．その際，Fermi 演算子の境界条件はスピン演算子の境界条件と異なるの

[*1] 2 次元 Ising 模型の場合は，14.4.2 項（309 ページ）に従って分配関数を転送行列を用いて表した後，変換を用いる．ほかに Jordan–Wigner 変換を用いて解ける例として，**Kitaev 模型**（Kitaev model）が知られている．A. Kitaev: Ann. Phys. **321**, 2 (2006).

で注意が必要である．演算子の定義より

$$\hat{\sigma}_N^x \hat{\sigma}_1^x = (-1)^{\hat{n}} (\hat{a}_N - \hat{a}_N^\dagger)(\hat{a}_1 + \hat{a}_1^\dagger) \tag{G.8}$$

$$\hat{\sigma}_N^x \hat{\sigma}_{N+1}^x = -(\hat{a}_N - \hat{a}_N^\dagger)(\hat{a}_{N+1} + \hat{a}_{N+1}^\dagger) \tag{G.9}$$

であるが，スピンについて周期的境界条件 $\hat{\boldsymbol{S}}_{N+1} = \hat{\boldsymbol{S}}_1$ を課すと，全粒子数 $n = n_1 + n_2 + \cdots + n_N$ の偶奇で Fermi 粒子の境界条件が変わる．

$$\hat{a}_{N+1} = \begin{cases} -\hat{a}_1 & (n \text{ 偶数}) \\ \hat{a}_1 & (n \text{ 奇数}) \end{cases} \tag{G.10}$$

したがって，Fourier 変換

$$\hat{a}_j = \frac{1}{\sqrt{N}} \sum_k \hat{\tilde{a}}_k \mathrm{e}^{ikj}, \qquad \hat{\tilde{a}}_k = \frac{1}{\sqrt{N}} \sum_j \hat{a}_j \mathrm{e}^{-ikj} \tag{G.11}$$

を行ったとき，k のとりうる値は

$$k = \begin{cases} \dfrac{2\pi m - \pi}{N} & (n \text{ 偶数}) \\ \dfrac{2\pi m}{N} & (n \text{ 奇数}) \end{cases} \tag{G.12}$$

となる．m は式 (C.5) の値をとる整数である．スピンの数 N が偶数であれば

$$k = \begin{cases} -\left(\pi - \dfrac{\pi}{N}\right), -\left(\pi - \dfrac{3\pi}{N}\right), \cdots, -\dfrac{\pi}{N}, \dfrac{\pi}{N}, \cdots, \pi - \dfrac{3\pi}{N}, \pi - \dfrac{\pi}{N} & (n \text{ 偶数}) \\ -\left(\pi - \dfrac{2\pi}{N}\right), -\left(\pi - \dfrac{4\pi}{N}\right), \cdots, -\dfrac{2\pi}{N}, 0, \dfrac{2\pi}{N}, \cdots, \pi - \dfrac{4\pi}{N}, \pi - \dfrac{2\pi}{N}, \pi & (n \text{ 奇数}) \end{cases} \tag{G.13}$$

であり，N が奇数であれば

$$k = \begin{cases} -\pi, -\left(\pi - \dfrac{2\pi}{N}\right), -\left(\pi - \dfrac{4\pi}{N}\right), \cdots, -\dfrac{\pi}{N}, \dfrac{\pi}{N}, \cdots, \pi - \dfrac{4\pi}{N}, \pi - \dfrac{2\pi}{N} & (n \text{ 偶数}) \\ -\left(\pi - \dfrac{\pi}{N}\right), -\left(\pi - \dfrac{3\pi}{N}\right), \cdots, -\dfrac{2\pi}{N}, 0, \dfrac{2\pi}{N}, \cdots, \pi - \dfrac{3\pi}{N}, \pi - \dfrac{\pi}{N} & (n \text{ 奇数}) \end{cases} \tag{G.14}$$

となる．いずれも N 通りの値をとる．スピン数 N が奇数のとき，有限の系で全磁化が 0 の状態を実現することができず煩わしいので，以下では偶数の N を考えることにする．もちろん，熱力学的な物理量に関しては，偶奇の差は熱力学極限をとると見えなくなるはずである．

ハミルトニアンを Fourier 表示すると

$$\hat{H} = \sum_k \hat{H}_k \tag{G.15}$$

$$\hat{H}_k = -\left[2(J\cos k + \Gamma)\hat{\tilde{a}}_k^\dagger \hat{\tilde{a}}_k + iJ\gamma \sin k \left(\hat{\tilde{a}}_k^\dagger \hat{\tilde{a}}_{-k}^\dagger + \hat{\tilde{a}}_k \hat{\tilde{a}}_{-k}\right)\right] + \Gamma \tag{G.16}$$

となり，波数ごとに分離することができる．波数表示の演算子 $\hat{\tilde{a}}_k$ の満たす反交換関係は，座標表示の演算子 $\hat{a}_j$ のものと同じとなる．あとは対角化を行って固有値を求めればよい．ただし，$\gamma = 0$ の等方 XY 模型のときはすでに対角化されているので以下の計算を行う必要はない．

$\sin k = 0$ となる波数の $\hat{H}_k$ についてはすでに対角化されているので，$k \neq 0, \pi$ のものについて対角化を行う．これらの波数以外のモードは常に $\pm k$ の対になっているので，

$$\hat{H}_k + \hat{H}_{-k} = -2\begin{pmatrix} \hat{\tilde{a}}_k^\dagger & \hat{\tilde{a}}_{-k} \end{pmatrix} \begin{pmatrix} J\cos k + \Gamma & iJ\gamma\sin k \\ -iJ\gamma \sin k & -(J\cos k + \Gamma) \end{pmatrix} \begin{pmatrix} \hat{\tilde{a}}_k \\ \hat{\tilde{a}}_{-k}^\dagger \end{pmatrix} - 2J\cos k \tag{G.17}$$

とまとめて書く．この式に現れる行列を対角化するためにユニタリー行列

$$U_k = \begin{pmatrix} \cos\left(\frac{\theta_k}{2}\right) & i\sin\left(\frac{\theta_k}{2}\right) \\ i\sin\left(\frac{\theta_k}{2}\right) & \cos\left(\frac{\theta_k}{2}\right) \end{pmatrix} \tag{G.18}$$

$$\begin{aligned} \cos\theta_k &= \frac{J\cos k + \Gamma}{\sqrt{(J\cos k + \Gamma)^2 + (J\gamma \sin k)^2}} \\ \sin\theta_k &= \frac{J\gamma\sin k}{\sqrt{(J\cos k + \Gamma)^2 + (J\gamma\sin k)^2}} \end{aligned} \tag{G.19}$$

を導入して，新しい演算子

$$\begin{pmatrix} \hat{\tilde{c}}_k \\ \hat{\tilde{c}}_{-k}^\dagger \end{pmatrix} = U_k \begin{pmatrix} \hat{\tilde{a}}_k \\ \hat{\tilde{a}}_{-k}^\dagger \end{pmatrix} \tag{G.20}$$

を定義する．これは Bogoliubov 変換を表す．演算子 $c^\dagger$，c はやはり Fermi 粒子の反交換関係を満たす．また，n の偶奇は変換によって不変である．ハミルトニアン

を新しい演算子を用いて表すと，

$$\begin{aligned}\hat{H}_k+\hat{H}_{-k} &= -2\begin{pmatrix}\hat{\tilde{c}}_k^\dagger & \hat{\tilde{c}}_{-k}\end{pmatrix}\begin{pmatrix}\epsilon(k) & 0\\ 0 & -\epsilon(k)\end{pmatrix}\begin{pmatrix}\hat{\tilde{c}}_k\\ \hat{\tilde{c}}_{-k}^\dagger\end{pmatrix}-2J\cos k\\ &= -2\epsilon(k)\left(\hat{\tilde{c}}_k^\dagger\hat{\tilde{c}}_k-\hat{\tilde{c}}_{-k}\hat{\tilde{c}}_{-k}^\dagger\right)-2J\cos k\\ &= -2\epsilon(k)\left(\hat{\tilde{c}}_k^\dagger\hat{\tilde{c}}_k+\hat{\tilde{c}}_{-k}^\dagger\hat{\tilde{c}}_{-k}\right)+2\epsilon(k)-2J\cos k\end{aligned}\tag{G.21}$$

である．ここで

$$\epsilon(k)=\sqrt{(J\cos k+\Gamma)^2+(J\gamma\sin k)^2}\tag{G.22}$$

とおいた．新しい粒子の励起エネルギーを表す．ただし，式 (G.21) のハミルトニアンでは粒子を作るとエネルギーが減ってしまう．わかりやすくするために粒子・反粒子の変換

$$\hat{\tilde{c}}_k=\hat{\bar{c}}_k^\dagger,\qquad \hat{\tilde{c}}_k^\dagger=\hat{\bar{c}}_k\tag{G.23}$$

を行う．c 粒子を一つつくる（消す）ことは，$\bar{c}$ 粒子を一つ消す（つくる）ことを意味する．このようにしても反交換関係は変わらず，Fermi 粒子の性質は保たれている．

以上より，N が偶数のときハミルトニアンは

$$\hat{H}=\begin{cases}\sum_{k>0}(\hat{H}_k+\hat{H}_{-k}) & \\ \qquad\left(k=\dfrac{\pi}{N},\dfrac{3\pi}{N},\cdots,\pi-\dfrac{\pi}{N}\right) & (n\ \text{偶数})\\ \hat{H}_0+\hat{H}_\pi+\sum_{k>0}(\hat{H}_k+\hat{H}_{-k}) & \\ \qquad\left(k=\dfrac{2\pi}{N},\dfrac{4\pi}{N},\cdots,\pi-\dfrac{2\pi}{N}\right) & (n\ \text{奇数})\end{cases}\tag{G.24}$$

$$\hat{H}_0=-2(J+\Gamma)\hat{\tilde{a}}_0^\dagger\hat{\tilde{a}}_0+\Gamma\tag{G.25}$$

$$\hat{H}_\pi=-2(-J+\Gamma)\hat{\tilde{a}}_\pi^\dagger\hat{\tilde{a}}_\pi+\Gamma\tag{G.26}$$

$$\hat{H}_k+\hat{H}_{-k}=2\epsilon(k)\left(\hat{\bar{c}}_k^\dagger\hat{\bar{c}}_k+\hat{\bar{c}}_{-k}^\dagger\hat{\bar{c}}_{-k}\right)-2\epsilon(k)\tag{G.27}$$

となる[*2]．これで XY 模型のハミルトニアンが自由 Fermi 粒子のものにおきかえられた．

自由 Fermi 粒子系でエネルギー準位を求めるのは容易である．ただし，Fermi 粒子の偶奇によってハミルトニアンが変わるため，注意が必要となる．系の基底状態お

[*2] 式 (G.21) 最後の定数項は，k について和をとると熱力学極限では 0 になるので無視している．

よび低励起状態について考えてみよう．n が偶数のとき，エネルギーが最も低い状態は $\bar{c}$ 粒子が一つも占有されていないものである．固有値および固有状態は次のようになる．

$$\hat{H}|0\rangle = E_0|0\rangle \tag{G.28}$$

$$E_0 = -2\sum_{k>0}\epsilon(k) \qquad \left(k = \frac{\pi}{N}, \frac{3\pi}{N}, \cdots, \pi - \frac{\pi}{N}\right) \tag{G.29}$$

$$\hat{\bar{c}}_k|0\rangle = \hat{\bar{c}}_{-k}|0\rangle = 0 \tag{G.30}$$

n が偶数の範囲で，励起状態は $\bar{c}$ の Fermi 粒子を偶数個生成したもので表される．そのエネルギーはつくった粒子の 1 粒子エネルギー $\epsilon(k)$ 分だけ E_0 より大きくなる．一方，n が奇数のとき，エネルギーが最も低い状態は $k=0$ の a 粒子を一つつくった状態である．

$$\hat{H}|1\rangle = E_1|1\rangle \tag{G.31}$$

$$E_1 = -2J - 2\sum_{k>0}\epsilon(k) \qquad \left(k = \frac{2\pi}{N}, \frac{4\pi}{N}, \cdots, \pi - \frac{2\pi}{N}\right) \tag{G.32}$$

$$|1\rangle = \hat{\bar{a}}_0^\dagger|0\rangle \tag{G.33}$$

E_0 と E_1 を比較してみると $-2J$ の分だけ E_1 が小さくなっているように見えるが，ゼロ点エネルギーの値が変化しているため，E_1 が E_0 よりも低くなることはない．これは E_0 における k の和の数が E_1 におけるものよりも一つ多いことからわかる．実際に熱力学極限でエネルギーギャップがどのようになるかを計算してみると，

$$\begin{aligned}
E_1 - E_0 &= -2J + 2\sum_{m=1}^{N/2}\epsilon\left(k = \frac{(2m-1)\pi}{N}\right) - 2\sum_{m=1}^{N/2-1}\epsilon\left(k = \frac{2\pi m}{N}\right) \\
&\to -2J + 2\frac{N}{2\pi}\left(\int_0^\pi \mathrm{d}k\,\epsilon(k) - \int_{\pi/N}^{\pi-\pi/N}\mathrm{d}k\,\epsilon(k)\right) \\
&= -2J + \frac{N}{\pi}\left(\int_{\pi-\pi/N}^{\pi}\mathrm{d}k\,\epsilon(k) + \int_0^{\pi/N}\mathrm{d}k\,\epsilon(k)\right) \\
&\sim -2J + \frac{N}{\pi}\frac{\pi}{N}(\epsilon(\pi) + \epsilon(0)) \\
&= -2J + |-J + \Gamma| + (J + \Gamma) \\
&= \begin{cases} 0 & (J \geq \Gamma) \\ 2(\Gamma - J) & (J < \Gamma) \end{cases}
\end{aligned} \tag{G.34}$$

となる．$J \geq \Gamma$ で基底状態は $|0\rangle$ と $|1\rangle$ の 2 重縮退，$J < \Gamma$ では $|0\rangle$ となることがわかった．これらの結果の物理的な解釈は 14.6.2 項（319 ページ）で行っている．

有限温度の熱力学状態を考えるときには，k のとりうる値は連続的になるから n の偶奇については気にしなくてもよい．また，粒子が一つあるかないかの違いも見えないので $k = 0$ と π のモードを特別扱いする必要もない．自由エネルギー密度は

$$-\beta f = \frac{1}{N} \ln Z = \int_{-\pi}^{\pi} \frac{\mathrm{d}k}{2\pi} \ln\left(\mathrm{e}^{\beta\epsilon(k)} + \mathrm{e}^{-\beta\epsilon(k)}\right) \tag{G.35}$$

と書ける．

付録*H*　参考文献

H.1 書　籍

各種参考文献を挙げる．本書を執筆する際に参考にしたものを主としており，必ずしも網羅的ではないので注意されたい．

本書の内容に近く，初学者にも読める教科書で，くりこみ群を主題とするものを挙げる．

[1] 西森秀稔：「相転移・臨界現象の統計物理学」（培風館，2005 年）．
標準的教科書．主にスピン系を扱う．比較的簡潔な記述をしている．ランダム系や双対性などについても扱う．

[2] H. Nishimori and G. Ortiz: *Elements of Phase Transitions and Critical Phenomena* (Oxford University Press, 2011).
[1] の英語版．より詳しくなっている．連続場の系，共形場理論などいくつかの論題が追加されている．

[3] N. Goldenfeld：*Lectures on Phase Transitions and the Renormalization Group* (Westview Press, 1992).
標準的教科書．かみくだいた説明がわかりやすい．本書の基礎的な部分の構成はこれに近い．非平衡の動的な系への応用もある．

[4] S. K. Ma: *Modern Theory of Critical Phenomena* (Westview Press, 1976, 2000).
臨界現象，くりこみ群の古典的名著．古い教科書で定評があるが，フォントが TEX 以前でやや読みづらい．

[5] J. J. Binney, N. J. Dowrick, A. J. Fisher, and M. E. J. Newman: *The Theory of Critical Phenomena: An Introduction to the Renormalization Group* (Oxford University Press, 1992).
臨界現象，くりこみ群の教科書．前提知識を必要としない self-contained な説明がよい．

やや程度が高いか，他の話題も扱っているものは以下である．

[6] J. Cardy: *Scaling and Renormalization in Statistical Physics* (Cambridge University Press, 1996).
臨界現象，くりこみ群の教科書．基礎から高度な内容までがコンパクトにまとまっている．著者は 2 次元の臨界現象に関して多くの業績がある．

[7] P. M. Chaikin and T. C. Lubensky: *Principles of Condensed Matter Physics* (Cambridge University Press, 1995).
物性物理のさまざまな手法を，具体的な系を扱いながら議論している．実験結果についての言及も多い．くりこみ群の方法についても扱う．内容は非常に豊富．

[8] M. Le Bellac: *Quantum and Statistical Field Theory* (Oxford University Press, 1991).
場の量子論におけるくりこみ群に詳しい．技術的な計算の部分が多い．

[9] D. J. Amit and V. Martin-Mayor: *Field Theory, the Renormalization Group, and Critical Phenomena* (3rd edition) (World Scientific, 2005).
場の量子論におけるくりこみ群の計算に詳しい．[8] よりさらに技術的で，系統的な摂動計算を実際に行うときに参考になる．第 3 版になって数値計算の方法についての記述が加わった．

[10] 江沢　洋，鈴木増雄，渡辺敬二，田崎晴明：「くりこみ群の方法」（岩波書店，2000 年）．
基本的なことがらから書かれてはいるが，難度は高い．著者が一人ではないので章によって趣がだいぶ異なる．ϕ^4 模型，高エネルギー物理への応用が詳しい．

[11] 川崎恭治：「非平衡と相転移 — メソスケールの統計物理学」（朝倉書店，2000 年）．
主題は非平衡系だが，平衡相転移についても Landau 理論からくりこみ群までが 2 章にまとめられている．短いが本質をついており，普遍性についての記述など興味深いものがある．

[12] 宮下精二，轟木義一：「演習形式で学ぶ相転移・臨界現象」（サイエンス社，2011 年）．
比較的新しい題材を扱っている．演習という体裁でさまざまな系を扱っており，具体的にどういう計算が行われているかを見ることができる．

その他関連した問題を扱う教科書や参考となるものを挙げる．

[13] 田崎晴明：「熱力学」（培風館，2000 年）．
熱力学の教科書．熱力学関数の性質に関して詳しい．Landau 理論についての記述もある．

[14] 清水　明：「熱力学の基礎」（東京大学出版会，2007 年）．
熱力学の教科書．[13] と同様に熱力学関数の性質について詳しい．従来の教科書ではあいまいなことが多い，概念や用語の定義，その適用範囲などをはっきり述べるスタイルはわかりやすい．

[15] 田崎晴明：「統計力学 I, II」（培風館，2008 年）．
統計力学の教科書．統計力学の基礎やその位置づけについての記述が優れている．相転移・臨界現象の理論の導入，平均場近似についての記述もある．

[16] 小口武彦：「磁性体の統計理論」（裳華房，1970 年）．
スピン系の統計力学．Ising 模型や Heisenberg 模型について，平均場近似やその改良版，高温展開等多くの手法が扱われている．

[17] 久保　健，田中秀数：「磁性 I」（朝倉書店，2008 年）．
磁性体の教科書．量子スピン系の扱いに詳しい．

[18] 九後汰一郎：「ゲージ場の量子論 I, II」（培風館，1989 年）．
場の量子論の教科書．くりこみや Goldstone の定理の量子版について詳しい．

[19] R. J. Baxter: *Exactly Solved Models in Statistical Mechanics* (Academic Press, 1982).
厳密に解ける統計力学模型の解説．Ising 模型，球形模型，vertex 模型など．双対性についても詳しい．かなり専門的な内容だが，何が計算できているのかを参照するにはよい．
`https://physics.anu.edu.au/theophys/baxter_book.php` よりダウンロード可能．

[20] D. P. Landau and K. Binder: *A Guide to Monte Carlo Simulations in Statistical Physics* (3rd edition) (Cambridge University Press, 2009).
Monte Carlo 法の教科書．

[21] 大野克嗣「非線形な世界」（東京大学出版会，2009 年）．
くりこみ群，ひいては非線形現象について，もの（こと）の見方や考え方を広い観点から論じている．von Koch 曲線の例はここから引用した．脚注が多く，本題から脱線した部分でも楽しめる．日本物理学会誌 **52**, 504 (1997) に関連した解説がある．

H.2　論　文

本文中で挙げた原論文をここに改めてまとめておく．多くはインターネットでダウンロードできるが，古いものは入手困難のため一部未確認である．未確認のものはタイトルが書かれていない．

[1] W. Lenz: Physik. Z. **21**, 613 (1920); E. Ising: *Beitrag zur Theorie des Ferromagnetismus*, Zeits. f. Physik A **31**, 253 (1925). Ising 模型.

[2] W. Heisenberg: *Mehrkörperproblem und Resonanz in der Quantenmechanik*, Zeits. f. Physik A **38**, 411 (1926). Heisenberg 模型（交換相互作用）.

[3] P. Zeeman: *On the influence of magnetism on the nature of the light emitted by a substance*, Phil. Mag. **43**, 226 (1897). Zeeman 効果.

[4] R. Peierls: *On Ising's model of ferromagnetism*, Proc. Cambidge Phil. Soc. **32**, 477 (1936). Peierls の議論.

[5] R. B. Griffiths: *Peierls proof of spontaneous magnetization in a two-dimensional Ising ferromagnet*, Phys. Rev. **136**, A437 (1964). 2 次元 Ising 模型における自発磁化の存在証明.

[6] C. N. Yang and T. D. Lee: *Statistical theory of equations of state and phase transitions. I. Theory of condensation*, Phys. Rev. **87**, 404 (1952); T. D. Lee and C. N. Yang: *Statistical theory of equations of state and phase transitions. II. Lattice gas and Ising model*, Phys. Rev. **87**, 410 (1952). Lee–Yang ゼロ，格子気体模型.

[7] M. E. Fisher: *The nature of critical points*, Lectures in Theoretical Physics Vol. 7c, edited by W. E. Brittin (University of Colorado Press, 1965). Fisher ゼロ.

[8] R. B. Griffiths: *Spontaneous magnetization in idealized ferromagnets*, Phys. Rev. **152**, 240 (1966). 長距離秩序と自発磁化の関係.

[9] P. Weiss: *L'hypothèse du champ moléculaire et la propriété ferromagnétique*, J. Phys. Theor. Appl. **6**, 661 (1907). 分子場近似.

[10] K. Husimi: Proc. Int. Conf. Theor. Phys. 531 (1953); H. N. V. Temperley: *The Mayer theory of condensation tested against a simple model of the imperfect gas*, Proc. Phys. Soc. A **67**, 233 (1954). 伏見–Temperley 模型.

[11] R. P. Feynman: *Slow electrons in a polar crystal*, Phys. Rev. **97**, 660 (1955). 変分法を用いた電子系基底状態のエネルギー.

[12] J. W. Gibbs: *Elementary principles in statistical mechanics* (Cambridge University Press, 1902); N. N. Bogoliubov: Dokl. Akad. Nauk USSR **119**, 244 (1958) [Soviet Phys. Doklady **3**, 292 (1958)]. Gibbs–Bogoliubov の不等式.

[13] L. D. Landau: *On the theory of phase transitions Part I*, Sov. Phys. JETP **7**, 19 (1937); *On the theory of phase transitions Part II*, Sov. Phys. JETP **7**, 627 (1937). Landau 理論.

[14] V. L. Ginzburg and L. D. Landau: *On the theory of superconductivity*, Sov.

Phys. JETP **20**, 1064 (1950). Ginzburg–Landau 理論.

[15] L. S. Ornstein and F. Zernike: Proc. Acad. Sci. Amsterdam **17**, 793 (1914). Ornstein–Zernike 方程式.

[16] R. L. Stratonovich: Soviet Phys. Doklady **2**, 416 (1958); J. Hubbard: *Calculation of partition functions*, Phys. Rev. Lett. **3**, 77 (1959). Hubbard–Stratonovich 変換.

[17] V. L. Ginzburg: Soviet Physics – Solid State **2**, 1824 (1960). Ginzburg の基準.

[18] A. Nordsieck, W. E. Lamb Jr., G. E. Uhlenbeck: *On the theory of cosmic-ray showers I The Furry model and the fluctuation problem*, Physica **7**, 344 (1940). マスター方程式.

[19] R. J. Glauber: *Time-dependent statistics of the Ising model*, J. Math. Phys. **4**, 294 (1963). Glauber ダイナミクス. Ising 模型の動的効果.

[20] P. Langevin: C. R. Acad. Sci. (Paris) **146**, 530 (1908). Langevin 方程式.

[21] A. Einstein: *Über die von der molekularkinetischen Theorie der Wärme geforderte Bewegung von in ruhenden Flüssigkeiten suspendierten Teilchen*, Annalen der Physik **322**, 549 (1905). Brown 運動の理論.

[22] A. D. Fokker: Annalen der Physik **348**, 810 (1914); M. Planck: Sitzungsber. Preuss. Akad. Wiss. Phys. Math. Kl. **23**, 324 (1917). Fokker–Planck 方程式.

[23] B. I. Halperin, P. C. Hohenberg, and S. K. Ma: *Calculation of dynamic critical properties using Wilson's expansion methods*, Phys. Rev. Lett. **29**, 1548 (1972). 時間依存 Ginzburg–Landau 模型を用いたスピン系の Langevin ダイナミクス.

[24] L. Onsager: *Crystal statistics. I. A two-dimensional model with an order-disorder transition*, Phys. Rev. **65**, 117 (1944). 2 次元 Ising 模型の厳密解.

[25] H. A. Kramers and G. H. Wannier: *Statistics of the two-dimensional ferromagnet. Part I*, Phys. Rev. **60**, 252 (1941). 2 次元 Ising 模型の双対性.

[26] M. Kac and J. C. Ward: *A combinatorial solution of the two-dimensional Ising model*, Phys. Rev. **88**, 1332 (1952). 2 次元 Ising 模型の高温展開.

[27] C. N. Yang: *The spontaneous magnetization of a two-dimensional Ising model*, Phys. Rev. **85**, 808 (1952). 2 次元 Ising 模型の自発磁化.

[28] T. H. Berlin and M. Kac: *The spherical model of a ferromagnet*, Phys. Rev. **86**, 821 (1952); H.E. Stanley: *Spherical model as the limit of infinite spin dimensionality*, Phys. Rev. **176**, 718 (1968). 球形模型.

[29] G. S. Rushbrooke: *On the thermodynamics of the critical region for the Ising problem*, J. Chem. Phys. **39**, 842 (1963). 臨界指数不等式.

[30] B. Widom: *Equation of state in the neighborhood of the critical point*, J. Chem. Phys. **43**, 3898 (1965). スケーリング仮説.

[31] A. Z. Patashinskii and V. L. Pokrovskii: *Behavior of ordered systems near the transition point*, Sov. Phys. JETP **23**, 292 (1966). スケーリング理論.

[32] L. P. Kadanoff: *Scaling laws for Ising models near* T_c, Physics **2**, 263 (1966). 粗視化の方法，スケーリング理論．著者の Web サイトからダウンロード可（`http://jfi.uchicago.edu/~leop/` の "Oldies But Goodies"）.

[33] R. B. Griffiths: *Thermodynamic inequality near the critical point for ferromagnets and fluids*, Phys. Rev. Lett. **14**, 623; *Ferromagnets and simple fluids near the critical point: some thermodynamic inequalities*, J. Chem. Phys. **43**, 1958 (1965). 臨界指数不等式.

[34] M. E. Fisher: *Rigorous inequalities for critical-point correlation exponents*, Phys. Rev. **180**, 594 (1969). 臨界指数不等式.

[35] B. D. Josephson: *Inequality for the specific heat I. Derivation*, Proc. Phys. Soc. **92**, 269 (1967); *Inequality for the specific heat II. Application to critical phenomena*, Proc. Phys. Soc. **92**, 276(1967). 臨界指数不等式.

[36] K. G. Wilson: *Renormalization group and critical phenomena. I. Renormalization group and the Kadanoff scaling picture*, Phys. Rev. B **4**, 3174 (1971); *Renormalization group and critical phenomena. II. Phase-space cell analysis of critical behavior*, Phys. Rev. B **4**, 3184 (1971). くりこみ群.

[37] G. H. Wannier: *The statistical problem in cooperative phenomena*, Rev. Mod. Phys. **17**, 50 (1945). 2 次元 Ising 模型の双対性.

[38] A. A. Migdal: Zh. Eksp. Teor. Fiz. **69**, 810, 1457 (1975); L. P. Kadanoff: *Notes on Migdal's recursion formulas*, Ann. Phys. (N.Y.) **100**, 359 (1976). Migdal–Kadanoff くりこみ群.

[39] K. G. Wilson and M. E. Fisher: *Critical exponents in 3.99 dimensions*, Phys. Rev. Lett. **28**, 240 (1972). ϵ 展開.

[40] G. C. Wick: *The Evaluation of the collision matrix*, Phys. Rev. **80**, 268 (1950); C. Bloch and C. de Dominicis: *Un développement du potentiel de Gibbs d'un systéme quantique composé d'un grand nombre de particules*, Nucl. Phys. **7**, 459 (1958). Wick/Bloch–de Dominicis の定理.

[41] R. P. Feynman: *Space-time approach to quantum electrodynamics*, Phys. Rev. **76**, 769 (1949). Feynman ダイアグラム.

[42] J. C. Le Guillou and J. Zinn-Justin: *Critical exponents from field theory*, Phys. Rev. B **21**, 3976 (1980). ϕ^4 模型の高次項計算.

[43] A. Pelissetto and E. Vicari: *Critical phenomena and renormalization-group*

theory, Phys. Rep. **368**, 549 (2002). さまざまな計算によって得られた臨界指数の値のまとめ.

[44] K. G. Wilson: *Non-Lagrangian models of current algebra*, Phys. Rev. **179**, 1499 (1969); L. P. Kadanoff: *Operator algebra and the determination of critical indices*, Phys. Rev. Lett. **23**, 1430 (1969). 演算子積展開.

[45] A. M. Polyakov: *Conformal symmetry of critical fluctuations*, JETP Lett. **12**, 381 (1970). 共形不変性.

[46] A. A. Belavin, A. M. Polyakov, and A. B. Zamolodchikov: *Infinite conformal symmetry in two-dimensional quantum field theory*, Nucl. Phys. B **241**, 333 (1984). 共形場理論.

[47] Y. Nambu: *Quasi-particles and gauge invariance in the theory of superconductivity*, Phys. Rev. **117**, 648 (1960); J. Goldstone: *Field theories with superconductor solutions*, Nuovo Cimento **19**, 154 (1961); J. Goldstone, A. Salam, and S. Weinberg: *Broken symmetries*, Phys. Rev. **127**, 965 (1962). 南部–Goldstone モード, Goldstone の定理.

[48] N. D. Mermin and H. Wagner: *Absence of ferromagnetism or antiferromagnetism in one- or two-dimensional isotropic Heisenberg models*, Phys. Rev. Lett. **17**, 1133 (1966); N. D. Mermin: *Absence of ordering in certain classical systems*, J. Math. Phys. **8**, 1061 (1967); P. C. Hohenberg: *Existence of long-range order in one and two dimensions*, Phys. Rev. **158**, 383 (1967). Mermin–Wagner–Hohenberg の定理.

[49] J. Fröhlich, B. Simon, and T. Spencer: *Infrared bounds, phase transitions and continuous symmetry breaking*, Comm. Math. Phys. **50**, 79 (1976); F. Dyson, E. H. Lieb, and B. Simon: *Phase transitions in quantum spin systems with isotropic and nonisotropic interactions*, J. Stat. Phys. **18**, 335 (1978). 3 次元以上 Heisenberg 模型の秩序相の存在証明.

[50] V. L. Berezinskii: *Destruction of long-range order in one-dimensional and two-dimensional systems having a continuous symmetry group I. Classical systems*, Sov. Phys. JETP **32**, 493 (1971); *Destruction of long-range order in one-dimensional and two-dimensional systems having a continuous symmetry group II. Quantum systems*, Sov. Phys. JETP **34**, 610 (1972); J. M. Kosterlitz and D. J. Thouless: *Ordering, metastability and phase transitions in two-dimensional systems*, J. Phys. C: Solid State Phys. **6**, 1181 (1973). Berezinskii–Kosterlitz–Thouless 転移.

[51] J. Villain: J. Phys. France **36**, 581 (1975). Villain 模型.

[52] J. B. Kogut: *An introduction to lattics gauge theory and spin systems*, Rev.

Mod. Phys. **51**, 659 (1979). スピン系の解説論文. Berezinskii–Kosterlitz–Thouless 転移のくりこみ群.

[53] J. V. José, L. P. Kadanoff, S. Kirkpatrick, and D. R. Nelson: *Renormalization, vortices, and symmetry-breaking perturbations in the two-dimensional planar model*, Phys. Rev. B **16**, 1217 (1977). Berezinskii–Kosterlitz–Thouless 転移のくりこみ群.

[54] M. Gell-Mann and M. Lévy: *The axial vector current in beta decay*, Nuovo Cimento **16**, 705 (1960). 非線形シグマ模型.

[55] F. J. Wegner and A. Houghton: *Renormalization group equation for critical phenomena*, Phys. Rev. A **8**, 401 (1973); J. Polchinski: *Renormalization and effective Lagrangians*, Nucl. Phys. B **231**, 269 (1984); C. Wetterich: *Exact evolution for the effective potential*, Phys. Lett. B **301**, 90 (1993). 汎関数くりこみ群.

[56] E. C. G. Stueckelberg and A. Petermann: *La normalisation des constantes dans la theorie des quanta*, Helv. Phys. Acta **26**, 499 (1953); M. Gell-Mann and F. E. Low: *Quantum electrodynamics at small distances*, Phys. Rev. **95**, 1300 (1954); N. N. Bogoljubov and D. V. Shirkov: *Charge renormalization group in quantum field theory*, Nuovo Cimento **3**, 845 (1956). 場の理論的くりこみ群.

[57] L. Y. Chen, N. Goldenfeld, and Y. Oono: *Renormalization group theory for global asymptotic analysis*, Phys. Rev. Lett. **73**, 1311 (1994). 微分方程式のくりこみ群解析.

[58] T. Kunihiro: *A geometrical formulation of the renormalization group method for global analysis*, Prog. Theor. Phys. **94**, 503 (1995). 微分方程式のくりこみ群解析と包絡線方程式.

[59] F. Bloch: *Zur Theorie des Ferromagnetismus*, Z. Physik **61**, 206 (1930); G. Heller and H. A. Kramers: *Ein klassisches Modell des Ferromagnetikums und seine nachträgliche Quantisierung im Gebiete tiefer Temperaturen*, Proc. Roy. Acad. Sci. Amsterdam **37**, 378 (1934); P. W. Anderson: *An approximate quantum theory of the antiferromagnetic ground state*, Phys. Rev. **86**, 694 (1952); R. Kubo: *The spin-wave theory of antiferromagnetics*, Phys. Rev. **87**, 568 (1952). スピン波の理論.

[60] T. Holstein and H. Primakoff: *Field dependence of the intrinsic domain magnetization of a ferromagnet*, Phys. Rev. **58**, 1098 (1940). Holstein–Primakoff 変換.

[61] H. B. Nielsen and S. Chadha: *On how to count Goldstone bosons*, Nucl.

Phys. B **105**, 445 (1976). 南部–Goldstone モードの数と分散の関係.

[62] H. Watanabe and H. Murayama: *Unified description of Nambu–Goldstone bosons without Lorentz invariance*, Phys. Rev. Lett. **108**, 251602 (2012); Y. Hidaka: *Counting rule for Nambu–Goldstone modes in nonrelativistic systems*, Phys. Rev. Lett. **110**, 091601 (2013). 南部–Goldstone モードの数と生成子の数の関係.

[63] H. Wagner: *Long-wavelength excitations and the Goldstone theorem in many-particle systems with "broken symmetries,"* Zeit. f. Physik **195**, 273 (1966). スピン波のふるまいについて.

[64] T. Matsubara: *A new approach to quantum-statistical mechanics*, Prog. Theor. Phys. **14**, 351 (1955). 虚時間形式による量子統計力学.

[65] H. F. Trotter: *On the product of semi-groups of operators*, Proc. Amer. Math. Soc. **10**, 545 (1959); M. Suzuki: *Relationship between d-dimensional quantal spin systems and* $(d+1)$*-dimensional Ising systems*, Prog. Theor. Phys. **56**, 1454 (1976). 鈴木–Trotter 分解.

[66] P. Jordan and E. Wigner: *Über das Paulische Äquivalenzverbot*, Zeits. f. Physik A **47**, 631 (1928); E. Lieb, T. Schultz, and D. Mattis: *Two soluble models of an antiferromagnetic chain*, Ann. Phys. (N.Y.) **16**, 407 (1961). Jordan–Wigner 変換.

[67] J. Schwinger: *On angular momentum* (Harvard University, 1952) [in *Quantum theory of angular momentum*, edited by L. C. Biedenharn and H. Van Dam (Academic Press, 1965)]. Schwinger ボソン.

[68] N. Metropolis, A. W. Rosenbluth, M. N. Rosenbluth, A. H. Teller, and E. Teller: *Equation of state calculations by fast computing machines*, J. Chem. Phys. **21**, 1087 (1953); W. K. Hastings: Biometrika **57**, 97 (1970). Metropolis–Hastings アルゴリズム.

[69] M. Creutz: *Microcanonical Monte Carlo simulation*, Phys. Rev. Lett. **50**, 1411 (1983). デーモンアルゴリズム.

[70] A. Kitaev: *Anyons in an exactly solved model and beyond*, Ann. Phys. **321**, 2 (2006). Kitaev 模型.

索　引

■和 文

あ 行

か 行

ま　行

や　行

ら　行

著者の略歴

高橋和孝（たかはし　かずたか）
2001年筑波大学大学院物理学研究科博士課程修了．博士（理学）．ドイツ・ルール大学博士研究員，理化学研究所協力研究員を経て，2006年東京工業大学大学院理工学研究科助手．職名変更，改組により，2016年同大学理学院助教．おもな研究分野は量子・統計物理学全般．

西森秀稔（にしもり ひでとし）
1982年東京大学大学院理学系研究科博士課程修了．理学博士．カーネギー・メロン大学博士研究員，ラトガース大学博士研究員，東京工業大学理学部助手，助教授，同理学院教授を経て，2020年より東京工業大学科学技術創成研究院特任教授．おもな研究分野は量子アニーリングおよびスピングラスの理論．

相転移・臨界現象とくりこみ群

平成29年4月25日　発　　行
令和6年4月25日　第10刷発行

著作者　高　橋　和　孝
　　　　西　森　秀　稔

発行者　池　田　和　博

発行所　丸善出版株式会社
〒101-0051　東京都千代田区神田神保町二丁目17番
編集：電話(03)3512-3267／FAX(03)3512-3272
営業：電話(03)3512-3256／FAX(03)3512-3270
https://www.maruzen-publishing.co.jp

© Kazutaka Takahashi, Hidetoshi Nishimori, 2017

組版／三美印刷株式会社
印刷・製本／大日本印刷株式会社

ISBN 978-4-621-30156-2 C 3042　　Printed in Japan

JCOPY 〈(一社)出版者著作権管理機構 委託出版物〉
本書の無断複写は著作権法上での例外を除き禁じられています．複写される場合は，そのつど事前に，(一社)出版者著作権管理機構(電話03-5244-5088，FAX 03-5244-5089，e-mail：info@jcopy.or.jp)の許諾を得てください．